高等职业技术教育“十四五”精品教材——工程测量技术类

U0873244

摄影测量与遥感

主　编　王　涛　刘建国

副主编　白芝勇　刘　攀　谢忠侵

主　审　张福荣　胡俊勇

西南交通大学出版社

·成　都·

图书在版编目（C I P）数据

摄影测量与遥感：含实训指导书. 1，摄影测量与遥感 / 王涛，刘建国主编. —成都：西南交通大学出版社，2023.2
ISBN 978-7-5643-9125-6

Ⅰ. ①摄… Ⅱ. ①王… ②刘… Ⅲ. ①摄影测量－高等职业教育－教材②遥感技术－高等职业教育－教材 Ⅳ. ①P23②TP7

中国国家版本馆 CIP 数据核字（2023）第 009530 号

Sheying Celiang yu Yaogan (Han Shixun Zhidaoshu)
摄影测量与遥感（含实训指导书）

主 编 / 王 涛 刘建国
责任编辑 / 王 旻
特邀编辑 / 王玉珂
封面设计 / 曹天擎

西南交通大学出版社出版发行
（四川省成都市金牛区二环路北一段 111 号西南交通大学创新大厦 21 楼 610031）
发行部电话：028-87600564
网址：http：//www.xnjdcbs.com
印刷：四川森林印务有限责任公司

成品尺寸 185 mm × 260 mm
总印张 20.5 总字数 507 千
版次 2023 年 2 月第 1 版 印次 2023 年 2 月第 1 次

书号 ISBN 978-7-5643-9125-6
套价（全 2 册） 56.00 元

课件咨询电话：028-87600533
图书如有印装质量问题 本社负责退换

前　言

本教材自 2018 年 8 月出版以来，作为高职院校测绘地理信息类专业“摄影测量与遥感”与“摄影测量基础”课程的教材，历经 4 届学生和有关读者使用。教材编写团队结合教学情况和读者反馈意见，在教材第一版基础上，对部分内容进行了修订和补充。具体如下：

1. 增加了项目三：双像立体测图的相关内容，具体包括立体像对中的点、线、面认识和双向立体测图原理等内容；另外，将第一版教材项目二数字航空影像定向处理部分的内容按教学需要调整到了本部分。

2. 对第一版教材项目三：解析空中三角测量部分进行了补充，增加了解析空中三角测量的软件实现（以 VirtuoZo 软件为例）内容。

3. 修改了第一版项目八中遥感技术应用中的部分内容，更新了相应的遥感影像。

4. 此次修订增加了数字摄影测量产品制作的内容，主要包括：数字影像的认识、4D 产品制作、三维数字模型制作、三维数据采集与制图等内容。

5. 此次修订增加了数字教学资源，并以二维码形式呈现在对应的学习任务中，便于学生自主学习。对原教材复习思考题部分进行了补充完善，一是增加了习题数量；二是扩充了题型种类。

修订后教材的内容体系更适合高职院校技术技能人才培养目标定位，适应性更强，更利于学生实践操作和综合应用能力培养。

本教材由陕西铁路工程职业技术学院张福荣教授和陕西天润科技股份有限公司胡俊勇正高级工程师主审，陕西铁路工程职业技术学院王涛和甘肃交通职业技术学院刘建国主编，并负责全书统稿。具体编写分工如下：项目一、项目三、项目四、项目八、项目九和附录由王涛编写；项目二由甘肃建筑职业技术学院刘攀编写；项目五由李燕敏编写；项目六由谢忠俍编写；项目七由中铁一局五公司白芝勇编写；项目十的任务一、任务二由甘肃交通职业技术学院刘建国编写，任务三、任务四由曾庆伟编写。

本教材在修订中参考了大量相关专业文献（包括纸质版和电子版），引用了部分内容，在此向原文作者表示感谢！同时对西南交通大学出版社为本书出版所做的辛勤工作表示感谢！

由于编写团队水平所限，书中疏漏及不妥之处，敬请读者批评指正。

编　者

2022 年 10 月

数字资源目录

续表

序号	项　目	任　务	资源名称	资源类型	页码
28	项目 4 解析空中三角测量	任务 4.2　解析空中三角测量的 3 种方法	解析空中三角测量	PPT	049
29		任务 4.3　解析空中三角测量的作业过程	解析空中三角测量的作业过程	PPT	055
30	项目 5 数字摄影测量产品制作	任务 5.1　数字影像的认识	无人机的认识	PPT	064
31			无人机测绘系统的组成	PPT	064
32			无人机测绘技术的应用	PPT	064
33		任务 5.2　数字高程模型的认识与制作	4D 数据产品认识	PPT	065
			4D 数据产品认识	微课	065
34		任务 5.4　数字线划图的认识与制作	4D 产品生产	PPT	072
35		任务 5.6　三维数字模型图制作	三维模型制作（一）	微课	078
36			三维模型制作（二）	微课	078
37	项目 6 摄影测量的外业工作	任务 6.1　摄影测量工作的内容和过程	数字摄影测量的外业工作	PPT	094
38			像控点测量	PPT	094
39		任务 6.2　影像的判读	影像的判读	PPT	097
40		任务 6.3　影像的调绘	影像的调绘	PPT	100
41			新增地物的补调与补测方法	PPT	100
42	项目 7 遥感图像认识与获取	任务 7.1　遥感技术的物理基础	电磁波谱与电磁辐射	PPT	105
43			电磁波谱与电磁辐射	微课	105
44			太阳辐射及大气对辐射的影响	PPT	105
45			太阳辐射及大气对辐射的影响	微课	105
46			地球的辐射与地物波谱	PPT	105
47			常见的几种地物类型波谱特征	PPT	105
48		任务 7.2　遥感平台和遥感影像的特征	遥感与遥感技术系统	PPT	113
49			遥感的特性与分类	PPT	113
50			遥感的特性与分类	微课	113
51		任务 7.3　遥感图像的获取	遥感技术的发展概况	PPT	117
52	项目 8 遥感数字图像处理	任务 8.3　遥感图像裁剪与分割	遥感影像裁切	微课	130
53		任务 8.4　遥感图像辐射校正	遥感图像的辐射校正	PPT	133

续表

序号	项　目	任　务	资源名称	资源类型	页码
54	项目 8 遥感数字图像处理	任务 8.5　遥感图像几何校正	遥感图像几何畸变	PPT	139
55			遥感图像几何校正	PPT	139
56			遥感图像几何校正	微课	139
57		任务 8.6　遥感图像正射校正	遥感图像正射校正	微课	147
58		任务 8.7　遥感图像投影变化	遥感影像投影变换	微课	151
59	项目 9 遥感数字图像解析	任务 9.2　遥感图像增强处理	遥感图像增强的光学方法	PPT	162
60			遥感图像数字增强（直方图法）	PPT	162
61			遥感图像数字增强（对比度法）	PPT	162
62			遥感图像增强（平滑与锐化）	PPT	162
63			遥感图像增强（彩色增强）	PPT	162
64		任务 9.3　遥感图像的配准、融合	遥感图像的配准	PPT	165
65			遥感影像融合处理	微课	165
66		任务 9.4　遥感图像的镶嵌处理	遥感影像镶嵌处理	微课	170
67		任务 9.5　遥感图像的分类	遥感图像的计算机分类	PPT	173
68			遥感图像的监督分类	PPT	173
69			影像监督分类	微课	173
70			遥感图像的无监督分类	PPT	173
71	项目 10 遥感专题图制作	任务 10.2　遥感专题图制作	遥感专题图制作	PPT	188
72		任务 10.4　遥感技术的应用	高分辨率遥感在城市规划中的应用	PPT	201
73			高分辨率遥感技术用于基础数据更新	PPT	201
74			高分辨率遥感技术用于地震灾害救援和重建图制作	PPT	201
75	附录	附录 2　常用遥感图像处理软件简介	ENVI 简介	微课	208
76		“摄影测量与遥感实训”相关规范及软件操作教程	VirtuoZo 操作手册简化版	PDF	实训手册 097
77			Pix4Dmapper 操作手册简化版	PDF	
78			ERDAS IMAGINE 操作手册简化版	PDF	
79			航空摄影测量相关规范	PDF	

目　录

项目 1　摄影测量与遥感认识

项目描述

现代航天技术和计算机技术的飞速发展，使得摄影测量的应用领域更加广阔。可以说，只要物体能够被拍摄成影像，就可以使用摄影测量技术，以解决某一方面的问题。摄影测量是根据被摄物体在像片上的构像规律及物体与对应影像之间的几何和数学关系，获取被摄物体的几何属性和物理属性。

遥感是 20 世纪 60 年代初发展起来的一门新兴综合性探测技术。最先开始的为航空遥感，1972 年美国发射第一颗陆地卫星标志着航天遥感时代的开始。经过几十年的飞速发展，目前遥感技术已广泛应用于资源环境、气象、水文、地理信息等领域，成为一门实用、先进的空间探测技术。遥感技术是及时获取地理信息的一个重要手段，遥感信息准确客观地记录了地表地物的电磁波信息特征，是地理信息分析的一种重要数据源。

教学目标

1. 能力目标

- 能够描述摄影测量、遥感的定义、任务；
- 能够描述摄影测量、遥感的组成及特点；
- 能够描述摄影测量和遥感之间的区别和联系。

2. 知识目标

- 了解摄影测量和遥感的发展；
- 了解摄影测量和遥感的组成及特点。

3. 素质目标

- 具备一定阅读总结能力；
- 具备一定的查阅、整理资料能力。

任务 1.1　摄影测量与遥感的定义和任务

摄影测量的认识

1.1.1　摄影测量的定义

摄影测量学是通过影像研究信息的获取、处理、提取和成果表达的一门信息科学。1988 年国际摄影测量与遥感协会（ISPRS）在日本京都第 16 届大会上对摄影测量与遥感的定义是：

摄影测量与遥感是对非接触传感器系统获得的影像及其数字表达进行记录、量测和解译，从而获得自然物体和环境的可靠信息的一门工艺、科学和技术。

摄影测量的主要任务之一是用于测制各种比例尺的地形图，建立地形数据库，并为各种地学信息系统提供基础数据。摄影测量的主要特点是在像片（航片）上进行量测和判读，无须接触物体本身，而且可高效率获得摄影测量瞬间物体的影像信息。

摄影测量学可从不同角度进行分类。按摄影距离的远近分，可分为航天摄影测量、航空摄影测量、地面摄影测量、近景摄影测量和显微摄影测量；按用途分，有地形摄影测量和非地形摄影测量；按处理的技术手段分，有模拟摄影测量、解析摄影测量和数字摄影测量。

1.1.2 遥感的定义

1. 遥感概念

遥感泛指对事物表面的遥远感知。目前遥感不单单是一种方法，而应该理解为一种技术，一种获取地球信息的技术（当然也可以获取其他星球的信息）。它是一种远离目标，在不与目标对象直接接触的情况下，通过某种平台上装载的传感器获取其特征信息，然后对所获取的信息进行提取、判定、加工处理及应用分析的综合性技术。

遥感技术与现代物理学、空间技术、计算机技术、数学和地理学密切相关。遥感技术已广泛应用于各种领域，成为地球环境资源调查和规划不可缺少的有效手段。

遥感是 20 世纪 60 年代兴起并迅速发展起来的一门综合性探测技术，它促使摄影测量技术产生革命性的变化，从以飞机为运载工具的航空遥感，发展到以航天飞机、人造地球卫星等为运载平台的航天遥感，极大地拓展了人们的观测领域，形成了对地球资源和环境进行探测和监测的立体观测体系；同时，它在城市规划、环境保护、地质勘测、农业和林业以及军事领域的广泛应用，产生了十分可观的经济效益和显著的社会效益。

2. 遥感数据获取过程

图 1.1 为一个遥感数据获取过程的示意图，它包括信息的采集、接收存储、处理以及信息提取和应用。

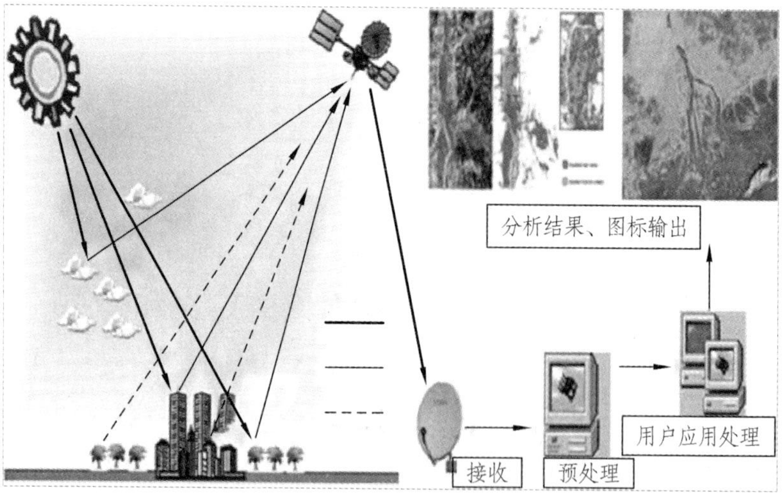

图 1.1　遥感数据获取原理

（1）信息采集。传感器是收集、量测和记录遥远目标信息的仪器，是遥感技术系统的核心。传感器一般由信息收集、探测器、信息处理和信息输出 4 部分组成，如图 1.2 所示。

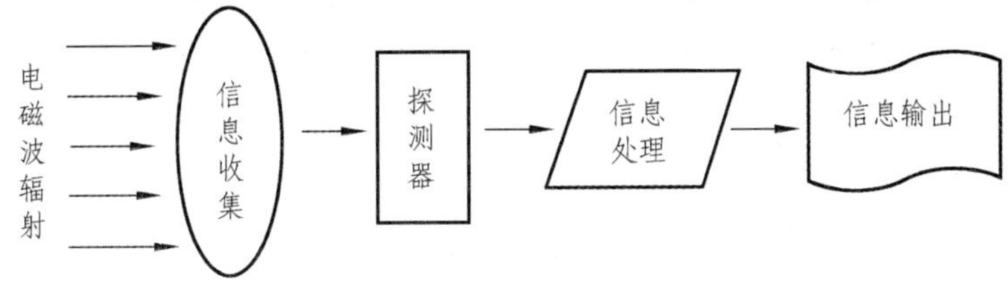

图 1.2 传感器的组成

传感器接收地物反射或发射的电磁波信号并将其转化为电信号。信息采集部分的主角就是传感器，搭载传感器的平台可以是卫星、飞机，甚至是地面平台。

（2）接收存储。卫星影像的接收和存储是在遥感卫星地面站中完成的，地面站包括接收站、数据处理中心和光学处理中心，我国在 1986 年与美国合作建立了中国卫星地面接收站。收集的数据通过数模转换变成数字数据，目前的影像数据都以数字形式保存，以前由于计算机技术的限制，采用磁带或者胶片形式存储。现在随着计算机技术的发展，保存格式也趋于标准化，大多采用 tif 或者 geotif 的格式。

从数据的文件内部读写格式上分，可分为 3 种格式，即 BSQ、BIL、BIP。BSQ 是按波段保存，也就是一个波段保存后接着保存第二个波段；BIL 是按行保存，就是保存第一个波段的第一行后接着保存第二个波段的第一行，依次类推；BIP 是按像元保存，即先保存第一个波段的第一个像元，之后保存第二波段的第一个像元，依次保存。

（3）处理。目前，遥感影像的处理都是基于数字的，所以产生的新的一门科学就是遥感数字图像处理，它是依靠计算机硬件技术的发展以及遥感图像处理软件的发展而发展起来的。详细内容将在后面介绍。

（4）信息提取。信息提取的主要目的就是从影像上提取有用的信息，这个过程是在前面的基础上进行的。

（5）应用。不同的行业有着自己的应用规范，例如，测绘部门应用遥感技术获取地形模型以及地物位置信息；农业部门应用遥感技术获取的是农作物的信息；林业部门可以从遥感影像上获取林业的分布、蓄积量等信息。

任务 1.2 摄影测量与遥感的发展

遥感的认识

1.2.1 摄影测量学的发展

摄影测量的发展经历了模拟摄影测量、解析摄影测量和数字摄影测量 3 个阶段。

（1）模拟摄影测量的基本原理是利用光学/机械投影方法实现摄影过程的反转，用两个或多个投影器模拟摄影机摄影时的位置和姿态，构成与实际地形表面成比例的几何模型，通过对该模型的量测得到地形图和各种专题图。

（2）解析摄影测量是以电子计算机为主要手段，通过对摄影像片的量测和解析计算方法的交会方式，来研究和确定被摄物体的形状、大小、位置、性质及其相互关系，并提供各种摄影测量产品的一门科学。

（3）数字摄影测量是基于摄影测量的基本原理，通过对所获取的数字或数字化影像进行处理，自动（半自动）提取被摄对象用数字方式表达的几何与物理信息，从而获得各种形式的数字产品和目视化产品。

摄影测量 3 个发展阶段的各自特点见表 1.1。

表 1.1 摄影测量 3 个发展阶段的各自特点

发展阶段	原始资料	投影方式	仪器类型	操作方式	产品类型
模拟摄影测量	像片	物理投影	模拟测图仪	人工操作	模拟产品
解析摄影测量	像片	数字投影	解析测图仪	机助作业员操作	模拟产品 数字产品
数字摄影测量	数值化影像 数字影像	数字投影	数字计算机 摄影测量工作站	自动化操作＋ 人工干预	模拟产品 数字产品

1.2.2 遥感技术的发展历程

最初，照相机、气球、飞机构成初期遥感技术系统。1962 年在美国密歇根大学召开的第一次国际环境遥感讨论会上，美国海军研究局的 Eretyn Pruitt（伊·普鲁伊特）首次提出“Remote Sensing”一词，会后被普遍采用至今。第二次世界大战中的航空侦察促进了航空摄影技术的发展。20 世纪 60 年代以来，苏美空间技术竞相发展，分别发射了一系列的空间计划卫星，促进了航天遥感技术的发展。20 世纪 70 年代，空间技术转向为民用服务，地球资源技术卫星诞生。20 世纪 80 年代，地球资源技术卫星的传感器技术不断提高。20 世纪 90 年代，除美苏外，其他国家均发射了各种资源卫星。目前，高分辨率的商业卫星发展迅速。

遥感的发展是伴随传感器的发展而发展的，所以，要了解遥感的发展，就需要知道以前或者目前天上遨游的卫星。例如，美国的 Landsat 系列、法国的 Spot 系列、美国的 IKONOS 系列、美国的 Quikbird 系列、美国的 Orbview 系列、美国的 EOS 系列、加拿大的 Radarsat 系列、俄罗斯的 RESURS-DK1 系列和印度的 IRS 系列。

目前使用非常广的数据源主要有 SPOT4、5，Landsat5、7，IKONOS，Quikbird，ALOS，俄罗斯的 DK-1，Cartosat-1（P5），ResourceSat（P6）。

现在，遥感正处于蓬勃发展期，有人把它比作 9 点钟的太阳。这是因为，在计算机和其他电子技术未得到发展的时候，遥感只是出于军事侦察和摄影爱好。近年来，由于计算机和卫星技术的突破性发展，遥感才得到了重视并快速发展。

高分辨率传感器、微波遥感和高光谱遥感应用前景广阔，新型的遥感应用将逐步增加，遥感将进一步从军事应用转到商业化应用。

任务 1.3　遥感主要应用领域及 3S 技术

1.3.1　遥感主要应用领域

遥感技术与
测绘的关系

1. 外层空间遥感

利用探空火箭、人造卫星、人造行星和宇宙飞船等航天运载工具，可对外层空间进行遥感探测，在不久的将来，外层空间遥感将会取得丰硕的成果。

2. 大气遥感

探测仪器不和大气介质直接接触，在一定距离之外，感知大气的物理状态、化学成分及其随时空的变化，这样的探测技术与方法称为大气遥感。

3. 海洋遥感

海洋遥感以海洋和海岸带作为研究与监测对象，其内容涉及海洋学的多个领域，如利用遥感技术监测海洋的环流、表面温度、风系统、波浪、生物活动等。卫星海洋遥感已成为海洋科学的新兴分支。在未来几年，我国将发射一系列海洋卫星，实现对我国及周边海域甚至全球海洋的遥感动态监测。

4. 陆地遥感

陆地遥感是遥感技术应用最早、应用范围最为广阔深入的一个方面。陆地遥感主要为资源与环境遥感。

5. 军事遥感

遥感技术是现代战争的“制高点”，侦察卫星可从太空轨道上对目标实施侦察、监视或跟踪，以搜集地面、海洋或空中目标的军事情报。

1.3.2　3S 技术

“3S”技术是遥感技术（Remote Sensing，RS）、地理信息系统（Geographical Information System，GIS）、全球定位系统（Global Positioning System，GPS）这 3 种技术的统称。3S 带上了“技术”两个字，就不单单指的是三者的合成，既然它是一种技术，就应该是三者或者两者之间技术上的渗透。

遥感技术的实际操作虽然很复杂，但其结果在我们每个人的生活中天天都能用到。例如“天气预报”中所播放的“卫星气象云图”就是由“气象卫星”拍摄的“云”的图像。气象观测只不过是遥感技术众多应用的一个领域。

据统计，信息总量中有 85%的信息是与地理位置有关的信息。与地理位置有关的信息，就叫地理信息。这样的信息相当广泛，如耕地的分布、林地的分布、城镇的分布、楼房等建筑物的分布、道路、河流、海岸、人口、医院、学校、企事业单位、管线、派出所、商店、井位、门牌、电闸、水表、开关等，只要能用“位置”去描述的东西，都属于“地理信息”，遥感所提取的信息也全部包含在地理信息之中。

全球定位系统（GPS），由处于 2 万千米高度的 6 个轨道平面中的 24 颗卫星组成。此系统用于在任何时间，向地球上任何地方的用户提供高精度的位置、速度、时间信息，或给用户提供其邻近者的这类信息。

通常情况下，一张像片是没有坐标的，而像片上的信息，特别是遥感图像上的信息，是需要定出位置的，只有“有位置的信息”，才能成为地理信息。那么怎样来给遥感像片确定位置呢？有一种方便、快捷的手段，就是“全球卫星”定位系统。该系统是由太空中的 24 颗 GPS 卫星构成的，但只需其中 3 颗卫星，就能迅速确定您在地球上的位置。在确定位置时，仅需要一台与手机大小一样的“卫星定位仪”（或称手持 GPS 接收机）就可以实现位置确定。

可以这样理解，遥感给地理信息系统提供数据源，遥感得到的信息利用地理信息的方法分析；GPS 在遥感图像的几何校正或者图像解译时，或野外调查时提供定位和导航，遥感给 GPS 的导航提供底图数据；GIS 给 GPS 提供数据显示以及路径分析，GPS 给 GIS 提供位置信息以及导航路线信息等。也就是说，RS 和 GPS 给 GIS 提供数据源，GIS 给 RS 和 GPS 提供分析途径。

1.3.3　3S 技术的应用及发展

随着技术的不断发展，将遥感、全球卫星定位系统和地理信息系统紧密结合起来的“3S”技术已显示出更为广阔的应用前景。以 RS、GIS、GPS 为基础，将 RS、GIS、GPS 3 种独立技术中的有关部分有机集成起来，构成一个强大的技术体系，可实现对各种空间信息和环境信息的快速、机动、准确、可靠的收集、处理与更新。RS、GIS、GPS 的图示如图 1.3 ~ 图 1.5 所示。

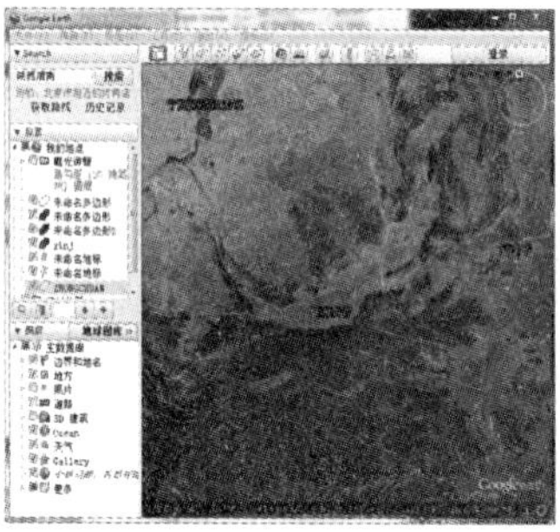

图 1.3　遥感影像（RS）

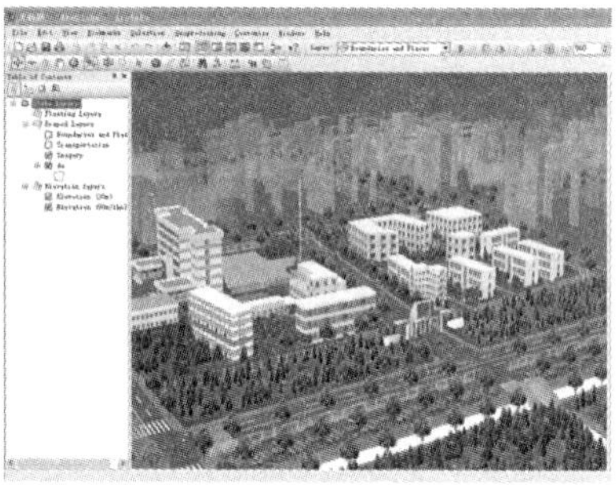

图 1.4　数字城市建设（GIS）

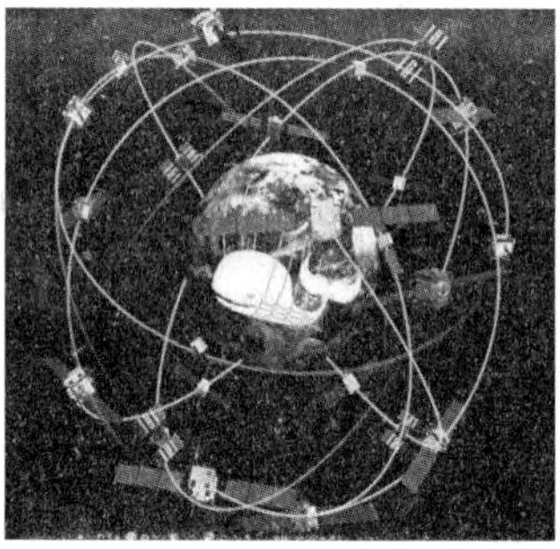

图 1.5　GPS 定位卫星

1. 3S 技术在精准农业中的应用

精准农业是近年来国际上农业科学研究的热点领域。在精准农业中，在定位采集地块信息的基础上，根据各地块土壤、水肥、作物病虫害、杂草、产量等在时间与空间上的差异，进行相适宜的耕种、施肥、灌水、用药，其目的是以合理的投入获得最好的经济效益，并保护环境，确保农业可持续发展。

通俗地说：精准农业就是利用 RS 作宏观监测；用 GPS 精确定位地面位置；用 GIS 将地面信息（地形、地貌、作物种类和长势、土壤质地和养分、水分状况等）进行储存，按区内要素的空间变量数据，精确设定最佳耕作、施肥、播种、灌溉、喷药等多种操作，变传统的粗放型经营为精细生产。例如，在喷洒农药时通过传感器获得不同田块不同程度病虫害的具体数据，实地调整喷药量，对症下药，既能有效降低农业成本，使每一寸土地都得到最优化使用，使每一份资源都发挥出应有的作用，以最经济的投入获得最佳的产出；又能有效减少对环境的污染，保护农业的生态环境，实现可持续发展。

2. 3S 技术在城市规划中的应用前景

（1）城市基本地形图更新。城市规划的基本条件就是大比例尺地形图，但传统的线划地图不仅建立周期长，更新困难，而且比较抽象，并从原始信息中筛去了很多环境成分。4D 产品包括数字线划地图（DLG）、数字高程模型（DEM）、数字栅格地图（DRG）、数字正射影像图（DOM），是新一代测绘产品的标志，有着现势性强、更新速度快、信息含量丰富等优点，将转变传统地图的观念，加快数据更新，丰富表现手段，也是对传统测绘方法的现代化改造。

（2）现状调查与数据管理。城市规划的初始阶段就是现状调查，往往要耗费大量的人力、物力、财力，又难以做到实时、准确。运用 RS 技术可以迅速地进行城市地形地貌、湖泊水系、绿化植被、景观资源、交通状况、土地利用、建筑分布的调查；运用 GIS 技术则能将大量的基础信息和专业信息进行数据建库，实现空间信息和属性信息的一体化管理与可视化表现，提供方便的信息查询和统计工具，克服 CAD 辅助制图的局限性。

（3）现状评价与空间分析。利用多个时期的航空遥感影像图进行城市用地变迁动态研究，结合数理统计方法进行城市重心移动、离散度、紧凑度和放射状指数等形态测度评价；利用叠加分析、缓冲区分析、拓扑分析等工具进行商业服务设施和中小学的服务范围分析、交通可达性评价和建设条件适宜性评价。这些分析与评价有助于总结城市发展规律，发现存在的问题，增加空间分析的深刻性。

（4）交通调查与模拟分析。利用 GIS 进行城市交通小区出行分布的数据建库，可以对现状路网密度、出行距离和时间、交通可达性、公交服务半径进行合理性评价，结合专业软件能进行城市交通的规划预测、出行分布和流量分配，开展交通环境容量影响评价。利用遥感数据进行道路勘测设计，可以快速完成对路线所经区域的地形、地貌、河流、建筑以及交通网系的概要判读。利用虚拟现实技术和三库一体（影像数据库、矢量图形库、数字高程模型库）技术可以进行道路方案的仿真表现和环境模拟，实现全方位、立体化、多层次的规划和评价新模式。

（5）规划管理。基础信息和规划信息的集成建库将使规划设计与规划管理更紧密地结合起来，可以在 GIS 平台上开展电子报批和网上报批，提高指标核算的科学性，避免地区规划的前后矛盾和土地批租的“一女两嫁”。

3S 技术的集成还促进了土地利用动态监测和规划执法检查，可以利用遥感卫星数据与历史数据进行复合分析，主动发现土地利用的变化靶区。用差分 GPS 技术精确测量土地利用的变化数据，再根据现场勘察资料，利用 GIS 技术进行准确详查，增加了监测的主动性、及时性和客观性。

未来，各大中城市建立城市地理信息系统将是必然趋势。目前北京、上海、广州等大城市均已提出建立数字城市的规划。3S 技术的应用，实现了城市各种历史、现状和规划信息的集成管理和实时更新处理，能够动态、快速、高精度、规范化地获取和存储城市的各种空间和属性信息；快速而方便地进行信息查询、检索和统计；有效和智能化地进行城市空间分析，开展网络化的公众参与，提高了对城市发展的科学预见和动态监控水平。3S 技术的发展与应用将推动数字城市规划技术从定性到定量的飞跃和理论从经验到科学的转变。

复习思考题

1. 什么是摄影测量学？摄影测量的常见分类方法有哪些？
2. 归纳总结摄影测量发展的各个阶段及其特点。
3. 遥感的定义是什么？举例说明遥感技术有哪些应用领域。
4. 简要说明遥感技术的发展历程。
5. 什么是“3S”技术？三者之间有何联系？
6. 单选题：测绘中经常提到的“3S”技术，不包括以下哪个选项？（　　）

   A. GPS　　B. GIS

   C. RS　　D. GPRS

7. 多选题：摄影测量经历的发展阶段？（　　）

   A. 航空摄影测量　　B. 模拟摄影测量

   C. 解析摄影测量　　D. 近景摄影测量

   E. 数字摄影测量

项目2　数字摄影测量

项目描述

摄影测量是对被摄物体的影像进行量测与判读，反演其几何和物理属性。从几何角度讲，就是根据像空间的像点位置重建物体在目标空间的几何模型。在单张航摄像片上，物体的构像规律以及物体与影像之间的几何和数学关系是摄影测量学理论的解析基础，并且可以间接地应用于其他传感器的遥感图像。

教学目标

1. 能力目标

- 能够描述摄影测量中影像的投影方式及特性；
- 能够理解航摄像片的几何特性；
- 能够理解航摄像片的内外方位元素；
- 能够了解摄影测量中常用的坐标系；
- 能够熟悉常见的数字摄影测量系统。

2. 知识目标

- 了解摄影测量中影像的投影方式及特性；
- 了解航摄像片的几何特性；
- 理解航摄像片的内外方位元素；
- 了解摄影测量中常用的坐标系；
- 熟悉常见的数字摄影测量系统。

3. 素质目标

- 具备一定阅读总结能力；
- 具备一定的查阅、整理资料能力。

任务2.1　航空影像的获取及相关要求

航空影像的获取及相关要求

2.1.1　航空影像的投影方式及航摄比例尺

1. 航空影像的投影方式

用一组假想的直线将物体向几何面投射称为投影。其投影线称为投影射线。投影的几何面通常取平面，称为投影平面。在投影平面上得到的图形称为该物体在投影平面上的投影。

投影有中心投影与平行投影两种，而平行投影又有倾斜投影与正射投影之分。当投影射线汇聚于一点时，称为中心投影，如图 2.1 所示。投影射线的汇聚点 S 称为投影中心。航空影像的投影方式采用中心投影。

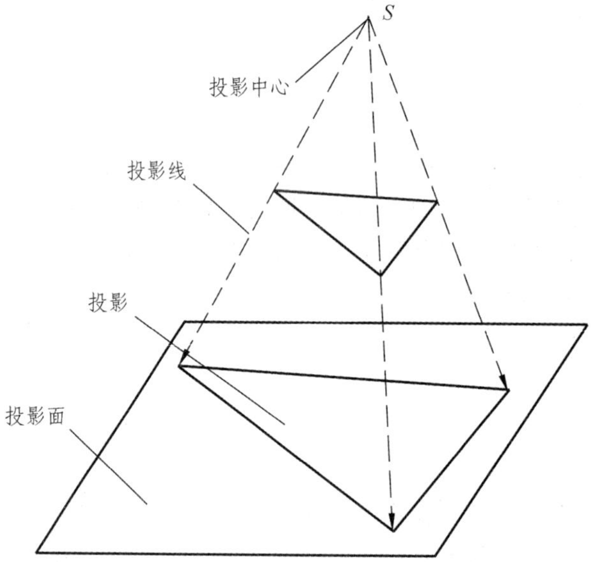

图 2.1　中心投影

2. 航摄像片的比例尺

如图 2.2 所示，当像片水平、地面水平时，从相似三角形理论可知，此时航摄比例尺为像片上一段距离 l 和地面上相应距离 L 之比，即

$$\frac{1}{m}=\frac{l}{L}=\frac{f}{H} \tag{2.1}$$

式中，f 为摄影机主距；H 为相对于平均高程面的航摄高度，也称为航高。

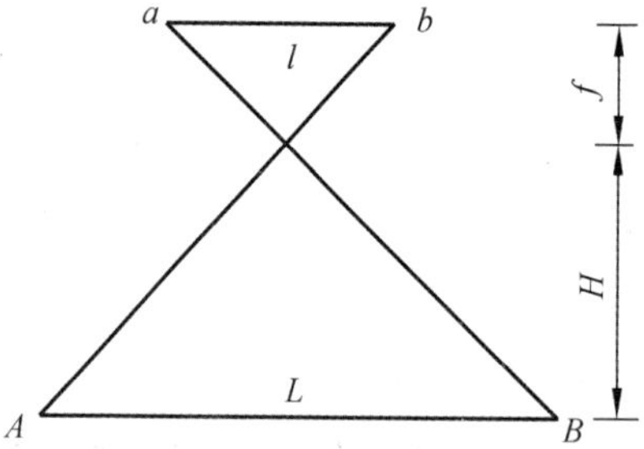

图 2.2　摄影比例尺示意图

摄影比例尺越大，像片地面分辨率越高，有利于影像的判读与提高成图的精度。当摄影比例尺增大，则会增加摄影费用，增大后续处理的工作量。所以，摄影比例尺要根据测绘地形图的精度要求与获取地面信息的需要来确定。

当像片有倾斜，地面有起伏时，航摄比例尺是一个较为复杂的问题，实际摄影比例尺在像片上处处不相等。

摄影比例尺可分为大、中、小 3 种。为充分发挥航摄负片的使用潜力，一般应选择较小的摄影比例尺。航空摄影中航摄比例尺与成图比例尺之间的关系可参考表 2.1 来确定。

表 2.1 航摄比例尺与成图比例尺之间的关系

比例尺	航摄比例尺	成图比例尺
大比例尺	1∶2 000～1∶3 500	1∶500
	1∶3 500～1∶7 000	1∶1 000
	1∶7 000～1∶14 000	1∶2 000
中比例尺	1∶10 000～1∶20 000	1∶5 000
	1∶20 000～1∶40 000	1∶10 000
小比例尺	1∶25 000～1∶60 000	1∶25 000
	1∶35 000～1∶80 000	1∶50 000
	1∶60 000～1∶100 000	1∶100 000

2.1.2 航空影像的获取过程

采用摄影测量方法测制地形图，必须要对测区进行有计划的空中摄影。将航摄仪安装在飞行器上，从空中一定高度对地面物体进行摄影，从而取得航摄像片。当需要采用航空摄影测量的方法测制某一地区的地形图时，测图单位应向承担空中摄影的单位提出航空摄影测量任务委托书，并签订航摄协议书或合同。摄影测量单位要根据协议书或合同的要求制订航摄技术计划，按要求完成航空摄影测量的任务。由此可见，航空摄影测量的实施过程一般为任务委托、签订合同、航空摄影测量技术书制订、空中摄影测量实施、摄影测量数据处理、资料检查和验收等几个主要环节。

1. 航空摄影测量任务（委托）书的主要内容

根据计划测图的范围和图幅数，确定航空摄影测量区域范围；确定航摄比例尺的大小；根据测图的用途，提出航摄仪的类型、焦距、像幅的规格；提出对像片重叠度的要求；规定提交资料成果的内容、方式和期限。航摄资料成果包括航摄底片、航摄像片、像片索引表、航摄软件变形测定成果、航摄仪鉴定表、航摄像片质量鉴定表等。

2. 航空摄影测量技术设计书的主要内容

（1）搜集航摄地区已有的地形图、控制测量成果、气象等有关资料。

（2）航摄分区划分。

（3）确定航线方向和敷设航线（航线方向一般按东西方向直线飞行，且按图廓线敷设）。

（4）设计并确定航摄所需的飞行数据和航摄数据，主要包括航高、像片重叠度、航摄基线、航摄分区内的航线数、曝光时间间隔和像片数等。

（5）确定航摄的日期和时间。

3. 空中摄影测量实施

空中摄影应选在天空晴朗少云、能见度好、气流平稳的天气进行，摄影时间最好选在中午前后的几个小时。飞机做好航空摄影各项准备工作后，依据领航图起飞进入摄影区航线，按预定的曝光时间和计算的曝光间隔连续地对地面摄影，直至第一条航线拍完为止。然后飞机盘旋转弯 180°进入第二条航线进行拍摄，直至第一摄影分区拍摄完毕，再按计划转入下一个摄影分区拍摄（见图 2.3、图 2.4）。

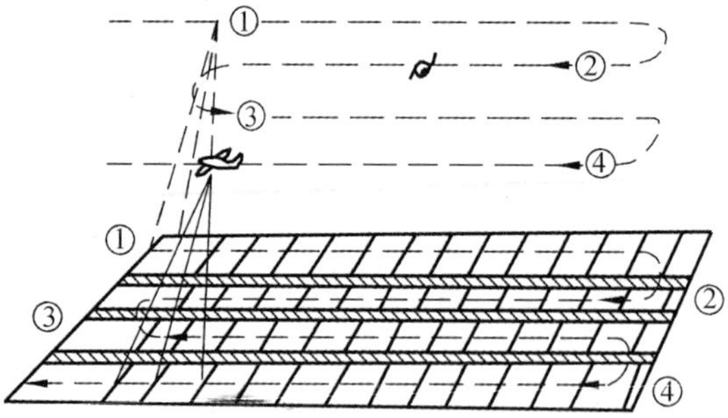

图 2.3　空中摄影示意图

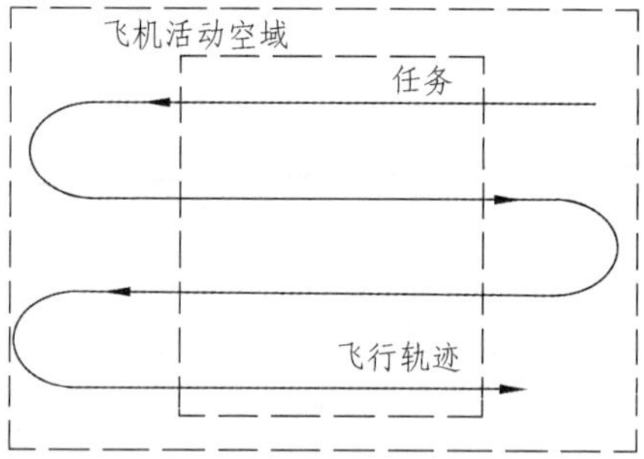

图 2.4　飞行轨迹示意图

4. 摄影测量数据处理

航空像片拍摄完成后，按相应的技术质量标准检查，万一出现质量问题，如云层遮挡、漏拍、漏光、重叠度超限等，应马上采取重新拍摄等补救措施。以前的摄影测量像片处理包括底片冲洗、正片晒印、像片索引图的拍照冲晒等工作。现在的摄影测量像片处理常采过专用软件完成，处理成果经常以数字化形式（或直接通过彩色打印机打印即可）呈现。

5. 资料检查和验收

按航空摄影测量相关技术规范和航空摄影测量合同，以及航摄技术计划中的条款进行检查验收。

2.1.3　航空摄影的相关要求

航空像片是摄影测量的原始资料，其质量的优劣，直接影响摄影测量过程的复杂度、航摄测量成图的效率和精度。因此，摄影测量要对空中摄影提出相应的质量要求。

1. 像片倾斜角

像片倾斜角是指摄影机物镜主光轴与铅垂线之间的夹角，常用 α 来表示。以测绘地形为目的，空中摄影多采用竖直摄影方式，航摄机在曝光的瞬间要求物镜主光轴保持垂直于地面。实际上，由于飞机的稳定性和摄影操作的技术限制，航摄机主光轴在曝光时总会有微小的倾斜，按规定要求像片倾角 α 应小于 2° ~ 3°，这种摄影方式称为竖直摄影。

2. 摄影航高

摄影航高简称为航高，用 H 表示，是指航摄仪物镜中心 S 在摄影瞬间相对于某一基准面的高度。航高的计算是从该基准面起算，向上为正号。根据所选基准面的不同，航高可分为相对航高和绝对航高。

（1）相对航高 H。航摄仪物镜中心 S 在摄影瞬间相对于某一基准面的高度。通常选用摄影区域地面平均高程面。

（2）绝对航高 $H_{绝}$。航摄仪物镜中心 S 在摄影瞬间相对于大地水准面的高度。若摄影区域地面平均高程为 $H_{平}$，则相对航高 H、绝对航高 $H_{绝}$ 之间的关系为

$$H_{绝} = H_{平} + H \tag{2.2}$$

3. 像片重叠度

摄影测量使用的航摄像片，要求沿航线飞行方向两相邻像片上对所摄的地面有一定的重叠，这种重叠部分称为航向重叠，航向重叠度 P_x 用重叠影像与像幅边长之比的百分比表示，如图 2.5 所示。对于区域摄影（即面积航空摄影），要求两相邻航带像片之间也需要有一定的影像重叠，这种重叠影像部分称为旁向重叠。旁向重叠度 P_y 用重叠影像与像幅边长之比的百分数表示，如图 2.6 所示。P_x、P_y 的计算公式为

航向重叠度： $$P_x = \frac{p_x}{L_x} \times 100\% \tag{2.3}$$

旁向重叠度： $$P_y = \frac{p_y}{L_y} \times 100\% \tag{2.4}$$

像片的重叠部分是立体观察和像片模型连接所必需的条件。在航向方向必须要有 3 张相邻像片有公共重叠影像，这一公共重叠部分称为三度重叠部分，如图 2.5 所示，这是摄影测量选定控制点的要求。一般情况下要求航向重叠度保持在 60%～65%，最小不小于 56%；旁向重叠度保持在 30%～35%，最小不能小于 15%。

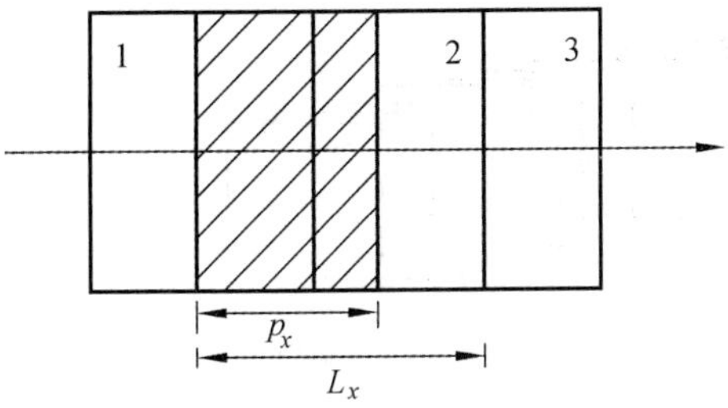

图 2.5　航向重叠

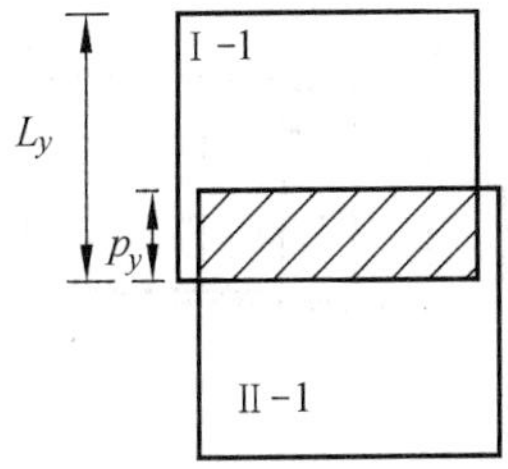

图 2.6　旁向重叠

4. 摄影基线

沿航线方向两相邻摄影站之间的距离称为摄影基线 B。如图 2.7 所示，图中 S_1 和 S_2 为两相邻摄影站航摄仪的物镜中心，航摄像片的像幅边长为 l，其相应被摄地面的实际长度为 L。由平行四边形 $S_1S_2A_2A_1$，可得

$$B = S_1S_2 = A_1A_2 = L - P_x \cdot L = (1 - P_x) \cdot L \tag{2.5}$$

由式（2.1）可知

$$L = m \cdot l \tag{2.6}$$

将式（2.1）代入式（2.5）有

$$B = m \cdot l - P_x \cdot m \cdot l = (1 - P_x) \cdot m \cdot l \tag{2.7}$$

同理可得旁向航带间距为

$$D_Y=(1-P_y)\cdot L=(1-P_y)\cdot m\cdot l \tag{2.8}$$

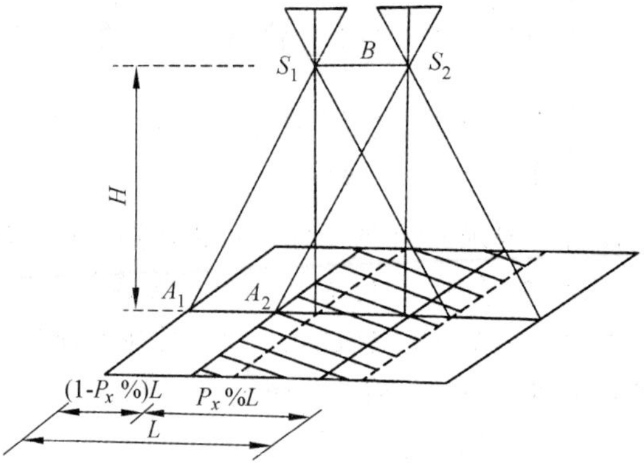

图 2.7　摄影基线

5. 航带弯曲

航带弯曲度是指航带两端像片主点之间的直线距离与偏离该直线最远的像主点到该直线垂距 δ 的比，如图 2.8 所示。一般以百分数来表示，即

$$R=\frac{\delta}{L}\times 100\% \tag{2.9}$$

航带的弯曲会影响航带重叠、旁向重叠的一致性，如果弯曲太大，则可能会产生航摄漏洞，甚至影响摄影测量的作业。因此，航带弯曲度规定一般不得超过 3%。

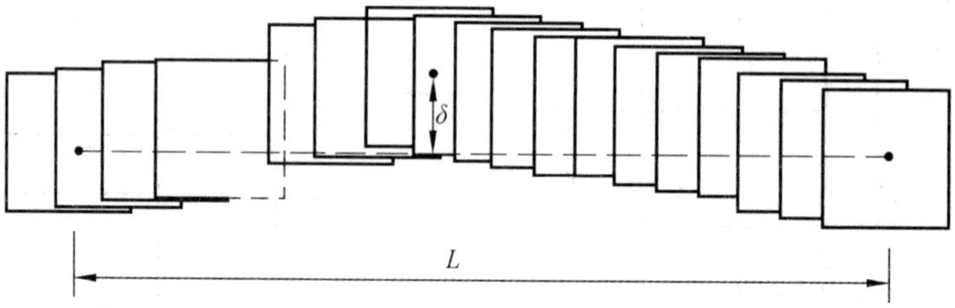

图 2.8　航带弯曲与弯曲度

6. 像片旋偏角

相邻两像片的主点连线与像幅沿航带飞行方向的两框标连线之间的夹角称为像片的旋偏角，用 κ 表示，如图 2.9 所示。

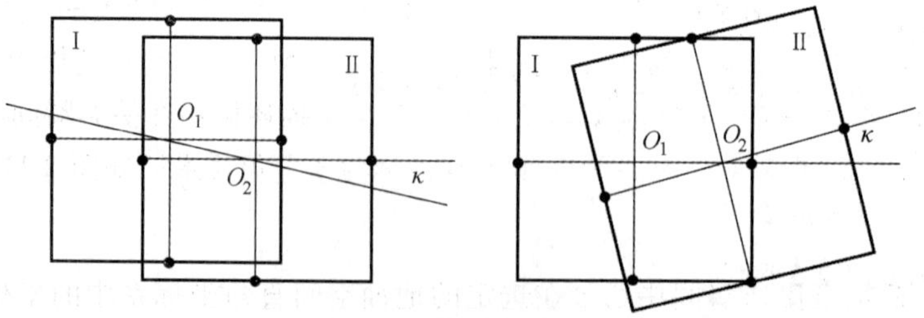

图 2.9　像片的旋偏角

7. 航带高差

《1 : 500　1 : 1 000　1 : 2 000地形图航空摄影规范》（GB/T 6962—2005）规定，同一航线内最大航高与最小航高之差不得大于30 m，摄影区域内实际航高与设计航高之差不得大于50 m。

任务2.2　航摄像片的内、外方位元素

航摄像片的
内、外方位元素

为了由像点解求物点，必须确定摄影瞬间的摄影中心，以及像片与地面三者之间的相关位置。确定它们之间位置关系的参数称为像片的方位元素。像片方位元素又分为内方位元素和外方位元素。其中，确定摄影中心与像片之间相关位置的参数，称为内方位元素；确定摄影中心和像片在地面坐标系中的位置与姿态的参数，称为外方位元素。

2.2.1　内方位元素

内方位元素是描述摄影中心与像片之间相关位置的参数，包括3个参数：摄影中心S到像片的主距f及像主点o在框标坐标系中的坐标（x_o, y_o），即内方位元素的参数为（x_o, y_o, f），利用内方位元素可恢复摄影光束，如图2.10所示。

内方位元素一般视为已知，它由制造厂家通过摄影机检定设备检验得到，检验的数据写在仪器说明书上。在制造摄影机时，一般应将像主点置于框标交点上，但安装中有误差，使二者并不重合，所以（x_o, y_o）是一个微小值。

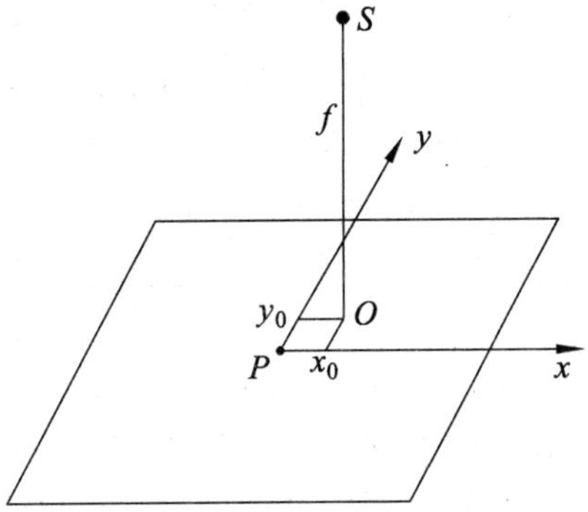

图2.10　像片的内方位元素

2.2.2　外方位元素

在恢复了内方位元素的基础上，确定像片或摄影光束摄影瞬间在地面空间坐标系中的参数，称为外方位元素。一张像片的外方位元素包括6个参数：3个是描述摄影中心S空间位置的坐标值（X_S, Y_S, Z_S），称为3个直线元素；另外3个是描述像片在摄影瞬间的空间姿态的参数，即航向倾角φ、像片旋偏角κ、旁向倾角ω，称为3个角元素。如图2.11所示。

1. 3个直线元素

3个直线元素是指摄影瞬间中心S在选定的地面空间直角坐标系中的坐标值。地面空间直角坐标系可以是左手系的地面测量坐标系，也可以是右手系的地面摄影测量坐标系。

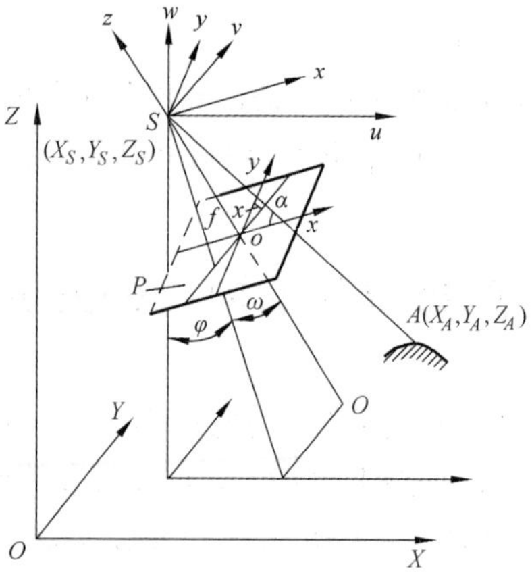

图 2.11　像片的外方位元素

2. 3 个角元素

3 个角元素是描述像片在摄影瞬间空间姿态的要素。

任务 2.3　中心投影构像方程及单张像片空间后方交会

2.3.1　中心投影构像方程

摄影测量的共线方程

在航空摄影测量中，要根据量测到的像点在像平面坐标系中的坐标 $a(x,y)$，求得相应地面点的坐标 $A(X_A,Y_A,Z_A)$。按中心投影的特性，某一像点 a 与其相应的地面点 A 和摄影中心 S 应 3 点共线。式（2.10）就是摄影测量中常用的共线条件方程式，它们之间应满足：

$$
\begin{aligned}
x &= -f\frac{a_1(X_A-X_S)+b_1(Y_A-Y_S)+c_1(Z_A-Z_S)}{a_3(X_A-X_S)+b_3(Y_A-Y_S)+c_3(Z_A-Z_S)} \\
y &= -f\frac{a_2(X_A-X_S)+b_2(Y_A-Y_S)+c_2(Z_A-Z_S)}{a_3(X_A-X_S)+b_3(Y_A-Y_S)+c_3(Z_A-Z_S)}
\end{aligned}
\tag{2.10}
$$

式（2.10）中，x,y 为像点 a 在像平面坐标系中的坐标 $a(x,y)$；X_A,Y_A,Z_A 为像点 a 在相应地面点 A 在地面辅助坐标系中的坐标 $A(X_A,Y_A,Z_A)$；X_S,Y_S,Z_S 为摄影中心 S 在地面辅助坐标系中的坐标 $S(X_S,Y_S,Z_S)$；a_i,b_i,c_i 为与航摄像片的外方位元素有关的系数项，称为方向余弦。

若转角系统为 φ,ω,κ 时，各系数如下：

$$
\begin{cases}
a_1 = \cos\varphi\cos\kappa - \sin\varphi\sin\omega\sin\kappa \\
a_2 = -\cos\varphi\sin\kappa - \sin\varphi\sin\omega\cos\kappa \\
a_3 = -\sin\varphi\cos\omega \\
b_1 = \cos\omega\sin\kappa \\
b_2 = \cos\omega\cos\kappa \\
b_3 = -\sin\omega \\
c_1 = \sin\varphi\cos\kappa + \cos\varphi\sin\omega\sin\kappa \\
c_2 = -\sin\varphi\sin\kappa + \cos\varphi\sin\omega\cos\kappa \\
c_3 = \cos\varphi\cos\omega
\end{cases}
$$

共线条件方程是摄影测量中非常重要的一个公式，它以数学模型的形式表达了投影中心、像点、相应物点之间的 3 点共线关系。由于它建立起了像点与相应物点之间的坐标变换关系，因此共线条件方程有着广泛的用途。

共线条件方程的应用主要有：

（1）单像空间后方交会、多像空间前方交会以及解求像点坐标。

（2）解析空中三角测量光束法平差中基本数学模型的建立。

（3）构成数字投影的基础。

（4）利用 DEM 与共线条件方程式制作正射影像。

（5）利用 DEM 与共线条件方程式进行单幅影像测图。

2.3.2 单张航摄像片解析

航摄影像是航空摄影测量的原始资料。像片解析就是用数学分析的方法，研究被摄景物在航摄像片上的成像规律，以及像片上影像与所摄物体之间的数学关系，从而建立像点与物点的坐标关系式。像片解析是摄影测量的理论基础。

利用航摄像片上 3 个以上像点坐标和对应地面点坐标，计算像片外方位元素的工作，称为单张像片的空间后方交会。根据计算的结果，按中心投影规律获取的摄影比例尺将航摄像片转换成以测图比例尺表示的正射投影地形图。

2.3.3 双像解析摄影测量

单张像片只能研究物体的平面位置，而在两个不同摄站对同一地区摄取具有重叠的一个立体像对（从两相邻摄站对同一地区所摄取的，具有一定重叠度的两张像片称为一个立体像对），则可构成立体模型来解求地面物体的空间位置。立体摄影测量是以立体像对为基础，通过对立体像对的观察和量测确定地面目标的形状、大小、空间位置及性质的一门技术。按照立体像对与被摄物体的几何关系，以数学计算方式，通过计算机解求被摄物体的三维空间坐标，称为双像解析摄影测量。

根据摄得的立体像对的内在几何特性，按物点、摄站点与像点构成的几何关系，用数学计算方式求解物点的三维空间坐标的方法有 3 种：

（1）用单张像片的空间后方交会与立体像对的前方交会方式求解物点的三维空间坐标。这种方法是以像片对内已有足够数量的地面控制点坐标为基础的。其计算分两步，即先根据地面控制点坐标，按共线条件方程解求像片的外方位元素，然后再依据求得的两像片的外方位元素，按照前方交会公式计算像对内其他所有地面点的三维坐标，从而建立数字立体模型。

（2）用相对定向和绝对定向方法求解地面点的三维空间坐标。此法是用具有一定相互重叠的两张像片，先采取恢复摄影瞬间两像片的相对位置和方位，使同名光线达到对对相交，建立起与地面相似的几何模型，然后再将立体模型进行平移、旋转和缩放的绝对定向，把立体模型的模型点坐标纳入规定的坐标系中，并归化为规定的比例尺，以确定立体像对内所有地面点的三维坐标。

① 相对定向：利用立体像对中摄影时存在的同名光线对应相交的几何关系，通过量测的

像点坐标，以解析计算的方法（此时不需要野外控制点），解求两像片的相对方位元素值的过程，称为解析相对定向。确定相邻两像片的相对位置和姿态的要素，称为相对定向元素。相对定向的目的是建立一个与被摄物体相似的几何模型，以确定模型点的三维坐标。

② 绝对定向：相对定向建立起的立体模型，是相对于选取的某个坐标系，这个坐标系在地面坐标系中的方位是未知的，比例尺也是任意的，要确定立体模型在地面坐标系中的方位和大小，则需要把模型坐标变换为地面坐标，这种坐标系的变换称为模型的绝对定向。其目的是将建立的模型坐标纳入地面坐标系中，并归化为规定的比例尺。

（3）采用光束法求解地面点三维坐标。这种方法是把待求的地面点与已知地面点坐标，按照共线条件方程，用联结点条件和控制点条件同时列出误差方程式，统一进行平差计算，以求得地面点的三维坐标。此法理论上较为严密，它是把前两种方法的两个计算步骤合为一体同时解算。

任务 2.4　摄影测量常用坐标系统及图形分幅要求

2.4.1　坐标系统

摄影测量坐标系

目前，我国采用的坐标系统有以下几种。

2000 国家大地坐标系：根据《中华人民共和国测绘法》，经国务院批准，我国自 2008 年 7 月 1 日起，启用 2000 国家大地坐标系。2000 国家大地坐标系与现行国家大地坐标系转换、衔接的过渡期为 8 ~ 10 年。现行各类测绘成果，在过渡期内可沿用现行国家大地坐标系统；2008 年 7 月 1 日后新生产的各类测绘成果应采用 2000 国家大地坐标系。

2000 国家大地坐标系的原点为包括海洋和大气的整个地球的质量中心。Z 轴由原点指向历元 2000.0 的地球参考极的方向，该历元的指向由国际时间局给定的历元为 1984.0 作为初始指向来推算，定向的时间演化保证相对于地壳不产生残余的全球旋转；X 轴由原点指向格林尼治参考子午线与地球赤道面（历元 2000.0）的交点；Y 轴与 Z 轴、X 轴构成右手正交坐标系。2000 国家大地坐标系的尺度为引力相对论意义下的局部地球框架下的尺度。

2000 国家大地坐标系采用的地球椭球参数数值为：

长半轴　　$a = 6\ 378\ 137$ m

扁率　　$f = 1/298.257\ 222\ 101$

地心引力常数　$GM = 3.986\ 004\ 418 \times 10^{14}\ \text{m}^3 \cdot \text{s}^{-2}$

自转角速度　$\omega = 7.292\ 115 \times 10^{-5}$ rad/s

1980 西安坐标系：现行国家大地坐标系统。1980 西安坐标系是在 1954 年北京坐标系基础上对天文大地网进行整体平差后建立的。大地原点在西安市泾阳县永乐镇。其椭球参数采用的是国际大地测量与地球物理学联合会（International Union of Geodesy and Geophysics，IUGG）1975 年推荐的椭球参数。

长半轴　　$a = 6\ 378\ 140$ m

扁率　　$f = 1/298.257$

1954 年北京坐标系：现行国家大地坐标系统。1954 年北京坐标系采用三角形联测的方法将起始坐标从苏联普尔科沃天文台的大地基点传递过来，经各局部外业逐步布测并分别平差后，得到全国三角点的平差结果。这些坐标所依据的坐标定名为 1954 年北京坐标系，原点在俄罗斯普尔科沃。其参考椭球为克拉索夫斯基椭球体，其主要参数为：

长半轴　　　$a = 6\ 378\ 245$ m

扁率　　　　$f = 1/298.3$

2.4.2　高程基准

1. 1956 黄海高程系统

1956 年 9 月 4 日，国务院批准试行《中华人民共和国大地测量法（草案）》，首次建立国家高程基准，称“1956 年黄海高程系统”，系以青岛验潮站 1950—1956 年验潮资料算得的平均海面为零的高程系统，原点设在青岛市观象山。该原点以“1956 年黄海高程系统”计算的高程为准（72.289 m）。

2. 1985 国家高程基准

确定 1985 国家高程基准所依据的黄海平均海平面是利用青岛验潮站 1952—1979 年的验潮数据，并用中数法的计算值推断出来的。以这个高程基准面（72.260 4 m）作为全国高程的统一起算面，称为“1985 国家高程基准”。

2.4.3　摄影测量常用坐标系统

摄影测量解析的任务就是根据像片上像点的位置确定对应地面点的空间位置，因此需要选择适当的坐标系统来描述像点和地面点，并通过一系列的坐标变换，建立二者之间的数学关系，从而由像点观测值求出对应物点的测量坐标。摄影测量中常用的坐标系分为两类：一类是用于描述像点位置的像方空间坐标系；另一类是用于描述地面点位置的物方空间坐标系。

1. 像方空间坐标系

（1）像平面坐标系。

像平面坐标系用于表示像点在像平面上的位置，通常采用右手系。在摄影测量中，常常使用航摄像片的框标来定义像平面坐标系，称为框标坐标系[见图 2.12（a）]。若像片框标为边框标，则以对边框标连线作为 x、y 轴，连线交点 P 为坐标原点，与航线方向相近的连线为 x 轴。若像片框标为角框标，则以对角框标连线夹角的平分线作为 x、y 轴，连线交点 P 为坐标原点，与航线方向相近的连线为 x 轴。

在摄影测量解析计算中，像点的坐标则应采用以像主点为原点的像平面坐标系中的坐标。为此，当像主点与框标连线交点不重合时，须将框标坐标系平移至像主点 O，如图 2.12（b）所示。当像主点在框标坐标系中的坐标为 (x_0, y_0) 时，则量测出的像点框标坐标 (x_P, y_P) 可化算到以像主点为原点的像平面坐标系中的坐标 (x, y)，即

$$\left.\begin{aligned} x &= x_P - x_0 \\ y &= y_P - y_0 \end{aligned}\right\} \tag{2.11}$$

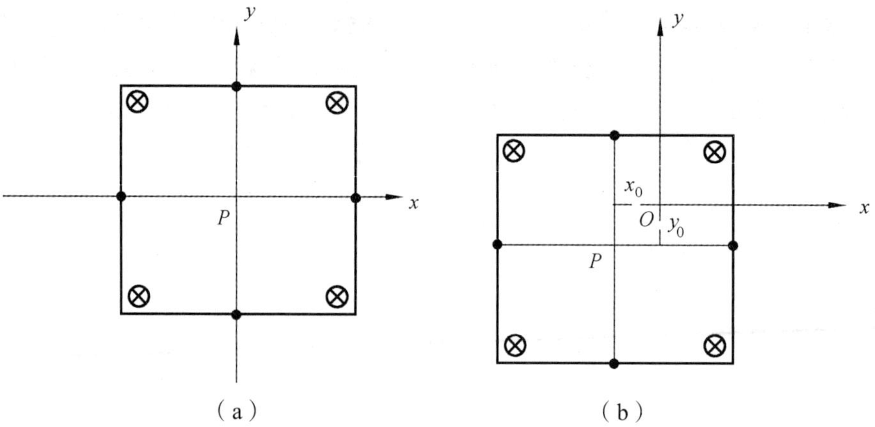

图 2.12 像平面坐标系

（2）像空间坐标系。

为了便于进行像点的空间坐标变换，需要建立起描述像点空间位置的坐标系，即像空间坐标系。以像片的摄影中心 S 为坐标原点，x、y 轴与像平面坐标系的 x、y 轴平行，z 轴与主光轴方向重合，构成像空间右手坐标系 $S\text{-}xyz$，如图 2.13 所示。像点在这个坐标系中的 z 坐标始终等于 $-f$，x、y 坐标也就是像点的像平面坐标。因此，只要量测得到像点在以像主点为原点的像平面坐标系中的坐标（x，y），就可得到该像点的像空间坐标（$x, y, -f$）。像空间坐标系随着每张像片的摄影瞬间空间位置而定，所以不同航摄像片的像空间坐标系是不统一的。

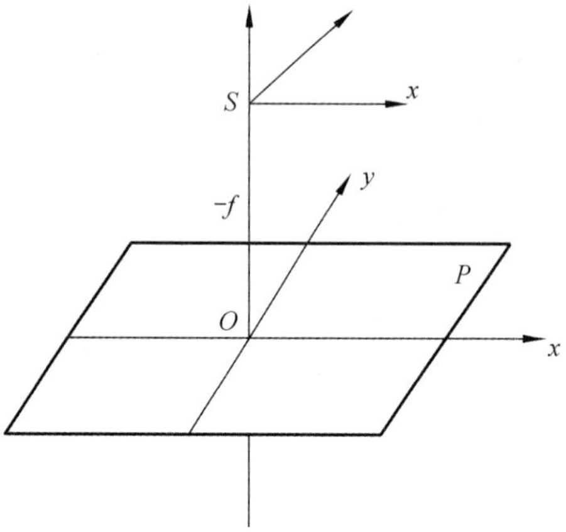

图 2.13 像空间坐标系

（3）像空间辅助坐标系。

像点的像空间坐标可以直接由像平面坐标求得，但由于各像片的像空间坐标系是不统一的，这就给计算带来了困难。为此，需要建立一种相对统一的坐标系，称为像空间辅助坐标系，用 $S\text{-}uvw$ 表示。此坐标系的原点仍然取摄影中心 S，u、w 坐标轴方向视实际情况而定。

通常 u、w 轴有 3 种选取方法：

① 取铅垂方向为 w 轴，航向为 u 轴，3 个轴构成右手直角坐标系。

② 以每条航线的首像片的像空间坐标系的 3 个轴作为像空间辅助坐标系的 3 个轴向。

③ 以每个像片对应的左片摄影中心为坐标原点，摄影基线方向为 u 轴，以摄影基线及左片主光轴构成的面作为 uw 平面，构成右手系。

2. 物方空间坐标系

（1）摄影测量坐标系。

将第一个像对的像空间辅助坐标系 $S\text{-}uvw$ 沿着 w 轴反方向移至地面点 P，得到的坐标系 $P\text{-}X_PY_PZ_P$，称为摄影测量坐标系。摄影测量坐标系是航带网中一种统一的坐标系，由于它与像空间辅助坐标系平行，因此，很容易由像点的像空间坐标求得相应地面点的摄影测量坐标。

（2）地面测量坐标系。

地面测量坐标系是指地图投影坐标系，也就是国家测图所采用的高斯平面直角坐标系与某一基准高程系统所组成的空间直角坐标系。图 2.14 所示的 $T\text{-}X_tY_tZ_t$ 坐标即为地面测量坐标。

（3）地面摄影测量坐标系。

由于摄影测量坐标系采用的是右手系，而地面测量坐标系采用的是左手系，故摄影测量坐标系到地面坐标系的转换带来了困难。为此，在摄影测量坐标系与地面坐标系之间建立一种过渡性的坐标系，称为地面摄影测量坐标系，用 $D\text{-}X_{tP}Y_{tP}Z_{tP}$ 表示，其坐标原点在测区内的某一地面点上，X 轴为大致与航向一致的水平方向，Z 轴沿铅垂方向，三轴构成右手系，如图 2.14 所示。摄影测量中，首先将地面点在像空间辅助坐标系中的坐标转换成地面摄影测量坐标，再转换为地面测量坐标。

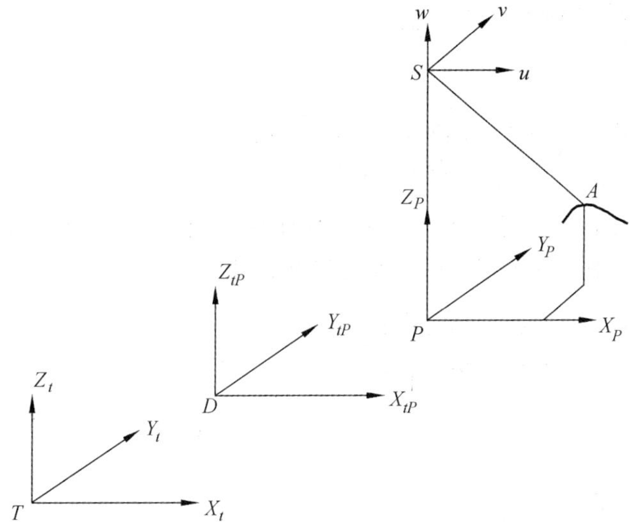

图 2.14　物方空间摄影测量坐标系

2.4.4　坐标系之间的转换

解析摄影测量中，要利用像点坐标计算对应地面点坐标，必须建立起像点坐标和地面点坐标之间的数学关系式，其中必然涉及不同空间直角坐标系之间的坐标转换问题。

1. 像点的平面坐标转换

图 2.15（a）所示为原点相同而轴向不一致的像平面坐标系之间的转换。

设某像点 a 在两坐标系中的坐标分别为（x,y）和（x',y'），则二者只存在轴系的旋转变换，其数学表达式为

$$\begin{bmatrix} x \\ y \end{bmatrix} = \boldsymbol{A} \begin{bmatrix} x' \\ y' \end{bmatrix} \tag{2.12}$$

设 $\widehat{xx'}$ 表示 x 轴与 x' 轴之间的夹角，$\widehat{xy'}$、$\widehat{yx'}$、$\widehat{yy'}$ 依此类推，则式（2.12）中

$$\boldsymbol{A} = \begin{bmatrix} a_1 & a_2 \\ b_1 & b_2 \end{bmatrix} = \begin{bmatrix} \cos\widehat{xx'} & \cos\widehat{xy'} \\ \cos\widehat{yx'} & \cos\widehat{yy'} \end{bmatrix} \tag{2.13}$$

式（2.13）称为平面直角坐标系的旋转矩阵。其中 a_i、$b_i\,(i=1,2)$ 称为方向余弦，各方向余弦分别为

$$\begin{cases} a_1 = \cos\kappa \\ a_2 = \cos(90^\circ + \kappa) = -\sin\kappa \\ b_1 = \cos(90^\circ - \kappa) = \sin\kappa \\ b_2 = \cos\kappa \end{cases}$$

因此，图 2.15（a）中两平面直角坐标系之间的变换关系为

$$\begin{bmatrix} x \\ y \end{bmatrix} = \begin{bmatrix} \cos\kappa & -\sin\kappa \\ \sin\kappa & \cos\kappa \end{bmatrix} \begin{bmatrix} x' \\ y' \end{bmatrix} \tag{2.14}$$

其反算式为

$$\begin{bmatrix} x' \\ y' \end{bmatrix} = \boldsymbol{A}^{-1} \begin{bmatrix} x \\ y \end{bmatrix} = \begin{bmatrix} \cos\kappa & -\sin\kappa \\ \sin\kappa & \cos\kappa \end{bmatrix} \begin{bmatrix} x \\ y \end{bmatrix} \tag{2.15}$$

式（2.14）、式（2.15）适用于共原点的两平面坐标系的相互转换。当坐标原点不重合时，如图 2.15（b）所示，则二者还存在一个平移转换，即

$$\begin{bmatrix} x \\ y \end{bmatrix} = \begin{bmatrix} \cos\kappa & -\sin\kappa \\ \sin\kappa & \cos\kappa \end{bmatrix} \begin{bmatrix} x' \\ y' \end{bmatrix} + \begin{bmatrix} x_0 \\ y_0 \end{bmatrix} \tag{2.16}$$

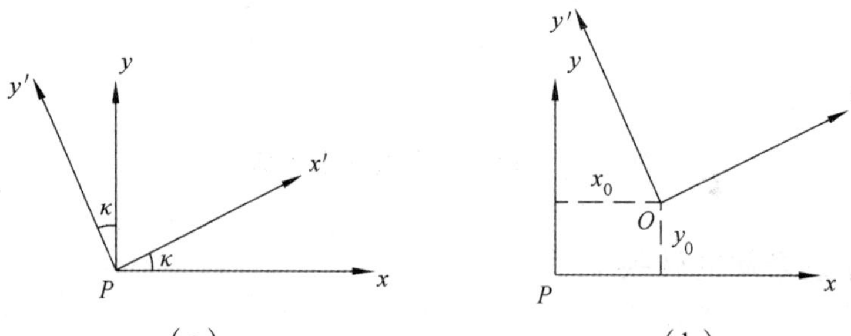

图 2.15　平面坐标转换

其反算式为

$$\begin{bmatrix} x' \\ y' \end{bmatrix} = \begin{bmatrix} \cos\kappa & -\sin\kappa \\ \sin\kappa & \cos\kappa \end{bmatrix} \begin{bmatrix} x \\ y \end{bmatrix} - \begin{bmatrix} x_0 \\ y_0 \end{bmatrix} \tag{2.17}$$

在摄影测量中，像点的平面坐标变换主要用于像框坐标与像平面坐标的转换，而且两坐标系的轴系是对应平行的，所以二者的转换只存在平移转换。

2. 像点的空间坐标转换

在取得像点的平面坐标后，加上 $z=-f$ 即可得到像空间坐标。像点的空间坐标变换，通常是将像点的像空间坐标 $(x,y,-f)$ 转换为像空间辅助坐标 (u,w,v)。这是像点在共原点的两个空间直角坐标系中的坐标变换。

2.4.5 地形图分幅及编号要求

为便于国家基本比例尺地形图的管理和使用，需要对各种基本比例尺的地形图进行统一的分幅和编号。现在采用的标准是国家测绘地理信息局 2012 年 6 月 29 日发布，2012 年 10 月 1 日实施的《国家基本比例尺地形图分幅和编号》(GB/T 13989—2012)。

国家基本比例尺地形图均以 1：1 000 000 地形图为基础图，按规定的经纬差划分图幅。

1：1 000 000 地形图的编号采用国际 1：1 000 000 地图编号标准。1：500 000 ~ 1：5 000 地形图的编号均以 1：1 000 000 地形图编号为基础，采用行列编号方法，如图 2.16 所示。各种比例尺经纬差与比例尺代码见表 2.2、表 2.3。

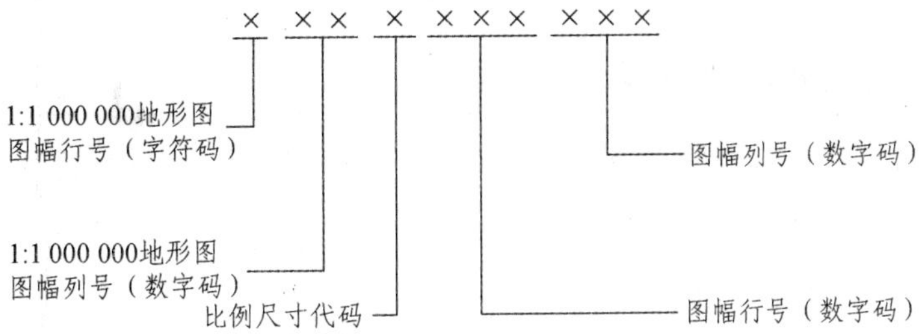

图 2.16 行列编号方法

表 2.2 各种比例尺经纬差

比例尺		1：1 000 000	1：500 000	1：250 000	1：100 000	1：50 000	1：25 000	1：10 000	1：5 000
图幅范围	经差	6°	3°	1°30′	30′	15′	7′30″	3′45″	1′52.5″
	纬差	4°	2°	1°	20′	10′	5′	2′30″	1′15″

表 2.3 比例尺代码

比例尺	1：500 000	1：250 000	1：100 000	1：50 000	1：25 000	1：10 000	1：5 000
代　码	B	C	D	E	F	G	H

大比例尺地形图大多按纵横坐标格网线进行分幅，即采用正方形或矩形分幅；编号按图廓西南角坐标公里数编号，也可按测区统一顺序编号。

2.4.6 地形类别和基本等高距的确定

地形图类别按图幅范围内大部分的地面倾斜角和高差划分为平地、丘陵地、山地、高山地，各种比例尺都有划分的规定。当高差与地面倾斜角矛盾时，以地面倾斜角为准。图幅基本等高距依地形类别进行划分，见表 2.4、表 2.5。

表 2.4　1：500 ~ 1：2 000 比例尺地形类别

地　类	坡　度
平地	<2°
丘陵地	2° ~ 6°（含 2°）
山地	6° ~ 25°（含 6°）
高山地	≥25°

表 2.5　1：500 ~ 1：2 000 成图比例尺基本等高距

基本等高距单位/m		地　形　类　别			
		平地	丘陵地	山地	高山地
成图比例尺	1：500	0.5	1.0（0.5）	1.0	1.0
	1：1 000	0.5（1.0）	1.0	1.0	2.0
	1：2 000	1.0（0.5）	1.0	2.0（2.5）	2.0（2.5）

注：括号内数值是按照不同用途选用的等高距。

2.4.7 平面精度和高程精度

平面精度是指点的平面坐标与该点的实地理论坐标值之差，高程精度指点的高程与该点实地理论高程值之差，各种比例尺测绘成果都有明确的规范要求。地形图的精度要求及高程中误差规定见表 2.6、表 2.7。

表 2.6　1：5 000 ~ 1：10 000 地形图的精度要求

点类型	平地、丘陵地	山地、高山地
加密点	0.35 mm	0.50 mm
地物点	0.50 mm	0.75 mm

表 2.7　高程中误差规定

成图比例尺		1：5 000				1：10 000			
地形类别		平地	丘陵地	山地	高山地	平地	丘陵地	山地	高山地
高程中误差	内业加密点	—	1.0	2.0	2.5	—	1.0	2.0	3.0
	高程注记点	0.35	1.2	2.5	3.0	0.35	1.2	2.5	4.0
	等　高　线	0.5	1.5	3.0	4.0	0.5	1.5	3.0	6.0

任务 2.5　航摄像片与地形图的区别

利用航摄像片测制地形图是航空摄影测量的重要任务之一。所以弄清航摄像片与地形图的区别与联系对于完成上述任务有着重要的意义。

航摄像片的比例尺

1. 投影方式的区别

地形图是地面的正摄投影，所以图与相应地面物体之间保持着相似的关系。航摄像片则是地面的中心投影，由于像片的倾斜和地面起伏因素的客观存在，都使得地面物体在航摄像片上的构像产生一定的形变。

2. 比例尺的区别

从测绘的基本知识我们已知，地形图是以正摄投影的方式测绘而成的，所以一张地形图整个图面具有统一的比例尺。而对于航摄像片来说，由于其受投影方式和其他因素的影响，使得航摄像片的比例尺呈现复杂的情况。

（1）当像片水平、地面平坦时的航摄像片比例尺。

如图 2.17 所示，P'表示在地面 T 平坦（$h=0$）时，所摄得的水平航摄像片。在此情况下，地面线段 AO, BO, OD, DE 与像片相应构像线段 ab, bo, od, de 之比为一常数，根据像片比例尺是像片上某两点的距离与物面上相应距离之比的定义，即

$$\frac{ab}{AB}=\frac{bo}{BO}=\frac{od}{OD}=\frac{de}{DE}=\frac{f}{H}=\frac{1}{m} \tag{2.18}$$

式（2.18）说明，当像片水平、地面平坦时，航摄像片具有统一的比例尺，此时航摄像片具有正摄投影的性质。然而这只是理想状态，实际航摄瞬间由于受飞机的姿态变化、气流变化、地形变化的影响，这种情况出现的机会是很小的。

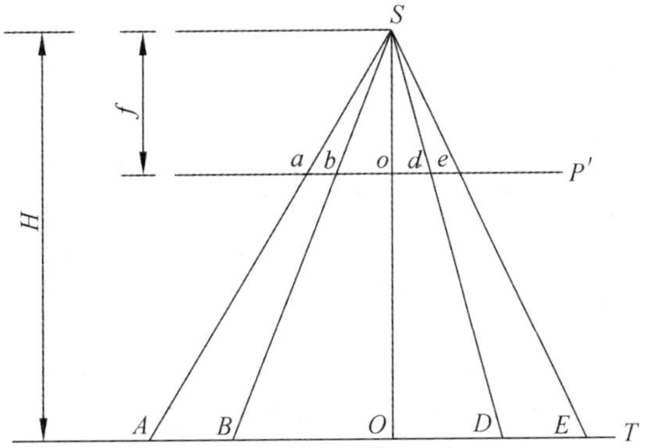

图 2.17　像片水平、地面平坦时的航摄像片比例尺

（2）像片水平、地面起伏时的航摄像片比例尺。

此时航摄像片与地面之间的夹角 $\alpha=0$，而地面的 $h\neq0$。在起伏地区的水平像片上，不同高程面上的线段具有不同的像片比例尺。地形高处的物体在航摄像片上的比例尺较大；反之则较小。

（3）当地面平坦、像片倾斜时的航摄像片比例尺。

此时 $h=0$，$\alpha \neq 0$。从倾斜误差的分析可知，在该情况下，只有等比线上的线段具有与水平像片相同的比例尺，即 $\frac{1}{m_O}=\frac{1}{m}=\frac{1}{H}$（$m_O$ 为摄站垂直下方 O 点位置的比例尺分母）。而其余航摄像片被等比线分成了两部分：含像主点 O 的部分，其水平方向线段的比例尺小于 f/H，且越远离等比线则比例尺越小；含像底点的部分则反之。

（4）当地面起伏、像片倾斜同时存在时的航摄像片比例尺。

在该种情况下，航摄像片的比例尺比较复杂，各处的比例尺均不相等。实际应用中常采用主比例尺 $\frac{1}{m}=\frac{f}{H}$ 作为该张像片的概略比例尺。也可以从航摄像片上选取并量测大致对称于主点且互相垂直的两线段，另外在实地量测出与之相应的地面线段来计算出航摄像片的平均比例尺。

3. 表示方法的区别

地形图对地面物体表示是按规范、图式规定的线划符号、数字和文字注记有选择地表示；航摄像片则是以不同灰度的影像全面客观地反映地面物体的情况。

在地形图上对地面上具有重要作用的地形要素往往夸大突出表示，对地面上的一些无形要素（例如地名、境界、坐标、树种、高程等）也给予了一定的表示；而地形要素和地面上的一些无形要素在航摄像片上并无法特意突出夸大表示。显然，航摄像片在表示方法方面与地形图相比有其不足的一面，随着正摄影像地图的发展，航摄像片该方面的不足逐渐会被克服。未来，航摄像片不仅具有地形图的特性和优势，而且航摄像片信息丰富、形态逼真、生动直观的一面，将会得到充分的施展。

4. 数据采集方式的区别

地形图的数据采集是点采集方式，而航空摄影测量采用面采集方式（所见即所得），因此，立体测图的作业效率已得到很大的提升。

复习思考题

1. 摄影测量中有哪些常用坐标系统？
2. 什么是像片的内方位元素和外方位元素？它们各有什么用途？
3. 什么航摄比例尺？
4. 航摄像片和地形图有何异同之处？
5. 单项选择题

（1）下列关于航空摄影时飞行质量的要求，叙述错误的是（　　）。

A. 航向重叠度一般应为 60%～65%；最小不应小于 56%

B. 像片倾斜角一般不大于 3°，个别最大不大于 5°

C. 航摄比例尺越大，像片旋角的允许值就越大

D. 航线弯曲度一般不大于 3%

（2）同一条航线内相邻像片之间的影像重叠称为（　　）重叠。

A. 航向　　B. 旁向　　C. 水平　　D. 垂直

（3）相邻航线相邻像片之间的影像重叠称为（　　）重叠。

A. 航向　B. 旁向　C. 水平　D. 垂直

（4）航空摄影测量采用（　　）投影成像。

A. 正射　B. 垂直　C. 倾斜　D. 中心

（5）航摄比例尺 m 的计算公式为（　　）。

A. m＝摄影机主距/相对航高　B. m＝摄影机焦距/相对航高

C. m＝摄影机主距/绝对航高　D. m＝摄影机焦距/绝对航高

（6）当成图比例尺为 1∶500 时，应选择的航摄比例尺为（　　）。

A. 1∶2 000～1∶3 500　B. 1∶3 500～1∶7 000

C. 1∶7 000～1∶14 000　D. 1∶10 000～1∶20 000

（7）当成图比例尺为 1∶500 时，应选择的航摄比例尺为（　　）。

A. 1∶2 000～1∶3 500　B. 1∶3 500～1∶7 000

C. 1∶7 000～1∶14 000　D. 1∶10 000～1∶20 000

（8）一张航摄像片的内方位元素有（　　）个参数。

A. 2　B. 3　C. 4　D. 6

（9）一张航摄像片的外方位元素有（　　）个参数。

A. 3　B. 5　C. 6　D. 7

（10）下列参数中，与像点位移无关的是（　　）。

A. 飞行速度　B. 曝光时间

C. 地面分辨率　D. 绝对航高

（11）制订航摄计划时需考虑季节因素，其主要原因是考虑（　　）。

A. 太阳高度角对航摄的影响　B. 地面覆盖对航摄的影响

C. 太阳光照强度对航摄的影响　D. 大气透明度对航摄的影响

（12）摄影测量共线方程是按照摄影中心、像点和对应的（　　）3 点位于空间一条直线的几何条件方程构建的。

A. 像控点　B. 模型点　C. 地面点　D. 定向点

项目 3　双像立体测图

项目描述

在摄影测量中，应用单像后方交会求得像片的外方位元素后，仍无法确定地面点的空间位置，因为单张像片只能确定出一条经过投影中心连向地面点的方向线。而使用两张像片组成的立体像对上的同名像点，就能得到两条同名光线，这条两条同名光线在空间一定相交，其交点就是该地面点的空间位置。因此，立体摄影测量也称为双像立体测图。双像立体测图是指利用一个立体像对重建地面立体的几何模型，并对该立体几何模型进行量测，得到符合规定要求比例尺的地形图或数字地面模型等。

教学目标

1. 能力目标

- 能够熟悉立体观测与量测的基本原理；
- 能够熟悉立体像对观察中的投影变换关系；
- 能够应用立体测图的几何原理进行立体测图；
- 能够运用 VirtuoZo 进行航摄像片的内定向、相对定向、绝对定向处理。

2. 知识目标

- 了解立体像对、投影变化的概念；
- 理解立体测图的几何原理；
- 理解 VirtuoZo 进行立体测图过程的基本原理。

3. 素质目标

- 具备一定阅读总结能力；
- 具备一定几何空间想象能力；
- 具备一定的查阅、整理资料能力；
- 具备一定的组织协调和团队协作能力；
- 具备良好的吃苦奉献、精益求精精神；
- 具备一定的探索学习能力。

任务 3.1　立体观察与量测

当人用单眼观察景物时，看到的仅仅是景物的透视图，好像是一张像片一样，不能准确判断景物的远近。只有用双眼同时观察景物，才能分辨出物体的远近，得到景物的立体效果。人的双眼为什么会产生天然立体视觉而能分辨出远近不同的景物呢？

立体观测与立体量测

3.1.1 人眼的视觉原理与立体视觉

如果把人的眼睛看作是一台可自动聚焦的立体摄影机，那么当人眼观察远近不同的物体时，眼球中的水晶体自动变焦，在网膜窝上得到清晰的像。如图 3.1 所示。

为什么双眼观察可分辨出远近不同的景物？如图 3.2 所示，若 A 点在双眼的构像分别为 a_1、a_2，B 点在双眼的构想分别为 b_1、b_2，那么 AB 在双眼的构像分别为 a_1b_1 和 a_2b_2，则有 $\delta = a_1b_1 - a_2b_2$，δ 称为生理视差。生理视差也反映了双眼观察 A、B 两点时交会角的差别，$\Delta r = r - r'$。生理视差是人的双眼分辨物体远近 $\mathrm{d}L$ 的根源。

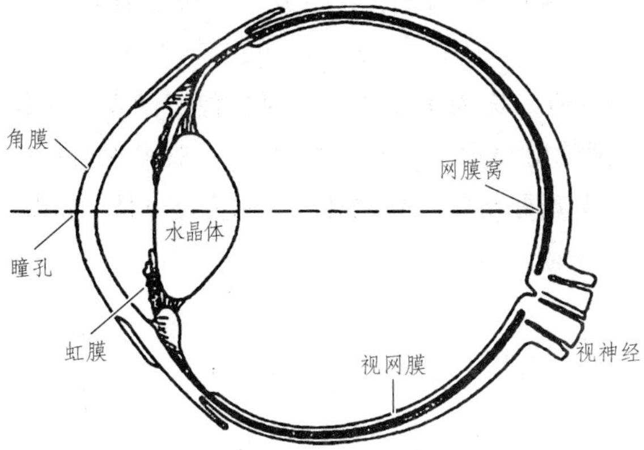

图 3.1 人眼的生理结构

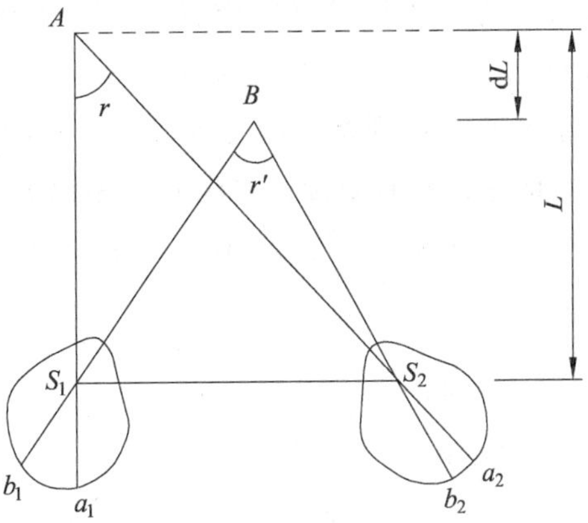

图 3.2 人眼的立体视觉

如果我们在双眼前各放一块玻璃片，如图 3.3 中的 P_1 和 P_2，则 A 和 B 两点分别在玻璃片上得到影像 a_1、b_1 和 a_2、b_2。若玻璃片上有感光材料，影像就可以记录在 P_1 和 P_2 平面上。当移开 A 和 B 实物后，两眼分别观看各自玻璃片上的构像，仍能看到与实物一样的空间景物 A 和 B 的影像，这就是空间景物在人眼网膜窝上产生生理视差的人眼立体视觉效应。具体过程为：空间景物在感光材料上构像，再用人眼观察构像的像片而产生生理视差，重建空间景物立体视觉。由此可见，生理视差是产生天然立体感觉的根本原因，正是从这一原理出发而获取人造立体视觉。

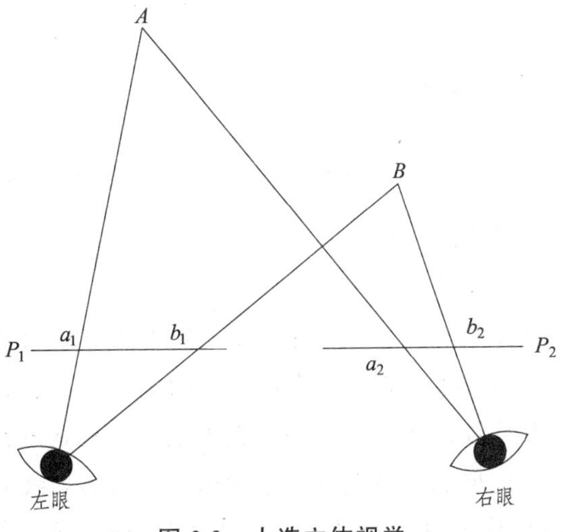

图 3.3 人造立体视觉

根据人造立体视觉原理，为了获得同一地面景物在相邻两张像片上都有影像，摄影时相邻像片的重叠度应≥60%。利用相邻像片组成的像对进行双眼观察（左眼看左片，右眼看右片），同样可以获得所摄地面景物的立体模型，这就是立体摄影测量的基础。用双眼直接观察空间物体有远近感觉的现象，称为天然立体观察。利用立体像对进行双眼观察，也能获得与直接观察空间物体一样的立体感觉，称为像对的立体观察。

根据天然立体观察的特征分析，像对的立体观察应满足的条件有：① 由两个摄影站点摄取同一景物面组成立体像对。② 每只眼睛必须分别观察像对的一张像片。③ 两条同名像点的视线与眼基线应在一个平面内。④ 两张像片的比例尺大小尽可能接近（差别<15%）。

图 3.3 中观察到的立体模型与实际景物相似，称为正立体。如果把像对的左右影像对调（即左眼看右影像，右眼看左影像）或者把像对绕原点各自旋转 180°，双眼观察产生的生理视差就改变了符号，导致观察到的立体模型正好与实际景物相反，称为反立体。如图 3.4 所示。

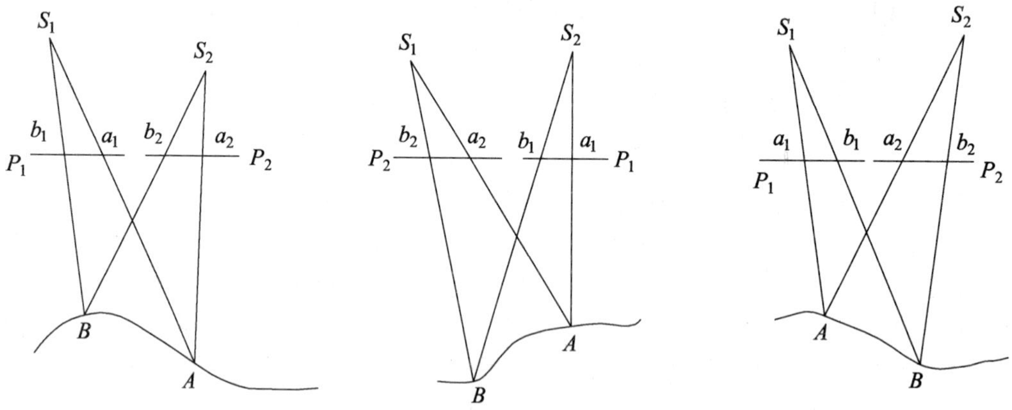

（a）正立体　（b）反立体　（c）反立体

图 3.4　正立体、反立体效应

3.1.2　立体观察与立体量测

立体像对是指由不同摄站摄取的、具有一定影像重叠度的两张像片。立体摄影测量以立体像对为量测单元，也称为双像立体测图。

1. 立体像对中的点、线、面

图 3.5 表示的是一个立体像对的相关位置关系。图中 S_1、S_2 分别表示左影像和右影像的摄影中心。B 为摄影基线，O_1、O_2 分别为左右影像的像主点。a_1、a_2 为地面点上任意一点 A 在左右影像上的构像，称为同名像点。n_1、n_2 分别为左右影像的像底点。射线 AS_1a_1 和 AS_2a_2 称为同名射线。处于摄影位置时同名射线在同一平面内，即同名射线共面，这个平面叫核面。例如，通过地面点 A 的核面称为 A 点的核面，记作 W_A。通过像主点的核面称为主核面。一

般情况下，通过左右影像主点的两个主核面不重合，分别称为左主核面和右主核面。通过像底点 n 的核面称为垂核面。若同名射线都在核面内，则同名射线必然对对相交。基线或其延长线与像平面的交点称为核点，图中 J_1、J_2 分别是左、右像片上的核点。核面与像平面的交线称为核线，与垂核面、主核面相对应有垂核线和主核线。同一个核面对应的左右像片上的核线称为同名核线，同名核线上的像点一定是一一对应的，因为它们都是同一个核面与地面上的点的构像。

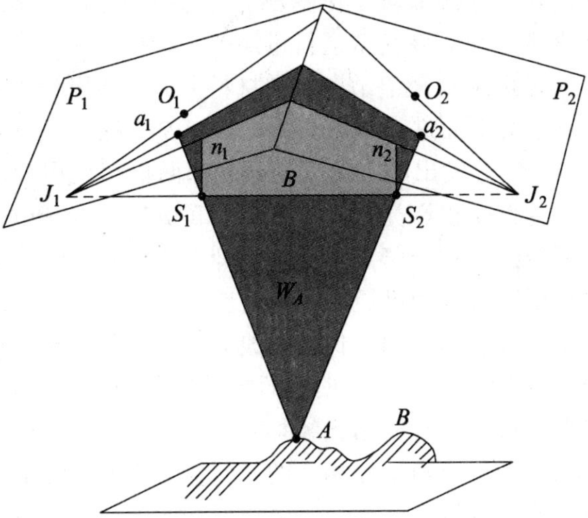

图 3.5　立体像对中的点、线、面

2. 立体像对的视差

立体像对上相应像点在两像片上的位置是不同的，即在两像片上的像平面坐标是不等的，如图 3.6 所示。这种相应像点的坐标差称为视差，其中横坐标之差称为左右视差，用 p 表示；纵坐标之差称为上下视差，用 q 表示。如图 3.6 所示。

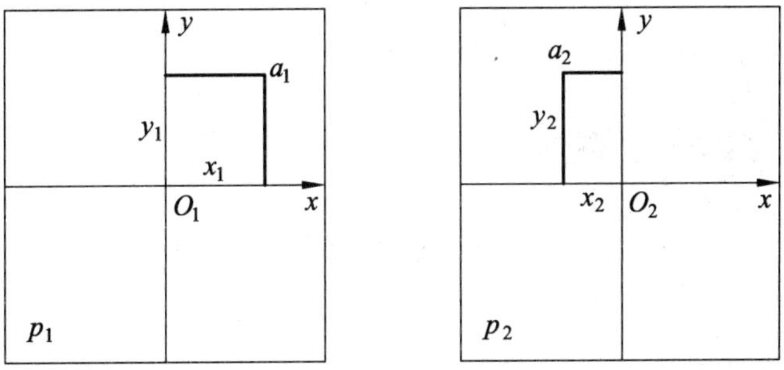

图 3.6　立体像对的视差

由图 3.6 可见，

$$\begin{cases} p = x_1 - x_2 \\ q = y_1 - y_2 \end{cases}$$

左右视差恒为正，上下视差可为正、负或零。

任务 3.2　双像立体测图的原理

双像立体测图

3.2.1　立体摄影测量的基本原理

立体摄影测量是利用一个立体像对，在恢复它们的内外方位元素后，重建与地面相似的几何模型，并对该模型进行量测的一种摄影测量方法。地面点反射出的光线，通过摄影物镜记录在感光材料上，经摄影处理得到摄影底片。

图 3.7（a）表示从空中对地面进行摄影测量，S_1、S_2是两个摄站点，摄得的两张照片P_1和P_2。地面点 A、M、D、C 等发出的光线，通过相邻两摄影机物镜S_1和S_2，分别构像在左右像片上重叠范围内，成为两个摄影光束。光线AS_1和AS_2，CS_1和CS_2，…都是相应的同名光线，这时同名光线与基线总在一个竖直平面内，即三个矢量S_1S_2、S_1A、S_2A共面，又称为同名光线对对相交。根据摄影过程的可逆性，可设计两个与摄影机一样的投影器，将P_1和P_2装回到与摄影机相同的两个投影镜箱内，保持两投影机的方位与摄影机方位相同，但物镜间的距离缩小，即投影器从S_2搬到S_2'处，此时两投影器间的距离为$S_1S_2' = b$。在投影器上，用聚光灯照明，则两投影器光束中所有同名光线仍对对相交，构成空间的交点A'、M'、D'、C'等。所有这些交点的集合，构成与地面相似的几何立体模型，模型的比例尺为$1:m = b:B$。这个过程称为摄影过程的几何反转。因此，立体像对测图的原理，就是摄影过程的几何反转原理。在构成的立体模型中，用一个有标志的测绘台，如图 3.7（b）所示，在承影面上利用测绘台的升降来使测标与地面相切，再加上测绘台的平面移动，测绘台下的绘图笔就可测绘出地形图。

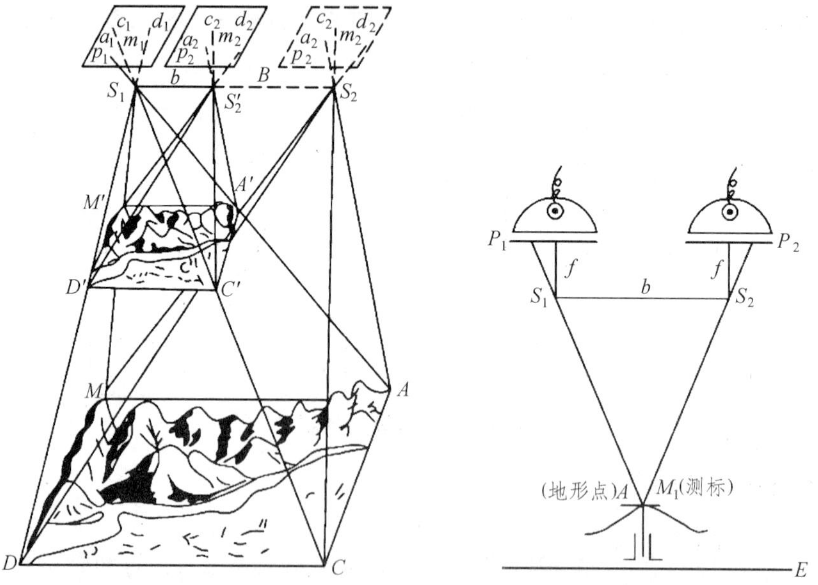

（a）立体摄影过程　　（b）摄影过程的几何反转与测图

图 3.7　立体摄影测量的基本原理

3.2.2 双像立体测图过程

一个立体像对，两像片影像重叠范围内的任意地面点在两张像片上都分别有它们的同名像点，并与相应的摄影中心组成同名射线，同名摄影射线是对对相交的。因此，摄影时摄影基线、同名射线、同名像点与地面点之间有着固定的几何关系。利用像对进行立体测图，必须重建与实地相似且符合比例尺及空间方位的几何模型。若能恢复像片对的内、外方位元素，就能恢复上述固有的几何关系。

如何恢复投影光束的方位，使它与摄影时的方位相同，从而建立立体模型进行测图，这是双像测图中需要解决的问题。在立体测图中通常通过以下几个步骤实现：

第一步：内定向。恢复像片对的内方位元素，建立和摄影光束相似的投影光束称为内定向。这一过程容易实现，因为摄影机主距及框标坐标是已知的（即相机检校文件）。

第二步：相对定向。恢复像对两像片摄影时的相对方位，建立和地面相似的立体模型。

因外方位元素通常是未知的，所以要恢复像片的外方位元素，通常需经过两个步骤：首先找出两张像片相对位置的数据，称这些数据为像片对的相对定向元素，若恢复了像对的相对定向元素，同名射线（投影光线）就能对对相交并形成与实地相似的几何模型。但仅完成相对定向，并没有完全恢复两像片的外方位元素，因相对定向后建立起来的几何模型，它的大小和空间方位都是任意的，还必须找出恢复该模型大小与空间方位的数据，这些数据称为模型的绝对定向元素。若恢复了该模型的绝对定向元素，就恢复了该模型的大小和空间方位，把相对定向后重建的立体几何模型纳入地面摄影测量坐标系中并符合所要求的比例尺，对该模型进行量测，可获得模型点的三维坐标。因此，通过相对定向和绝对定向两个步骤来恢复两张像片的外方位元素，也称之为间接地实现摄影过程的几何反转。

第三步：绝对定向。将立体模型纳入到地面测量坐标系中，并归化为所需要的模型比例尺。

第四步：立体测图。用量测工具量测立体模型，测制地形图。

3.2.3 立体像对的相对定向和绝对定向

恢复像片对的外方位元素需经过两个步骤：相对定向和绝对定向。要进行相对定向和绝对定向，首先要找出像片对的相对定向元素和绝对定向元素。确定一张航摄像片在地面坐标系统中的方位，需要确定 6 个外方位元素，即站的 3 个坐标和确定摄影光束空间姿态的 3 个角元素。因此，确定一个立体像对的两张像片在该坐标系中的方位，则需要 12 个外方位元素，即

左影像：$X_{S1},Y_{S1},Z_{S1},\varphi_1,\omega_1,\kappa_1$；

右影像：$X_{S2},Y_{S2},Z_{S2},\varphi_2,\omega_2,\kappa_2$。

恢复立体像对中两张像片的 12 个外方位元素即能恢复期绝对位置和姿态，重建被摄地面的绝对立体模型。摄影测量中，上述过程可以通过另一途径来完成。首先暂不考虑像片的绝对位置和姿态，而只恢复两张像片之间的相对位置和姿态，这样建立的立体模型称为相对立

体模型，其比例尺和方位均是任意的，也可以理解为自由模型；然后在此基础上，将两张像片作为一个整体进行缩放，通过控制点，进行平移、旋转、缩放使其达到绝对位置。这种方法称为相对定向-绝对定向。

用于描述两张像片相对位置和姿态关系的参数，称为相对定向元素。由于不涉及像片的绝对位置，因此相对定向只需要利用立体像对内在几何关系来进行，不需要地面控制点。确定模型在地面坐标系统中绝对位置和姿态的参数，称为绝对定向元素。

1. 立体像对的相对定向元素

在摄影测量的生产作业中，立体像对的相对定向和绝对定向总是和一定的仪器及作业方法联系在一起的。相对定向元素与空间辅助坐标系的选择有关，对于不同的像空间辅助坐标系，相对定向元素可以有不同的选择，两种常用的相对方位元素系统如下：

（1）连续像对相对定向系统。

连续像对相对定向系统是以立体像对中左像片的像空间坐标系作为像对的像空间辅助坐标系。此时如图 3.8 所示，可以认为左像片在此像空间辅助坐标系中的相对方位元素全部为零，因此，右像片对于左像片的相对方位元素，就是右像片在像空间辅助坐标系中的相对方位元素，即：

左影像：$X_{S1}=Y_{S1}=Z_{S1}$，$\varphi_1=0$，$\omega_1=0$，$\kappa_1=0$；

右影像：$X_{S2}=b_x$，$Y_{S2}=b_y$，$Z_{S2}=b_z$，φ_2，ω_2，κ_2。

φ_2为右像片主光轴在X_Z坐标面上的投影与 Z 轴的夹角；ω_2为右像片主光轴与X_Z坐标面上之间的夹角，κ_2为Y轴在右像片平面上的投影与右像片平面坐标系y_2轴之间的夹角。h_x、h_y、h_z为摄影基线b在像空间辅助坐标系中的 3 个坐标轴上的投影，称为摄影基线的 3 个分量。其中，b_x只影响相对定向后建立模型的大小，而不影响模型的建立，因此相对定向需要恢复或求解的相对定向元素只有 5 个，即h_y，h_z，φ_2，ω_2，κ_2，我们称其为连续像对相对定向元素。这种相对方位元素的特点是，在相对定向过程中，只需移动和旋转其中一张像片，另一张则始终固定不变。

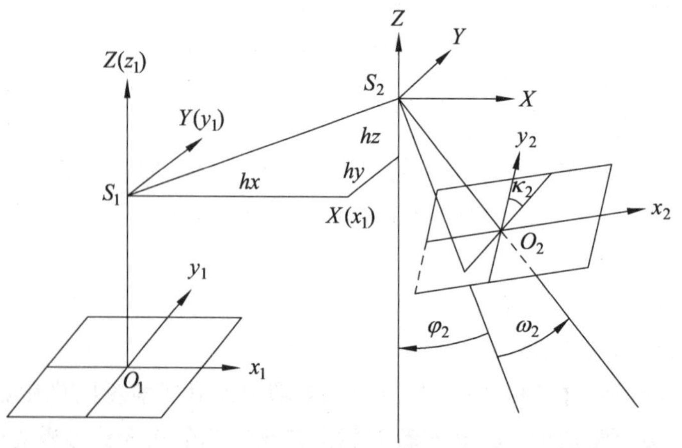

图 3.8 连续像对相对定向

（2）单个像对相对定向系统。

单个像对相对定向系统，以左摄站 S_1 为像空间辅助坐标系原点，摄影基线 b 为 X 轴，左主光轴与摄影基线组成的左主核面为 X_Z 面，Y 轴垂直于该面构成右手直角坐标系，如图 3.9 所示。这一种像空间辅助坐标系也称为基线坐标系。所以说，单个像对相对定向系统是以基线坐标系为参考基准的。

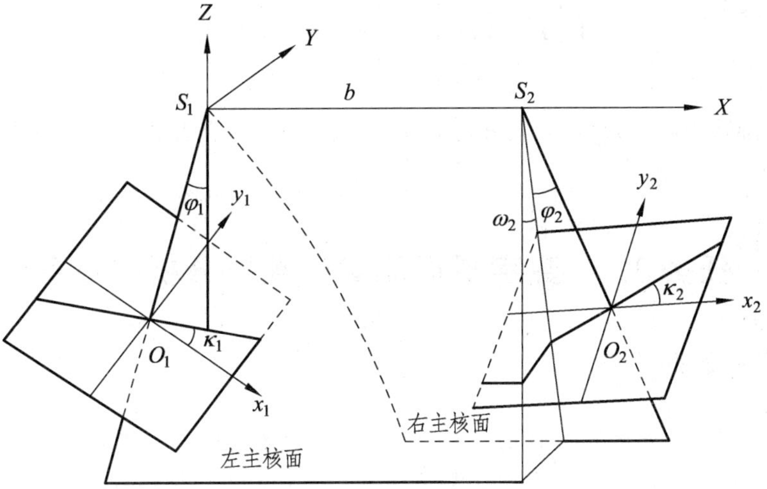

图 3.9　单个像对相对定向

左右像片的相对方位元素为

左影像：$X_{S1}=Y_{S1}=Z_{S1}=0$，φ_1，$\omega_1=0$，κ_1；

右影像：$X_{S2}=b_x=b$，$Y_{S2}=b_y=b$，$Z_{S2}=b_z=0$，φ_2，ω_2，κ_2。

同样，b_x 只涉及模型比例尺的大小，而不影响模型的建立，因此单个像对相对定向元素系统由 5 个角元素即 φ_1、κ_1、φ_2、ω_2、κ_2 组成。其中，ω_2 为左、右影像主核面之间的夹角，由左主核面起算，逆时针为正，图中为正值；φ_1、φ_2 为左、右主核面上左、右主光轴与摄影基线垂线之间的夹角，由垂线起算，顺时针为正，图中 φ_1 为负值，φ_2 为正值；κ_1、κ_2 为左、右主核线与左、右像平面坐标系 x 轴间的夹角，由主核线起算，逆时针至 x 正方向为正值，图中 κ_1、κ_2 为负值。这种定向方式的特点是在相对定向过程中，只需分别旋转两张像片便可以确定两光束的相对方位，无须平移影像。

2. 立体像对的绝对定向元素

相对定向后建立的立体模型是相对于摄影测量坐标系统的，它在地面坐标系统中的方位是未知的，其比例尺也是任意的。如果想要知道模型中某点相应的地面点的地面坐标，就必须对所建立的模型进行绝对定向，即要确定模型在地面坐标系中的正确方位及比例尺因子。这项工作叫立体模型的绝对定向。如前所述，立体像对共有 12 个外方位元素，相对定向求得 5 个元素后，待解求的绝对定向元素应有 7 个。求解这 7 个元素的过程实质是将立体模型上的模型坐标通过平移、旋转、缩放纳入摄影测量坐标系中。

绝对定向是指解算立体模型绝对方位元素的工作。立体模型绝对方位元素有 7 个，即：X_0、Y_0、Z_0、φ、ω、κ、λ。绝对定向的目的：恢复立体模型在地面坐标系中的大小和方位。

绝对定向过程：利用已知地面控制点，确定立体模型在地面坐标系中的大小和方位，解求绝对方位元素。方程式如下：

$$\begin{bmatrix}X_T\\Y_T\\Z_T\end{bmatrix}=\lambda\cdot\boldsymbol{M}\begin{bmatrix}X\\Y\\Z\end{bmatrix}+\begin{bmatrix}X_0\\Y_0\\Z_0\end{bmatrix}=\lambda\cdot\begin{bmatrix}a_1&a_2&a_3\\b_1&b_2&b_3\\c_1&c_2&c_3\end{bmatrix}+\begin{bmatrix}X_0\\Y_0\\Z_0\end{bmatrix} \tag{3.1}$$

上式中，M 为旋转矩阵，包含 3 个角元素 φ、ω、κ；X_0，Y_0，Z_0 为坐标平移参数；λ 为缩放系数。

任务 3.3　数字摄影测量的数据分析与准备

3.3.1　影像数据分析

数据分析是摄影测量的重要环节，正确理解影像原始数据对成果的产生以及精度确定有着重要的意义。在摄影测量前期，需要分析航片的分辨率、摄影比例尺、地面分辨率、影像的航带关系等，同时还需要对相机文件、控制点位文件、航片索引图等进行分析整理。

数据准备、测区建立

1. 原始数据格式分析

影像的数据格式有多种，一般常用的数据格式有 TIF、JPEG 等，教材中以 VirtuoZo 数字摄影测量系统为例，VirtuoZo 通常会将数据格式转换成内部的 VZ 格式。

2. 分析原始数据影像的分辨率、比例尺

影像的分辨率是指影像上能区分图像上两个像元的最小距离。摄影比例尺是指航空摄影机的主距与航高之比，一般认为当像片水平和地面为水平面的情况下，像片比例尺是一个常数。

3. 分析相机检校参数及其影像方位、框标位置

相机检校的目的是求出相机的内方位元素及相机的各项畸变参数，这些参数在航空摄影时已经记录在文档中。根据影像框标的量测值，可以解算出框幅式相机的检校参数。

4. 分析地面控制点数据及其点位分布情况

控制点的选取应均匀覆盖测区，且最好分布在不同高程面上。地面控制点数据及其点位分布信息记录在航空摄影时的文档中。

3.3.2　影像数据准备

数据准备的第一步是创建测区，创建测区即为将要进行测量的数据创建一个工程文件。建立测区工程文件的内容主要包括：指定测区数据存储路径，设定测区参数，指定相机参数，

控点数据以及影像数据的录入等。测区文件各参数的设置一定要正确，否则将无法进行后续的影像处理。

1. 建立测区

（1）选择文件→新建/打开测区新建一个测区，如图 3.10 所示。

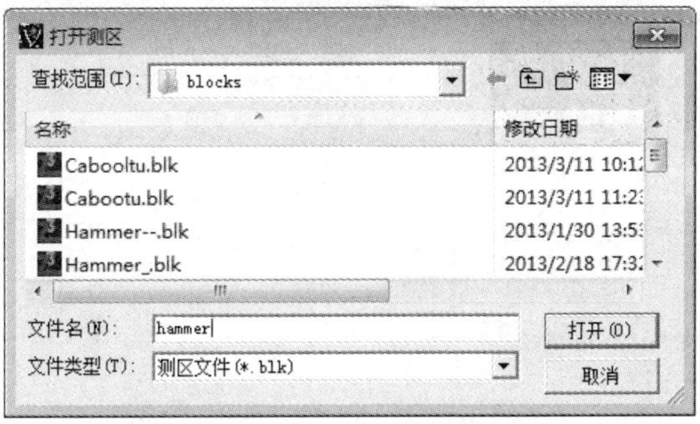

图 3.10　建立测区

（2）在弹出的打开参数对话框中，文件名栏填入测区名 hammer，单击打开。

（3）单击主目录一栏右侧的...，选择测区目录，例如 Hammer 文件夹，确定后如图 3.11 所示。按照默认设置即可，单击“保存”按钮。

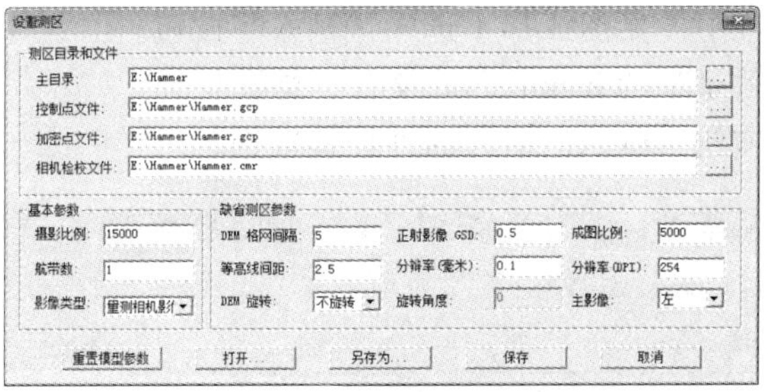

图 3.11　设置测区

至此完成测区建立，且测区处于打开状态，在右下角状态栏即可查看当前打开的测区。测区文件存放在 C：\virlog\blocks\hammer.blk；下次直接打开该文件即可打开测区。

2. 创建相机参数文件

（1）选择主界面下的设置→相机参数来设置相机参数（见图 3.12）。

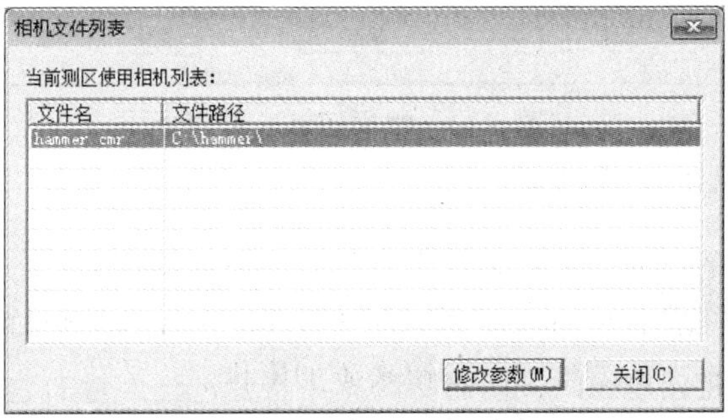

图 3.12　相机文件

（2）在相机文件列表中选择相机文件 hammer.cmr，单击“修改参数”按钮。

（3）在弹出的相机检校参数对话框中选择左下方的“输入”按钮（见图 3.13）。

（4）选择样本数据目录下的 hammer.cmr 文件，将其打开。

（5）点击“确定”按钮确认已引入的相机参数文件。

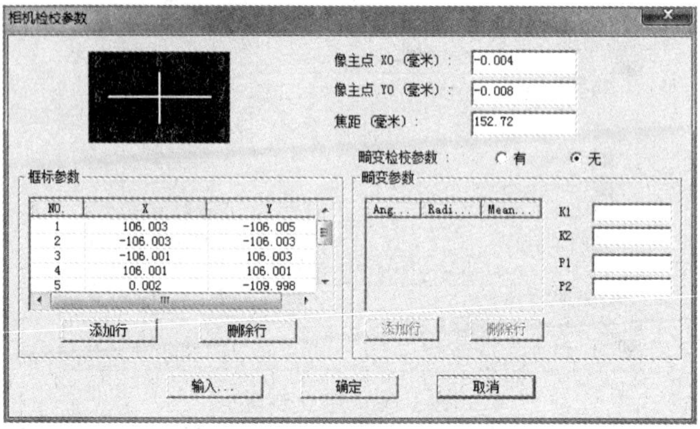

图 3.13　创建相机参数

3. 创建外业控制点文件

（1）选择主界面下的设置→地面控制点来设置外业控制点。

（2）在弹出的对话框中（见图 3.14）选择“输入”按钮。

（3）选择样本数据目录下的 hammer.ctl 文件，将其打开。

（4）点击“确定”按钮，确认已引入的外控点数据。

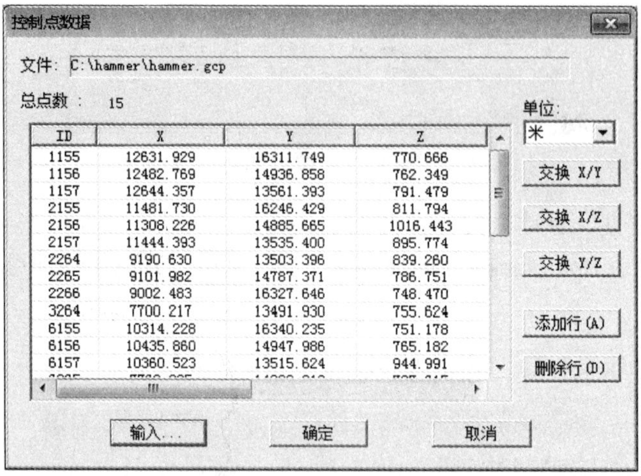

图 3.14　地面控制点数据

4. 引入影像

（1）选择主界面下的设置→引入影像来进行影像格式转换。

（2）选择样本数据目录下的 images 目录下的全部影像，按住鼠标左键直接拖入输入影像对话框中；或者用对话框上的“增加”按钮来添加影像。

（3）设置像素大小（mm）为 0.044 5。

（4）选择 02-164、02-165、02-166，单击“选项”按钮，设置旋转相机为“是”，单击“确定”按钮后进行影像格式转换，如图 3.15 所示。

（5）单击“处理”按钮，处理完成后如图 3.16 所示，完成后退出“输入影像”对话框。

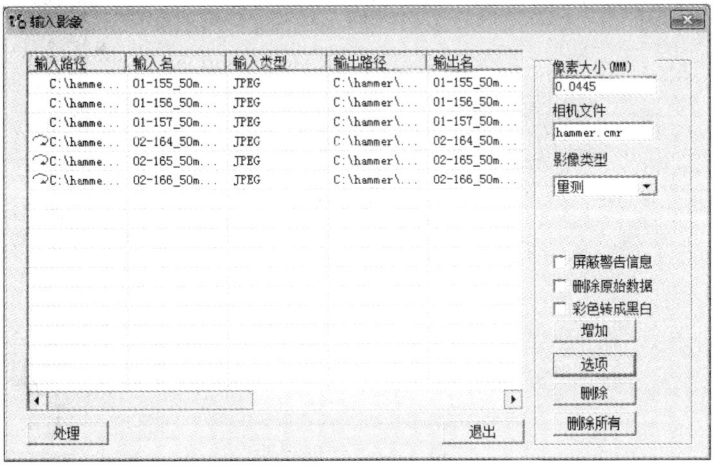

图 3.15　输入转换影像

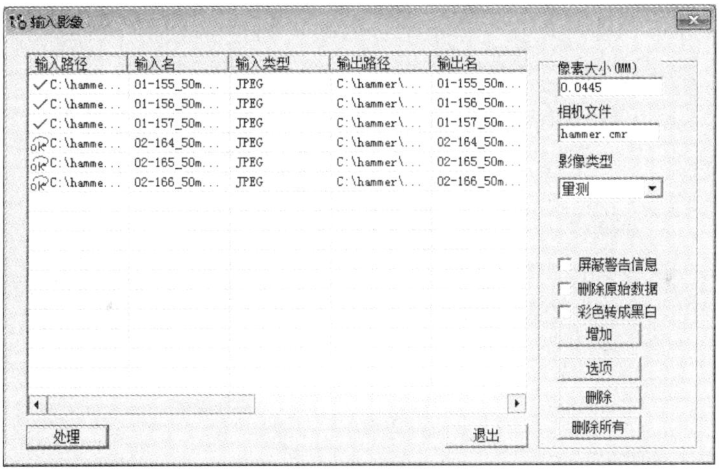

图 3.16　影像转换完成

任务 3.4　数字航空影像的定向处理

3.4.1　内定向

模型定向处理

利用框标检校坐标与定位坐标计算扫描坐标系与像片坐标系间的变换参数的过程称为内定向，内定向是指框标自动识别和定位。内定向问题需要借助影像的框标来解决。为了进行内定向，必须量测影像上框标点的影像坐标或扫面坐标，然后根据量测相机的检定结果所提供的框标理论值，用解析计算的方法进行内定向，从而获得所量测各点的影像坐标。

内定向的具体作业步骤：① 调用内定向程序，建立框标模板（若模板已建立，则进入左影像的内定向）；② 左影像内定向；③ 右影像内定向；④ 退出内定向程序模块。

1. 创建模型

（1）选择主界面下的文件→新建/打开模型，弹出打开或创建一个模型对话框，如图 3.17 所示。

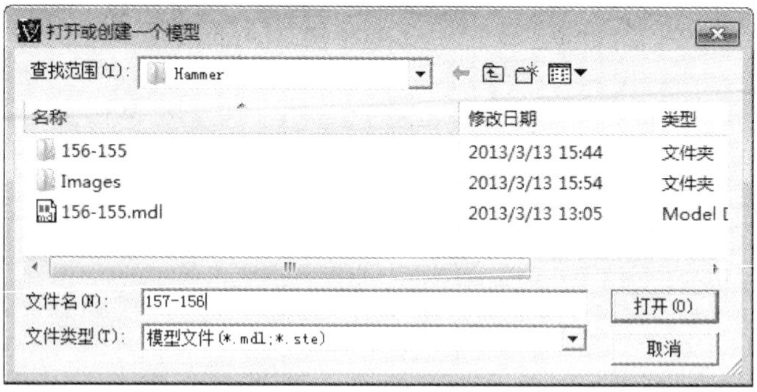

图 3.17　创建模型

（2）在打开或创建一个模型对话框的文件名一栏输入模型名称，例如 157-156，表示用影像编号为 157、156 的像片创建一个模型，如图 3.18 所示。

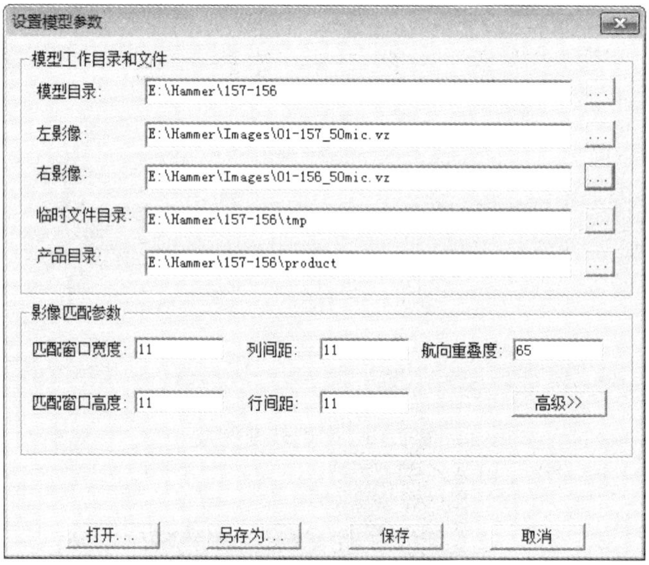

图 3.18　设置模型参数

（3）在设置模型参数对话框中设置左右影像，打开 hammerIndex.html 文件查看可知，157 为左影像，156 为右影像。

（4）按默认参数“保存”按钮，完成模型创建。

2. 建立框标模板

当模型打开后，在系统主菜单中，选择模型定向→影像内定向，程序读入左影像数据后，屏幕显示建立框标模板界面，如图 3.19 所示。

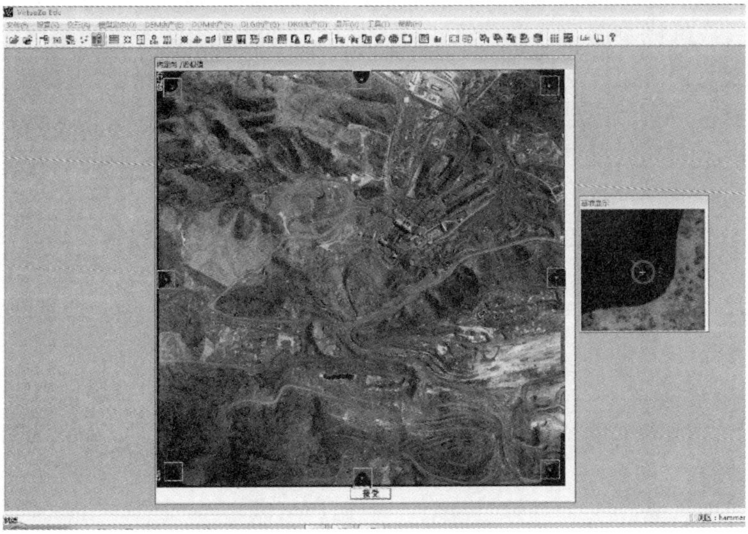

图 3.19　建立框标模板

界面右边小窗口为某个框标的放大影像，其框标中心点清晰可见。界面左窗口显示了当前模型的左影像，若影像的四角的每个框标都有白色的小框围住，框标近似定位成功。

若白色小框没有围住框标，则需进行人工干预：移动鼠标将光标移到某框标中心，单击鼠标左键，使白色小框围住框标。依次将每个白色小框围住对应的框标后，框标近似定位成功。选择界面左窗口下的“接受”按钮。

3. 左影像内定向

框标模板建立完成后，进入内定向界面，如图 3.20 所示。该界面显示了框标自动定位后的状况。可选择界面中间小方块按钮将其对应的框标放大显示于右窗口内，观察小十字丝中心是否对准框标中心，若不满意可进行调整。

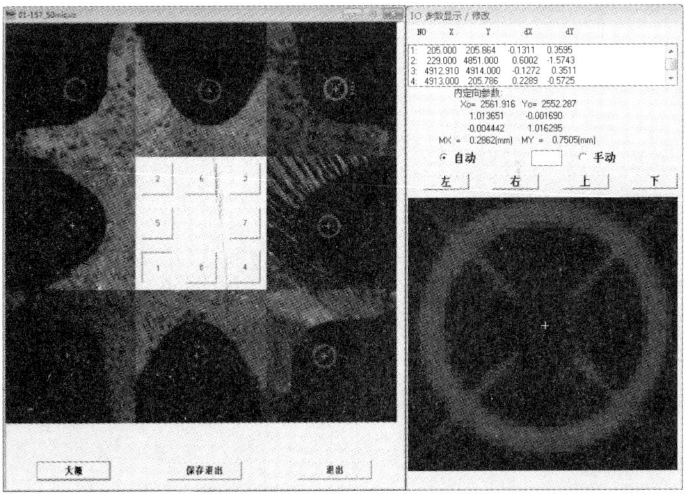

图 3.20　左影像内定向

框标调整有自动和人工两种方式：① 自动方式：选择自动按钮后，移动鼠标至左窗口中的当前框标中心点附近单击鼠标左键，小十字丝将自动精确对准框标中心；② 人工方式：若自动方式失败，则可选择人工按钮，移动鼠标至左窗口中的当前框标中心点附近单击鼠标左键，再分别选择上、下、左、右按钮，微调小十字丝，使之精确对准框标中心。框标调整中，应参看界面右上方的误差显示，当误差达到精度要求后，点击“保存退出”按钮，退出左影像内定向操作。

4. 右影像内定向

左影像内定向完成后，程序自动读入右影像数据，对右影像进行内定向。具体操作方法同左影像内定向操作。至此一个新模型的内定向完成，程序返回系统主界面。

对已经做过内定向处理的模型，在 VirtuoZo 界面上点击“模型定向”→“影像内定向”菜单项时，系统会弹出上次的内定向处理结果，并询问是否重新进行内定向处理，如图 3.21 所示。

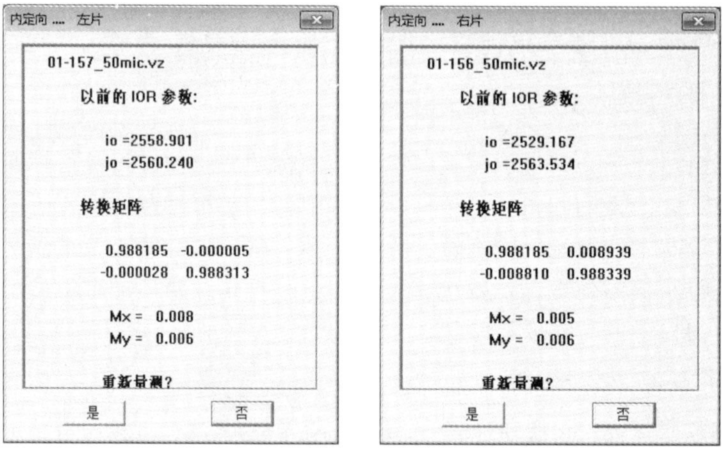

图 3.21 左、右影像内定向结果

若对此结果满意，则单击“否”按钮退出内定向。如果对结果不满意，则点击“是”按钮重新进行内定向处理。

3.4.2 单模型相对定向

确定一个立体像对中两张影像的相对位置称为相对定向，它用于建立地面立体模型。相对定向的唯一标准是两张影像上同名点的投影光线对相交，所有同名点的交点集合构成了地面的几何模型（即地面模型），确定两张影像的相对位置的元素称为相对定向元素。相对定向是利用两张影像的二维相关，在相邻影像上识别同名点（几十至上百个点），计算相对定向参数的过程。

在系统主菜单中，选择“模型定向（O）”→“模型定向（A）”菜单项，系统读入当前模型的左右影像数据，屏幕显示相对定向界面，如图 3.22 所示。

1. 自动相对定向

单击鼠标右键，弹出菜单，选择自动相对定向，程序将自动寻找同名点，进行相对定向。完成后，影像上显示相对定向点（图 3.22 中红色小十字）。

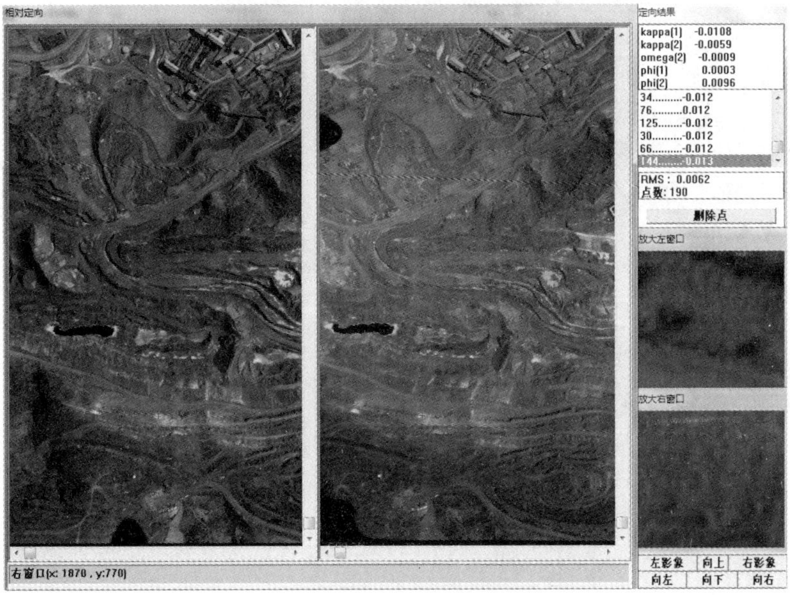

图 3.22　相对定向

2. 检查与调整相对定向点

在界面的定向结果窗中显示相对定向的中误差等。拉动定向结果窗的滚动条可看到所有相对定向点的上下视差。如某点误差过大，可进行调整（删除或微调）。

（1）删除点。选中（将光标置于定向结果窗中该点的误差行再点击鼠标左键）要删除的点后，选择界面上的删除点按钮，删除该点。

（2）微调点。选中（将光标置于定向结果窗中该点的误差行再点击鼠标左键）要微调的点后，分别选择界面右下方的左影像或右影像按钮，然后对应按钮上方的两个点位影像放大窗中的十字丝，分别点击向上、向下、向左、向右按钮，使左、右影像的十字丝中心位于同一影像点上。

注意：调整中应参看定向结果窗中的误差显示，以保证精度要求。当达到精度要求后，单击鼠标左键弹出菜单，选择保存，则相对定向完成。

3. 量测控制点

按照控制点的真实地面位置（参见 hammerIndex.html 和《PointPos 目录》中的图片点位），在影像上逐个量测。其量测方法一般采用半自动量测，方法如下：

（1）移动鼠标将光标对准左影像上的某个控制点的点位，单击左键弹出该点位放大影像窗，在“点号”后面的输入框内输入对应控制点的点名（或点号），如图 3.23 所示。

（2）再将光标移至点位放大影像窗，精确对准其点位单击鼠标左键，程序自动匹配到右影像的同名点后，弹出该点位的右影像放大窗以及点位微调窗。

（3）在点位微调窗中可以鼠标左键点击左或右影像的微调按钮，精确调整点位直至满意。

（4）在点位微调窗中的点号栏中输入当前所测点的点号，然后选择确定按钮，则该点量测完毕。此时该点在影像上显示黄色十字丝。

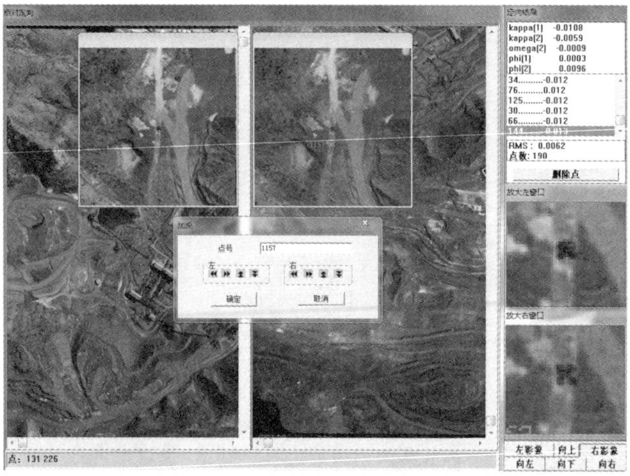

原图呈现

图 3.23　量测控制点

按以上操作依次量测 3 个控制点如 1157、1156、6157 后（3 个控制点不能位于一条线上），系统自动预测其余控制点，显示蓝色小圈，以表示待测控制点的近视位置。然后继续量测蓝圈所示的待测控制点。

3.4.3　单模型绝对定向

绝对定向是指人工在左（或右）影像上定位控制点，采取最小二乘法匹配同名点，计算绝对定向参数。

1. 绝对定向计算

控制点量测完后，单击鼠标右键弹出菜单，选择开始绝对定向，随即在定向结果窗中显示绝对定向的中误差及每个控制点的定向误差。另弹出控制点微调窗，窗中显示当前控制点的坐标，且设置了立体下的微调按钮，如图 3.24 所示。

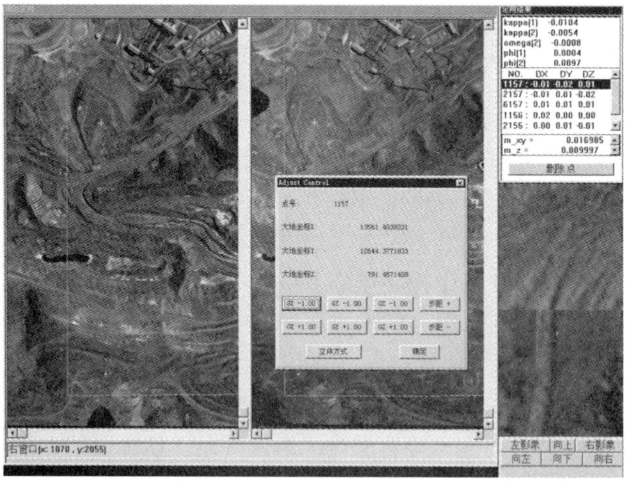

原图呈现

图 3.24　绝对定向

2. 检查与调整控制点

根据误差显示可知绝对定向的精度如何，若某控制点误差过大，则可进行微调。其微调方法与步骤如下：

（1）在定向结果窗中对某控制点误差行单击鼠标左键，选中该点，弹出该控制点的微调窗。

（2）分别选择界面右下方的左影像或右影像按钮，然后对应按钮上方的两个点位影像放大窗中的十字丝，分别点击向上、向下、向左、向右按钮，使左、右影像的十字丝中心位于同一影像点上。

注意：在操作中要随时查看定向结果窗中的误差变化，以确保控制点定位和计算精度要求。

（3）选中另一个需调整的点，进行微调。

（4）所需调整的点均调整完成后，选择控制点微调窗中的确定按钮，程序返回模型定向界面。至此，绝对定向完成。

3. 定义核线作业范围

在模型定向界面，单击鼠标右键弹出菜单，选择全局显示，界面显示模型的整体影像，然后再弹出菜单，选择取最大核线范围；或者选择自定义核线范围，随之将光标移至右影像窗中，置于作业区左边一角点处，按下鼠标左键，然后拖动鼠标朝对角方向移动，当屏幕显示的绿色四边形框符合作业区范围时，停止拖动，松开鼠标左键，则作业区定义好，显示为绿色四边形框。

4. 生成核线影像

单击鼠标右键弹出菜单，选择“生成核线影像”，程序依次对左、右影像进行核线重采样，生成模型的核线影像。生成核线影像即是形成按核线方向排列的立体影像，同名核线影像灰度重排，从而形成核线影像。

5. 退　出

单击鼠标右键弹出菜单，选择“保存”，然后再弹出菜单，选择“退出”，然后回答界面上的提示，程序退出模型定向的界面，回到系统主界面。

至此，该模型的内定向、相对定向、绝对定向及核线影像生成均已完成。

复习思考题

1. 什么是立体像对？什么是立体摄影测量？
2. 摄影测量中像片立体观察应满足哪些条件？
3. 简要描述重建立体模型的过程。
4. 立体测图通过哪些步骤实现？
5. 名词解释：内定向；相对定向；绝对定向。

6. 填空题

（1）立体摄影测量是通过对立体像对的____________和____________实现的。

（2）一个立体像对由__________张像片组成。

（3）由相邻摄站摄取的具有一定重叠度的两张照片称为一个____________。

7. 单项选择题

（1）摄影测量内定向是恢复像片（　　）的作业过程。

A. 像点坐标　　B. 内方位元素

C. 外方位元素　　D. 图像坐标

（2）航空摄影测量中，利用定位定姿系统可以直接获取的参数是（　　）。

A. 影像的外方位元素　　B. 航摄仪内方位元素

C. 空三加密点量测坐标　　D. 地面控制点坐标

（3）航空摄影测量绝对定向的任务是（　　）。

A. 实现两个影像上同名点的自动匹配　　B. 恢复两个影像间的位置和姿态关系

C. 将立体模型纳入到地图测量坐标系统　　D. 消除由于影像倾斜产生的像点位移

（4）将一个重叠向内的立体像对的左右像片对调后，观测到的是（　　）。

A. 正立体　　B. 负立体

C. 无立体　　D. 不确定的模型

（5）一个立体像对同名像点的 x 坐标之差称为（　　）。

A. 左右视差　　B. 上下视差

C. 投影差　　D. 畸变差

（6）一个立体像对同名像点的 y 坐标之差称为（　　）。

A. 左右视差　　B. 上下视差

C. 投影差　　D. 畸变差

（7）一个像对立体模型的绝对定向至少需要（　　）控制点。

A. 1 个平面点　　B. 2 个平高点

C. 4 个平高点　　D. 2 个平高点和 1 个高程点

（8）立体像对中同名像点必定位于（　　）上。

A. 主横线　　B. 主纵线

C. 同名核线　　D. 等比线

（9）数字摄影测量系统采用数字影像相关方法在左、右影像中寻找（　　）。

A. 像主点　　B. 像底点

C. 框标点　　D. 同名像点

（10）与非量测摄影机不同，量测摄影机能够记录（　　）。

A. 外方位元素　　B. 内方位元素

C. 目标影像　　D. 摄影姿态

项目 4　解析空中三角测量

项目描述

解析空中三角测量是指运用摄影测量解析法确定区域内所有影像的外方位元素，也称为摄影测量加密。主要目的是用于测量少量的外业控制点，在内业用解析摄影测量的方法加密出每个像对所要求的控制点，用于测图。

教学目标

1. 能力目标

- 能够了解解析空中三角测量的意义；
- 能够理解 3 种解析空中三角测量方法及各自的特点；
- 能够运用 VirtuoZo 进行解析空中三角测量的作业。

2. 知识目标

- 了解解析空中三角测量的意义；
- 理解 3 种解析空中三角测量方法及各自的特点；
- 理解 VirtuoZo 进行解析空中三角测量的作业方法。

3. 素质目标

- 具备一定阅读总结能力；
- 具备一定的查阅、整理资料能力。

任务 4.1　解析空中三角测量概述

单张航摄像片的空间后方交会，一般需要 4 个外业控制点，为了尽量减少野外测量工作，由单张影像拼接成航带，多条航带拼接成区域，在区域周边及内部，布设少量控制点，采用空中三角测量与区域平差，确定整个区域内所有影像的方位元素。

在双像解析摄影测量中，每个像对都要在野外测量 4 个地面控制点，这样外业工作量大、效率低。能否只在一个航带的十几个像对中，或几条航带构成的一个区域网中，仅测量少量外业控制点，在内业用解析摄影测量的方法加密出每个像对所要求的控制点，然后用于测图呢？回答是肯定的，解析空中三角测量就是为解决这个问题而提出的方法。

4.1.1 解析空中三角测量定义

解析空中三角测量是立体摄影测量中，根据少量的野外控制点，在室内进行控制点加密，求得加密点的高程和平面位置的测量方法。解析空中三角测量指的是用摄影测量解析法确定区域内所有摄像的外方位元素。在传统摄影测量中，这是通过对点位进行测定来实现的，即根据摄像上量测所得像点坐标及少量控制点的大地坐标，求出未知点的大地坐标，使得已知点增加到每个模型中不少于 4 个，然后利用这些已知点求解摄像的外方位元素。

4.1.2 解析空中三角测量原理

用计算的方法，根据航空像片上量测的像点坐标和少量地面控制点，采用较严密的数学公式，按最小二乘法原理，用数字电子计算机解算待定点的平面坐标和高程。解析空中三角测量目前常用的方法是区域网平差。区域网平差是指在由多条航线连接成的区域内进行控制点加密，并对加密点的平面坐标和高程进行整体平差。

4.1.3 解析空中三角测量的目的和意义

解析空中三角测量也称为摄影测量加密，摄影测量方法测定（或加密）点位坐标的意义在于：

（1）无须直接触及被量测的目标或物体，凡是在影像上可以看到的目标，不受地面通视条件限制，均可以测定其位置和几何形状。

（2）可以快速地在大范围内同时进行点位测定，从而可减少大量的野外测量工作量。

（3）摄影测量平差计算时，加密区域内部精度均匀，且很少受区域大小的影响。

所以，摄影测量加密方法已成为一种十分重要的点位测定方法。

解析空中三角测量主要有以下几种应用：

（1）为立体测绘地形图、制作影像平面图和正射影像图提供定向控制点及内、外方位元素。

（2）取代大地测量方法，进行三、四等或等外三角测量的点位测定。

（3）用于地籍测量，以测定大范围内界址点的国家统一坐标，以建立坐标地籍。

（4）用于单元模型中解析计算大量点的地面坐标，用于诸如数字高程模型采样或桩点法测图。

（5）用于解析法地面摄影测量，例如各类建筑物变形测量、工业测量以及用影像重建物方坐标等。

4.1.4 解析空中三角测量的分类

利用计算机进行解析空中三角测量，可以采用各种不同的方法。从传统方法上讲，根据平差中采用的数学模型，可以分为航带法、独立模型法和光束法。航带法是通过相对定向和模型连接先建立自由航带，以点在该航带中的摄影测量坐标为观测值，通过非线性多项式中变换参数的确定，使自由网纳入所要求的地面坐标系，并使公共点上不符值的平方和为最小。独立模型法是先通过相对定向建立起单元模型，以模型点坐标为观测值，通过单元模型在空间的相似变换，使之纳入规定的地面坐标系，并使模型连接点上残差的平方和为最小。光束法则直接由每幅影像的光线束出发，以像点坐标为观测值，通过每个光束在三维空间的平移和旋转，使同名光线在物方最佳地交会在一起，并使之纳入规定的坐标系，从而加密出待求点的物方坐标和影像的方位元素。

根据平差范围的大小，解析空中三角测量可分为单模型法、单航带法和区域网法。单模型法是在单个立体像对中，加密大量的点，或用解析法高精度地测定目标点的坐标。单航带法是对一条航带进行处理，在平差中无法顾及相邻航带之间的公共点条件。区域网法则是对若干条航带组成的区域进行整体平差，平差过程中能充分地利用各种几何约束条件，并尽量减少对地面控制点数量的要求。

4.1.5 解析空中三角测量所必需的信息

解析空中三角测量不仅要利用所摄目标地区的影像所提供的摄影测量信息，还要利用确定平差基准的非摄影测量信息，从而测定所摄影像的方位元素或未知点的物方空间坐标。由于它不同于大地测量中的三角测量控制网，而是要将空中摄站及影像放到加密的整个网中，起到点的传递和构网的作用，故通常被称为空中三角测量。

1. 摄影测量信息

摄影测量信息主要指的是影像上量测的控制点、定向点、连接点及待求点的影像坐标，或在所建立的立体模型上量测的上述各类点的模型坐标。由于地面点可出现在多幅影像或多个模型中，所以在量测这些坐标时，存在着点在影像和模型上的辨认问题。但是这些坐标的获得与点在地面上是否通视无关，只要它们出现在影像上即可。

2. 非摄影测量信息

非摄影测量信息主要指的是将空中三角测量网纳入规定物方坐标系所需要的基准信息。同时还要考虑到不同方法求解时的几何可测定性和对影像系统误差的有效改正。长期以来，人们主要是利用若干已知大地测量坐标的物方控制点作为平差的基准信息。然而，从摄影测量观测值与非摄影测量观测值的联合平差意义上讲，非摄影测量信息中还包括直接的大地测量观测值、导航数据所提供的影像外方位元素以及物方点之间存在的相对控制条件等。

任务 4.2 解析空中三角测量的 3 种方法

4.2.1 航带法解析空中三角测量

航带法解析空中三角测量研究的对象是一条航带，即把一个航带模型视为一个单元模型进行解析处理。因此，这种方法要求首先将立体像对构成的单个模型连成航带模型。在单个模型连成航带模型的过程中，由于这些误差的传播积累使航带模型产生扭曲变形，所以航带模型经绝对定向以后，还需要模型的非线性改正，才能得到所需的结果，这便是航带法解析空中三角测量的基本原理。

解析空中
三角测量

航带法解析空中三角测量的主要工作流程：

第一步：像点坐标量测和系统误差改正；

第二步：像对相对定向；

第三步：模型连接，构成自由航带网；

第四步：航带模型的绝对定向；

第五步：航带模型的非线性改正。

1. 像点坐标的测量和系统误差的改正

摄影测量技术发展的特点是不要求在摄影测量专业仪器上用光学或机械方法重建物方的立体模型，而主要通过量测所得像点坐标，以解析或数字形式建立立体模型并进行严格的数值解算。因此，像点平面坐标的量测对于摄影测量作业至关重要。

传统的量测像点坐标的仪器主要有：立体坐标量测仪、单像坐标量测仪和解析测图仪。随着摄影量测学科的发展和计算机技术的进步，对像点坐标的量测已逐渐转向数字化、自动化（半自动化）的形式，直接在计算机上进行。对于左、右影像上的同名像点，可通过影像匹配的方法来实现像点坐标的自动量测。

建立航带模型实际上是求各模型点在统一的航带像空间辅助坐标系中的坐标，包括按连续法进行像对的相对定向、建立像对立体模型和统一模型比例尺两项工作。在建立航带模型之前，每张像片的像点坐标都应该进行由摄影材料变形、摄影机物镜畸变差、大气折光和地球曲率所引起的像点误差改正。

2. 像对的相对定向

通常以航线首张像片的空间坐标系作为航带像空间辅助坐标系中的坐标。如果像对从左向右偏号，第一像对的左片相对于统一的航带像空间辅助坐标系的角元素为零。经像对的相对定向求出本像对右片相对于航带像空间辅助坐标系的相对定向元素 φ_2、ω_2、κ_2，该值对于下一个像对而言，就是左片的已知元素。

3. 模型连接

每个像对模型的比例尺大小不确定。为了建立航带模型，应将各像对模型归化到统一的比例尺中，称为归化或者模型连接。

如图 4.1 所示，模型①和模型②比例尺不等，公共点在模型①位于 M_1，在模型②位于 M_2，虽是同一个点，却因为比例尺的不一致而错开，需要统一归化比例尺：对模型②的比例尺进行归化，使其与模型①具有相同的比例尺，即使 M_1、M_2 重合。比例尺的归化系数为 k，式（4.1）中 $Z_1^{①}$ 为模型①中 M_1 的坐标；$Z_2^{②}$ 为模型②中 M_2 的坐标；B_{Z1} 为模型①中求得的相对定向元素 B_Z。

$$k = (Z_1^{①} - B_{Z_1}) / Z_2^{②} \tag{4.1}$$

为了提高模型连接精度，一般在模型重叠区域内取上、中、下 3 个点测求比例尺归化系数 k，即取算术平均值

$$k = \frac{1}{3}(k_1 + k_2 + k_3) \tag{4.2}$$

求得模型比例尺归化系数后，在后一模型中，每一个模型点的空间辅助坐标以及基线分量 B_X、B_Y、B_Z 均乘以归化系数 k，就可获得与前一模型比例尺一致的坐标。由此可见，模型连接的实质就是求出相邻模型之间的比例尺归化系数 k。

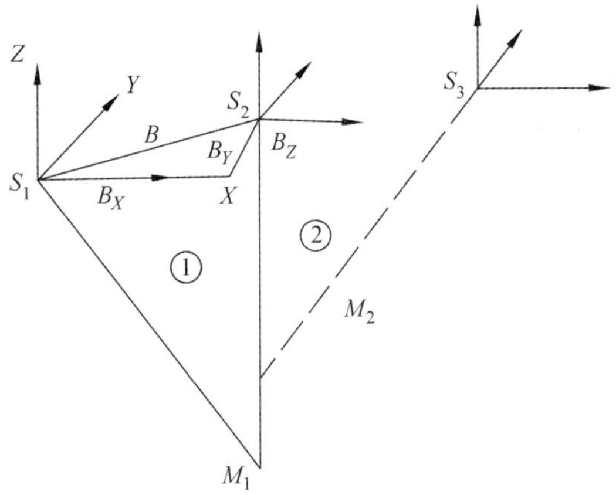

图 4.1　模型比例尺归化

在求出各单个模型的摄影测量坐标后，需将其连接成一个整体的航带模型，也就是将航带中所有的摄站点、模型点的坐标都纳入全航带统一的摄影测量坐标系中，一般为第一幅影像所在的像空间辅助坐标系，以构成自由航带网。

4.2.2　独立模型法解析空中三角测量

独立模型法解析空中三角测量是以构成的每一个单元模型为一个独立单元，参加全区域的整体平差计算，实际上每个单元都被视为一个刚体，只进行平移、缩放和旋转，最终达到整个区域内各单元模型处于最优位置。

1. 独立单元模型的建立

建立单元模型就是为获取包括地面控制点、摄影测量加密点和摄影站点等模型点的坐标。单元模型可以由一个像对构成，也可以由若干个相邻像对构成。建立单元模型一般采用单独像对法，根据单独像对相对定向方程式建立法方程式，求解像对的相对定向独立参数。单独像对相对定向完成，也就求得了左右像片的旋转矩阵的独立参数，可将像点的像空间坐标化算为像空间辅助坐标系中的坐标，并计算其模型点坐标。

2. 区域网的建立

相对定向完成后，由于每个单元模型的像空间辅助坐标的轴系方向不一致，导致同一地面模型点在相邻单元模型中的坐标值不同。现在要将各单元模型归化到同一个坐标系，即建立区域网。

在单元模型归化至统一坐标系的过程中，利用相邻两单元模型间的公共点坐标值应相等的条件，通过后一模型单元相对于前一模型进行旋转、缩放和平移的空间相似变换，把后一单元模型归化到前一模型的坐标系中，依次类推，进行到最后一个单元模型为止。经空间相似变换的单元模型，依然保持模型原来的形状和独立性。

3. 全区域单元模型的整体平差

区域网整体平差依然将区域内的单元模型视为刚体并作为平差单元，按照在整个区域内相邻模型公共点在各单元模型上的坐标相同，以及地面控制点的模型计算坐标和实测坐标相同的原则，依据最小二乘法原理，经旋转、缩放和平移的空间相似变换，确定出每个单元模型在区域中的最或是值。区域网的建立与整体平差，实际上可用相同的数学模型一次解算完成。

（1）单元模型坐标的重心化。

为了计算方便，在区域网整体平差中，对每个单元模型进行坐标重心化。可取单元模型内参加整体平差的模型连接点和地面控制点的坐标，计算出单元模型的重心坐标。此时，摄影站不参与测求重心坐标。

单元模型重心的坐标为

$$U_G = \frac{\sum U}{n}, \quad V_G = \frac{\sum V}{n}, \quad W_G = \frac{\sum W}{n} \tag{4.3}$$

式（4.3）中，n为所取控制点和连接点个数之和。

单元模型上模型点重心化坐标为

$$\bar{U} = U - U_G, \quad \bar{V} = V - V_G, \quad \bar{W} = W - W_G \tag{4.4}$$

单元模型内相应地面点重心的地面参考坐标为

$$X_G = \frac{\sum X}{n}, \quad Y_G = \frac{\sum Y}{n}, \quad Z_G = \frac{\sum Z}{n} \tag{4.5}$$

式（4.4）中，（X,Y,Z）对控制点而言是其地面参考坐标值，对模型公共连接点而言取该点在各相邻模型上诸坐标的平均值即可。

单元模型内相应地面点重心化地面参考坐标为

$$\bar{X} = X - X_G, \quad \bar{Y} = Y - Y_G, \quad \bar{Z} = Z - Z_G \tag{4.6}$$

（2）整体平差误差方程式的建立。

对于每个单元模型在整体平差中的空间变换矩阵为

$$\begin{bmatrix} X \\ Y \\ Z \end{bmatrix} = \lambda R \begin{bmatrix} \bar{U} \\ \bar{V} \\ \bar{W} \end{bmatrix} + \begin{bmatrix} X_G \\ Y_G \\ Z_G \end{bmatrix} \tag{4.7}$$

对式（4.6）线性化，可得误差方程式为

$$-\begin{bmatrix} v_U \\ v_U \\ v_U \end{bmatrix} = \begin{bmatrix} 1 & 0 & 0 & \bar{U} & -\bar{W} & 0 & -\bar{V} \\ 0 & 1 & 0 & \bar{V} & 0 & -\bar{W} & \bar{U} \\ 0 & 0 & 1 & \bar{W} & \bar{U} & \bar{V} & 0 \end{bmatrix}_{i,j} \begin{bmatrix} \mathrm{d}X_G \\ \mathrm{d}Y_G \\ \mathrm{d}Z_G \\ \mathrm{d}\lambda \\ \mathrm{d}\varphi \\ \mathrm{d}\omega \\ \mathrm{d}\kappa \end{bmatrix} - \begin{bmatrix} \Delta X \\ \Delta Y \\ \Delta Z \end{bmatrix}_{i,j} - \begin{bmatrix} l_U \\ l_V \\ l_W \end{bmatrix}_{i,j} \tag{4.8}$$

其中

$$\begin{bmatrix} l_U \\ l_V \\ l_W \end{bmatrix}_{i,j} = \begin{bmatrix} X_0 \\ Y_0 \\ Z_0 \end{bmatrix}_{i,j} - \lambda_0 R_0 \begin{bmatrix} \bar{U} \\ \bar{V} \\ \bar{W} \end{bmatrix}_{i,j} - \begin{bmatrix} X_{G0} \\ Y_{G0} \\ Z_{G0} \end{bmatrix}_{i,j} \tag{4.9}$$

式中，i、j 分别为模型点、单元模型的编号；（X,Y,Z）为单元模型点 i 的地面参考坐标平差值；λ 为单元模型的比例因子；R 为单元模型的旋转因子；（$\bar{U},\bar{V},\bar{W}$）为单元模型中模型点 i 的重心化坐标；（X_G,Y_G,Z_G）为单元模型重心在地面参考坐标系中的坐标；dX_G、dY_G、dZ_G、$d\lambda$、$d\varphi$、$d\omega$、$d\kappa$ 为模型 7 个变换参数的改正数；ΔX、ΔY、ΔZ 为待定点坐标改正数；X_0、Y_0、Z_0 为模型公共点的坐标均值；X_{G0}、Y_{G0}、Z_{G0} 为 X_G、Y_G、Z_G 的初始值。

误差方程式的矩阵表示形式为

$$\boldsymbol{V} = \boldsymbol{AX} - \boldsymbol{L} \tag{4.10}$$

（3）法方程的组成和解算。

根据误差方程式按最小二乘原理组成法方程式的矩阵形式为

$$\boldsymbol{A}^{\mathrm{T}}\boldsymbol{AX} - \boldsymbol{A}^{\mathrm{T}}\boldsymbol{L} = \boldsymbol{0} \tag{4.11}$$

解法方程式得 7 个相似变换参数的改正数值为

$$\boldsymbol{X} = (\boldsymbol{A}^{\mathrm{T}}\boldsymbol{A})^{-1}\boldsymbol{A}^{\mathrm{T}}\boldsymbol{L} \tag{4.12}$$

（4）模型点坐标值的计算。

根据求得的每个单元模型 7 个变换参数和式（4.7）可以求取各个模型点的地面参考坐标（X,Y,Z）。对于各模型间的连接点取其在各模型中的平均值作为该点的地面参考坐标最或是值。最后利用坐标变换公式将模型点地面参考坐标（X,Y,Z）转换为地面坐标系（X_t,Y_t,Z_t）。

4.2.3 光束法解析空中三角测量

光束法是以摄影时的地面点、摄站站点和像点 3 点共线为基本条件，以每张像片所组成一束光线作为平差的基本单元，以共线条件方程作为平差的基础方程。

1. 光束法区域网平差的概算

光束法区域网平差概算的目的就是获取像片的外方位元素和加密点地面坐标的近似值，其方法主要有两种。

（1）用航带网加密成果作为概略值。

当第一航带建立后，利用本航带的已知空间点进行概略绝对定位，获取加密点概略地面坐标。以下各航带用上条相邻航带的公共点和本航带的已知控制点进行绝对定向，用各相邻航带的公共点坐标平均值作为地面坐标近似值。最后，用单像空间后方交会求得每张像片外方位元素的概略值。

（2）用空间后方交会和前方交会交替进行的方法。

① 对于单条航带而言，假定航带左边第一张像片水平、地面水平，摄站点为（$0,0,H$），则可计算此像片的 6 个标准像片的相应地面位置。

② 将第一像片和第二像片组成像对，利用前方交会法算出 6 个标准点相对起始面高差，然后修正第一像片上标准点坐标值；利用空间后方交会法求得第二像片相对第一像片的外方位元素；利用第一、第二两像片的外方位元素求立体像对的地面点近似值，推算第三像片主点的近似坐标。

③ 可利用像主点坐标和三度重叠内的点，进行空间后方交会求出第三像片的外方位元素，用第二、第三像片外方位元素进行前方交会，求得第二个模型中各点的地面近似坐标。以后各片采用与第三像片同样的方法求得航带中各像片的外方位元素和各点地面坐标近似值。

④ 利用第一条航带两端控制点进行绝对定向，相邻航带利用航带控制点和相邻公共点对本航带各像片进行空间后方交会，求得各像片方位元素，作为本航带各像片外方位元素的概略值。然后进行各像对的前方交会求得地面点的概略值。以此类推，全区域各航带上的地面近似坐标值统一在同一坐标系内。

2. 光束法区域网平差的误差方程式和法方程式

（1）误差方程式的建立。

每一个像点都符合共线条件方程，可列出两个关系，即

$$\left.\begin{aligned} x &= -f1\frac{a_1(X-X_S)+b_1(Y-Y_S)+c_1(Z-Z_S)}{a_3(X-X_S)+b_3(Y-Y_S)+c_3(Z-Z_S)} \\ y &= -f1\frac{a_2(X-X_S)+b_2(Y-Y_S)+c_2(Z-Z_S)}{a_3(X-X_S)+b_3(Y-Y_S)+c_3(Z-Z_S)} \end{aligned}\right\} \tag{4.13}$$

将共线方程线性化，此时对 X、Y、Z 也要求偏微分，其误差方程为

$$\left.\begin{aligned} v_x &= a_{11}\Delta X_S + a_{12}\Delta Y_S + a_{13}\Delta Z_S + a_{14}\Delta\varphi + a_{15}\Delta\omega + a_{16}\Delta\kappa - a_{11}\Delta X - a_{12}\Delta Y - a_{13}\Delta Z - l_x \\ v_y &= a_{21}\Delta X_S + a_{22}\Delta Y_S + a_{23}\Delta Z_S + a_{24}\Delta\varphi + a_{25}\Delta\omega + a_{26}\Delta\kappa - a_{21}\Delta X - a_{22}\Delta Y - a_{23}\Delta Z - l_y \end{aligned}\right\} \tag{4.14}$$

若像片外方位元素改正值 $\Delta\varphi$、$\Delta\omega$、$\Delta\kappa$、ΔX_S、ΔY_S、ΔZ_S 用列向量 X 表示，待定点坐标改正数用列向量 t 表示，则某一像点的误差方程式的矩阵表示为

$$\boldsymbol{V} = \begin{bmatrix} B & C \end{bmatrix}\begin{bmatrix} X \\ t \end{bmatrix} - L \tag{4.15}$$

其中，$\boldsymbol{V} = \begin{bmatrix} v_x & v_y \end{bmatrix}^{\mathrm{T}}$，$\boldsymbol{B} = \begin{bmatrix} a_{11} & a_{12} & a_{13} & a_{14} & a_{15} & a_{16} \\ a_{21} & a_{22} & a_{23} & a_{24} & a_{25} & a_{26} \end{bmatrix}$，$\boldsymbol{C} = \begin{bmatrix} -a_{11} & -a_{12} & -a_{13} \\ -a_{21} & -a_{22} & -a_{23} \end{bmatrix}$，$\boldsymbol{L} = \begin{bmatrix} l_x & l_y \end{bmatrix}^{\mathrm{T}}$。

（2）法方程式的建立。

由误差方程式按最小二乘原理组成法方程式为

$$\begin{bmatrix} \boldsymbol{B}^{\mathrm{T}}\boldsymbol{B} & \boldsymbol{B}^{\mathrm{T}}\boldsymbol{C} \\ \boldsymbol{C}^{\mathrm{T}}\boldsymbol{B} & \boldsymbol{C}^{\mathrm{T}}\boldsymbol{C} \end{bmatrix}\begin{bmatrix} X \\ t \end{bmatrix} - \begin{bmatrix} \boldsymbol{B}^{\mathrm{T}}\boldsymbol{L} \\ \boldsymbol{C}^{\mathrm{T}}\boldsymbol{L} \end{bmatrix} = 0 \tag{4.16}$$

通常在解算法方程时先消去 t，利用循环分块法解算 X 值，然后加上近似值后，得到该点的地面坐标。

光束法区域网平差，理论严密，易引入各种辅助数据、各种约束条件进行严密平差，光束法区域网平差为目前应用最为广泛的区域网平差方程。航带法区域网平差常用于精度要求不高的情况和获取光束法区域网平差的初值。

任务 4.3 解析空中三角测量的作业过程

解析空中三角测量的作业过程

4.3.1 解析空中三角测量作业流程

自动数字空中三角测量系统作业流程如图 4.2 所示。

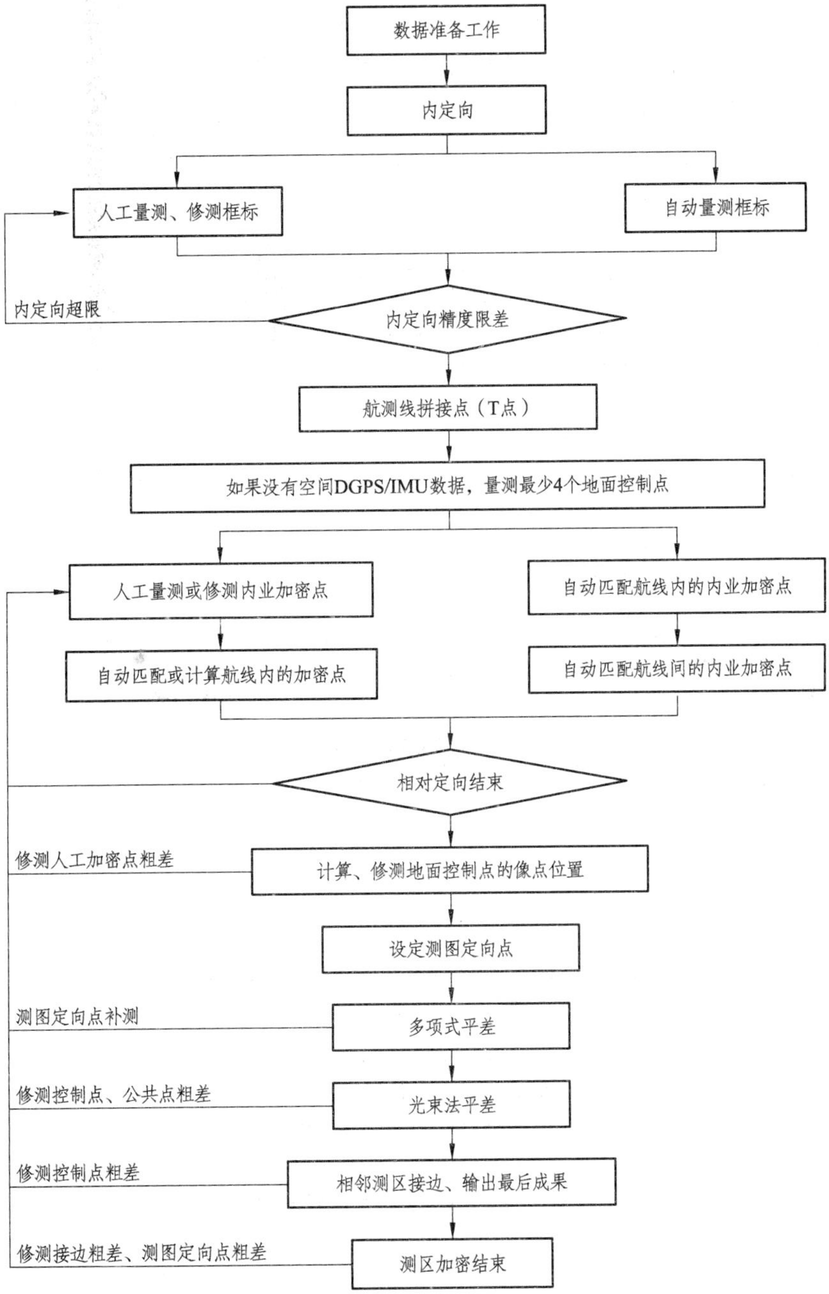

图 4.2 空中三角测量系统作业流程

4.3.2 VirtuoZo 数字摄影测量系统作业流程

VirtuoZo 数字摄影测量系统是武汉适普软件有限公司与武汉大学遥感学院共同研制的一套数字摄影测量系统软件。该系统的作业流程包括：数据准备、参数设置、定向、核线采集与匹配、DEM 与 DOM 以及等高线生成、数字化测图、拼接与出图共 7 个步骤。

1. 数据准备

（1）相机参数：应该提供相机主点理论坐标 X_0、Y_0，相机焦距 f_0，框标距或框标点标。

（2）控制资料：外业控制点成果及相对应的控制点位图。

（3）航片扫描数据：符合 VirtuoZo 图像格式及成图要求扫描分辨率的扫描影像数据。VirtuoZo 可接受多种图像格式：如 TIFF、BMP、JPG 等。一般选 TIFF 格式。

数据准备工作具体过程如图 4.3 所示。

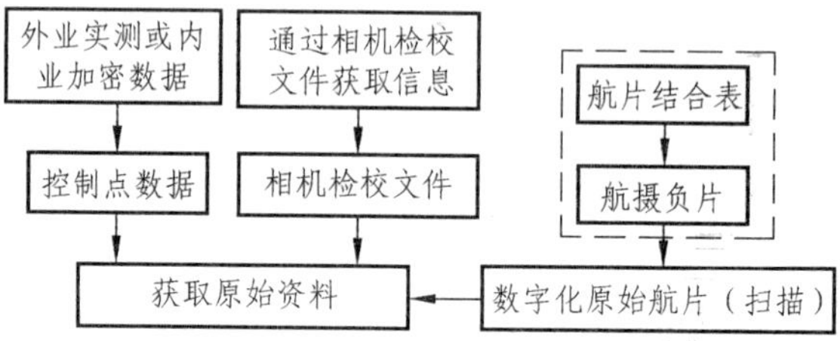

图 4.3 自动数字空中三角测量数据准备

2. 建立测区与模型的参数设置

要建立测区与模型，VirtuoZo 系统要设置很多参数，这些参数需要在参数设置对话框上逐一设置。如测区（Block）参数、模型参数、影像参数、相机参数、控制点参数、地面高程模型（DEM）参数、正射影像参数和等高线参数等。其中有些参数在 VirtuoZo 系统中有其固有的数据格式，需要按照 VirtuoZo 规定的格式进行填写，如相机参数、控制点参数等。建立测区与模型参数设置的简易过程如图 4.4 所示。

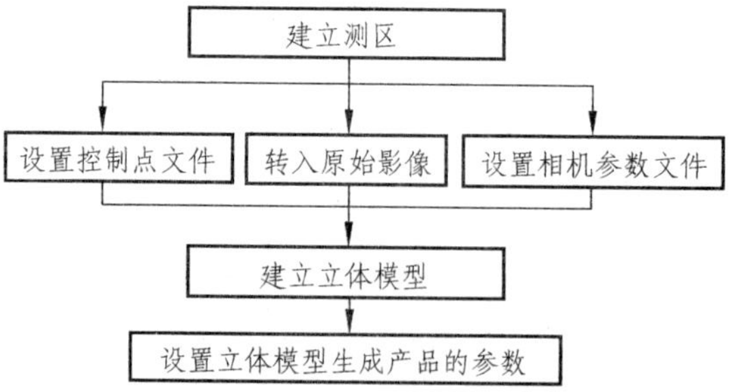

图 4.4 建立测区与模型的参数设置

3. 航片的内定向、相对定向与绝对定向

（1）内定向：建立影像扫描坐标与像点坐标的转换关系，求取转换参数；VirtuoZo 可自动识别框标点，自动完成扫描坐标系与像片坐标系间变换参数的计算，自动完成像片内定向，并提供人机交互处理功能，方便人工调整光标切准框标。

（2）相对定向：通过量取模型的同名像点，解算两相邻影像的相对位置关系；VirtuoZo 利用二维相关，自动识别左、右像片上的同名点，一般可匹配数十至数百个同名点，自动进行相对定向。并可利用人机交互功能，人工对误差大的定向点进行删除或调整同名点点位，使之符合精度要求。

（3）绝对定向：通过量取地面控制点或内业加密点对应的像点坐标，解算模型的外方位元素，将模型纳入大地坐标系中。① 人工定位控制点进行绝对定向。相对定向完成后（即自动匹配完成后），由人工在左、右像片上确定控制点点位，并用微调按钮进行精确定位，输入相应控制点点名。理论上需要 3 个控制点，但为了提高精度，程序至少需要 4 个控制点，一般为 6 个。定位完本像对所有的控制点后，即可进行绝对定向。② 利用加密成果进行绝对定向。VirtuoZo 可利用加密成果直接进行绝对定向，将加密成果中控制点的像点坐标按照相对定向像点坐标的坐标格式拷贝到相对定向的坐标文件（*.pcf）中，执行绝对定向命令，完成绝对定向，恢复空间立体模型，定向过程如图 4.5 所示。

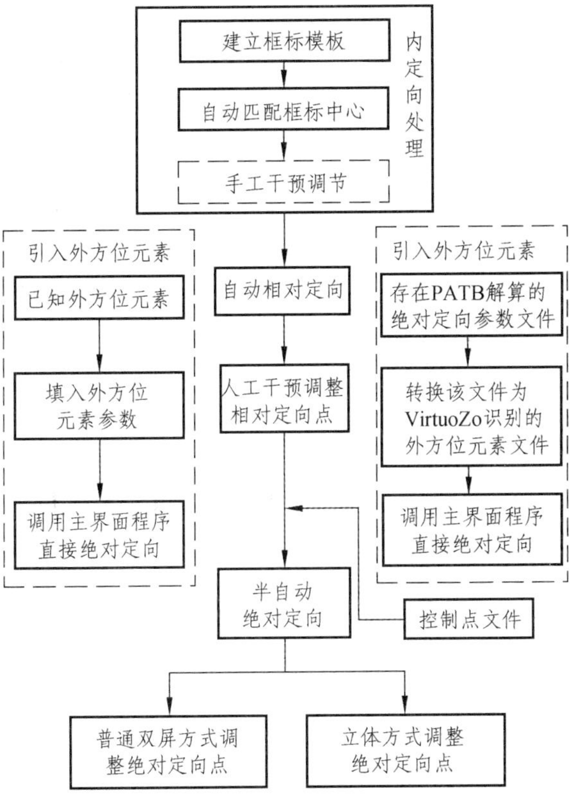

图 4.5　数字摄影测量的定向过程

4. 同名核线影像的采集与匹配

数字摄影测量定向处理完成后，进行核线影像的采集与匹配，流程见图 4.6 所示。

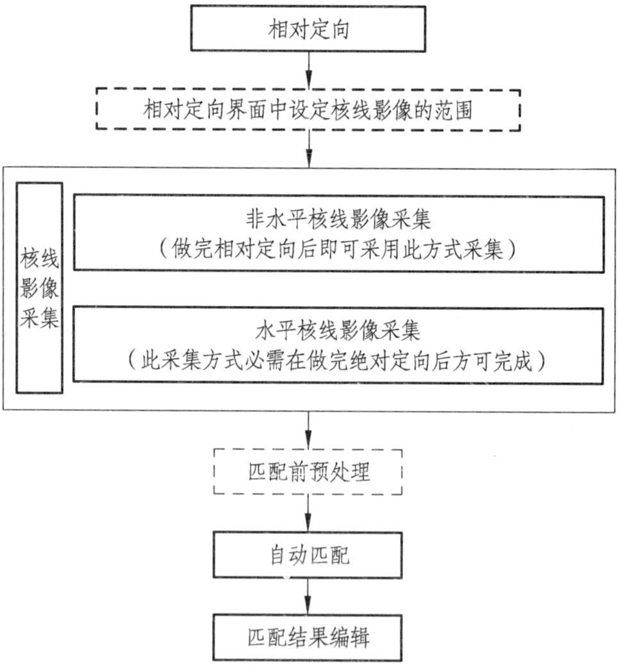

图 4.6　核线影像采集与匹配流程

注：图中虚线框内容表示为可选操作，若用户在做完上步操作并已达到要求时，则可跳过虚线框中的操作，直接进入到下步操作。

（1）非水平核线：非水平核线重采样是基于模型相对定向结果，遵循核线原理对左右原始影像沿核线方向保持 X 不变在 Y 方向进行核线重采样。

（2）水平核线：水平核线重采样使用了绝对定向结果。

（3）两种核线的区别：非水平核线重采样所生成的核线影像保持了原始影像同样的信息量和属性，因此当原始影像发生倾斜时，核线影像也会发生同样的倾斜，而水平核线可以避免这个倾斜情况。两种不同的核线形式匹配结果是迥然不同的，在实际作业时，一定要保证每个作业步骤都是使用同一种核线影像（建议一个测区使用一种采样方式）。

（4）生成核线影像：完成了模型的相对定向后就可生成非水平核线影像，但是要生成水平核线影像必须先完成模型的绝对定向。核线影像的范围可由人工确定，也可由系统自动生成最大作业区。影像按同名核线影像进行重新排列，形成按核线方向排列的核线影像。以后的处理，如影像匹配、等高线编辑等，都将在核线影像上进行。

（5）影像匹配：按照参数设置确定的匹配窗口大小和匹配间隔，沿核线进行影像匹配，确定同名点。在计算机进行自动匹配的过程中，有些特殊地物或地形匹配可能会出现错误，比如，影像中大片纹理不清晰的区域或没有明显特征的区域，如湖泊、沙漠和雪山等区域可能会出现大片匹配不好的点，需要对其进行手工编辑；由于影像被遮盖和阴影等原因，使得匹配点不在正确的位置上，需要对其进行手工编辑；城市中的人工建筑物，山区中的树林等影像，它们的匹配点不是地面上的点，而是地物表面上的点，需要对其进行手工编辑；大面积平地、沟渠和比较破碎的地貌等区域的影像，需要对其进行手工编辑。影像匹配是数字摄影测量系统的关键技术。匹配结果会影响以后生成的 DEM 质量，所以进行匹配结果的编辑是很有必要的。

4.3.3 解析空中三角测量的软件实现

解析空中三角测量是摄影测量生产中的关键步骤，它利用少量的地面控制点来计算一个测区中所有影像的外方位元素和所有加密点的地面坐标，是后续一系列摄影测量处理与应用的基础。解析空中三角测量需在建立好测区，并设置好相机文件及其控制点文件，引入影像之后进行。

1. 设置航带

在 VirtuoZo 软件系统主菜单，选择“空三”→“设置航带”菜单项，系统弹出航带设置对话框，如图 4.7 所示。在“航带设置”对话框的左侧窗口影像信息列表中选取第一条航带的影像，单击 >>>>>> 按钮，可将所选影像加载到右窗口航带信息列表中，并由系统自动赋予影像 ID 号，其余航带以同样方式加载至航带信息列表，确认即可。

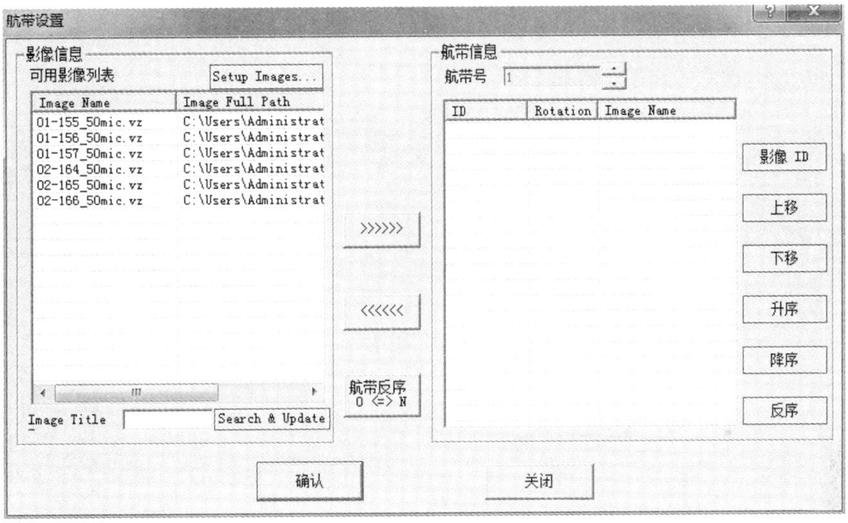

图 4.7 设置航带

2. 自动内定向

在 VirtuoZo 系统主界面，单击选择“空三”→“自动内定向”菜单项，系统弹出“选择影像进行自动内定向”对话框，如图 4.8 所示。对话框窗口左侧列出测区中所有的影像文件名，在该框内用鼠标左键选中某一影像名，点击 --> 后，它即会出现在右边的列表框中。对话框右侧窗口选择的影像列表框列出了当前需要做内定向的影像，若在该框内用鼠标左键单击某一影像，该影像即被从列表框中删除。点击“确定”按钮激活全自动内定向模块，系统开始自动内定向计算处理。

内定向处理计算结果显示于图 4.9 所示窗口。在窗口的列表框中，自左向右依次为影像名称，内定向 x 坐标的中误差，y 坐标的中误差。列表框中同时显示了自动内定向的状态，在各影像名左边有一个小的标记，其中：“√”表示内定向精度符合要求。“？”表示某个框标自动定位失败，但是剩余框标仍可进行内定向，因此需要检查。“×”表示内定向精度很差或自动内定向失败，需人工交互处理至符合精度要求。

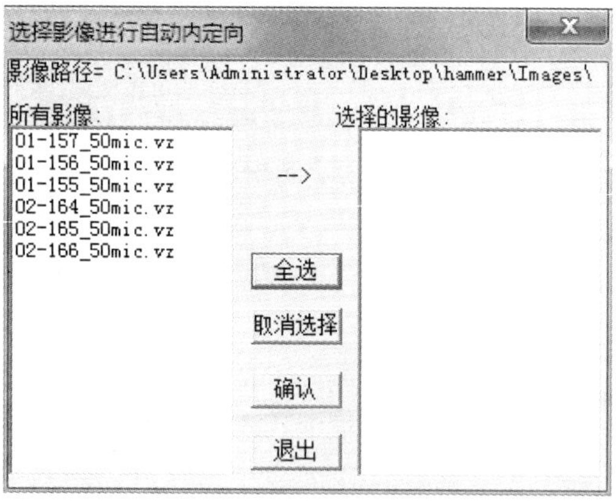

图 4.8　自动内定向

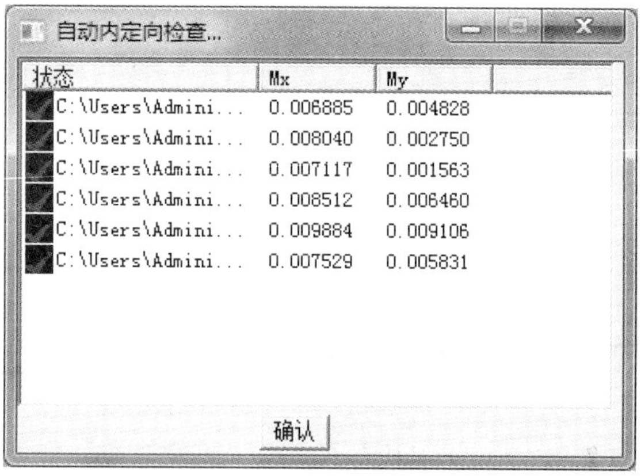

图 4.9　自动内定向完成

3. 匹配连接点

在 VirtuoZo 系统主界面，单击选择“空三”→“匹配连接点”菜单项，系统弹出“匹配的连接点布局”对话框，如图 4.10 所示。

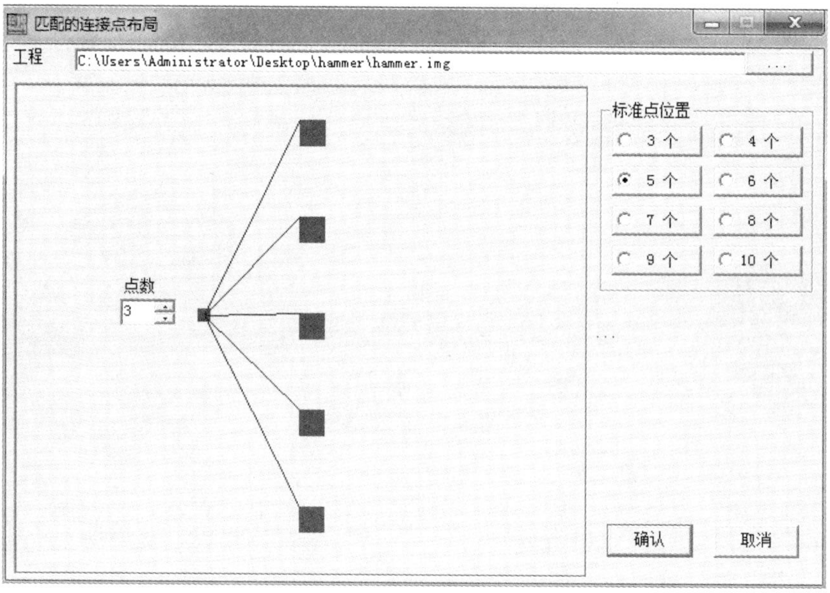

图 4.10　“连接点布局”对话框

图 4.10 中“工程”后输入框显示的是当前测区的工程文件路径。在图 4.10 左侧“点数”编辑框中需输入每一点位中的点数。图 4.10 右侧“标准点位置”表示在匹配的连接点布局对话框中，右边的数字按钮，代表在影像三度重叠区内的标准点位数。图 4.10 为软件系统的缺省值，表示选择 5 个点位，点位点数为 3 时，每张航片上将会有大约 15 个点，用户可根据实际情况来选择。选择后，点击“确认”按钮。

4. 平差与编辑

在 VirtuoZo 系统主界面，单击选择“空三”→“平差与编辑”菜单项，系统弹出 VzAtEdit

窗口，如图 4.11 所示。影像显示窗口中，绿色点位为航带间点，红色点为航带内点，仔细查看测区航线及影像排列，确保无误，观察连接点是否分布均匀正常。调用平差程序进行平差，剔除粗差，反复加点、改点、运行平差，直至连接点在每张像片四周分布均匀，不缺点，且精度达到作业要求后，方可输出加密成果，进行下一步操作。

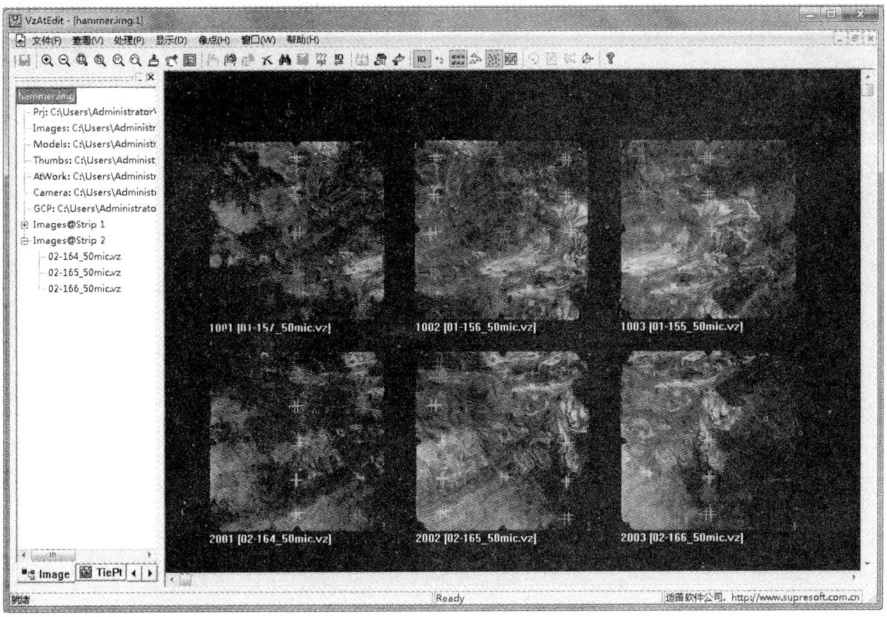

原图呈现

图 4.11 VzAtEdit 窗口

在 VzAtEdit 窗口中，首先，单击“处理”→“平差方式”菜单项，然后点击“处理”→“运行平差”菜单项进行平差处理，弹出图 4.12。“状态信息”后面显示平差后的结果状态，平差正常则提示“平差完毕！”。

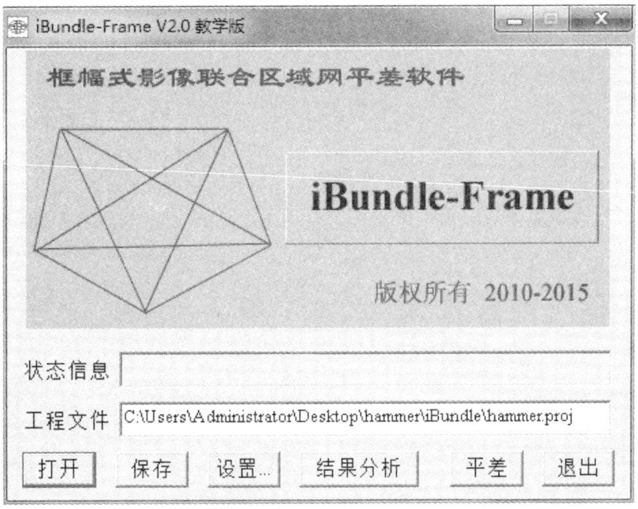

图 4.12 “状态信息”窗口

复习思考题

1. 什么是解析空中三角测量？

2. 解析空中三角测量的目的和意义是什么？进行解析空中三角测量需要利用哪些信息？

3. 简要描述解析空中三角测量3种方法的基本思想和原理。

4. 填空题

（1）根据平差中采用的数学模型，解析空中三角测量可分为________、_______和_______。

（2）根据平差范围的大小，解析空中三角测量可分为_________、_________和_________。

（3）解析空中三角测量不仅需要所摄目标区域的影像所提供的_____________信息，还要利用确定平差基准的_____________信息。

项目 5　数字摄影测量产品制作

项目描述

随着数字摄影测量技术和计算机技术的结合与发展，地图已不再局限于以往的模式，人们可以获得多种形式的数字产品和可视化产品。常见的数字产品包括数字地图、数字高程模型、数字正射影像、地理信息系统、土地信息系统等；可视化产品包括专题图、纵横剖面图、透视图、电子地图、导航地图等。现代摄影测量 4D 产品主要指数字高程模型（Digital Elevation Model，DEM）、数字正射影像图（Digital Orthophoto Map，DOM）、数字栅格地图（Digital Raster Graphic，DRG）、数字线划地图（Digital Line Graphic，DLG）。

教学目标

1. 能力目标

- 能够了解数字影像的表示方式；
- 能够应用 VirtuoZo 软件进行数字高程模型（DEM）制作；
- 能够应用 VirtuoZo 软件进行数字正射影像（DOM）制作；
- 能够应用 VirtuoZo 软件进行数字栅格地图（DRG）制作；
- 能够应用 VirtuoZo 软件进行数字线划图（DLG）制作；
- 能够应用 CC 软件建立三维数字模型；
- 能够应用 EPS 软件进行三维数据采集。

2. 知识目标

- 了解数字影像相关的知识；
- 熟悉数字摄影测量的主要产品以及相关理论知识；
- 掌握 DEM、DOM、DRG、DLG 的制作流程；
- 能够应用软件 CC 建立数字三维模型；
- 能够应用软件 EPS 进行三维数据采集。

3. 素质目标

- 具备一定阅读总结能力；
- 具备一定几何空间想象能力；
- 具备一定的查阅、整理资料能力；
- 具备一定的协作、沟通能力。

任务 5.1　数字影像的认识

数字摄影测量是基于数字影像与摄影测量的基本原理，应用计算机技术、数字影像处理、影像匹配、模式识别等多学科的理论与方法，提取所摄对象的几何与物理信息的摄影测量技术。该技术的最大特点是采用计算机相关技术对数字影像进行处理和加工，获取所需要的数字信息，实现了数据处理的自动化。典型的数字摄影测量的作业流程主要包括航空摄影、外业测量、空三加密、立体测图等 4 个环节。

无人机的认识

5.1.1　数字影像的认识

数字影像是数字摄影测量的主要数据源。随着 CCD 传感器技术的发展和成熟，在摄影测量中已经广泛地使用数字航摄仪，所获取的数字影像已经成为摄影测量的主要数据源。数字影像是摄影测量自动化的必然要求。数字影像又称为数字图像，是物体电磁波辐射能量的二维数字阵列表示，是便于计算机处理的图像形式。

数字影像是一个灰度矩阵 $\boldsymbol{g}$：

$$\boldsymbol{g}=\begin{bmatrix} g_{0,0} & g_{0,1} & \cdots & g_{0,n-1} \\ g_{1,0} & g_{1,1} & \cdots & g_{1,n-1} \\ \vdots & \vdots & & \vdots \\ g_{m-1,0} & g_{m-1,1} & \cdots & g_{m-1,n-1} \end{bmatrix} \tag{5.1}$$

矩阵的每个元素 $g_{j,i}$ 是一个灰度值，对应着光学影像或实体的一个微小区域，称为像元素或像元或像素。各像元素的灰度值 $g_{j,i}$ 代表其影像经采样与量化了的“灰度级”。

若 Δx 与 Δy 表示沿 x 、y 方向的采样间隔，则灰度值 $g_{j,i}$ 随对应的像素的点位坐标 (x,y) 而异。一般取 $\Delta x=\Delta y$ 。

$$\left.\begin{aligned} x&=x_0+i\cdot\varDelta_x \qquad (i=0,1,\cdots,n-1) \\ y&=y_0+j\cdot\varDelta_y \qquad (j=0,1,\cdots,m-1) \end{aligned}\right\} \tag{5.2}$$

5.1.2　影像的数字化

影像数字化过程包括采样与量化两项内容。将传统的光学影像数字化得到的数字影像，或直接获取的数字影像，不可能对理论上的每一个点都获取其灰度值，而只能将实际的灰度函数离散化，对相隔一定间隔的“点”量测其灰度值，这种对实际连续函数模型离散化的量测过程就是采样，被量测的点称为采样点，采样点之间的距离即采样间隔。理论上采样间隔越小越好，但是采样间隔越小，数据量越大，增加了运算工作量和提高了对设备的要求。

究竟如何确定采样间隔，应根据精度要求和影像分辨率，另外还要考虑到数据量和存储设备的容量。

1. 采　样

在影像数字化时，被量测的“点”不可能小到是几何上的一个点，而是一个小的区域，通常是矩形或圆形的微小影像块，即像素。现在一般取矩形或正方形，矩形（或正方形）的长与宽通常称为像素的大小（或尺寸），它通常等于采样间隔。因此，当采样间隔确定了以后，像素的大小也就确定了。在理论上采样间隔应由采样定理确定。影像采样通常是间隔进行的。如何确定一个适当的采样间隔，可以对影像平面在空间域内和在频域内用卷积和乘法的过程进行分析。

2. 量　化

通过上述采样过程得到每个点的灰度值不是整数，这对于计算很不方便，为此，应将各点的灰度值取为整数，这一过程称为影像灰度的量化。影像灰度的量化是把采样点上的灰度数值转换成为某一种等距的灰度级。其方法是将透明像片有可能出现的最大灰度变化范围进行等分，等分的数目称为“灰度等级”，然后将每个点的灰度值在其相应的灰度等级内取整，取整的原则是四舍五入。由于数字计算机中数字均用二进制表示，因此灰度的等级一般为

$$i = 2^m \quad (m = 0,1,\cdots,8) \tag{5.3}$$

当 $m=1$ 时，灰度只有黑白两级；当 $m=8$ 时，则是 256 个灰度级，灰度级数是介于 0 与 255 之间的一个整数，0 为黑，255 为白，每个像元素的灰度值占 8 bit，即一个字节计算机存储空间。

任务 5.2　数字高程模型认识与制作

4D 数据产品认识

数字高程模型（DEM）是一定范围内规则格网点的平面坐标（X，Y）及其高程（Z）的数据集，它主要是描述区域地貌形态的空间分布，是通过等高线或相似立体模型进行数据采集（包括采样和量测），然后进行数据内插而形成的。DEM 是对地貌形态的虚拟表示，可派生出等高线、坡度图等信息，也可与 DOM 或其他专题数据叠加，用于与地形相关的分析应用，同时它本身还是制作 DOM 的基础数据。

5.2.1　数字高程模型的认识

DEM 在测绘、资源与环境、灾害防治、国防等与地形分析的有关领域发挥着越来越重要的作用，也在国防建设和国民生产中有很高的利用价值。在地理信息中，DEM 主要有三种表示模型：规则格网模型（Grid）、等高线模型（Contour）和不规则三角网模型（Triangulated Irregular Network，TIN）。但这三种不同数据结构的 DEM 表征方式在数据存储以及空间关系

等方面，则各有优劣。Grid 和 TIN 都是应用广泛的连续表面数字表示的数据结构。Grid 的优点是结构简单、数据存储量小、各种分析与计算简单。TIN 最主要的优点是可变的分辨率，即当地表粗糙或变化剧烈时，TIN 能包含大量的数据点；而当地表相对单一或变化不大时，在同样大小的区域中 TIN 则只需要少量的数据点。正是这些优点导致了其数据存储与操作的复杂性。

5.2.2 数字高程模型的制作方法

1. 野外测量

利用全站仪在野外实测地形点的三维坐标，实测数据通过数据接口输入计算机中专业的应用软件生成 DEM。

2. 现有地图数字化

利用数字化仪对已有地图上的信息（如等高线）进行数字化的方法，即地形图扫描矢量化等，并对等高线做分版、扫描、矢量化、内插 DEM 等操作。

3. 数字摄影测量方法

数字摄影测量方法是 DEM 数据采集现阶段最为主要的技术方法。通过数字摄影测量工作站以航空摄影或遥感影像为基础，通过计算机进行影像匹配，自动计算识别同名像点得其像点坐标，运用解析摄影测量的方法如内定向、相对定向、绝对定向及运用核线重排等技术恢复地面立体模型。

4. 空间传感器

利用 GPS、雷达和激光测高仪等进行数据采集。当前，较为流行的是 DGPS/IMU 组合导航技术和 LIDAR 激光雷达扫描技术的摄影测量。机载激光雷达 LIDAR 是一种集激光、全球定位系统和惯性导航系统于一体的对地观测系统，利用飞机上装载 DGPS/IMU 获取飞机的姿态和相对位置，进行无地面控制点的高精度对地直接定位。此外，在卫星或航天飞机上安装干涉合成孔径雷达等设备直接获取 DEM 也取得了很大的成功，如全球公开的 DEM 数据 ASTER 和 SRTM 就是通过这种方法获取的。

5.2.3 数字高程模型的制作

在 VirtuoZo 系统主菜单，选择“DEM 生产”→“自动匹配”菜单系统将自动完成影像匹配。影像匹配通过一定的匹配算法在两幅或多幅影像之间识别同名点的过程。在影像匹配中，有一些区域（水面、人工建筑、森林等）计算机难以识别，可能出现不可靠匹配点（没有匹配到地面上），这将影响 DEM 的精度，因此需要对这些区域进行人工编辑。在 VirtuoZo 系统界面菜单，选择“DEM 生产”→“匹配结果编辑”菜单项，系统将打开匹配结果编辑对话框，如图 5.1 所示。生成 DEM 的过程中，匹配结果可以不编辑，直接生成 DEM。

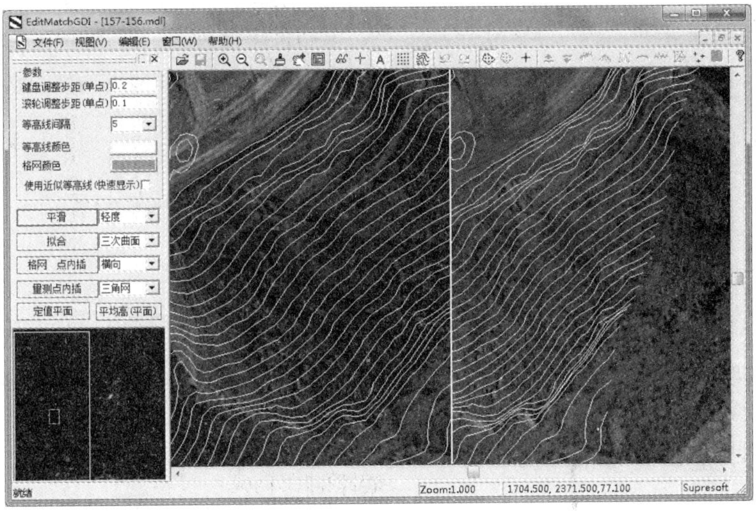

图 5.1 匹配结果编辑

在 VirtuoZo 系统主菜单，选择“DEM 生产”→“匹配点生成 DEM”菜单项，系统将根据测区建立时设置的 DEM 产品参数，利用影像匹配和编辑后的结果自动生成 DEM。

在 VirtuoZo 系统主菜单，选择“显示”→“DEM 渲染显示”菜单项，进入显示界面，打开需要显示的 DEM，如图 5.2 所示。DEM 渲染显示有格网显示模式、黑白渲染模式和彩色渲染模式 3 种方式。另外，可以放大和缩小 DEM；利用工具栏相应按钮可以切换显示方式；平移和旋转 DEM，方便从不同角度浏览地面立体模型。

若要对软件自动生成的 DEM 进行编辑，可在 VirtuoZo 系统主菜单，选择“DEM 生产”→“DEM 编辑”菜单项，进入 DEM 编辑功能界面，对 DEM 进行手工编辑，DEM 编辑窗口和匹配结果编辑窗口操作相似。

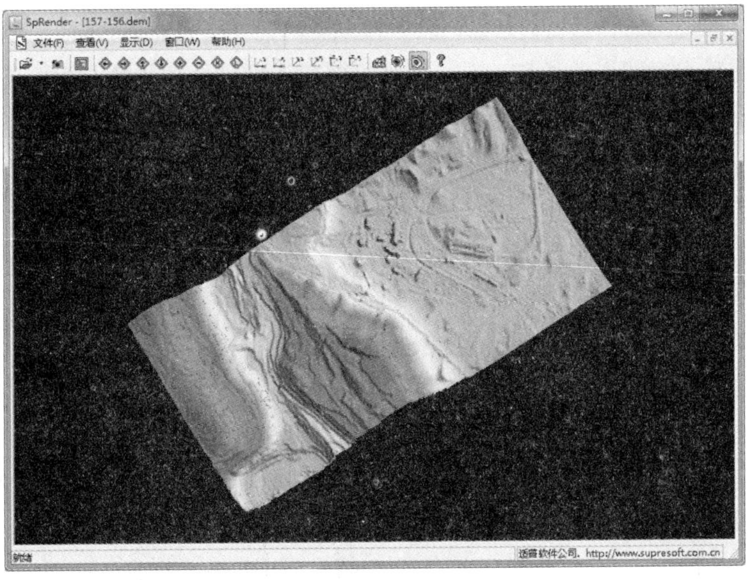

原图呈现

图 5.2 DEM 渲染显示

最后，在系统主菜单选择“DEM 生产”→“DEM 质量检查”菜单项，进入 DEM 质量检查功能界面，设置 DEM 文件路径和检查点数据文件，进行 DEM 质量检查。

任务 5.3　数字正射影像的认识与制作

数字正射影像图（DOM）是对航空（或航天）像片进行数字微分纠正和镶嵌，按一定图幅范围裁剪生成的数字正射影像集。它是同时具有地图几何精度和影像特征的图像。

5.3.1　数字正射影像的认识

作为数字摄影测量的主要产品之一的数字正射影像具有以下特点：

1. 数字化数据

用户可按需要对比例尺进行任意调整、输出，也可对分辨率及数据量进行调整，直接为城市规划、土地管理等用图部门以及 GIS 用户服务，便于数据传输、共享、印刷。

2. 信息量丰富

DOM 具有精度高、信息丰富、直观逼真、获取快捷、易于判读等优点，可作为地图分析背景控制信息，也可从中提取自然资源和社会经济发展的历史信息或最新信息，为防治灾害和公共设施建设规划等应用提供可靠依据；还可从中提取和派生新的信息，实现地图的修测更新。

3. 专业信息

数字正射影像同时具有遥感专业信息，通过计算机图像处理可进行各种专业信息的提取、统计与分析，如农作物、绿地的调查，森林的生长及病虫害，水体及环境的污染。道路、地区面积统计等。

5.3.2　数字正射影像的制作方法

1. 全数字摄影测量法

该方法是影像匹配和影像识别技术代替人利用计算机软件对数字影像进行处理，并由计算机视觉、眼与仪器进行立体测量。数字影像实际上是对灰度和空间都连续变化的影像按照一定的灰度级和空间分辨率进行离散化处理，并使之成为离散的灰度矩阵。数字正射影像是对中心投影的数字影像进行投影差改正，一般采用数字高程模型进行数字微分纠正，使之成为正射的数字影像。数字正射影像（见图 5.3）以其直观、信息量丰富、美观和易于接受等优点，越来越得到广泛的应用。

图 5.3　某区域数字正射影像

2. 单片数字微分纠正法

若一个区域已有 DEM 数据以及像片控制成果，就可以直接使用该成果数据制作 DOM，其主要流程是首先对航摄负片进行影像扫描，然后根据区域内已有的数字高程模型数据和控制点坐标对数字影像内定向和数字微分纠正。

3. 正射影像图扫描法

若已有光学投影制作的正射影像图，可直接对光学正射影像图进行影像扫描数字化，在经过平移、缩放、旋转和仿射等图像变换即可获得数字正射影像。纠正前后同名像点之间的坐标关系式可以用一个适当的多项式来表达，如：

$$\left.\begin{aligned} x &= a_0(a_1X + a_2Y) + (a_3X^2 + a_4XY + a_5Y^2) + (a_6X^3 + a_7X^2Y + a_8XY^2 + a_9Y^3) \\ y &= b_0(b_1X + b_2Y) + (b_3X^2 + b_4XY + b_5Y^2) + (b_6X^3 + b_7X^2Y + b_8XY^2 + b_9Y^3) \end{aligned}\right\} \tag{5.4}$$

式中，x、y 为像点坐标；X、Y 为同名像点对应地面点坐标；a_i、$b_i(i = 0,1,2,\cdots,n-1)$ 为多项式系数。

对于每一个控制点，已知某地面坐标 X、Y 及像点坐标 x、y，可以列出上面两个方程式，根据提供的控制点的个数决定多项式的阶数。为了减少由于控制点位置选取不准确产生的误差或粗差，一般要求有较多的多余控制点数，通过平差解求多项式系数。

5.3.3　数字正射影像的制作

VirtuoZo 软件制作 DOM 的方法有自动和手动两种方式。

1. 自动生成正射影像

在 VirtuoZo 系统主菜单，选择“DOM 生产”→“生成正射影像”菜单项，系统将根据当前模型的 DEM 和原始影像自动生成正射影像。在 VirtuoZo 系统界面菜单，选择“显示”→“正射影像”菜单项，系统将打开生成的正射影像，如图 5.4 所示。

图 5.4　正射影像显示

2. 手动生成正射影像

在 VirtuoZo 系统主菜单，选择“DOM 生产”→“正射影像制作”菜单项，系统将打开正射影像制作对话框，如图 5.5 所示。在对话框中选取制作正射影像的 DEM 文件，单击“添加原始影像”添加区域所包含的原始影像，设置相机参数文件，输入结果文件的保存路径和文件名，单击“选择 DEM 的有效范围”按钮设定正射影像的范围。最后点击“OK”运行后 VirtuoZo 系统将生成设定区域的正射影像。

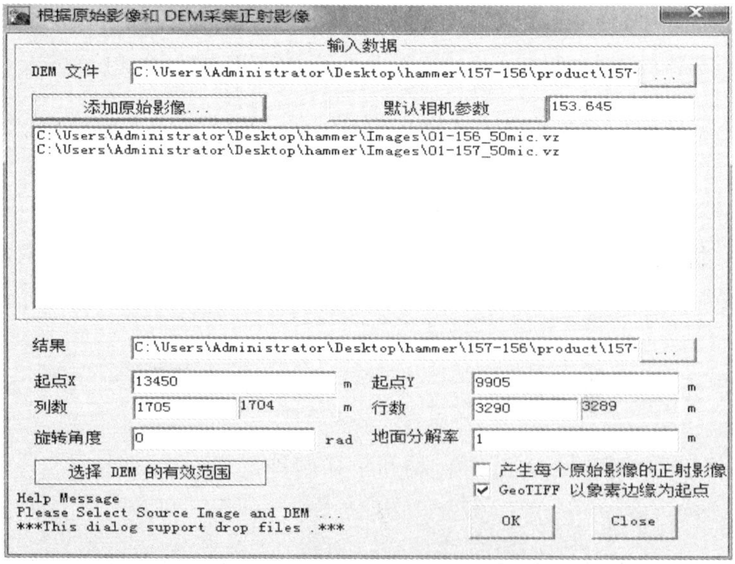

图 5.5　正射影像制作对话框

在 VirtuoZo 系统界面菜单，选择“显示”→“三维透视显示”菜单项，系统可打开更为直观表示地表起伏的透视景观影像。如图 5.6 所示。

原图呈现

图 5.6　三维透视景观影像显示

后续可对正射影像进行拼接、分幅等处理。最后，在系统主菜单选择“DOM 生产”→“正射影像质量检查”菜单项，进入 DOM 质量检查功能界面（见图 5.7），点击“文件”菜单打开一幅待检查的正射影像，单击工具栏的“导入控制点”按钮，弹出导入控制点对话框，选择控制点文件路径和控制点点位图片文件夹目录，单击“确定”按钮导入用于检查的控制点，在窗口左侧控制点列表中会显示导入的控制点点号和坐标信息。

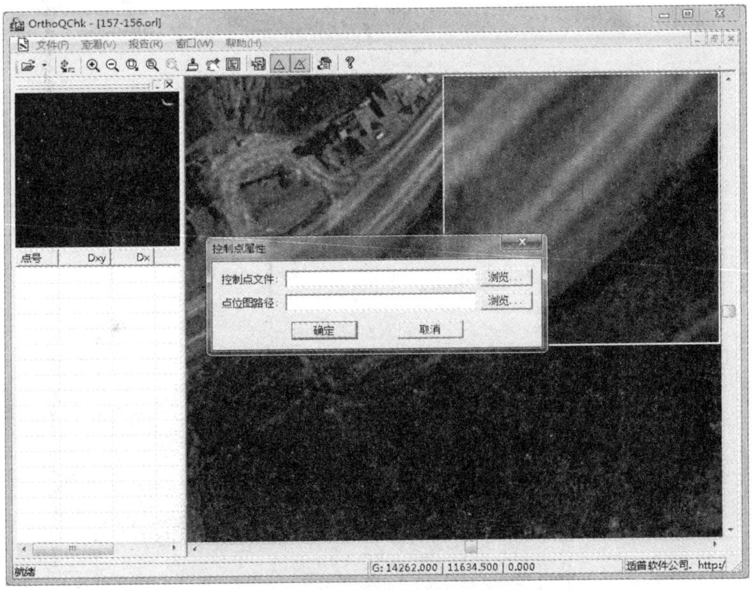

图 5.7　数字正射影像检查

双击控制点列表中的一个控制点，在列表上方的小窗口会显示控制点点位图，用鼠标右键菜单可以进行图像缩放。在左侧的影像视图和放大视图中会显示控制点点位，在放大视图中单击鼠标左键，可以调整十字丝光标的位置，使十字丝光标的中心与该控制点实际位置相符，然后选择右键菜单中的“确定”按钮计算正射影像在该点的误差。控制点列表显示控制点点位误差值，影像视图中会显示准确的控制点点位和误差矢量。依据上述方法依次对正射影像范围内的每个控制点进行检查。

任务 5.4　数字线划图的认识与制作

数字线划地图（DLG）是与现有线划基本一致的各地图要素的矢量数据集，且保存各要素间的空间关系和相关的属性信息。

4D 产品生产

5.4.1　数字线划图的认识

在数字测图中，最为常见的产品就是数字线划图（DLG），也是外业测绘得到的最终成果图（见图 5.8）。数字线划图可较为全面地描述地表现象，目视效果与同比例尺一致但色彩更为丰富。数字线划图能满足各种空间分析要求，可随机地进行数据选取和显示，与其他信息叠加，可进行空间分析、决策。其中部分地形核心要素可作为数字正射影像地形图中的线划地形要素。

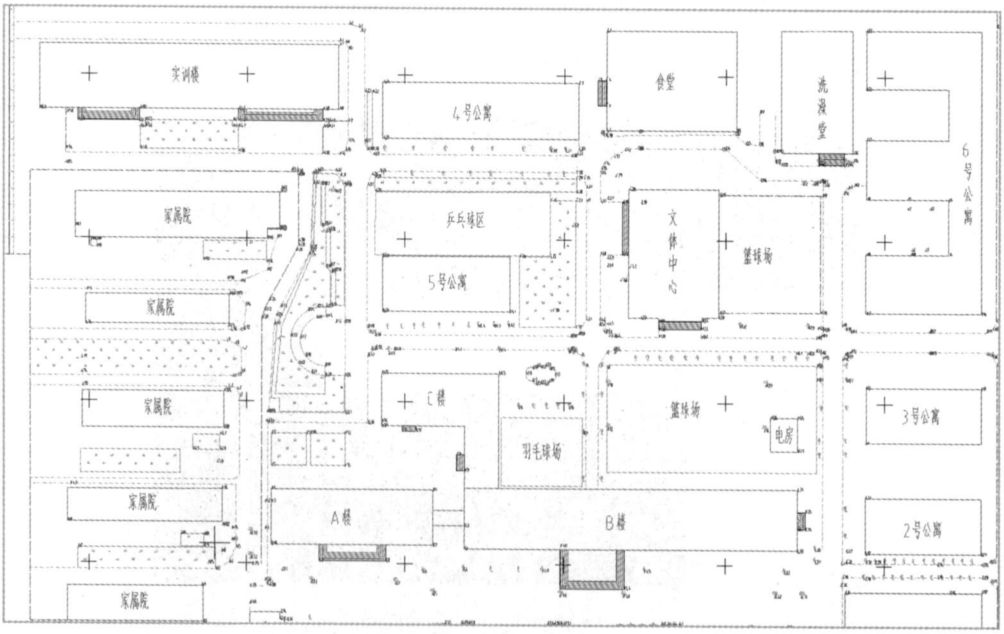

图 5.8　数字线划图

5.4.2　数字线划图的制作方法

数字线划图的地理内容、分幅、投影、精度、坐标系统与同比例尺的地形图一致。数字线划图生产的数据来源主要包括外业数据采集、航片、高分辨率卫片、地形图等，其制作方法有：

1. 野外实测地图

该方法即为地形图测绘的方法。

2. 现有纸质地图扫描矢量化

对现有的地形图扫描，人机交互将其地理要素矢量化。

3. 解析或机助数字化测图

该方法是在解析测图仪或模拟器上对航片或高分辨率卫片进行立体测图来获得 DLG 数据。

4. 数字摄影测量方法

该方法需要借助专业的摄影测量软件系统进行（例如：ImageStation SSK、Inpho、LPS、MapMatrix、VirtuoZo、JX-4 等），是目前最为常用的数字线划图制作方法。

5.4.3　数字线划图的制作

1. 进入测图模块

在 VirtuoZo 系统主菜单，选择“DLG 生产”→“IGS 立体测图”菜单项，系统将打开 IGS 测图功能界面。单击测图功能界面主菜单“文件”→“新建 xyz 文件”菜单项，弹出新建文件对话框，设置新建矢量文件名和保存路径，单击“保存”按钮，弹出地图参数设置对话框（见图 5.9），设置比例尺（默认比例尺为 1∶1 000）和高程数据小数位数（默认为 1 位小数），点击“保存”按钮后，测图模块新建并打开矢量文件，并显示其图廓范围（红色框），如图 5.10 所示。

2. 打开立体模型

在 IGS 测图功能模块主界面菜单栏选择“装载”→“立体模型”菜单项，在系统打开的对话框中选择一个模型文件（*.mdl 或者*.ste 格式），单击“打开”按钮，打开影像窗口显示立体模型，如图 5.11 所示。

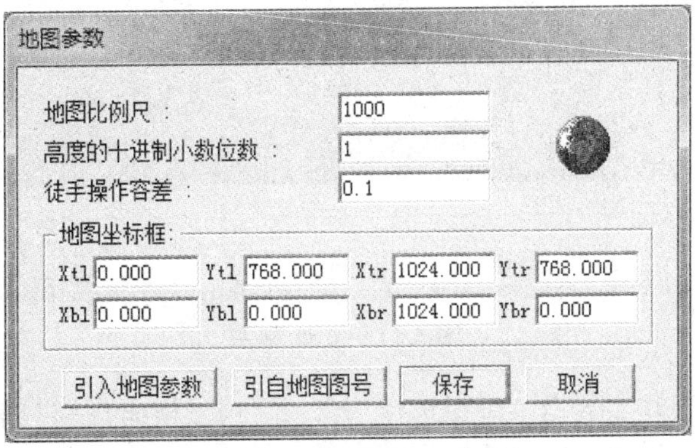

图 5.9　地图参数设置

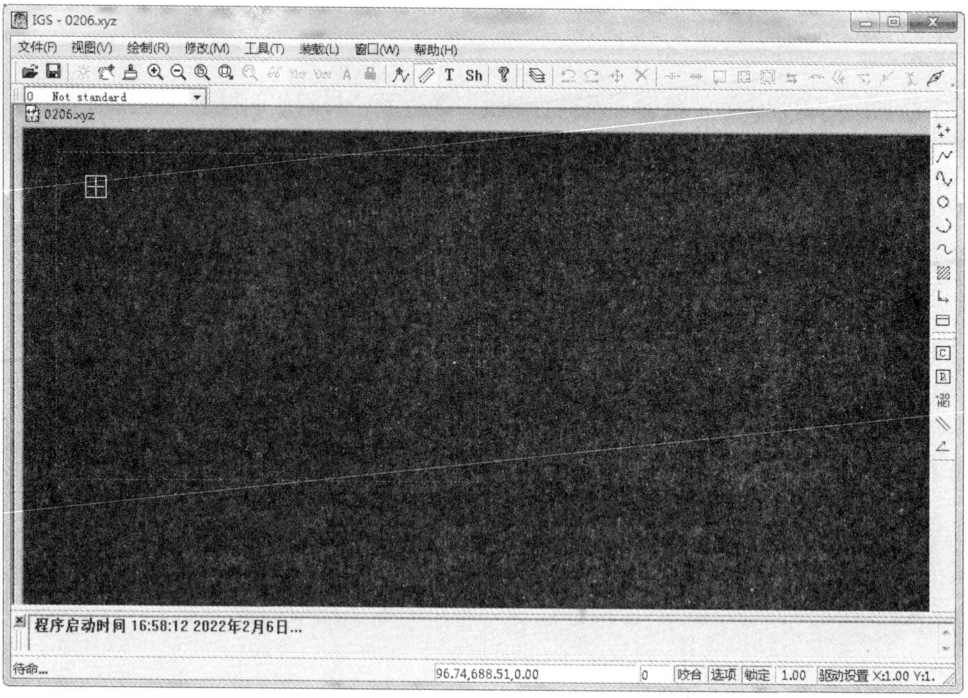

图 5.10 矢量文件

图 5.11 立体测图

在 IGS 测图功能模块主界面菜单栏选择“窗口”→“横向排列”菜单项，显示结果如图 5.12 所示。此处有横向排列、纵向排列、层叠排列 3 种显示方式。

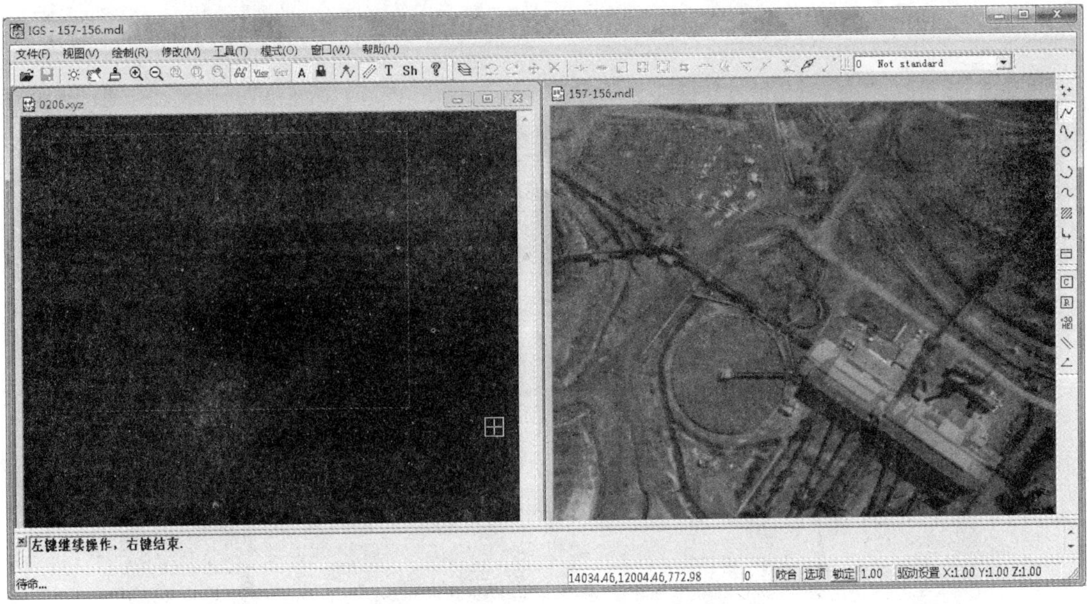

图 5.12　立体测图“横向排列”显示

打开立体模型后即可进行地物地貌绘制，绘制结果将显示在图 5.12 左侧的图廓框内。

任务 5.5　数字栅格地图的认识与制作

数字栅格地图（DRG）是根据现有纸质、胶片等地形图经扫描和几何纠正及色彩校正后，形成在内容、几何精度和色彩上与地形图保持一致的栅格数据集。

5.5.1　数字栅格地图的认识

地图经扫描、几何纠正、图像处理及数据压缩处理，彩色地图应经色彩校正，使各幅图像的色彩基本一致。数字栅格地图（DRG）在内容、几何精度和色彩上与同等比例尺地形图一致。数字栅格地图是模拟产品向数字产品过渡的产品，可作为背景参照图像与其他空间信息相关参考和分析。可用于数字线划地图的数据采集、评价和更新，还可与数字正射影像图、数字高程模型等数据集成，派生出新的信息，制作出新的地图。

5.5.2　数字栅格地图的制作

1. 打开地图

在 VirtuoZo 系统主菜单，选择“DRG 生产”→“DRG 地理校正”菜单项，进入 DRG 制作界面。单击 DRG 制作界面“文件”→“打开”菜单，在弹出的对话框中选择相应的地图，单击“打开”按钮，打开扫描影像，如图 5.13、5.14 所示。

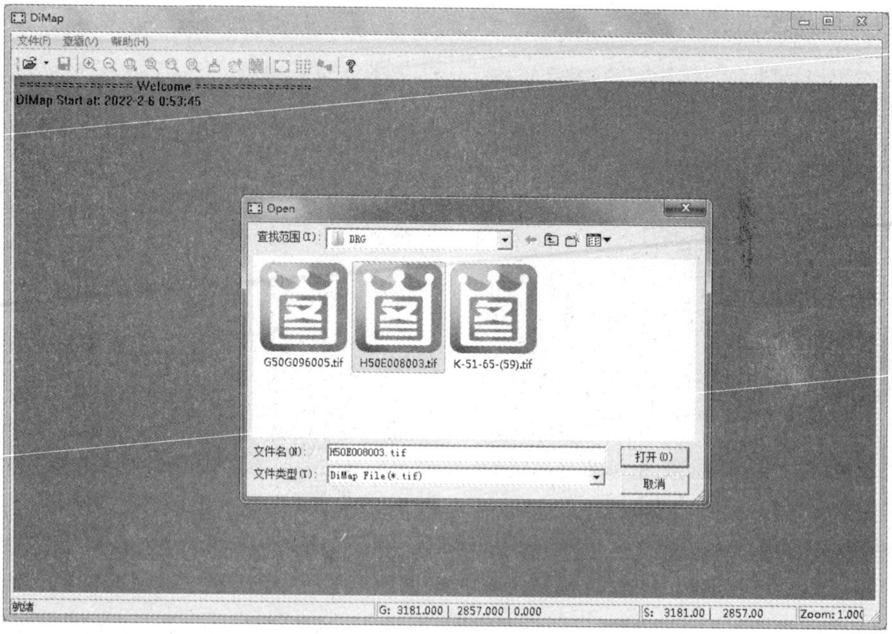

图 5.13　地图扫描影像选择

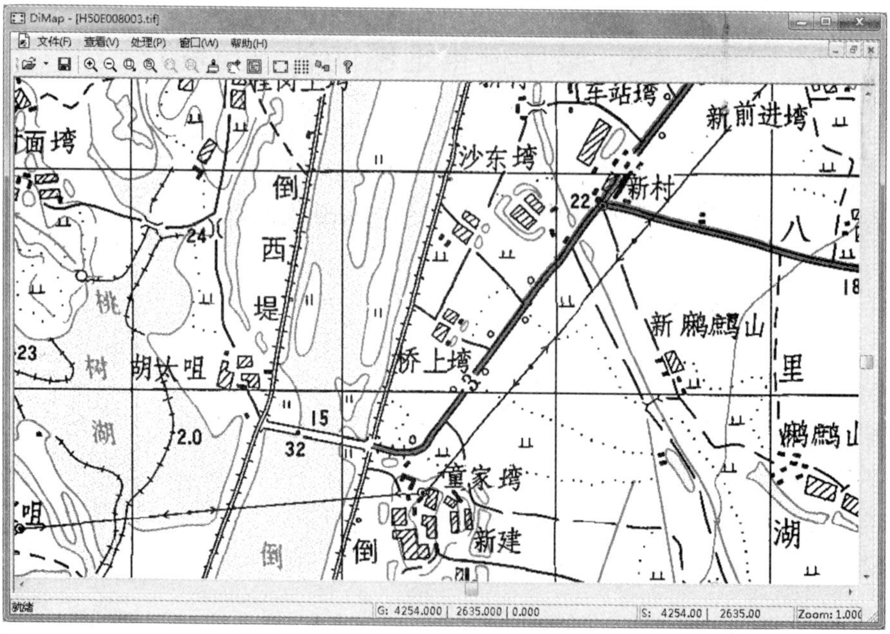

图 5.14　打开地图扫描影像

2. 四角配准

单击 DRG 制作界面菜单栏“处理”→“四角配准”菜单或工具栏的“四角配准”按钮，进入四角配准对话框。进入四角配准对话框后，首先，点击“选择像点”按钮，在地图上分别找准地图的左上、右上、左下、右下 4 个内图廓角点，可使用左、右、上、下按钮对各个点进行微调，使点位精确落在地图的图廓角点上，如图 5.15 所示；然后，点击“标准图号”按钮输入地图图幅号，如 G50G096005；单击“标准图廓”按钮，设置投影坐标系和地图左下角和右上角的坐标（X，Y 为左下角坐标；X2，Y2 为右上角坐标）。地图左下角坐标为地图左下方内图廓角点的经纬度坐标，地图右上角坐标为地图右上方内图廓角点的经纬度坐标。样例设置如图 5.16 所示。

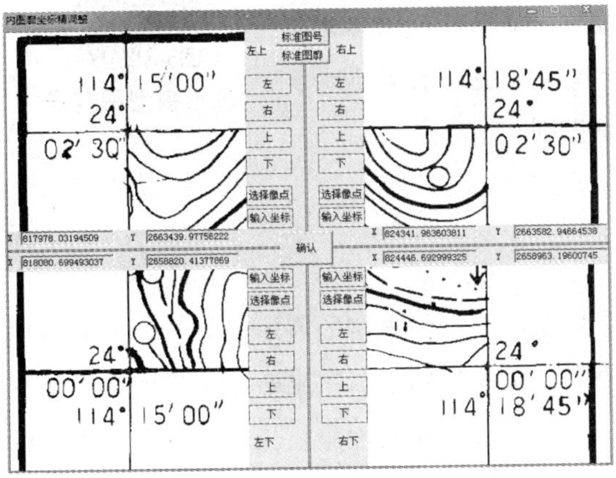

图 5.15　四角配准

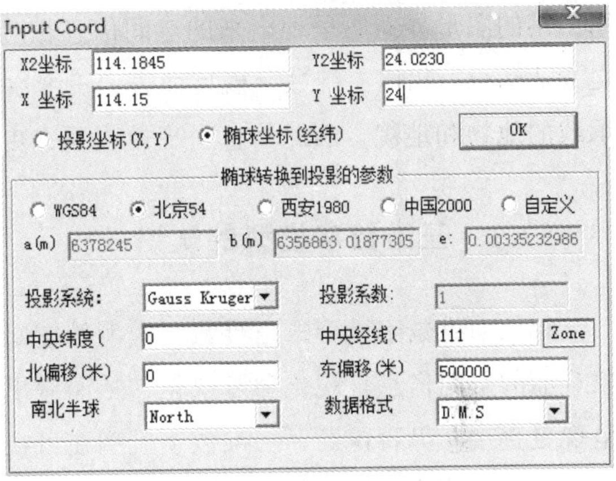

图 5.16　指定坐标参数

3. 格网配准

单击 DRG 制作界面菜单栏选择“处理”→“格网配准”菜单，进入格网配准对话框。单击“提取格网”按钮，在弹出的对话框中设置格网的 x 和 y 方向上的间距（单位：m，软件默认 x = 1 000 m，y = 1 000 m），最后点击“确认”按钮，如图 5.17 所示。

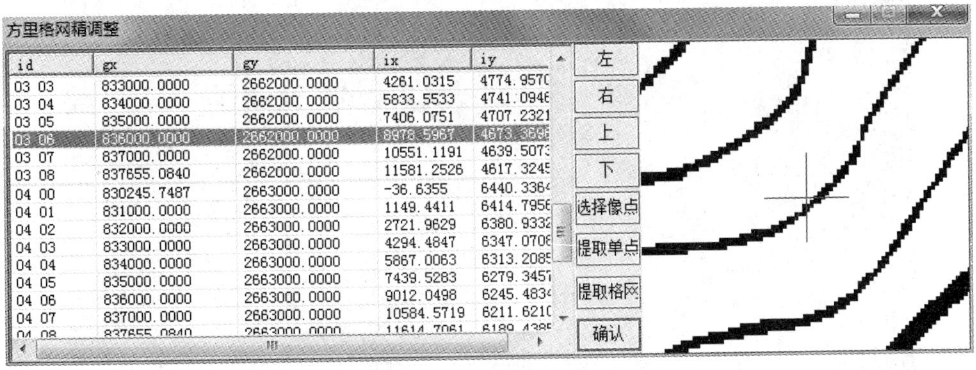

图 5.17　格网配准

4. 纠正影像

单击 DRG 制作界面菜单栏选择“处理”→“纠正影像”菜单，进入纠正影像参数设置对话框，设置成果输出路径和地面分辨率，单击“确定”按钮进行影像纠正，纠正结果为带地理坐标文件的*.tif 格式地图。

任务 5.6　三维数字模型图制作

三维数字模型与二维数字模型类似，都具备最基本的空间数据处理能力，如数据获取、数据操作、数据组织、数据分析和数据表现等。运用二维的图形界面所呈现出来的空间信息相对抽象，应用者必须具有一定专业知识。相比二维数字模型而言，三维数字模型更接近于实地地表承载的地物和地貌，因此信息呈现更直观、更易识别。

三维模型图制作

5.6.1　三维数字模型的认识

相比二维数字模型，三维数字模型给空间信息提供了更为丰富的展示空间，让人们对抽象难懂的空间信息直观化和可视化，从而做出快速且精准的判断。三维数字模型的空间信息呈现更直接。毋庸置疑，三维数字模型在可视化方面有着巨大的优势。虽然三维数字模型的动态交互可视化功能对计算机图形技术和计算机硬件也提出了特殊的要求，但是一些先进的图形显示卡、工作站以及带触摸功能的投影设备的陆续问世，不仅完全可以满足三维 GIS 对可视化的要求，而且还增添了意想不到的视觉和体验效果（见图 5.18）。

图 5.18　数字三维模型

由于三维数据本身可以降维到二维，因此三维数字模型自然也能包容二维数字模型的空间分析功能。三维数字模型强大的多维度空间分析功能，不仅是数字模型空间分析功能的一次跨越，在更大程度上也充分体现了数字模型的特点和优越性。

5.6.2 三维数字模型图的制作

ContextCapture 是一款功能强大、专业很强的三维实景建模软件，它可以帮助用户快速创建一个或多个细节丰富的三维实景模型。使用这些细节丰富的高精度三维实景网格模型，可在基础设施项目的整个生命周期内为设计、施工和运营决策提供精确的现实环境背景参考。如图 5.19 所示，包括 ContextCapture Master（主控台）、ContextCapture Engine（引擎）和 Acute3D Viewer（浏览）三部分。Master 主要功能是提供人机交互操作界面，相当于一个管理者，它创建任务、管理任务、监视任务的执行等；Engine 主要功能是对工作序列中任务进行处理；Viewer 主要功能是可预览生成的三维场景和模型。

图 5.19 ContextCapture 软件

本案例数据采用的是大疆精灵 Phantom 4 RTK 无人机外业采集的 Practise Data，共 37 张像片，3 个航带，航向重叠度为 85%，旁向重叠度为 75%。精灵 4 RTK 相机参数设置如下：相机型号：FC6310R；传感器尺寸：13.2 mm × 8.8 mm；像幅尺寸：5 472 × 3 648；像元大小：2.41 微米（13.2 mm/5 472 = 2.412 28 μm）；相机焦距：8.8 mm。像控点个数为 23 个，均匀分布在整个航测区域内，像控点坐标系统为：CGCS2000 国家大地坐标系，中央子午线为 117°。大疆的飞行姿态数据是在影像的 XPM 数据段中，影像 POS 数据可在属性栏中的详细信息中获得。图 5.20 为外业影像缩略图，表 5.1 为像控点坐标数据。

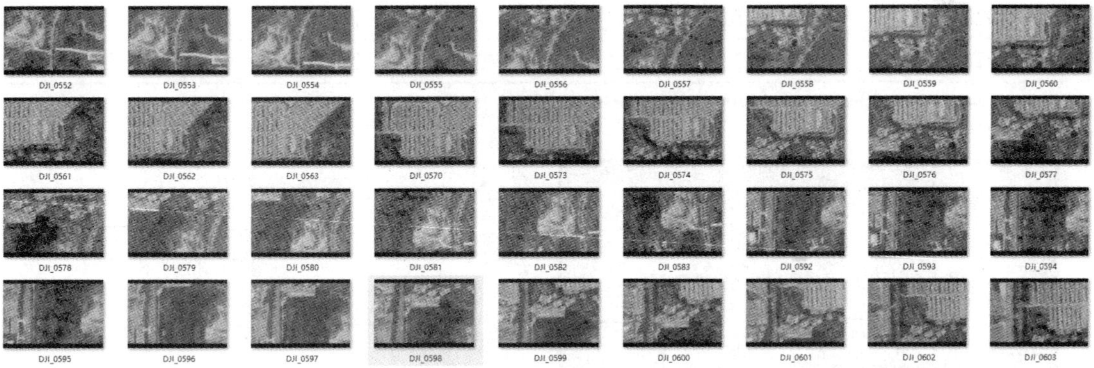

图 5.20 外业航测影像

1. 新建项目

双击运行 ContextCapture Master，出现如图 5.21 的界面。运行 Master 之前先启动 ContextCapture Engine，单击“New Project”新建项目，输入项目名称、存储路径等信息。

表 5.1　像控点坐标

点号	*X* 坐标	*Y* 坐标	*Z* 坐标	备注
8001	731 560.094	3 928 314.552	43.458	像控点坐标系：CGCS2000；中央子午线：117°。
8002	731 614.62	3 928 326.204	46.207	
8003	731 541.977	3 928 383.021	49.026	
8004	731 577.897	3 928 366.821	51.497	
8005	731 540.648	3 928 284.757	40.025	
8006	731 664.917	3 928 245.961	33.059	
8007	731 547.828	3 928 489.931	36.937	
8008	731 700.785	3 928 483.000	25.315	
8009	731 825.328	3 928 466.388	21.090	
8010	731 823.884	3 928 387.552	21.487	
8011	731 827.097	3 928 351.511	21.459	
8012	731 814.629	3 928 314.528	22.051	
8013	731 752.255	3 928 326.951	22.066	
8014	731 752.948	3 928 362.158	22.083	
8015	731 754.869	3 928 401.008	22.059	
8016	731 752.959	3 928 362.159	22.095	
8017	731 679.082	3928 362.72	33.780	
8018	731 803.874	3 928 248.125	23.149	
8019	731 763.637	3 928 258.704	23.654	
8020	731 743.208	3 928 264.641	25.258	
8021	731 697.589	3 928 280.254	28.997	
8022	731 789.620	3 928 311.241	22.045	
8023	731 666.563	3 928 342.976	35.076	

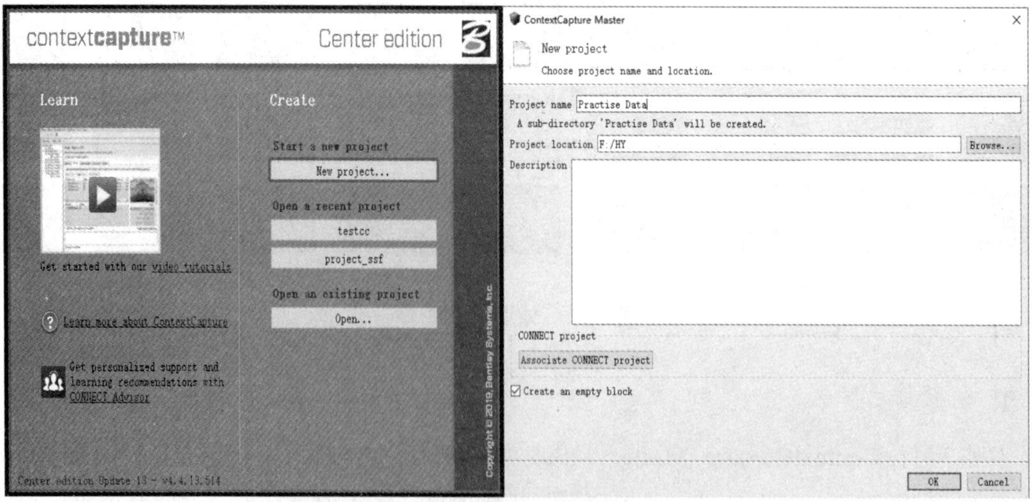

图 5.21　新建工程项目

2. 添加影像

新建项目后，选择 Photos 选项卡，然后单击 Add photos 按钮，添加要建模的无人机照片，照片添加完后，自动读取照片位置信息。如图 5.22 所示。

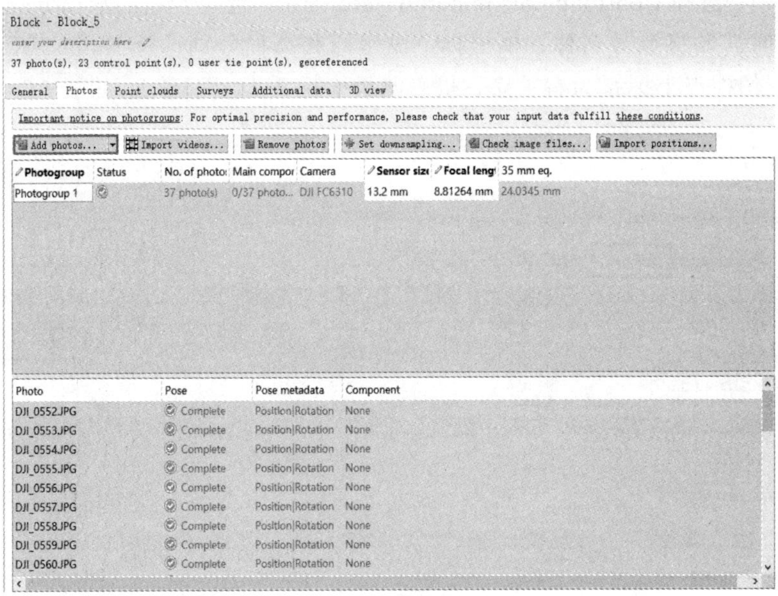

图 5.22 添加影像

照片添加完成后，单击 Check image files 按钮，检查 CC 软件是否能够打开全部照片。检查影像文件有两种方式，第一种是检查头文件，速度快；第二种是检查整个影像文件，速度慢，如图 5.23 所示。

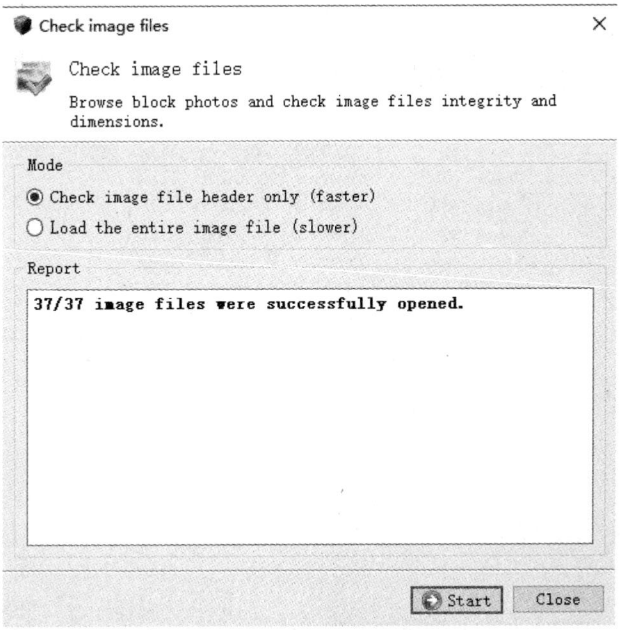

图 5.23 检查影像文件

3. 导入像控点

检查完照片，选择 Surveys 选项卡，单击 Edit control points 按钮，添加像控点（没有像控点数据可以跳过该步骤），进入到 Control points editor 对话框中，选择像控点对应坐标系统，单击 File 选项卡，选择 Control points import wizard 按钮，选择合适的数据分隔方式，导入像控点坐标，此时需要将点号名称、横坐标、纵坐标和高程分别选择 Name、X、Y 和 Z 标识（一般情况下，像控点坐标系为右手系，摄影测量坐标系为左手系）。如图 5.24 所示。

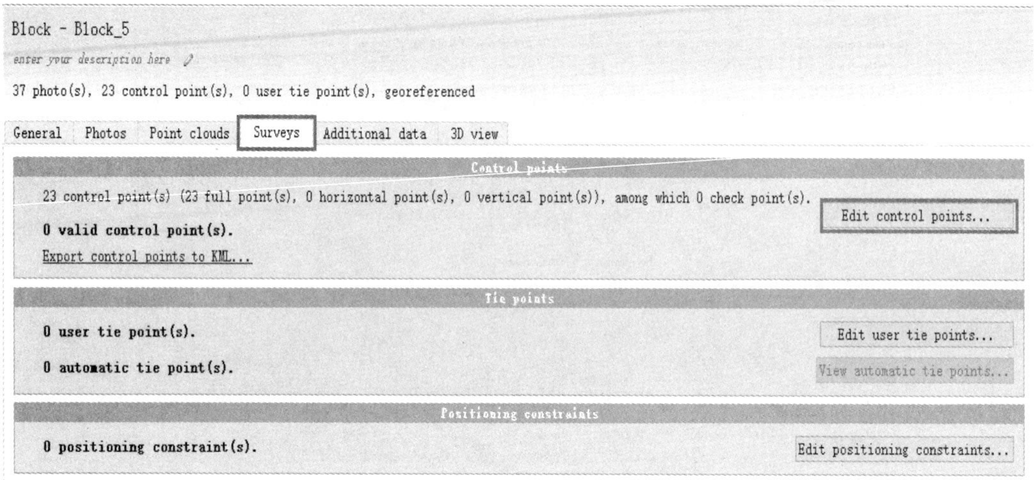

（a）

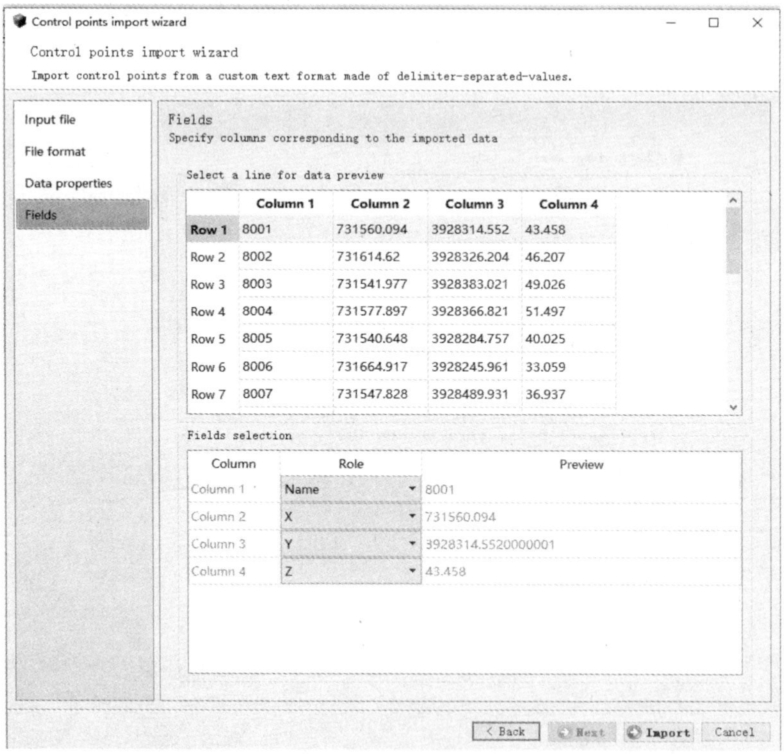

（b）

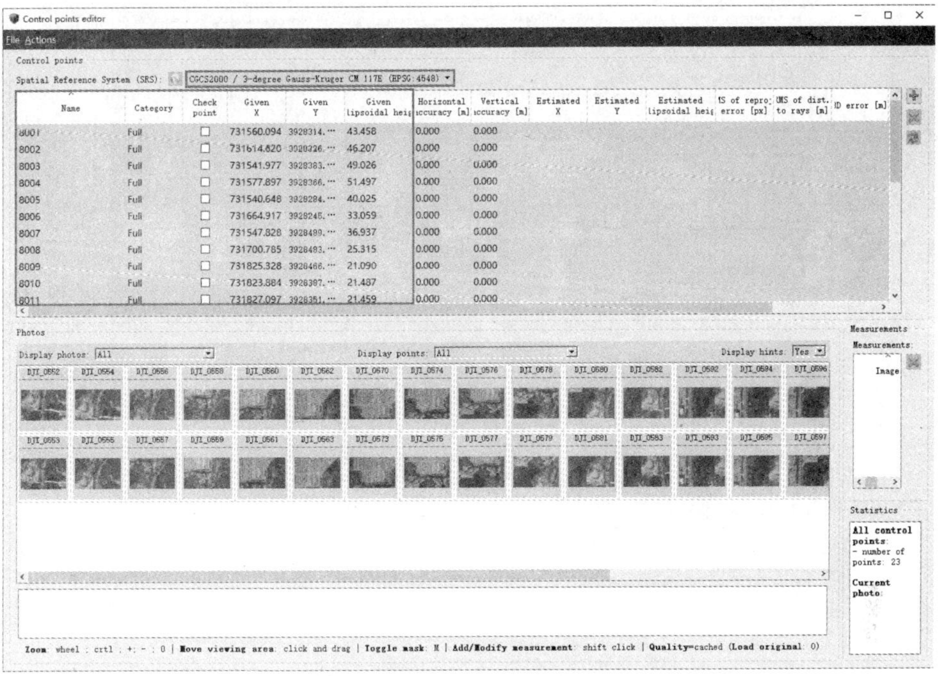

（c）

图 5.24　导入像控点

4. 提交空三测量

添加完像控点，选择 General 选项卡，单击右侧的 Submit aerotriangulation 按钮，提交空三运算（见图 5.25）。弹出空三设置流程，输入空三项目名称，如图 5.26（a）。设置参考照片位置和空间参考，大疆无人机照片自动附带位置信息，设置选择默认的即可，如图 5.26（b）。设置其他参数，通常默认，然后单击 Submit 提交空三运算，如图 5.26（c）。此时，Context Capture Engine 开始运行空三任务。同时，Context Capture Master 软件也显示完成进度。如图 5.27 所示。

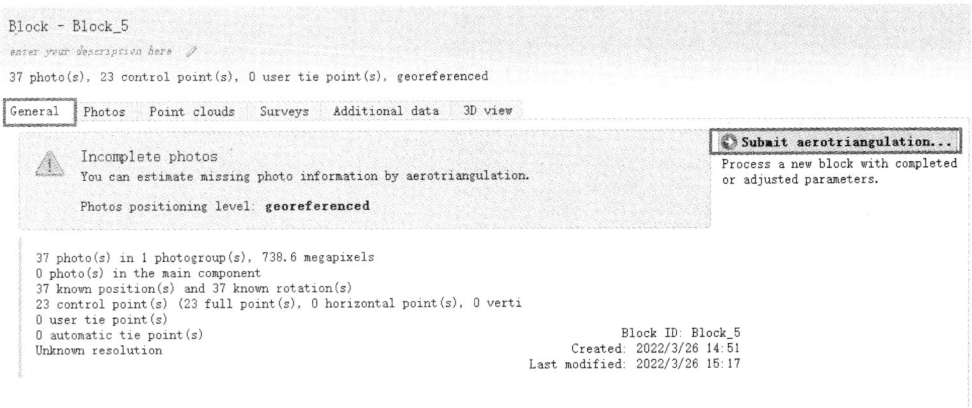

图 5.25　提交空三测量

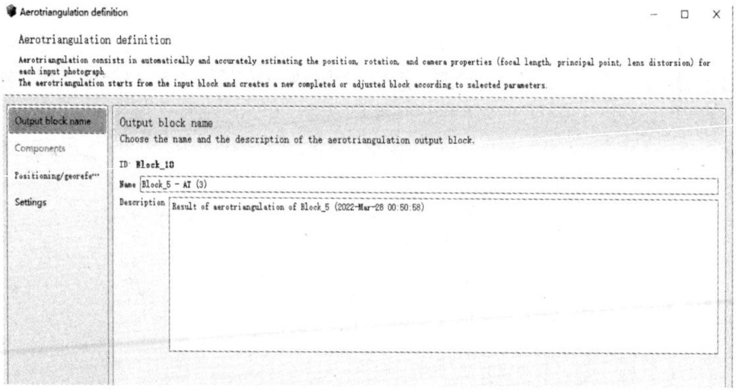

（a）

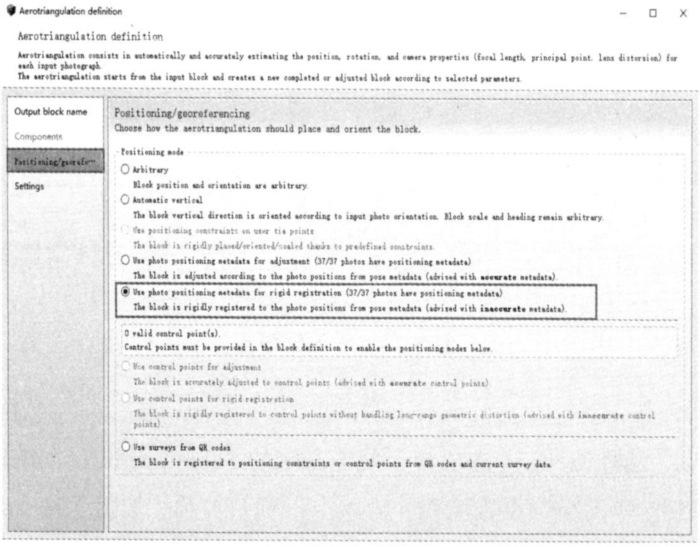

（b）

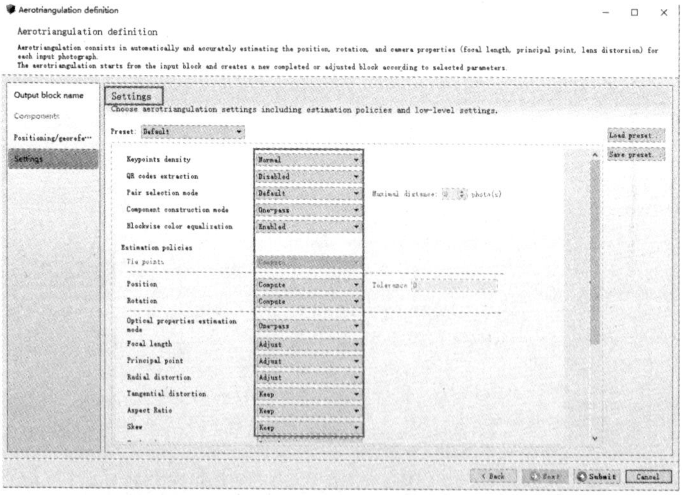

（c）

图 5.26　空三设置

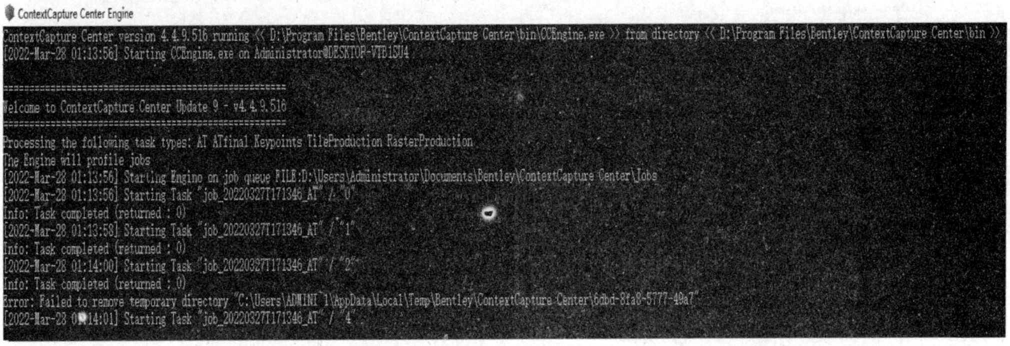

图 5.27 Context Capture Engine 空三计算

5. 刺　点

该步骤是地面像控点在多张影像上匹配对应像点的过程。选中其中一个像控点，在 Display photos 选项中，选择 That might view point 选项，该选项下方的对话框中可显示可能存在该像控点的照片，参考像控点点之记完成对应像点的刺点操作。操作界面右下方 Statistics 选项框中实时显示刺点误差大小。一般情况下，每个像控点刺点照片数量在 10 ~ 15 张为宜，可根据影像质量适当调整。重复上述操作，直至完成所有像控点的刺点操作。如图 5.28 所示。像控点刺点精度和空三测量精度以及三维建模精度密切相关，因此需要精确完成刺点操作。一般情况下，为提高刺点精度，需要舍弃像控点点位在像片边缘、像点标志模糊的、航拍倾斜角度较大的像片。

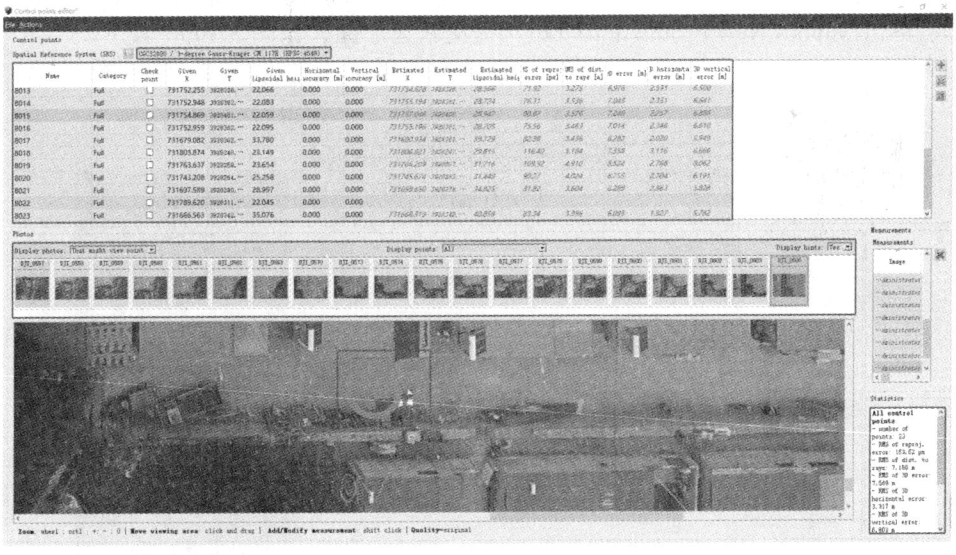

图 5.28 刺点操作

6. 重新提交空三测量

空三设置中，定位模型选择 Use control points for adjustment 选项。此模式是采用控制点进行约束平差，该区块会精确匹配至控制点所属坐标系统内。至此，空三测量完成，如图 5.29 所示。

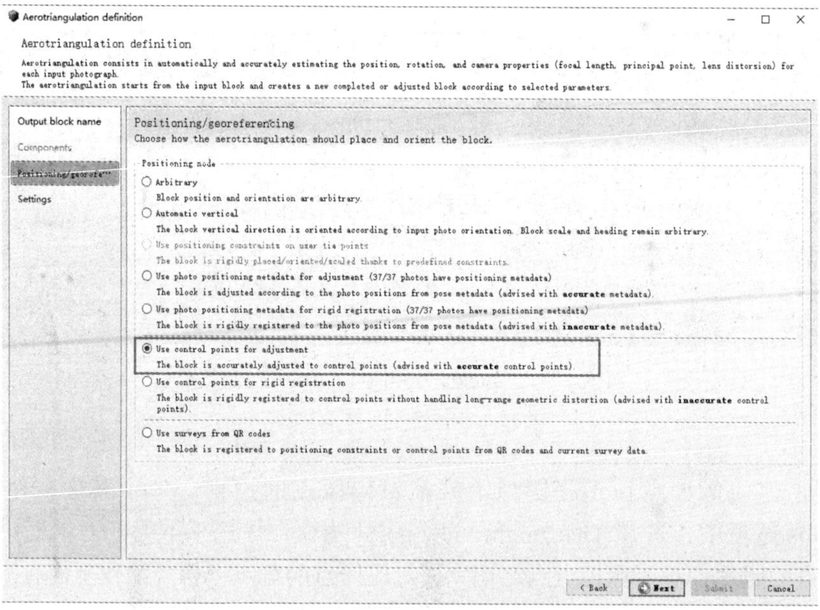

图 5.29　刺点后空三测量设置

7. 生成三维模型

空三计算结束后，单击右下方 New reconstruction 按钮，开始构建三维模型。选择 Spatital framework 选项卡，选择模型的空间参考系统，进行分块设置，选择 Regular planar grid 模式进行切片。切片尺寸越大，需要运行内存越大，一般调用电脑 2/3 内存为宜。选择 General 选项卡，单击 Submit New Production 按钮，提交新建产品，如图 5.30 所示。

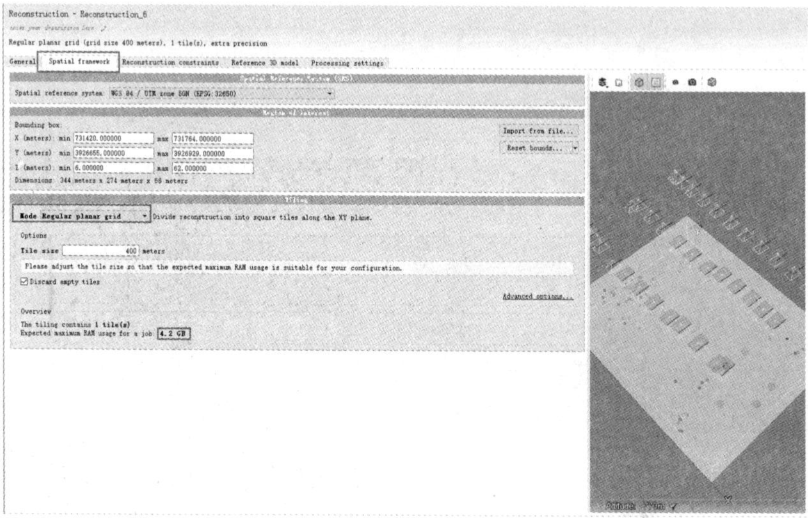

图 5.30　三维模型空间框架

选择产品类型，包括 3D mesh（三维网格）、3D point cloud（三维点云）、Orthophoto/DSM（正射影像/数字表面模型）等，三维建模选择 3D mesh，正射影像选 Orthophoto/DSM，这里选择 3D mesh，然后点击下一步，如图 5.31 所示。

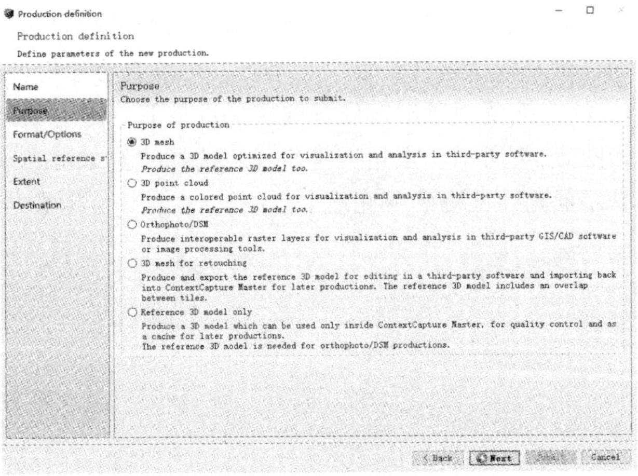

图 5.31　成果类型

生成的三维网格数据格式选择，包括 3MX、S3C、OSGB、OBJ、FBX 和 KML 等，这里选择 3MX 格式，格式选择根据具体需求确定，如图 5.32 所示。空间参考系统，通常选择 UTM 投影。

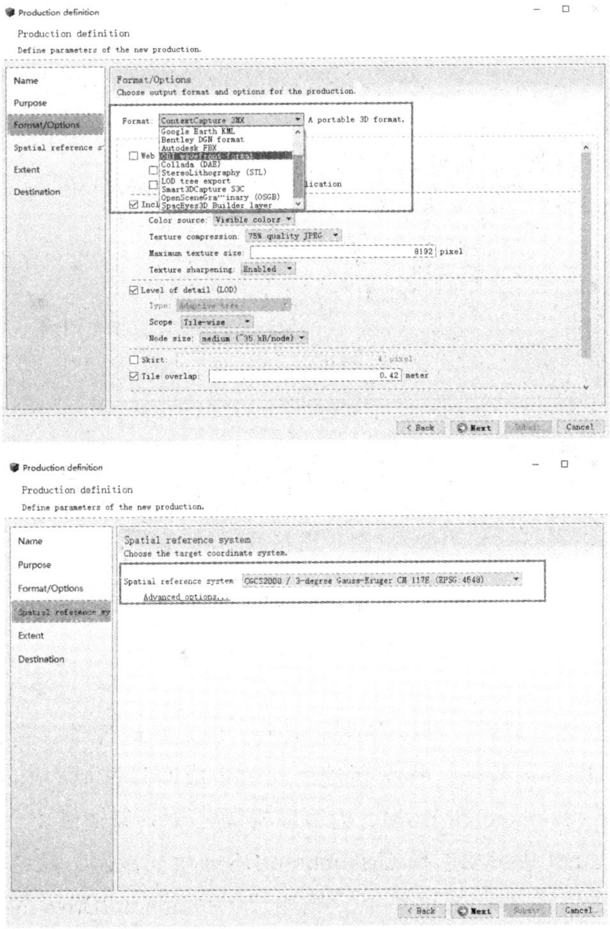

图 5.32　产品格式选择

勾选需要建模的分块后（默认全选），点击下一步。选择输出目录，然后单击 Submit，提交建模任务。在左侧目录结构中选择最后一个节点，可以查看建模进度，如图 5.33 所示。运行完成后，3MX 格式的三维模型导出在设置的成果目录下，使用 Acute3D Viewer 可以查看生成的三维模型，如图 5.34 所示。上述三维格式若选择的是 KML，则运行结果可以加载到 Google Earth 软件中，至此，三维建模完成。

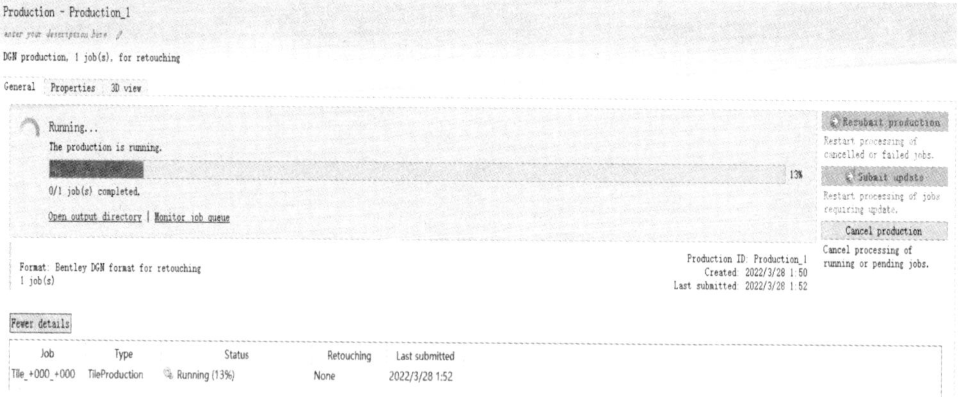

图 5.33　产品生成进度

图 5.34　三维模型浏览

原图呈现

8. 生成正射影像

上述步骤生成完三维模型后，可以在此基础上生成正射影像等。选择 General 选项卡，单击 Submit New Production 按钮，提交新建产品。生成产品选择 Orthophoto/DSM，然后点击下一步。这里勾选 Orthophoto 和 DSM，也可以根据需要只勾选其中一项。如图 5.35 所示。空间参考系统，选择 UTM 投影。选择 Orthophoto/DSM 生成范围，默认是生成全部范围。选择输出路径。若之前已生成 3D mesh 产品，则生成 Orthophoto/DSM 的速度会非常快，生成的成果可用 Global Mapper 软件查看。

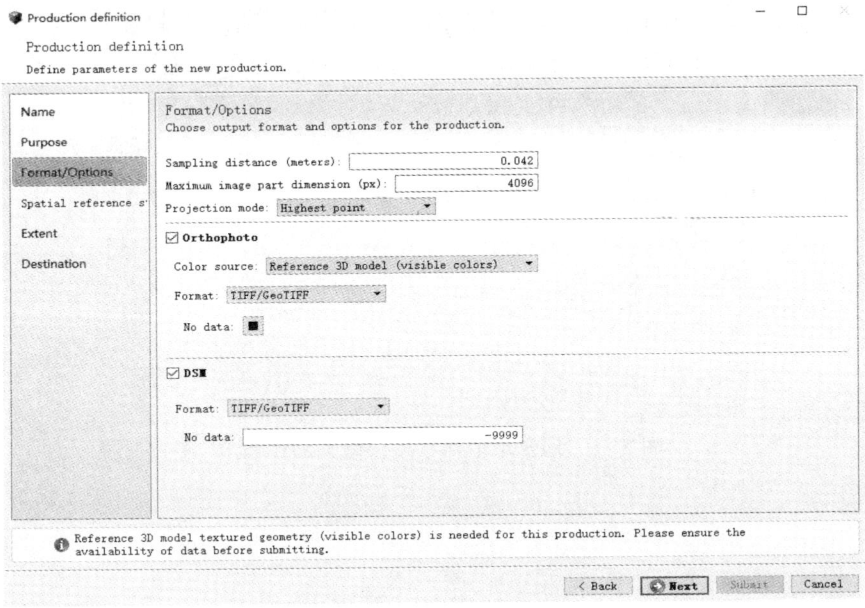

图 5.35　DOM/DSM 生成

9. 模型精度检查

空间参考系。三维模型的大地基准、高程基准、地图投影等空间参考系要素符合要求。位置精度。通过像控点、检查点、实测特征点位、边长量测等多种方法检查三维实景模型的位置精度，主要包括平面位置精度、高程位置精度、模型自身相对位置精度等。表达精细度。模型表达精细度与像片地面分辨率有直接关系。检查最终模型成果的细致部位结构表达程度是否清楚可辨、比例协调，是否满足工程要求。检查最终模型成果的纹理映射结果是否正确，比例是否协调，是否存在拉花变形等现象。

任务 5.7　三维数据采集与制图

三维数据采集是指利用一系列传感器或者测量设备对待测对象的三维模型进行数据采集。此处介绍利用 EPS 地理信息工作站在三维数字模型上进行地理信息数据采集和制图。

5.7.1　三维数据采集

EPS 三维测图软件是一款专业三维测图应用系统。该软件适用于 GIS 数据生产、处理、建库更新等方面应用，集数据采集、成图、编辑处理到数据入库、更新的一系列测绘数据生产于一体功能强大的三维数据采集软件系统。如图 5.36、图 5.37 所示。EPS 软件最大的特点在于“图库一体化”，即同一套数据可以导出多种成果，包括 DLG（数字线画图）成果，也可以导出库体成果，极大地消减了内业工作量。利用三维模型进行三维测图的主要流程有：工程建立、数据转换、模型加载、三维立体测图、质量检查、成果导出。

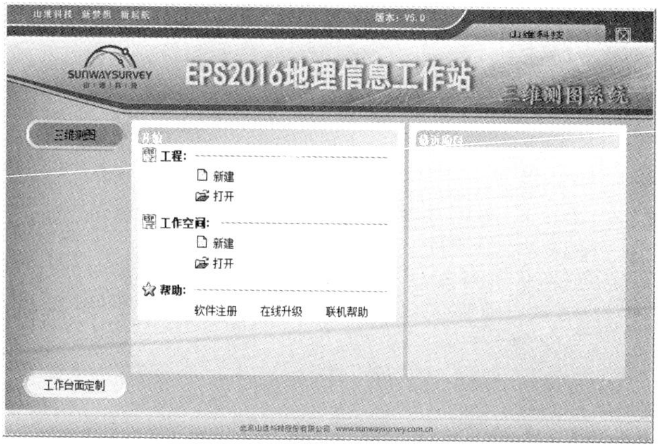

图 5.36　EPS 地理信息工作站（2016 版）

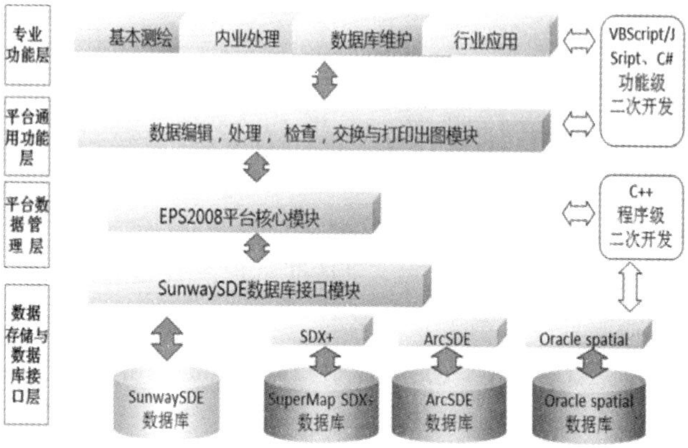

图 5.37　EPS 地理信息工作站平台架构

1. 新建工程

根据工程需求，在新建工程项目时，选择所需要的 EPS 软件功能模块，确定合适的测图比例尺、符号化模板、地物编码。同时软件也支持自定义各类符号和地物编码，以适应项目特殊需要，如图 5.38 所示。

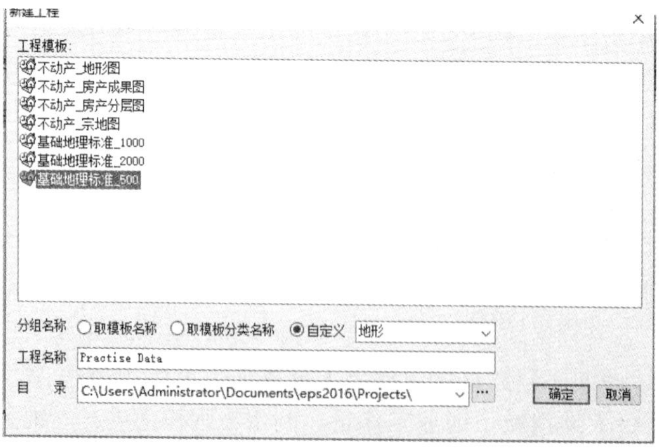

图 5.38　工程模板选择

2. 数据转换

由 Context Capture 软件生成的 OSGB 格式的模型并不能直接导入 EPS 软件，需要进行数据转换。利用三维模型的瓦片数据和元数据文件 metadata.xml 生成 DSM 文件。在 EPS 软件中选择 osgb 数据转换命令，将源数据路径制定到三维模型数据的 data 文件夹即可。转换完成后，会在原路径下生成一个 DSM 文件，如图 5.39 所示。

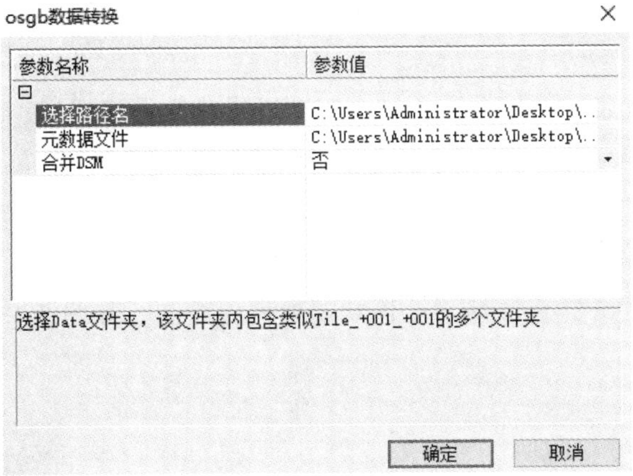

图 5.39　数据转换

3. 模型加载

数据转换完成后，加载生成的 DSM 文件，即可将三维模型加载至三维窗口下，实现二、三维窗口场景联动，可同时定位、放大和缩小，任何操作都会在两个窗口实时显示。EPS 支持海量三维模型数据的加载，读取、拖动、扫描、采集、缩放等操作均可极速呈现，保证高效作业。如图 5.40 所示。

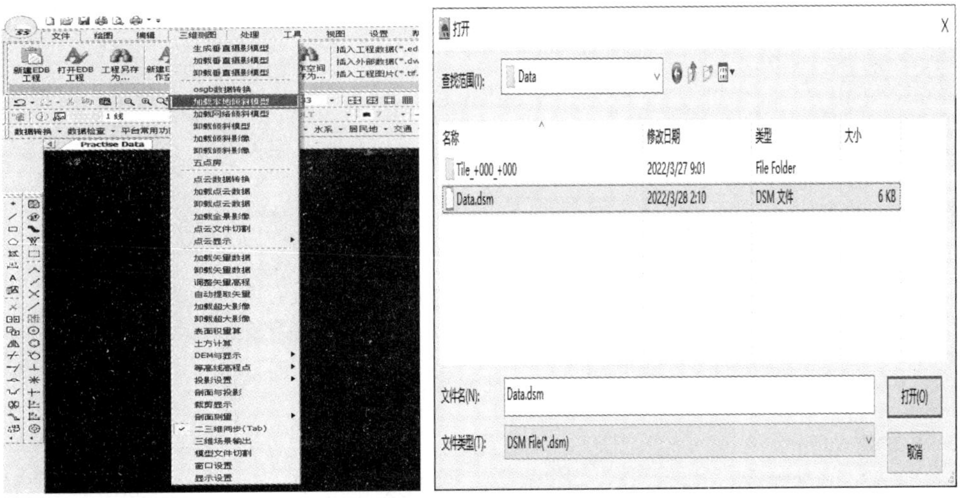

图 5.40　模型加载

4. 三维模型采集

在三维窗口加载三维模型后，即可在软件中进行裸眼 3D 立体测图，无须配戴立体眼镜。

EPS 提供绘图功能包括加点、加线、加面，亦可查询地物编码，选择适宜的地物要素进行绘制。通常内业人员可切换到俯视视角绘制交通、水系、植被等要素，提高绘制效率，亦可切换到 45°视角，沿墙面直接绘制居民地等要素，节省外业调绘工作量。同时，软件可以自动提取地面高程值信息，用于绘制图中的等高线、高程点等要素。在三维窗口采集要素的同时，可随时切换到二维窗口对数据进行编辑。常用的功能有延长、打断、复制、移动等等。此外，还有丰富的专业编辑功能，如面分割，符号编辑、快速构面、跟踪绘制等等，完全满足各种类型地物的绘制需要。

三维立体测图完成后，可依据需要导出制图成果或数据库成果。依据预先制订好的比照表，导出的成果可分别无缝对接 CAD、Arc GIS 等专业软件，无须再次编辑，实现真正的图库一体化。点状要素高程提取过程中，加点方式有点选、线选（手绘）、线选（选择线状物）、面选（手绘）、面选（选择闭合地物）、面选（全部）6 种，也可通过“高程下降”参数设置整体调整高程提取值，如图 5.41 所示。面状要素房屋绘制，如图 5.42 所示。

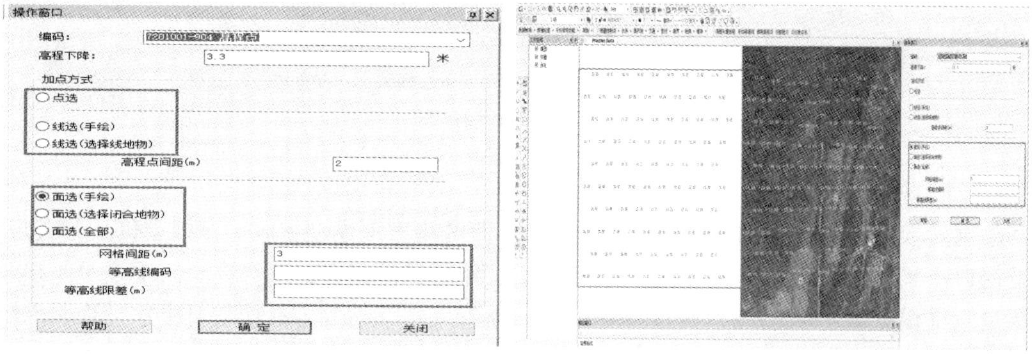

图 5.41　高程提取

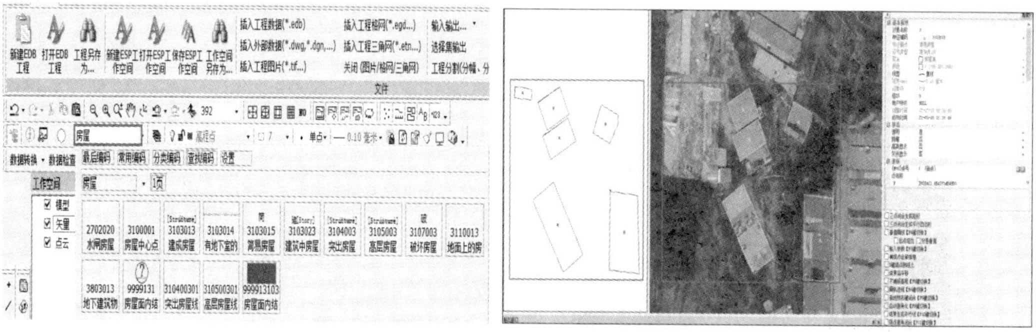

图 5.42　简易房屋绘制

5. 质量检查

数学精度检查数字线划图成果的平面精度、高程精度是否满足项目要求精度。一般不能有精度超限、要素遗漏、要素多余、几何位移、节点错误、多边形错误等问题。数据及结构正确性检查内容包括文件命名、数据组织、数据格式、要素分层、属性内容及代码、接边质量、矢量拓扑关系处理等的正确性和完备性。例如，等高线和高程点之间的点线冲突。地理精度检查内容包括地理要素的完整性、协调性，注记和符号的正确性，地理要素表示时综合取舍的合理性等。整饰质量检查内容包括符号、线划、颜色的表示合理性和质量，注记质量，图面要素的协调性，图面和图廓外的整饰质量。如局部符号、线划、注记规格不符合图式规定，压盖较多等状况。

复习思考题

1. 名词解释：DEM、DOM、DRG、DLG。

2. 影像数字化过程包括________与________两项内容。

3. 在地理信息中，DEM 主要有哪些表示模型？各有哪些优缺点？

4. 数字高程模型（DEM）的制作方法有哪些？

5. 数字正射影像（DOM）具有哪些特点？

6. 数字正射影像（DOM）常见的制作方法有哪些？

7. 数字高程模型（DEM）的制作方法有哪些？

8. 单项选择题

（1）若数字影像用二维矩阵表示，将像点的扫描坐标转换为像平面坐标的过程，称为（　　）。

A. 量化　　B. 数字影像相关

C. 数字影像配准　　D. 数字影像内定向

（2）规则格网的数字高程模型是一个二维数字矩阵，矩阵元素表示地面点的（　　）。

A. 坐标　　B. 高程

C. 坡度　　D. 坡向

（3）利用数字高程模型表示复杂地形表面时，最理想的数据结构是（　　）。

A. 规则格网　　B. 金字塔

C. 不规则三角网　　D. 四叉树

（4）数字线划图的英文缩写是（　　）。

A. DEM　　B. DRG

C. DOM　　D. DLG

（5）利用航摄像片制作正射影像，其核心是将中心投影转变为（　　）。

A. 平行投影　　B. 高斯投影

C. 正射投影　　D. 斜距投影

（6）将航空或卫星影像逐个像元进行纠正，生成正射影像的过程被称为（　　）。

A. 数字影像配准　　B. 数字影像镶嵌

C. 数字影像相关　　D. 数字微分纠正

项目 6　摄影测量外业工作

项目描述

与常规地形测量方法比较，摄影测量方法测制地形图不仅速度快、成本低，而且数字化程度高，大大减少了外业的工作量，作业条件得到了很大的改善。随着国家经济建设的发展和测绘科技水平的提高，航测成图方法不仅用于测制中小比例尺国家基本地形图，而且也是大比例尺与大面积地形、地籍测绘的主要方法。

教学目标

1. 能力目标

- 能够熟悉摄影测量的外业工作；
- 能够掌握影像判读的方法；
- 能够掌握影像调绘的方法。

2. 知识目标

- 掌握摄影测量外业工作中的作业流程和作业方法；
- 掌握理解影像的判读与调绘方法。

3. 素质目标

- 具备一定阅读总结能力；
- 具备一定的查阅、整理资料能力。

任务 6.1　摄影测量工作的内容和过程

6.1.1　摄影测量的作业流程

航空摄影测量主要分为航测外业和航测内业两方面的工作，其作业流程可以用图 6.1 简要表示。

数字摄影测量的外业工作

6.1.2　摄影测量的外业工作

航测外业主要包括像片控制测量和像片调绘（又称影像调绘）两项内容。它是为了保证航测内业加密或测图的需要在野外实地进行的航测工作。航测外业控制测量的目的是为内业成图和加密提供一定数量并符合规范要求、精度较高的控制点。

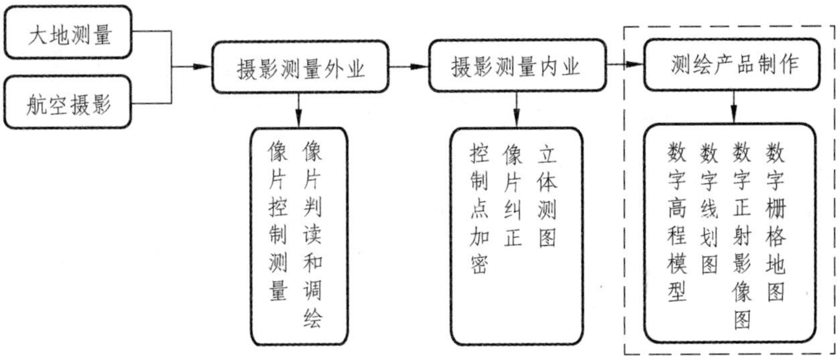

图 6.1　摄影测量的作业流程

像片控制点是指符合航测成图各项要求的测量控制点，简称像控点，分为平面控制点（野外只需测定点的平面坐标）、高程控制点（野外只需测定点的高程）、平高控制点（野外需要同时测定点的平面坐标和高程）3 种。

在生产中为了方便地确认控制点的性质，一般用 P 代表平面点，G 代表高程点，N 代表平高点，V 代表等外水准点。图中以○表示平面点，⊙表示平高点，●表示高程点，⊗表示水准点，□表示像主点。另外，引点及支导线点的编号采用本点编号和点名后加注数字的形式表示。例如：P18-1，其中 P18 为本点编号，1 表示引出点的序号。

同一幅图或同一区域内，像片控制点应按从左到右，从上到下的顺序统一安排，有次序地进行编号，以方便查找和记忆。同一类点在同一图幅或同一布点区内不得同号；利用相邻图幅或邻区的控制点时仍用原编号，但应注明邻图幅图号，如：N17[18-（20）]。后面括号内数字为邻图幅图号简写。

像片控制测量是指在少量大地点或其他基础控制点的基础上，按照航测内业的需要，在航摄像片规定位置上选取一定数量的点位，利用地形测量等方法测定出这些点的平面坐标和高程的工作。像片控制测量主要包括以下工作。

1. 像片控制点的布设

（1）像片控制点选点应满足的条件。

① 像片控制点的目标影像应清晰，易于判别。

② 布设的控制点适合公用，一般布设在航向及旁向 6 片或 5 片重叠范围内。

③ 控制点距像片边缘不应小于 1 cm（18 cm×18 cm 像幅）或 1.5 cm（23 cm×23 cm 像幅），综合法成图的控制点距航向边缘不应小于上述规定的 1/2。

④ 控制点距像片的各类标志不小于 1 cm。

⑤ 控制点应选在旁向重叠中线附近，离开方位线的距离应大于 3 cm（18 cm×18 cm 像幅）或 4.5 cm（23 cm×23 cm 像幅）；当旁向重叠过大，并不能满足要求时，应分别布点；旁向重叠较小使相邻航线的点不能公用时，可分别布点，此时控制范围所裂开的垂直距离一般应小于 1 cm，困难时不应大于 2 cm。

⑥ 位于自由图边、待成图边以及其他方法成图的图边控制点，应布设在图廓线外。

（2）像片控制点的布设方法。

① 野外布点，又分为综合法成图的全野外布点和全能法成图的全野外布点。

② 航线网布点。

③ 区域网布点。

④ 特殊情况的布点，包括航摄区域结合处的布点、航向重叠不够的布点、旁向重叠不够的布点、像主点和标准点位落水的布点、水滨和岛屿的布点。

2. 基础控制点测量

除使用国家等级点外，可根据测区的实际情况和具体要求，合理布设测角中误差小于或等于 5"级的小三角点和导线点，以及施测等外水准作为像片控制测量的基础。对于采用独立坐标系的小测区，也可布设 5"级小三角点和导线点作为像片平面控制测量的基础。

3. 像片控制点测量

（1）精度要求。

平面控制点和平高控制点，相对临近基础控制点的平面位置中误差，不应超过地物点平面位置中误差的 1/5。高程控制点和平高控制点，相对临近基础控制点的高程中误差不应超过基本等高距的 1/10。

（2）像片控制点的判刺和整饰。

野外控制点应以判点为主、刺点为辅。平面控制点宜选在交角良好的细小线状地物交点、明显地物折角顶点、影像小于 0.2 mm 的点状地物中心。弧形地物及阴影等不应选作点位目标。高程控制点的点位目标应选在高程变化较小的地方。

像片控制点的整饰按规范要求整饰、注记和绘制局部放大的详细点位略图。

基础控制点使用原有编号。像片控制点的编号由技术设计书做出具体规定。

（3）像片控制点的平面测量。

导线不应超过 3 次附合。

线形锁的传距角一般不应小于 30°，线形锁不应超过 2 次附合。

交会法：交会角应在 30° ~ 150°之间。交会点从一级导线或一级锁点发展时，可再发展一次交会点；交会点的起算点全为基础控制点时，交会边长可放至图上 1 000 mm，山地、高山地可以再发展一次交会点。

引点：本点至引点的距离应用钢尺丈量，不能用视距法测定，距离应往返丈量，两次丈量较差不应超过距离的 1/1 000。当距离用光点测距仪测定时，应进行二次独立观测。引点应在本点观测两个连接角，水平角应观测一测回。

（4）像片控制点的高程测量。

高程路线不宜用闭合环。用闭合环时，起算点高程应确保无误，不能环套环。高程控制点和平高控制点的高程测量可采用测图水准、光电测距高程导线、三角高程导线、独立交会高程点进行施测。

测图水准用于高差不大的地区，应起闭于水准点、经水准联测的三角点或等外水准点。

光点测距高程导线垂直角应对向观测，直返觇高差较差不应大于 $0.04S$ m（S 以百米为单位，300 m 以内按 300 m 计算）。

三角高程导线：用于山地和高山地，垂直角应对向观测，直返觇高差较差应不大于 $0.04S$ m。

独立交会高程点：用于 1 m 或 2 m 等高距的地区，采用 3 个单觇高程平均值。

（5）像片控制点的观测、记簿与计算。

水平角观测：导线、线形锁、各种交会法的水平角应按方向观测法观测。3 个方向观测时可不归零。

垂直角观测：光电测距高程导线、三角高程导线、独立交会高程点和引点的垂直角观测可采用中丝法二测回，或三丝法一测回，一次读数。水平角和垂直角观测限差按照规范要求即可。

记簿：原始观测值和记事项目应在现场用钢笔或铅笔记录在规定格式的外业手簿中，字迹应清晰、整齐、美观，不能擦改或涂改，不应转抄复制。

平面坐标和高程的计算：平面坐标计算应取至 0.01 m，高程计算应取至 0.01 m，距离应取至 0.01 m，角度应取至 1″，采用近似平差时，闭合差应以边长、转折角或测站数按比例进行配赋。

简单地说：影像调绘就是用航摄像片进行调查和绘图，详见任务 6.3。

6.1.3 摄影测量的内业工作

摄影测量的内业工作是指在室内依据摄影测量外业等成果，利用一定的航测仪器和方法所完成的航测工作。

1. 控制点加密工作

为了满足内业测图或制作像片平面图的需要，像片上必须确定一定数量的已知控制点。这些点若仅凭外业来获取，可能会数量不够或将增加外业工作量，目前该项工作在航测内业中可以采用解析空中三角测量（详见项目 4）的方法来解决。

2. 像片纠正

像片纠正是为了消除航摄像片与正射影像之间的差异，满足像片测图及制作正射影像图的需要而进行的航测内业工作。

3. 立体测图

立体测图是航测成图的主要方法，为生产单位所广泛使用。目前主要是利用全数字摄影测量系统进行立体测图。航空摄影测量可以根据客户及用图单位的需要，生产出各种各样的测绘产品。

任务 6.2 影像的判读

影像的判读

6.2.1 像片判读的概念和分类

航摄像片和遥感摄影像片大部分采用中心投影方式成像，像片上的影像与相应目标在形状、大小、色调、阴影、纹理、布局和位置等特征方面有着密切的关系，人们就是根据这些特征去识别目标和解释某种现象的。

1. 像片判读的概念

像片判读，也称像片的解译或判释，是根据地物的光谱特性、像片的成像规律及判读特征，阅读和分析像片影像信息的综合过程。其目的是识别和解释影像的类属及特性。

像片判读时，根据影像所显示的各种规律，借助相应的仪器设备和相关资料，采用一定方法对影像进行分析判断，从而确定影像所表达的地物属性、特征，为测制地形图或其他专业部门提供必要的地形要素。

2. 像片判读的分类

像片的判读按目的来分，有专业判读和地形判读两类。我们工作中采用的是地形判读，它是以测制各种比例尺地形图为目的，来识别地形图所需要的各类地物、地貌要素在像片上的正确位置的像片判读。它是像片调绘的重要组成部分。像片判读的方法又分目视判读和电子计算机判读。目视判读又可分为室内判读、野外判读和综合判读。

6.2.2 像片判读的标志

根据地物在像片上的构像规律，在室内或野外对像片进行判读调查，识别影像的实质内容，并将影像显示的信息按照用图的需要进行综合取舍，并用图式规定的符号在像片上表示出来。

像片上地物的构像有各自的几何特性和物理特性，如形状、大小、色调、阴影和相互关系等，依据这些特性可以识别出地物内容和实质。这些影像的特性是像片判读的依据，被称为像片的判读标志。

（1）形状特征。形状特征是指物体外轮廓所包围的空间形态。

（2）大小特征。大小特征是指地物在像片上构像所表现出的轮廓尺寸。

（3）色调特征。地面物体呈现出各种自然色彩，但在黑白像片上只能见到由黑到白深浅不同的物体影像，像片上反映的这种黑白层次称之为色调特征。

（4）色彩特征。色彩特征只适用于彩色像片。在彩色像片上各种不同物质反射不同波长的能量，像片影像以不同颜色反映物体特征。

（5）阴影特征。高出地面的物体在阳光的照射下进行摄影时，在像片上会形成 3 部分影像，光直照部分、散射部分（本影）和阴影部分。

（6）纹理特征。成片分布的细小地物在像片上成像可以造成有规律的重复，使影像在平滑程度、颗粒大小、色调深浅、花纹变化等方面表现出明显的规律，这就是纹理特征。

（7）图案结构特征。如果说纹理特征是指地物成群分布时无规律地积聚所表现出的群体特征，地物有规律地分布表现出的群体特征就称为图案结构特征。

（8）相关特征。一种地物的产生、存在和发展总是和其他某些地物互相依存，地物之间的这种相关性质称为相关特征。

6.2.3 像片判读的方法

像片判读有室内和野外判读之分，故其方法也有所不同。

1. 野外判读的方法

（1）选好判读时的站立位置。

（2）确定像片方位。

（3）判读地物、地貌元素。

（4）由远到近。

（5）由易到难。

（6）由总貌到碎部。

（7）逐步推移。

（8）走路过程中的判读。

（9）看、听、想、记。

（10）勤看立体，随时检核。

总之，野外判读是一项复杂、细致、责任很重、技术性很强的工作，要求从事这项工作的专业人员，不但要有很好的技术水平，而且要有优良的思想素质，才能有效完成这项工作任务。

2. 室内判读的方法

（1）判读的一般步骤。

① 将需要的像片药膜朝上按编号排列。

② 把不同航线叠放起来，并放上保护纸。

③ 把需要观察判读的地方打开，沿航线摄影的延伸方向进行判读。

④ 把比较常用的样片集放置在合适的位置。

（2）判读搜索的一般原则。

首先宏观地从整个地区分析开始，然后对细部进行认真的判读分析。故判读人员在讲究判读特征的同时，可采用“全面调查”和“逻辑搜索”的基本方法。

（3）室内判读分析推理的方法。

① 直接法：直接应用判读特征，对像片影像做出较有把握的判读。

② 对比法：利用典型样片进行对比分析判读。往往通过与典型样片图像的分析对比，得到新的启发，而使不易判读的地物得到正确的答案。

③ 综合判认法：利用判读特征做出类比推理，依据地物之间的相关性、依存关系做出综合分析判读。如建筑物与道路的等级之间、水系与道路之间，都是通过综合推理对地物进行辨认的。

3. 各类地形元素的判读

（1）居民地的判读。居民地是地形图上重要的地物要素。一般居民地的判读目的，在于判读出房屋和街道、巷道、空地等在像片上的正确位置。

（2）独立地物的判读。烟囱、水塔、窑、凉亭或宝塔、陵园或坟地、燃料库、粪池、抽水机站等的判读。

（3）道路的判读。铁路、公路、简易公路、大车路、乡村路、小路的判读。

（4）水系的判读。河流、小溪、池塘、水渠、水井、防洪墙、土堤、码头、桥梁、水闸的判读。

（5）植被的判读。耕地、果园、苗圃、草地、树林、森林的判读。

（6）地貌要素的判读。梯田坎、冲沟、陡石山、露岩地的判读。

任务 6.3　影像的调绘

影像的调绘

6.3.1　像片调绘的基本内容

1. 像片调绘的基本概念

简单地说，像片调绘就是用航摄像片进行调查和绘图。像片调绘是在像片判读的基础上，把影像所代表的地物识别和辨认出来，并按规定图式符号和注记方式表示在航摄像片上。一般采用先室内判读，后野外检查补绘的调绘方法。

2. 像片调绘的基本要求及内容

（1）像片调绘的基本要求。

像片调绘应判读准确，描绘清楚，图式符号运用恰当，各种注记准确无误。应采用放大片调绘。调绘像片采用隔号像片，为使调绘面积界线避开复杂地形，个别可出现连号。可采用先野外判读调查，后室内清绘的方法，也可采用先室内判读、清绘，后野外检核和调查，再室内修改和补充清绘的方法。不论采用哪种方法，对地物可只作性质、数量说明，其位置、形状应以内业立体模型为准。

（2）测量控制点。

三角点和埋石点在调绘片上不表示，由内业展绘。当三角点和埋石点设在不依比例尺表示的土堆上时，应在调绘片上表示。国家等级水准点应准确调注。

（3）水系。

河流、湖泊、水库的水涯线应绘在摄影时的水位处。

池塘的水涯线应以摄影时的水位为准。

水渠、储水池的水涯线应以坎沿为准。

海岸线应以摄影时的影像描绘平均大潮高潮痕迹所形成的水陆分界线为准。

其他水系均按规范要求调绘。

（4）居民地及设施。

居民地调绘要求：描绘房屋应以墙基为准。

独立地物调绘要求：作为定位主要依据的独立地物，能依比例尺的应绘外轮廓、填绘符号；不能依比例尺的应准确表示其定位点和定位线；实地的建筑物、构筑物，图式中无相应规定符号，也不便归类表示，可实地调绘该要素的地面几何图形，加注专名。

（5）交通。

道路通过居民地不宜中断，应按真实位置绘出。

（6）管线。

永久性的电力线、通信线应绘出。电力线分为输电线和配电线。输电线路为高压线，配电线路一般为低压线。

（7）境界。

调绘境界应在实地进行，并经慎重调查，多方核实确认无误后方可绘于图上。

国界调绘应根据国家正式签订的边界条约或边界议定书及附图，会同边防人员一起经实地踏勘后，按实地位置不间断地精确绘出。

国内各级境界调绘要求县（区）级以上境界应绘出，乡（镇）级境界、国营农（林、牧）场界应按图需要调绘。

（8）地貌。

不能用等高线反映的天然或人工地貌要素，应按图式规定调绘于像片上。密集的居民地内不宜绘等高线，应以高程注记点表示地形。

（9）植被与土质。

地类界与地面上有实物的线状要素符号重合，地类界应省略不绘。树林、竹林、灌木林应量注摄影时的平均高度，供内业立体测图时改正树高和测绘等高线。

（10）地理名称调绘。

地理名称注记调绘时应对居民地、市镇街巷、工矿企业、机关学校、医院、农（林）场、大型文化体育建筑、名胜古迹、山岭、沟谷、河流、湖泊、海港等名称，调查核实，正确注记。居民地应注出当地常用的自然名称。水系、山脉等地理名称不统一时，不宜注记。图幅名称应选择该图幅内著名的地理名称。同一测区内不得有相同的图名，图幅内确无名称时，注图幅编号。

3. 像片调绘的基本流程

（1）像片调绘前的准备工作。包括划分调绘面积，准备调绘工具，做好调绘计划等内容。

（2）像片判读。利用像片对照实地判读确定各种地形元素的性质以及它们在像片上的形状、大小、准确位置和分布情况，以便在像片上描绘。

（3）地物地貌元素的综合取舍。在像片判读的基础上对地形元素进行合理的概括和选择。这是调绘过程中的重要手段。

（4）调查、量测有关情况和数据。这主要是指向当地群众询问地名和其他有关情况，调查各级行政区界线的位置和可能没有被发现的地形元素。同时，应将所得结果准确记录在像片上或透明纸上。

（5）补测新增地物。新增地物是指摄影后地面上新出现的地物。因像片上没有其影像，按规范要求必须表示的元素，就需要在实地补绘。个别新增地物可根据与其相邻地物影像的相对位置补绘，但大面积的新增地物可采用其他办法补绘。

（6）像片清绘着墨。根据实地判绘的结果，在室内着墨整饰。这时，应按照图式规定的各种符号和规范的有关要求认真、仔细地描绘。

（7）接边。调绘边线地方与邻幅或邻片调绘的内容是否衔接。如本片调绘的道路通过调绘边线延伸入相邻调绘像片，相邻像片也必须有同一等级的道路与之相接，而且相接位置应吻合，如果有某一地物接不上，则必须查实、修改，直到全部接好为止。

（8）检查验收。

6.3.2 像片调绘中地物、地貌的取舍原则

像片调绘过程中对地物的综合取舍是一项比较复杂，难以掌握的技术。只有通过长期实践，不断总结经验，才可能较好地掌握这项技术。

（1）根据地物、地貌元素的作用决定综合取舍。凡在国民经济建设中有重要作用的地形元素，就是调绘时选择表示的主要对象。

（2）根据地物、地貌元素的分布密度进行综合取舍。一般情况下，某一类地物分布较多时，综合取舍幅度可大一些，可适当多舍去一些质量较次的地物；反之，综合取舍幅度就应小一些，即尽量少舍多取或进行较小的综合。

（3）根据各地区地形特点以及地物地貌元素的特征决定综合取舍。实地密度大，图上所表现的密度就大；实地密度小，图上所放映的密度就小。

（4）根据成图比例尺的大小进行综合取舍。成图比例尺大，调绘时综合的幅度应小一些，多取少舍少综合；比例尺小，综合取舍的幅度可大一些，相对地多舍、多综合一些地形要素。

（5）根据用图部门对地形图的不同要求进行综合取舍。具有专用性质的地形图各有侧重，调绘时根据不同的要求决定综合取舍的内容和程度。

6.3.3 像片调绘的注意事项

1. 注意采用远看近判的调绘方法

所谓远看，就是调绘时不但要调绘站立点附近的地物，而且要随时观察远处的情况。因为有些地物，如烟囱、独立树、高大的楼房等，从远处观察十分明显突出，而到近处时，往往由于地形或其他地物的阻挡，反而看不清或者感觉不到它们的重要目标作用了。

2. 应注意以线带面的调绘方法

以线带面是指调绘时以调绘路线为骨干，沿调绘路线两侧一定范围内的地物，都要同时调绘。做到走过一条线，调绘一大片，这样可以加快调绘速度。

3. 着铅要仔细、准确、清楚

着铅是调绘过程中最重要的记忆方式。它是准确判读和进行综合取舍后记录在像片或透明纸上的野外调绘成果，是室内调绘的主要依据。因此必须仔细、准确、清楚。

4. 像片调绘要注意养成“三清四到”的良好习惯

像片调绘要坚持做到“三清四到”原则，即“天天清、幅幅清、块块清，跑到、看到、量到、绘到”，以减轻内业人员的工作量。

5. 注意依靠群众，多询问多分析

像片调绘过程中，有许多情况必须向当地群众询问、调查，以获得可靠信息。如地名、政区界线、地物的季节变化、某种植物的名称、隐蔽地物的位置等，都必须向当地群众调查了解。因此，依靠群众、尊重群众是每个测量工作人员应有的态度和重要的工作方法之一。

6. 注意发挥翻译向导的作用

有时由于语言不通、表达能力不强等各方面的原因，在询问过程中往往出现问不清楚或者说错的现象。因此，一般应有翻译或向导协助调绘工作。翻译、向导多是当地人，他们懂当地语言，有一定文化程度，熟悉当地情况，充分发挥他们的作用会给测绘工作带来很多方便。

复习思考题

1. 像片判读的特征有哪些？

2. 像片判读的方法有哪些？

3. 简要叙述像片调绘综合取舍的原则？

4. 简要描述摄影测量中，像片调绘的工作流程。

5. 简要叙述像片调绘的注意事项。

6. 像片调绘要注意养成“三清四到”的良好习惯，“三清四到”指的是什么？

7. 填空题

（1）航空摄影测量外业主要包括____________和____________。

（2）摄影测量中像片控制点是指符合航测成图各项要求的测量控制点，简称像控点，分为____________、____________、____________3种。

（3）在生产中为方便确定控制点的性质，常用P代表平面点，G代表高程点，V代表等外水准点、______________代表平高点。

项目 7　遥感图像认识与获取

项目描述

遥感影像即遥感平台上的遥感器（又称传感器）远距离地对地表扫描或者摄影获得的影像。不同的遥感技术系统既保证了遥感影像的获取又决定了遥感影像的特征。了解遥感影像的获取过程及遥感影像的特征，对于影像解译、应用具有重要的意义。

遥感技术系统获取的主要成果为遥感影像，不管是设计传感器，还是研究影像的信息提取，都是围绕着影像来工作。离开影像（图像）谈遥感，等同于画饼充饥。图像包括的范围很广，有的图像可以直接观察到，有的图像则需经变换处理后才能观察到（如 X 光透视片、红外片等）。这些可观察的图像，本质上都是一张电磁辐射能量（物体的发射、反射或透射能量）的平面分布图。

卫星遥感所得到的信息一般是图像形式,所以遥感信息处理主要是对遥感图像进行处理。为了进行遥感图像的处理（主要是数字处理），必须了解图像的数学模型，建立图像的数学概念，同时要了解遥感图像的相关特性。

本项目从遥感技术的物理基础出发，介绍了遥感平台、传感器、遥感影像的获取、遥感影像的表示方式等内容，为后续任务学习奠定了基础。

教学目标

1. 能力目标

- 能够描述遥感平台的定义、分类和特点；
- 能够了解遥感影像的特征和常见的遥感信息获取系统；
- 能够理解遥感图像的获取途径以及常见的遥感传感器；
- 能够理解遥感图像的表示方法和几何特征。

2. 知识目标

- 了解遥感平台的定义、分类和特点；
- 了解遥感图像的特征和常见的遥感信息获取系统；
- 理解遥感图像的获取途径以及常见的遥感传感器；
- 掌握遥感图像的表示方法和几何特征。

3. 素质目标

- 具备一定阅读总结能力；
- 具备一定的查阅、整理资料能力。

任务 7.1 遥感技术的物理基础

遥感技术的
物理基础

7.1.1 电磁波谱

遥感，顾名思义就是遥远感知事物的意思，也就是不直接接触目标物体，而是利用遥感平台上搭载的传感器（或称探测器）接受地面物体反射或发射的电磁波信号，并以图像胶片或数据磁带记录下来，传送到地面，经过信息处理、判读分析和野外实地验证，最终服务于资源勘探、动态监测等方面。在自然界中凡是温度高于 – 273.15 °C 的物体都可以反射电磁波。遥感之所以能够根据接收到的电磁波数据来判读地物目标和有关现象，是因为一切物体，由于其种类、特征和环境条件的不同，具有完全不同的电磁波的反射或发射辐射特征。因此，遥感技术主要建立在物体反射或发射电磁波的原理基础之上。

实验证明，γ 射线、X 射线、紫外线、可见光、红外线、微波、无线电波等都是电磁波，只是波源不同，波长（频率）也各不相同。将各种电磁波在真空中的波长（频率）按其长短依次排列制成的图表叫作电磁波谱，如图 7.1 所示。

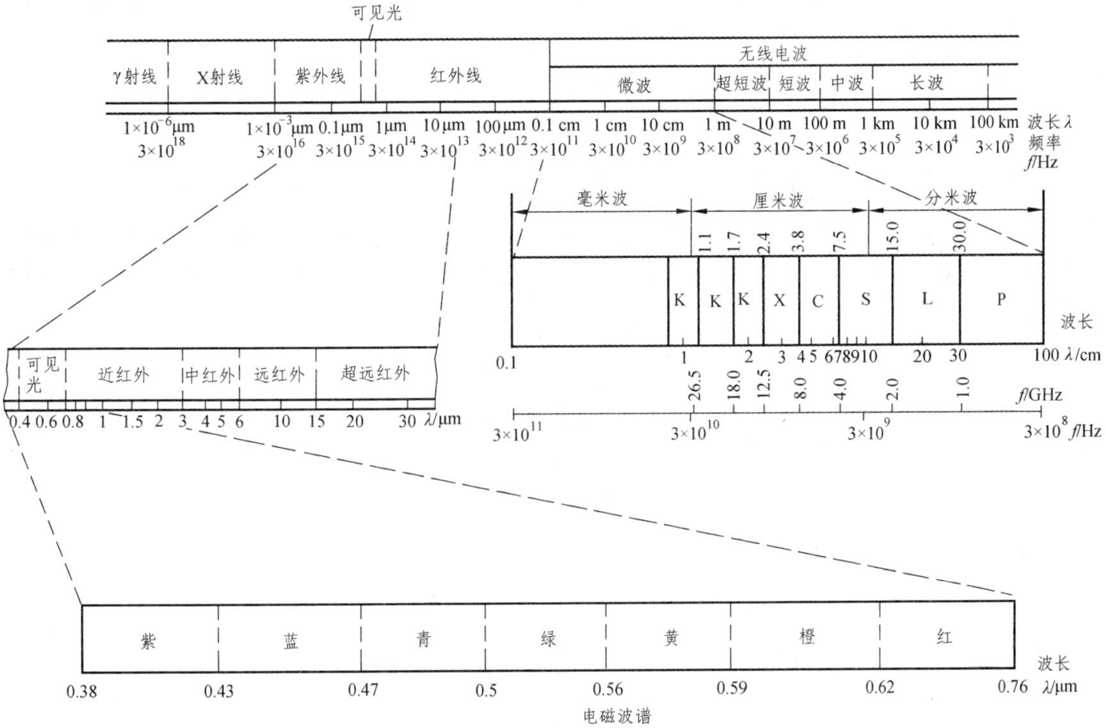

图 7.1 电磁波谱

在遥感技术中，电磁波一般用波长形式表示，其单位有纳米（nm）、微米（μm）、厘米（cm）等。遥感技术目前所应用的电磁波段仅占整个电磁波段中很小的一部分，主要集中在紫外、可见光、红外、微波波段。

7.1.2 遥感中常用光谱段

1. 紫外线

紫外线波长为 0.01 ~ 0.4 μm。太阳辐射含有紫外线，只有 0.3 ~ 0.4 μm 波长的紫外线部分能够穿过大气层，且能量很小。

紫外线主要用于探测碳酸盐岩的分布和油污染的监测。碳酸盐岩在 0.4 μm 以下的短波区域对紫外线的反射比其他类型的岩石强。水面漂浮的油膜比周围水面反射的紫外线要强烈。由于大气层中臭氧对紫外线的强烈吸收和散射作用，通常探测高度在 2 000 m 以下。

2. 可见光

可见光波长为 0.38 ~ 0.76 μm，是遥感中最常用的波段。

尽管大气对它也有一定的吸收和散射作用，它仍是遥感成像所使用的主要波段之一。在此波段大部分地物都具有良好的亮度反差特性，不同地物在此波段的图像易于区分。

3. 红外线

红外线波长为 0.76 ~ 1 000 μm。

在遥感中主要利用 3 ~ 15 μm 波段，更多的是利用 3 ~ 5 μm 和 8 ~ 14 μm 波段。红外遥感是采用热感应方式探测地物本身的辐射（如热污染、火山、森林火灾等），所以不仅白天可以进行，夜间也可进行，能进行全天时遥感。

4. 微　波

微波波长为 1 mm ~ 1 m。分为毫米波、厘米波和分米波。

微波辐射和红外辐射都具有热辐射性质。由于微波的波长比可见光、红外线要长，能穿透云、雾而不受天气影响，所以能进行全天时全天候的遥感探测。微波遥感可以采用主动或被动方式成像，另外，微波对某些物质具有一定的穿透能力，能直接透过植被、冰雪、土壤等表层覆盖物。

电磁波波长范围见表 7.1。

表 7.1　电磁波波长范围

<table>
<tr><th colspan="2">名称</th><th>波长范围</th><th colspan="2">名称</th><th>波长范围</th></tr>
<tr><td colspan="2">紫外线</td><td>10 nm ~ 0.4 μm</td><td rowspan="5">红外线</td><td>近红外</td><td>0.76 ~ 3.0 μm</td></tr>
<tr><td rowspan="7">可见光</td><td>紫</td><td>0.38 ~ 0.43 μm</td><td>中红外</td><td>3.0 ~ 6.0 μm</td></tr>
<tr><td>蓝</td><td>0.43 ~ 0.47 μm</td><td>远红外</td><td>6.0 ~ 15.0 μm</td></tr>
<tr><td>青</td><td>0.47 ~ 0.50 μm</td><td rowspan="2">超远红外</td><td rowspan="2">15.0 ~ 1 000.0 μm</td></tr>
<tr><td>绿</td><td>0.50 ~ 0.56 μm</td></tr>
<tr><td>黄</td><td>0.56 ~ 0.59 μm</td><td rowspan="3">微波</td><td>毫米波</td><td>1.0 ~ 10.0 mm</td></tr>
<tr><td>橙</td><td>0.60 ~ 0.62 μm</td><td>厘米波</td><td>1.0 ~ 10.0 cm</td></tr>
<tr><td>红</td><td>0.62 ~ 0.76 μm</td><td>分米波</td><td>10.0 cm ~ 1.0 m</td></tr>
</table>

7.1.3 电磁波与大气层的相互作用

1. 大气层概况

大气的主要成分是氮和氧（约占 99%）和各种微量气体（如二氧化碳、甲烷、氧化氮、氢、臭氧等）。除臭氧外这些气体分子在 80 km 以下相对比例基本不变；水汽约占大气总量的 0.3%，在大气中浓度变化很大，尤其在底层大气。

大气的密度和压力随着高度上升几乎按指数速率下降。高度每增加 16 km，其大气密度和压力都近乎下降 10%。在 32 km 以上，大气质量仅剩下 1%，所以在 32 km 以上的大气影响可以忽略不计。因此，可以认为有效大气层是紧贴着地球表面的薄薄一层。

地球上的大气层并没有一个确切的界限。只是离地球越远空气越稀薄，以至于接近真空而进入星际太空。大气层的厚度一般取 1 000 km，约相当于地球直径的 1/12。大气按其热力学性质可垂直分为对流层、平流层、中间层、电离层，如图 7.2 所示。

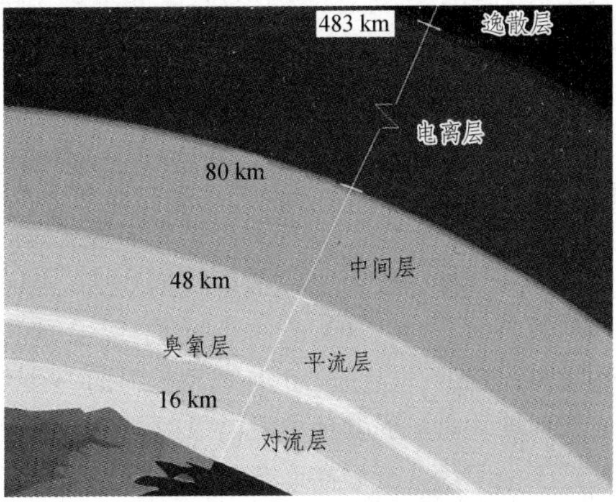

图 7.2 大气垂直分层结构

（1）对流层。

对流层的上界随纬度、季节等因素而变化，极地上仅 7 ~ 8 km，赤道上空为 16 ~ 19 km。对流层有明显的上下混合作用，主要大气现象几乎集中于此。在该层内每上升 1 km，温度下降 6.5 K，空气密度和气压也随高度上升而下降。

（2）平流层。

平流层的范围是从对流层顶至 50 km。它包括底部的“同温层”（延至 20 km）和随高度上升温度缓慢升高的“暖层”。这是因为臭氧吸收紫外线的缘故。层内除季节性的风外，几乎没有什么天气现象。

（3）中间层。

中间层的范围为 50 ~ 80 km，它介于上下两个暖层之间，又称为“冷层”。其温度随高度的增加而递减，平均每升高 1 km 温度下降 3 K。大约在 80 km 处温度降到最低点（约 – 95 °C），也是整个大气层温度的最低点。

（4）电离层。

电离层称为增温层，是大气的最外层，其高度范围为 80 ~ 1 000 km。层内空气稀薄，温度很高，可达 1 500 K。因太阳辐射作用而发生电离现象，无线电波在该层发生全反射现象。

电离层遥感的辐射能量均要通过地球的大气层。如空中摄影利用太阳光源，则需要二次通过大气层；而红外辐射仪直接探测地物的发射能量，它仅一次通过大气层，且路径的长度取决于遥感器距离地面的高度。若遥感器载于低空飞机上，大气对图形质量的影响往往可以忽略；但星载遥感器所获得的能量均需穿过大气层，经大气传输后，其强度和光谱分布均会发生变化。因此，遥感应用研究必须了解电磁波与大气的相互作用。电磁波与大气的相互作用，主要有散射和吸收两种基本的物理过程，其他作用如折射等，可忽略不计。

2. 大气散射

电磁辐射在非均匀介质或者各向异性介质中传播时，改变原来传播方向的现象称为散射。大气散射是电磁辐射受到大气中微粒（大气分子或者气溶胶等）的影响，而改变传播方向的现象。其散射强度依赖于微粒的大小、微粒的含量、辐射波长和能量传播经过大气的厚度。散射结果改变辐射方向，产生天空散射光，其中一部分上行被空中遥感器接收，一部分下行到达地表。

大气散射的形式：

1）选择性散射（散射强度与波长有关）

（1）瑞利（Rayleigh）散射。当引起散射的大气粒子直径远小于入射电磁波波长（$d << \lambda$）时，出现瑞利散射。大气中的气体分子 O_2、N_2 等对可见光的散射属此类。它的散射强度与波长的 4 次方成反比。波长越短、散射越强，且前向散射（指散射方向与入射方向夹角小于 90°）与后向散射强度相同。瑞利散射多在 9 ~ 10 km 的晴朗（无云、能见度很好）高空发生。其辐射衰减几乎全是由瑞利散射引起的。“蓝天”正是瑞利散射的一种表现。当日光与大气相互作用时，其可见光的蓝光散射要比可见光其他波段的散射强得多，因而天空呈现蓝色。然而当日出、日落时，太阳接近于地平线，太阳高度角低，太阳光线穿过大气层路径变长，蓝光被充分吸收，因而天空呈现橙红色。

瑞利散射是造成遥感图像辐射畸变、图像模糊的主要原因。它降低了图像的“清晰度”或“对比度”。对于彩色图像则使其带蓝灰色，特别是对高空摄影图像影响更为明显。因此，摄影相机等遥感仪器多利用特制的滤光片，阻止蓝紫光透过以消除或减少图像模糊，提高影像的对比度和清晰度。

（2）米氏（Mie）散射。当引起散射的大气粒子直径约等于入射电磁波波长（$d \cong \lambda$）时，出现米氏散射。大气中的悬浮微粒——霾、水滴、尘埃、烟、花粉、微生物、海上盐粒、火山灰等气溶胶的散射属于此类。米氏散射往往影响比瑞利散射更长的波段，包括可见光及可见光以外的广大范围。它的效果依赖于波长但不同于瑞利散射的模式，其前向散射大于后向散射。

米氏散射与大气中微粒的结构、数量有关，其强度受气候影响较大。在大气底层 0 ~ 5 km，散射最强，因为这里的微粒更大，数量更多。尽管在一般大气条件下，瑞利散射起主导作用，但米氏散射能叠加于瑞利散射之上，使天空变得阴暗。

2）无选择性散射（散射强度与波长无关）

当引起散射的大气粒子的直径远大于入射波长（即 $d \gg \lambda$）时，出现无选择性散射，其散射强度与波长无关。大气中云、雾、水滴、尘埃的散射属于此类，它们一般直径为 5 ~ 100 μm，并大约同等地散射所有可见光、近红外波段。正因为此类散射对所有可见光区段蓝、绿、红光的散射是等量的，因而，我们观察云、雾呈现白色、灰白色。

大气散射辐射对遥感、遥感数据传输的影响很大。大气散射降低了太阳光直射的强度，改变了太阳辐射的方向，削弱了到达地面或地面向外的辐射，产生了漫反射的天空散射光，增强了地面的辐射和大气层本身的“亮度”。散射使地面阴影呈现暗色而不是黑色，使人们有可能在阴影处得到物体的部分信息。此外，散射使暗色的物体表现得比它自身要亮，使亮物体表现得比它自身要暗。因此，它降低了遥感影像的反差，降低了图像的质量以及图像上空间信息的表达能力。

3. 大气吸收与大气窗口

除大气散射外，电磁辐射能量穿过大气时，还受到大气分子等的吸收作用，而使能量衰减。大气中有 3 种气体对太阳辐射的吸收最有效，它们是臭氧（O_3）、二氧化碳（CO_2）和水汽（H_2O）。由于这些气体往往以特定的波长范围吸收电磁能量，因此，它们对任何给定的遥感系统影响很大。吸收能量的多少与波长有关。大气的选择性吸收，不仅能使气温升高，而且使太阳发射的连续光谱中的某些波段不能传播到地球表面。

能使能量较易透过的波段称作大气窗口，如图 7.3 所示。大气窗口的位置、范围及有效性取决于大气中主要吸收气体的吸收光谱。对于遥感而言，只有位于大气窗口的波段才能用于生成遥感图像。

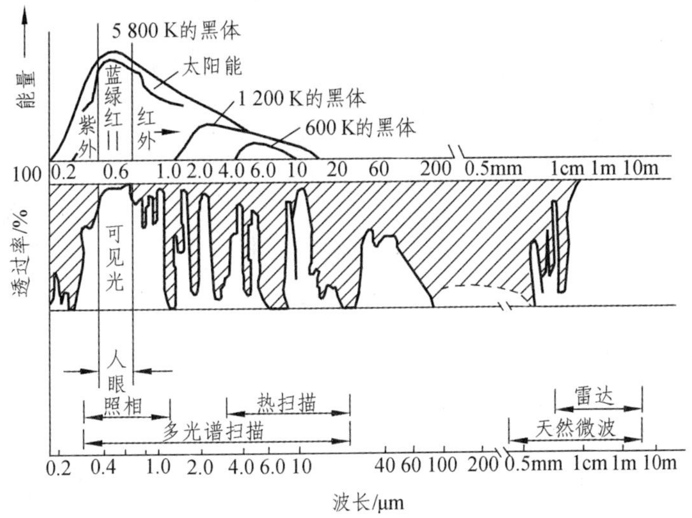

图 7.3 大气窗口

7.1.4 物体的光谱特性

地物的光谱特性是遥感技术的重要理论依据，因为它既为传感器工作波段的选择提供依据，又是遥感数据正确分析和判读的理论基础，同时也作为利用计算机进行数字图像处理和分类时的参考标准。

1. 地物的光谱特性

自然界的任何物体都具有吸收、反射和透射电磁波某些波段的特性，同时，任何温度高于绝对零度（－273.15 °C）的物体，都具有发射红外线、微波的特性。

遥感是利用传感器主动或被动接收地物反射回来的电磁波成像的。电磁波可以是地物反射的太阳能量，也可以是反射传感器发出的电磁波（雷达），还可以是地物本身发射的电磁波（热红外）。

2. 地物的反射光谱特性

1）反射概念

在可见光与近红外波段（0.38 ~ 3 μm），地表物体自身的热辐射几乎等于零。地物发出的波谱主要以反射太阳辐射为主。

在物体反射、吸收、透射等物理性质中，使用最普遍最常用的仍是反射这一性质。太阳辐射到达地面后，物体除了反射作用外，还有对电磁辐射的吸收作用，如黑色物体的吸收能力较强。最后，电磁辐射未被吸收和反射的其余部分则是透射过的部分，即到达地面的太阳辐射能量 = 反射能量 + 吸收能量 + 透射能量。

物体反射的辐射能量 P 占总入射能量 P_0 的百分比，称为反射率 ρ，即

$$\rho = \frac{P}{P_0} \times 100\%$$

不同物体的反射率不同，这主要取决于物体本身的性质（表面状况），以及入射电磁波的波长和入射角。利用反射率可以判断物体的性质。

物体的反射状况根据其表面状况的不同分为 3 种：镜面反射、漫反射和有向反射，如图 7.4 ~ 图 7.6 所示。

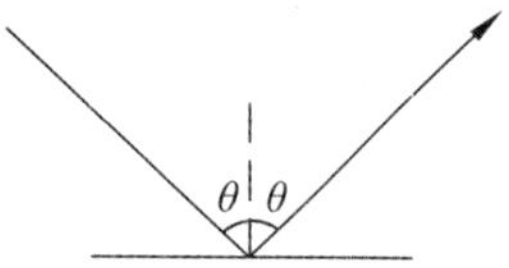

图 7.4　镜面反射

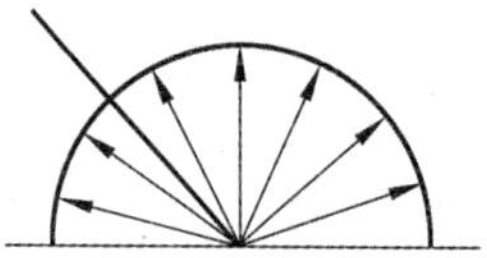

图 7.5　漫反射

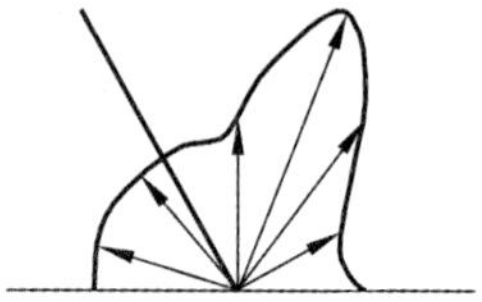

图 7.6　有向反射

（1）镜面反射。镜面反射时，反射能量集中在一个方向，反射角 = 入射角。如果界面相对入射波长 λ 而言非常光滑（λ >>界面粗糙度），则反射是镜面的。

（2）漫反射。发生漫反射时，整个表面都均匀地向各向反射入射光。

当目标物的表面足够粗糙，以至于它对太阳短波辐射的反射在以目标物的中心的 2π 空间中呈常数，即反射辐射亮度不随观测角度而变，我们称该物体为漫反射体，亦称朗伯体。漫反射又称朗伯（Lambert）反射，也称各向同性反射。严格地讲自然界中只存在近似意义下的朗伯体。只有黑体才是真正的朗伯体。

（3）有向反射。介于漫反射和镜面反射之间的反射称为有向反射，也称非朗伯反射。

产生有向反射的物体在自然界中占绝大多数，它们对太阳短波辐射的散射是各向异性的。当遥感应用进入定量分析阶段，我们必须抛弃“目标是朗伯体”的假设。目前大部分应用还都采用朗伯近似。描述有向反射不能简单用反射率表述，因为各方向的反射率都不一样。

2）反射波谱

地物反射率随波长的变化规律称为反射波谱。通常用平面坐标曲线表示，横坐标表示波长λ，纵坐标表示反射率ρ。

同一物体的波谱曲线反映出不同波段的不同反射率，将其与遥感传感器的对应波段接收的辐射数据相对照，可以得到遥感数据与对应地物的识别规律。

3）地物反射波谱曲线

除随不同地物（反射率）不同外，同种地物在不同内部结构和外部条件下的形态表现（反射率）也不同。一般来说，地物反射率随波长变化有规律可循，从而为遥感影像的判读提供依据。

（1）植被反射波谱曲线。植被反射波谱曲线如图 7.7 ~ 图 7.9 所示。

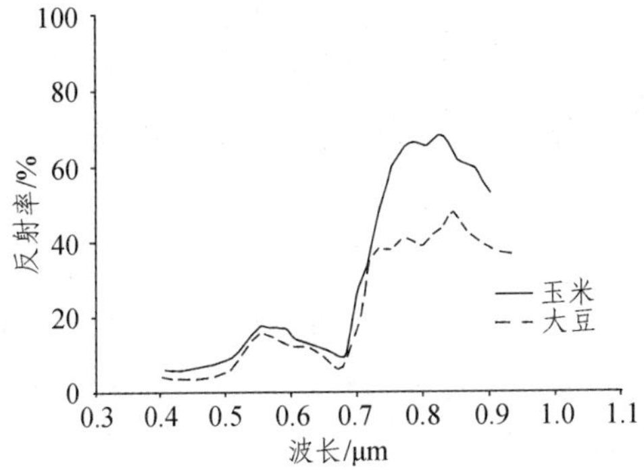

图 7.7　9 月 20 日玉米、大豆反射波谱曲线

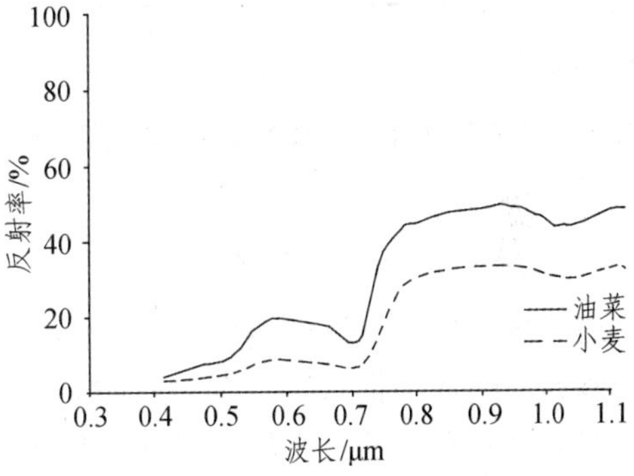

图 7.8　5 月 20 日小麦、油菜反射波谱曲线

（2）土壤反射波谱曲线。由于土壤反射波谱曲线呈比较平滑的特征（见图 7.10），所以在不同光谱段的遥感影像上，土壤的亮度区别不明显。

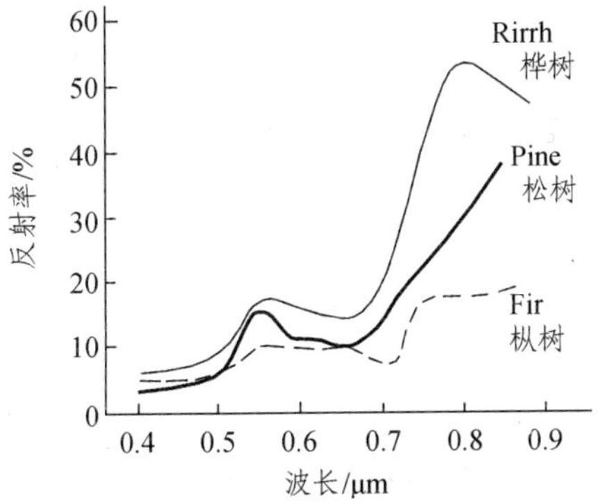

图 7.9　不同树种的反射波谱曲线

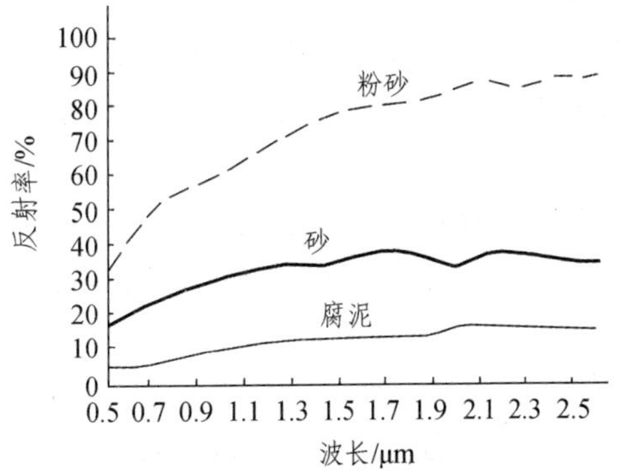

图 7.10　不同质地土壤反射波谱曲线

（3）水体反射波谱曲线。水体的反射主要在蓝绿光波段，其他波段吸收都很强，特别是到了近红外波段，吸收就更强，所以水体在遥感影像上常呈黑色。但当水中含有其他物质时，反射光谱曲线会发生变化。水中含泥沙时，由于泥沙散射，反射率峰值出现在黄红区。水中含叶绿素时，近红外波段明显抬升，这些都成为影像分析的重要依据（见图 7.11）。

（4）岩石反射波谱曲线。岩石的反射波谱曲线无统一的特征，矿物成分、矿物含量、风化程度、含水状况、颗粒大小、表面光滑程度、色泽等都会对曲线形态产生影响（见图 7.12）。

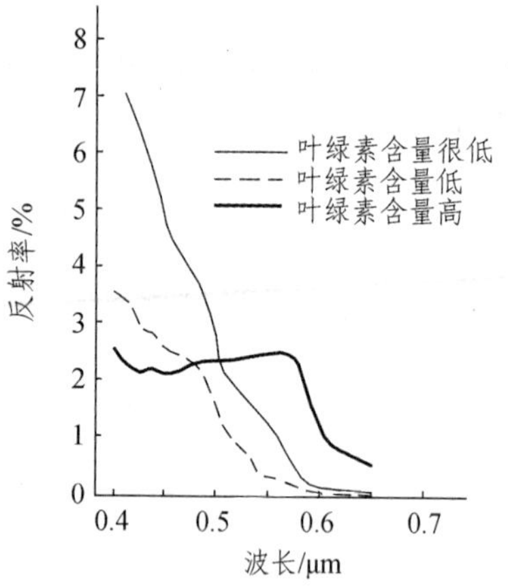

图 7.11　不同叶绿素浓度的海水反射波谱曲线

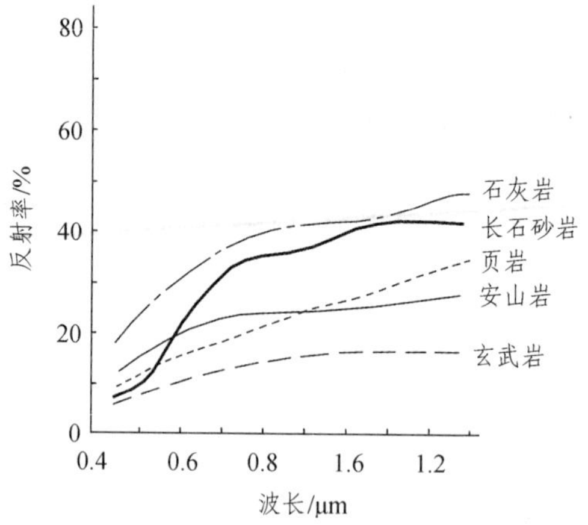

图 7.12　几种岩石的反射波谱曲线

3. 地物的发射光谱特性

遥感技术中，物体的电磁波发射强度是以“发射率”为量度的，而发射率又以“黑体”作为基准。黑体是指入射的全部电磁波被完全吸收，既没有反射也没有透射的物体。自然界中，黑体是不存在的。石墨、灯烟比较接近黑体的性质。

基尔霍夫辐射定律：一定温度下的物体，对某一波长的电磁波辐射的吸收能力和发射能力相对应。吸收能力越强，发射能力也越强。

物体的光谱发射能量与同一条件下黑体的发射能量之比，称为发射率（ε）。发射率随物质的介电常数、表面粗糙度、温度、波长、观测方向等条件变化，取 0 到 1 之间的值。

地物发射波谱曲线：同种地物，因发射的电磁波波长不同，发射率也不同。某物体电磁波的发射率随波长而变化的曲线，称为该物体的发射波谱曲线。不同物体，由于它们的物质结构不同，发射波谱曲线的特征也不同，可以根据该曲线特征来识别地物（尤其是地质体）的性质。

地物发射光谱的特点：

（1）任何温度大于绝对零度的物体，都能发射红外线和微波，高温物体还能发射可见光。

（2）温度恒定时，物体吸收和发射的电磁波波长一致。

（3）任何物体发射红外线的强度与温度有关，而发射微波的差别与物体性质有关。

（4）不同性质的物体具有不同的发射波谱曲线。

（5）一般而言，粗糙的物体发射系数较大。

4. 地物的透射光谱特性

有些地物（如水和冰），具有透射一定波长的电磁波的能力，通常把这些地物叫作透明地物。地物的透射能力一般用透射率表示。入射光透射过地物的能量与入射总能量的百分比，称为透射率（τ）。地物的透射率随着电磁波的波长和地物的性质而不同。例如，水体对 0.45 ~ 0.56 μm 的蓝绿光波具有一定的透射能力，较浑浊水体的透射深度为 1 ~ 2 m，一般水体的透射深度为 10 ~ 20 m。波长大于 1 mm 的微波对冰体具有透射能力。

一般情况下，绝大多数地物对可见光都没有透射能力。红外线只对具有半导体特征的地物，才有一定的透射能力。微波对地物具有明显的透射能力，这种透射能力主要由入射波的波长而定。

因此，在遥感技术中，可以根据它们的特性，选择适当的传感器来探测水下、冰下某些地物的信息。

5. 环境对光谱特征的影响

在利用电磁波谱特征来判别物体性质时，必须注意各种环境因素对物体发射和反射电磁波谱特征的干扰。

环境对光谱特征的影响主要有：① 纬度及海拔；② 季节；③ 地表覆盖；④ 物体空间分布；⑤ 天气及测试时间。

任务 7.2　遥感平台与遥感影像的特征

遥感与
遥感技术系统

7.2.1　遥感平台与遥感传感器

1. 遥感平台

遥感是不直接接触目标物体，在距离地物几千米到几百千米甚至上千千米的飞机、飞船、卫星上，使用光学或电子光学仪器（称为传感器）接收地面物体反射或发射的电磁波信号，并以图像胶片或数据磁带记录下来，传送到地面，经过信息处理、判读分析和野外实地验证，最终服务于资源勘探、动态监测和有关部门的规划决策。通常把这一接收、传输、处理、分析判读和应用遥感数据的全过程称为遥感技术。遥感中搭载传感器的工具统称为遥感平台，卫星遥感以卫星作为遥感平台。

遥感平台指放置遥感传感器的运载工具，是遥感中“遥”字的体现者。遥感平台按高度及载体的不同可分为地面平台、航空平台、航天平台 3 种。

地面平台指遥感器搭载的遥感平台距离地面高度在 800 m 以下，包括热、氢气球（500 ~ 800 m），50 ~ 500 m 的牵引滑翔机和无线遥控飞机遥感，遥感铁塔（30 ~ 400 m），遥感吊车（5 ~ 50 m），地面遥感测量车等遥感平台。

航空平台指遥感器搭载的遥感平台为航空器。它包括距离地面高度小于 1 000 m 的航空摄影测量，2 000 ~ 20 000 m 的中空飞机遥感、20 000 m 以上的高空飞机遥感。

航天平台，其遥感器搭载的遥感平台为航天器。其中，航天飞机和天空实验室轨道高度在 240 ~ 350 km，军事侦察卫星在 150 ~ 300 km，陆地卫星或地球观测卫星轨道高度在 700 ~ 900 km，其获取的地面图像的地面分辨率为 1 ~ 80 m 不等，地球静止卫星的轨道高度在 36 000 km 左右，其获取的卫星影像的地面分辨率偏低。

选择遥感平台的主要依据是遥感图像空间分辨率。一般说来，近地遥感地面分辨率高，但观测范围小；航空遥感地面分辨率中等，其观测范围较广；航天遥感地面分辨率低，但覆盖范围广。

2. 卫星轨道

随着遥感技术的发展，各种地球资源卫星提供了越来越多的卫星遥感图像（简称卫星图像）。卫星图像有宏观性好、成本低、周期性好等优点。根据开普勒定律，人造地球卫星在空间的位置可以用几个特定数据来确定，这些数据称为轨道参数。对地观测卫星轨道一般为椭圆形，有 6 个轨道参数：① 长半轴 a，即卫星离地面的最大高度，用来确定卫星轨道的大小；② 偏心率 e，决定卫星轨道的形状；③ 轨道倾角 i，地球赤道平面与卫星轨道平面间的夹角；④ 升交点赤经Ω，卫星轨道与地球赤道面有两个交点，卫星由南向北飞行时与地球赤道面的交点称为升交点，卫星由北向南飞行时与地球赤道面的交点称为降交点，升交点与春分点之间的角距，称为升交点赤径；⑤ 近地点角距 w，升交点向径与轨道近地点向径之间的夹角；⑥ 卫星过近地点的时刻 T。对于卫星的跟踪和预报来说，上述参数中最重要的轨道参数是轨道倾角 i 和升交点赤径Ω，它们确定了卫星的轨道相对于地球的方位，但还必须知道椭圆轨道长半轴的方向。

3. 遥感平台与遥感影像的关系以及覆盖范围与观测时间

1）遥感平台与遥感影像的关系

（1）平台的运行高度影响着遥感影像的空间分辨率。

（2）获取同一地区影像的周期称为遥感影像的时间分辨率。平台的运行周期决定着遥感影像的时间分辨率。

（3）平台的运行时刻（或卫星星下点的地方时）决定着探测区域的太阳高度，从而间接决定着遥感影像的色调及阴影。

（4）平台运行稳定状况决定着所获取遥感影像的质量。

（5）特殊的遥感任务对遥感平台有特殊的要求。

2）平台轨道倾角与覆盖范围

一般遥感卫星 i 约为 90°，为近极轨卫星。轨道倾角的大小决定了卫星可能飞越地面的覆盖范围，例如 Landsat 的轨道倾角为 99°，地面覆盖范围为 81°S ~ 81°N（南纬 81°到北纬 81°）。

3）平台轨道与对地观测时间

遥感卫星通常都采用太阳同步轨道。所谓太阳同步轨道指卫星轨道面与太阳地球连线之间的夹角不随地球绕太阳公转而改变。太阳同步轨道可以使卫星通过任意纬度的平均地方时保持不变，从而使卫星能够在太阳光照角基本相同的条件下对地观测，这样给遥感资料的处理带来很大的方便，比如能够方便遥感图像的色调对比等。

4. 传感器的一般组成与特征

传感器一般由采集单元、分光单元、探测与信号转化单元、记录或通信单元组成。① 采集单元：把来自地面的电磁波采集起来的功能单元。不同的遥感器有不同的采集元件。基本的采集元件是透镜、反射镜和天线。② 分光单元：把混合光分解为不同波段光谱的功能单元。③ 探测与信号转化单元：探测分光后的电磁波并把它们转换成其他形式信号的功能单元。④ 记录或通信单元：遥感器的记录单元是将探测到的电磁波信息用适当的介质记录下来。记录的介质有：胶片、磁带和磁盘等。通信单元是将探测到的电磁波信息传输到异地的接收装置。

5. 遥感器特性与遥感构像参数

遥感器特性决定着遥感构像的特征。遥感器收集与记录地球表面观测目标的反射、辐射能量，遥感器的以下特性影响着遥感构像：

（1）遥感器探测阵列单元的尺寸决定了遥感构像的空间分辨率。在使用扫描仪探测地面目标时，载着地物分布信息和属性信息的电磁波，通过大气层进入遥感器，遥感器内部的探测单元阵列对地物分布进行成像。此时的图像空间分辨率是指遥感器中探测阵列能把两个目标作为两个清晰的实体记录下来的两目标间的最小距离，它可以采用图像视觉清晰度来衡量。

（2）遥感器探测元件的辐射灵敏度和有效量化级决定了遥感构像的辐射分辨率。辐射分辨率是指遥感器探测元件在接收电磁辐射信号时能分辨的最小辐射度差。探测分光后的电磁波并把它转换成电信号的元件称为探测元件，其作用是光电变换并在实现这种变换的过程中完成信息的传递。

（3）在遥感器设计中，波谱分辨率设计必然要考虑的因素是：

① 使用多少波谱波段。

② 如何确定所用波段在总光谱范围中的位置。

③ 如何确定所用的各个波段的波谱带宽度。

上述3个问题都与遥感器设计目的和制造遥感器的工艺技术水平有关。遥感器设计目的和制造遥感器的工艺技术水平（分光及滤光系统能力、探测器阵列和不同波段间配准）决定了遥感构像的波谱分辨率。波谱分辨率是指遥感器在接收目标辐射的波谱时能分辨的最小波长间隔。间隔越小，波谱分辨率越高，反之则低。

随着制造遥感器的工艺技术水平的进步，遥感器使用的波谱波段正在迅速增加。成像光谱仪在可见光～红外波段范围内，被分割成几百个窄波段，具有很高的光谱分辨率，从其近乎连续的光谱曲线上，可以分辨出不同物体光谱特征的微小差异，有利于识别更多的目标。对于高光谱遥感来说，不同波段之间的相关系数将随着波长间隔距离的增加而单调地减少。

确定一个波段在总光谱范围中的位置，需要考虑使用该波段对地观测的特点，根据地物反射或辐射特性来选择最佳位置。如探测地物自身热辐射，应在 8～12 μm 波长范围选择最佳位置，而探测森林火灾等则应在 3～5 μm 波长范围选择最佳位置，才能取得好的效果。此外，确定一个波段位置，还要考虑波段与波段之间的平衡分布，作为一个通用遥感器，还需要考虑与已有遥感器的兼容。

7.2.2 遥感图像的特征

遥感数字图像是一个二维的离散的光密度函数。数字图像的最基本单元是像素（或称像元）。像素是指对连续变化的图像做等间隔抽样所产生的抽样点。遥感图像是各种传感器所获信息的产物，是遥感探测目标的信息载体。遥感解译人员需要通过遥感影像获取3方面的信息：目标地物的大小、形状及空间分布特点；目标地物的属性特点；目标地物的动态变化特点。因此，相应地将遥感图像归纳为3方面的特征，即几何特征、物理特征和时间特征。这3方面特征表现参数为空间分辨率、光谱分辨率和时间分辨率。

1. 遥感图像的空间分辨率

图像的空间分辨率是指像素所代表的地面范围的大小，即扫描仪的瞬时视场，或地面物体能分辨的最小单元。例如 Landsat 的 TM 的 1 ~ 5 和 7 波段，一个像素代表地面 28.5 m × 28.5 m，或概略说其空间分辨率为 30 m。而对于摄影成像的图像来说，地面分辨率 R_g 取决于胶片的分辨率和摄影镜头的分辨率所构成的系统分辨率 R_s，以及摄影机焦距 f 和航高 H。即

$$R_g = \frac{R_s f}{H} \tag{7.1}$$

式中，R_g 为地面分辨率，线对/m；H 为摄影机距地面的高度，m；R_s 为系统分辨率，线对/mm；f 为摄影机焦距，mm。

例如，摄影机焦距 $f = 152$ mm、航高为 6 000 m，系统分辨率 $R_s = 40$ 线对/mm 时，地面分辨率 R_g 为

$$R_g = \frac{R_s f}{H} = \frac{40 \times 152}{6\,000} \approx 1 \quad \text{线对/m}$$

式中，R_g 的单位是线对/m。而实际地面分辨率的最小间隔为 $R_g/2$，由于 1 线对 = 2 线，因此 R_g 如以线/m 为单位，则此例中 $R_g = 0.5$ 线/m，也即地面分辨率为 0.5 m。

2. 遥感图像的波谱分辨率

波谱分辨率是指传感器在接收目标辐射的波谱时能分辨的最小波长间隔。间隔越小，分辨率越高。

不同波谱分辨率的传感器对同一地物的探测效果有很大区别。传感器的波段选择必须考虑目标的光谱特征值，如感测人体应选择 8 ~ 12 μm 的波长范围，而探测森林火灾则应选择 3 ~ 5 μm 的波长，才能取得较好效果。

3. 遥感图像的辐射分辨率

辐射分辨率是指传感器接收波谱信号时，能分辨的最小辐射度差。在遥感图像上表现为每一像元的辐射量化级。

某个波段遥感图像的总信息量 I_m 和空间分辨率（以像元数 n 表示）与辐射分辨率（以灰度量化级 D 表示）有关，以 bit 为单位，可表达为

$$I_m = n \cdot \log_2 D \tag{7.2}$$

在多波段遥感中，遥感图像总信息量还取决于波段数 k。k 个波段的遥感图像的信息量 I_s 为

$$I_s = k \cdot I_m = k \cdot n \cdot \log_2 D = k \cdot A / P^2 \cdot \log_2 D \tag{7.3}$$

式中，A 为图像所对应的地面面积；P 为图像的空间分辨率。

4. 遥感图像的时间分辨率

时间分辨率是指对同一地点进行遥感采样的时间间隔，即采样的时间频率，也称重访周期。

遥感的时间分辨率范围较大。以卫星遥感来说，静止气象卫星的时间分辨率为 1 次/0.5 h；

太阳同步气象卫星的时间分辨率为 2 次/天；Landsat 为 1 次/16 天；中巴合作的 CBERS 为 1 次/26 天等。还有更长周期甚至不定周期的。时间分辨率对动态监测尤为重要，天气预报、灾害监测等需要短周期的时间分辨率。

遥感技术的发展概况

任务 7.3　遥感图像的获取

7.3.1　常见的遥感信息成像类型

1. 光学成像类型

光学照相机是最早的一种遥感器。它的工作波段在近紫外到近红外（0.32 ~ 1.3 μm），对不同波段的感应取决于相机的分光单元和胶片类型。空间分辨率取决于光学系统的空间分辨率和胶片里所含银盐颗粒的大小。空间分辨率高是光学相机获取的遥感影像的普遍特性。用于遥感的光学相机有以下几种类型：分幅式摄影机、全景摄影机、多光谱摄影机等。

2. 扫描成像类型

1）光学-机械扫描仪

光学-机械扫描（简称光机扫描）成像系统，一般在扫描仪的前方安装可转动的光学镜头，并依靠机械传动装置使镜头摆动，形成对地面目标的逐点逐行扫描。遥感器光谱分辨率依赖于不同分光器和探测元件，其辐射分辨率取决于探测元件的灵敏度。在光机扫描所获得的影像中，每条扫描带上影像宽度与图像地面分辨率分别受到总视场和瞬时视场的影响。总视场（FOV）是遥感器能够受光的范围，决定成像宽度。瞬时视场角（IFOV）决定了每个像元的视场。一般来说，瞬时视场角对应的地面分辨单元是一个正方形，该正方形是瞬时视场角对应的地表面积。严格来说，光机扫描中瞬时视场角对应的每个像元是一个矩形。光机扫描成像时每一条扫描带都有一个投影中心，一幅图像由多条扫描带构成，因此遥感影像为多中心投影。每条扫描带上影像的几何特征服从中心投影规律，在航向上影像服从垂直投影规律。

2）推帚式扫描仪

推帚式扫描采用线列（或面阵）探测器作为敏感元件，线列探测器在垂直于飞行方向上做 X 向排列，当飞行器向前飞行完成 Y 向扫描时，线列探测器就像刷子扫地一样实现带状扫描，推帚式扫描由此得名。与光学-机械扫描相比，推帚式扫描代表了更为先进的遥感器扫描方式。它具有感受波谱范围宽、元件接受光照时间长、无机械运动部件、系统可靠性高、噪声低、畸变小、体积小、质量轻、动耗小、寿命长等一系列优点。SPOT 卫星上搭载的高分辨率传感器（HRV）采用的就是推帚式扫描系统。SPOT 图像上空间分辨率由相邻光敏元件中心点间距确定（像素分辨率），卫星在标准轨道高度上飞行时，SPOT 图像上像素分辨率在全色波段为 0.51 ~ 0.73 μm；多光谱波段分别为 0.50 ~ 0.59 μm（绿）、0.61 ~ 0.68 μm（红）、0.79 ~ 0.89 μm（近红外），对应的空间分辨率，前者为 10 m，后者为 20 m。SPOT-5 卫星于 2002 年 5 月 3 日晚上由阿里亚娜 4 型火箭送入太空。与前 4 颗 SPOT 卫星相比，SPOT-5 卫星有较大改进，并携带有新的仪器设备，包括：① 高分辨率立体成像仪，这是新增加的最重要的仪器设备，它能从不同角度同时获取两幅图像，因此可用于制作更为精确的地形图和高程图；② 两台高分辨率几何成像仪，利用两台高分辨率几何成像仪通过把 2 张 5 m 分辨图像相叠加，可将全色图像分辨率提高到 2.5 m；③ 植被相机，几乎每天可实现全球覆盖，图像的分辨率为 1 km。

3. 成像光谱仪

成像光谱仪是遥感领域中的新型遥感器，它把可见光、红外波谱分割成几十个到几百个波段，每个波段都可以取得目标图像，同时对多个目标图像进行同名地物点取样，取样点的波谱特征值随着波段数越多越接近于连续波谱曲线。这种既能成像又能获取目标光谱曲线的“谱像合一”技术称为成像光谱技术，按该原理制成的遥感器称为成像光谱仪。

这类成像光谱仪的特点是，探测器积分时间长，像元的凝视时间增加，可以提高系统灵敏度或空间分辨率；在可见光波段，由于目前器件成熟，集成程度高，光谱仪的分辨率也可以提高到 1 ~ 2 nm 的水平；成像部件无须机械运动，仪器体积比较小。目前在可见光、近红外波段，此类成像光谱仪很多，有的已经达到商品化的水平。其主要不足之处是，受器件限制，短波红外灵敏度还不理想，热红外暂时不可能。具有代表性的面阵推帚型机载成像光谱仪是加拿大的 CASI 系统，我国研制的成像光谱仪 PHI 也属于这种类型。成像光谱仪影像的光谱分辨率高，每个成像波段的宽度可以精确到 0.01 mm，有的甚至到 0.001 mm。成像光谱仪获得的数据不是传统意义上某个多光谱波段内辐射量的总和，它可以看成是对地物连续光谱中抽样点的测量值。一些在宽度波段遥感中不可探测的物质，在高光谱遥感中有可能被探测出来。

4. 微波成像系统

在电磁波谱中，波长在 1 mm ~ 1 m 的波段范围称为微波。微波遥感是研究微波与地物相互作用机理以及利用微波遥感器获取来自目标地物发射或反射的微波辐射，并进行处理分析与应用的技术。微波遥感分为主动微波遥感与被动微波遥感。微波成像系统主要以成像雷达为代表，它属于主动微波遥感。

1）真实孔径侧视雷达（Real Aperture Radar，RAR）

孔径（aperture）的原意是光学相机中打开快门的直径。在成像雷达中沿用这个术语，含义变成了雷达天线的尺寸。真实孔径侧视雷达，是按雷达具有的特征来命名的，它表明雷达采用真实长度的天线接收地物后向散射并通过侧视成像。

在最简单的实现方法中，距离分辨率是利用发射的脉冲宽度或持续时间来测定的，最窄的脉冲能产生最优的分辨率。在典型的二维微波图像中，距离是沿雷达平台的航迹测量的，雷达通过天线发射微波波束，微波波束的方向垂直于航线方向，投在一侧形成窄长的一条辐射带。波束遇到地物后发生后向散射，雷达上的接收机通过雷达天线按时间顺序先后接收到后向散射信号，并按次序记录下后向能量的强度，在此基础上计算机算出距离分辨率。方位与距离保持垂直，方位分辨率与波束锐度成正比关系。正如光学系统需要大的透镜或镜像来获得较优分辨率一样，工作在极低频率上的雷达也需要较大的天线或孔径来产生高分辨率的微波图像。

2）合成孔径侧视雷达（Synthetic Aperture Radar，SAR）

合成孔径侧视雷达就是利用雷达与目标的相对运动把尺寸较小的真实天线孔径用数据处理的方法合成为一个较大的等效天线孔径的雷达。合成孔径侧视雷达是对真实孔径侧视雷达（RAR）技术创新的产物。

利用合成孔径替代真实孔径，提高雷达的方位分辨率。合成孔径的设计思想就是通过一定的信号处理方法，使得合成孔径雷达的等效孔径长度相当于一个很长的真实孔径雷达的天线。由于合成孔径等于目标处于同波束内雷达所行进的距离，因此它是一个虚拟的天线长度，合成孔径雷达提高了方位分辨率。

通过合成孔径技术可以提高方位分辨率，但无法解决距离分辨率提高的问题。距离分辨率是根据区分相邻两点之间的回波延时和多普勒频移来实现的。于是 RAR 和 SAR 利用线性调频技术，就解决了时带矛盾，脉冲时间放大了，进而提高了距离分辨率。

5. 分幅式航空摄影仪构像的几何特征

分幅式航空摄影仪拍摄的航空照片是对于地面点的中心投影像片。所谓中心投影，就是平面上各点的投影光线均通过一个固定点（投影中心或透视中心），投射到一平面（投影平面）上形成的透视关系。

6. 全景摄影机构像的几何特征

在全景摄影机构像中，随着物镜筒的转动，地表物体在后方向弧形胶片上聚焦成像。对于每条狭缝的形成，其几何关系等效于一个画幅式航空摄影机沿旁向倾斜一个扫描角θ后，以中心线（$y=0$）成像的情况。同样，多光谱扫描仪获取的影像也存在投影变形。由于在动态扫描的情况下，其构像方程都是对应于一个扫描瞬间（相对于某一像素或某一条扫描线）而建立的，不同成像瞬间的传感器外方位元素可能各不相同，因而相应的变形误差方程式只能表达该扫描瞬间像幅上相应点、线所在位置的局部变形，整个图像的变形将是所有瞬间局部变形的综合结果。

7. 连续航带缝隙式摄影机构像的几何特征

连续航带缝隙式摄影机垂直于航行方向，当飞行器以速度 v 向前运行时，感光底片也同时以速度 v 同向卷动，从而使底片被缝隙连续曝光形成航带影像。连续航带缝隙式摄影机摄影所用的狭窄缝隙与飞行器的飞行方向垂直，在每条缝隙曝光的瞬间，其构像的几何形态为中心投影，在垂直成像条件下，CCD 线列推帚式遥感器与连续航带缝隙式摄影机成像方式相同，影像在旁向属于中心投影，在航向上属于以时间为参数的正射投影，因此，连续航带缝隙式摄影机构像共线方程和附加构像方程同样适用于 CCD 线列推帚式遥感器，但此时，附加构像方程中的 v_f 代表扫描行间隔的电子采样记录速度，而不代表卷片速度。

8. 侧视成像雷达构像的几何特征

侧视雷达采用斜距投影，它与摄像机中心投影方式完全不同，其构像方程根据侧视雷达工作方式分为以下两种：平面扫描斜距构像方程和圆锥扫描斜距构像方程。由侧视雷达构像方程可知：侧视雷达在方位向和距离向用不同的方法记录影像。在方位向上，当地物目标通过照射波束时，雷达记录一个特征条带；在距离向，雷达测量从飞机到地形目标的距离。在侧视雷达构成的微波影像中，RAR 真实孔径雷达分辨率是由成像雷达的斜距分辨率和方位向分辨率决定的，它们分别由脉冲的延迟时间和波束宽度来控制。对于合成孔径雷达来说，微波影像方位向分辨率与波束宽度和多普勒频移的识别精度等有关。这点不同于摄影成像的分辨率与扫描影像的分辨率。

9. 立体观测构像

目前，在已发射和计划发射的一些遥感卫星具备立体观测功能，早期立体观测与航空立体摄影相似，用摄影机进行，如 Spacelab 上的 RMKA30/23 相机和 SIS-41G 航天飞机上的 LFC 大像幅相机的立体摄影。后来在航天遥感使用的 CCD 相机上附加能左右步进旋转的平面镜，可以在相邻轨道间进行立体摄影（旁向倾斜摄影）。由于邻轨在不同日期过境，时间、光照、姿态的差异及气象条件的制约，往往在要求的时间内很难获得理想的立体像对。一些卫星开始利用 2 台或多台 CCD 相机进行同轨立体观测（前后向），将 CCD 相机设计成前视、下视和后视（或平面镜前后步进式旋转），卫星过境时获取 3 幅互相间能构成立体的影像。除了以上立体卫星外，雷达卫星可以通过相同轨道的重复观测，或者在不同轨道的观测来获取同一地区影像也可以构成立体模型成像。

7.3.2 常见的遥感信息获取系统

1. RADARSAT 卫星

RADARSAT 系列卫星由加拿大空间署（CSA）研制与管理，用于向商业和科研用户提供卫星雷达遥感数据。RADARSAT-1 卫星（见图 7.13）1995 年 11 月发射升空，设计寿命 5 年，载有功能强大的合成孔径雷达（SAR），可以全天时，全天候成像，设计寿命 5 年。RADARSAT-2 卫星 2007 年 12 月 14 日发射成功，是 RADARSAT-1 卫星的后继星，设计寿命 7 ~ 12 年。卫星高度 798 km，倾角 98.6°，太阳同步轨道，雷达采用 C 波段，极化方式 HH、VV、HV、VH，波束入射角在 10° ~ 59°，最高分辨率 1 m，扫描幅宽 20 ~ 500 km。

2. SPOT 卫星

SPOT 系列卫星是法国空间研究中心研制的一种地球观测卫星系统，已发射 SPOT 卫星 1-7 号。2014 年 6 月 30 日，法国 SPOT-7 卫星（见图 7.14）从印度达万航天发射中心，用印度极轨运载火箭成功发射。SPOT-7 全色分辨率 1.5 m，多光谱分辨率 6 m，星上载有 2 台称为“新型 Astrosat 平台光学模块化设备”的空间相机，2 台相机的总幅宽为 60 km。SPOT-7 具备多种成像模式，包括长条带、大区域、多点目标、双图立体和三图立体等，适于制作 1∶25 000 比例尺的地图。

图 7.13　Radarsat 卫星传感器

图 7.14　SPOT-7 卫星传感器

3. IKONOS（伊科诺斯）卫星

IKONOS（伊科诺斯）卫星（见图 7.15）于 1999 年 9 月 24 日发射成功，是世界上第一颗提供高分辨率卫星影像的商业遥感卫星。IKONOS 卫星的成功发射实现了提供高清晰度且分辨率达 1 m 的卫星影像（见图 7.16）。IKONOS 是可采集 1 m 分辨率全色和 4 m 分辨率多光谱影像的商业卫星，同时全色和多光谱影像可融合成 1 m 分辨率的彩色影像。轨道高度 681 km，重访周期为 3 天，并且可从卫星直接向全球 12 个地面站传输数据。

图 7.15 IKONOS 卫星的外形

图 7.16 IKONOS 卫星的图像（分辨率 1 m）

4. QuickBird 卫星

QuickBird 卫星（见图 7.17）是 2001 年 10 月 18 日在美国发射成功的高分辨率商业遥感卫星，QuickBird 的空间分辨率全色为 0.61 m，多光谱分辨率为 2.44 m，有 1 个全色波段和 4 个多光谱波段，成像幅宽为 16.5 km × 16.5 km。

图 7.17 QuickBird 卫星

5. 高分系列卫星

高分辨率对地观测系统重大专项（简称高分专项）是《国家中长期科学与技术发展规划纲要（2006—2020 年）》确定的十六个重大科技专项之一，于 2010 年批准启动实施。2014 年 8 月 19 日，“高分二号”卫星（见图 7.18）在太原卫星发射中心成功发射，顺利进入预定轨道。高分系列卫星将陆续在国土调查、环境保护、应急救灾、资源开发、农业估产和城镇规划等领域投用，打破我国高分辨率对地观测的数据长期依赖进口的局面。图 7.19 为 2020 年 10 月 30 日，四川省甘孜藏族自治州泸定县境内的兴康特大桥影像。2022 年 4 月 7 日，我国在酒泉卫星发射中心用长征四号丙运载火箭，成功将高分三号 03 星发射升空，卫星顺利进入预定轨道。

图 7.18　高分二号卫星

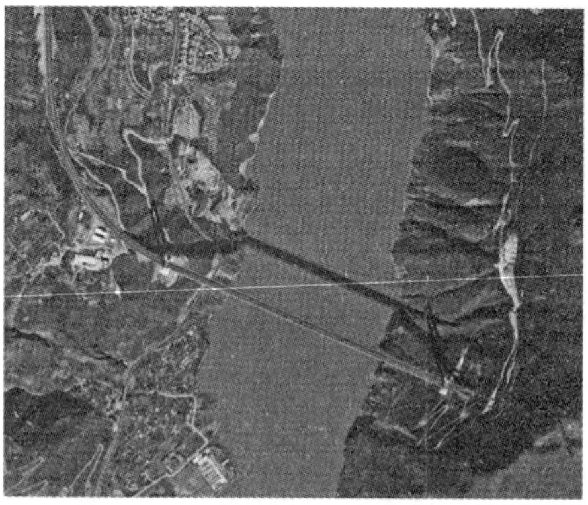

图 7.19　高分二号卫星拍摄

复习思考题

1. 什么是电磁波谱？遥感中常用的光谱段有哪些？
2. 什么是遥感平台？按高度及载体的不同遥感平台可分为哪些？
3. 简要叙述遥感影像获取的主要卫星及其特点。
4. 简要介绍我国高分系列卫星的发展历程。

项目 8　遥感数字图像处理

项目描述

遥感数据具有多平台、多传感器、多时相、分幅等特点，因此在数字图像处理中，原始观测数据往往并不能够满足研究要求，如影像存在畸变、影像跨越不同图幅。为了更充分地利用好原始观测遥感数据、获取更多有益的信息，需要对图像做预处理。

本项目从遥感数字图像的特点、表示方式、预处理等方面对遥感数字图像处理做了简要叙述，为后续任务学习奠定了基础。

教学目标

1. 能力目标

- 能够描述数字图像感念和遥感图像变形的原因；
- 能够了解遥感数字图像处理的原理；
- 能够理解遥感数字图像的处理方法，包括图像的拼接、投影变换、分幅裁剪、图像融合等。

2. 知识目标

- 了解数字图像感念和遥感图像变形的原因；
- 了解遥感图像遥感数字影像处理的原理；
- 掌握遥感数字图像的处理方法，包括图像的拼接、投影变换、分幅裁剪、图像融合等。

3. 素质目标

- 具备一定阅读总结能力；
- 具备一定的查阅、整理资料能力。

任务 8.1　遥感图像的表示方式

8.1.1　图像的表示形式

地物的光谱特性一般以图像的形式记录下来。地面反射或发射的电磁波信息经过地球大气到达遥感传感器，传感器根据地物对电磁波的反射强度以不同的亮度表示在遥感图像上。遥感传感器记录地物电磁波的形式有两种，一种以胶片或其他的光学成像载体的形式，另一种以数字形式记录下来，也就是所谓的光学图像和数字图像的方式记录地物的遥感信息。

与光学图像处理相比，数字图像的处理简捷、快速，并且可以完成一些光学处理方法所无法完成的各种特殊处理。随着数字图像处理设备的成本越来越低，数字图像处理变得越来越普遍。本任务主要讨论遥感数字图像处理的基础知识，为以后的遥感数字图像的各种处理打下基础。

从空间域来说，图像的表示形式主要有光学图像和数字图像两种。图像还可以从频率域上进行表示。下面分别介绍讨论。

1. 光学图像

一个光学图像，如像片或透明正片、负片等，可以看成是一个二维的连续的光密度（或透过率）函数。像片上的密度随坐标 x, y 变化而变化，如果取一个方向的图像，则密度随空间而变化，是一条连续的曲线。我们用函数 $f(x,y)$ 来表示，这个函数的特点，除了连续变化外其值是非负的和有限的，如下式表示

$$0 \leqslant f(x,y) < \infty \tag{8.1}$$

一般在光学密度仪上量测光学图像某一点的密度值为 0 ~ 3 或 0 ~ 4 中的某一值或用透过率表示为 1 ~ 1/1 000 或 1 ~ 1/10 000，它们之间的关系为

$$D = \lg(1/F) \tag{8.2}$$

式中，D 为密度；F 为透过率。

以上描述的是单一图像。如果对同一地区在不同时间获取的图像，则可用下标来区分其时间特性：

$$0 \leqslant f_2(x,y) < \infty \tag{8.3}$$

同样，对于多光谱图像则可用下标 l 来区分其光谱特性，写成 $f_l(x,y)$ 。

2. 数字图像

数字图像是一个二维的离散的光密度（或亮度）函数。相对光学图像，它在空间坐标（x,y）和密度上都已离散化，空间坐标 x,y 仅取离散值

$$\left.\begin{array}{l} x = x_0 + M\Delta x \\ y = y_0 + N\Delta y \end{array}\right\} \tag{8.4}$$

式中，$M = 0,1,2\cdots,M-1$； $N = 0,1,2\cdots,N-1$； $\Delta x,\Delta y$ 为离散化的坐标间隔。同时 $f(x,y)$ 也仅取离散值，一般取值区间为 0，1，2，…，127 或 0，1，2，…，255 等。

数字图像可用一个二维矩阵表示，即

$$\boldsymbol{f}(x,y) = \begin{bmatrix} f(0,0) & f(0,1) & \cdots & f(0,N-1) \\ f(1,0) & f(1,1) & \cdots & f(1,N-1) \\ \vdots & \vdots & & \vdots \\ f(M-1,0) & f(M-1,1) & \cdots & f(M-1,N-1) \end{bmatrix} \tag{8.5}$$

矩阵中每个元素称为像素（或称为像元）。像素是一幅遥感图像的最基本单元，像素的特征决定了图像的特征。像素的最基本特征包括像素的大小、像素的空间位置、像素的属性。图 8.1 直观地表示了一幅数字图像，实际上是由每个像元的密度值排列而成的一个数字矩阵。

$O \rightarrow N$, $\downarrow M$

	0	1	2	3	4	5	6	…	…	…	…	…	$N-1$
0	16	14	10	8	2	3	1	…	30	22	24	18	15
1	16	16	6	12	8	6	4	…	32	32	40	45	45
2	16	16	14	14	11	15	17	…	24	24	32	34	38
3	16	16	16	16	14	14	8	…	16	22	24	28	36
4	15	9	4	16	15	17	17	…	14	12	10	12	22
5	13	7	12	15	16	19	18	…	16	14	12	14	18
6	12	10	11	14	13	8	7	…	16	10	8	14	26
⋮	⋮	⋮	⋮	⋮	⋮	⋮	⋮	…	⋮	⋮	⋮	⋮	⋮
⋮	36	30	28	28	30	30	30	…	16	16	26	24	8
⋮	34	36	32	24	22	22	22	…	28	24	24	20	6
$M-1$	36	32	20	20	26	28	26	…	26	22	24	20	22

图 8.1　数字图像

8.1.2　光学图像与数字图像的转换

1. 光学图像转换为数字图像

光学图像变换成数字图像也就是把一个连续的光密度函数变成一个离散的光密度函数，此过程称为数字化。数字化是指按照一定规则，用数字表示字母、符号、图形或连续变化的物理量的变换方法。卫星遥感图像是空间连续变化的地表辐射能量的数字化结果；胶片数字化是将胶片上记录的图像由密度计或光点扫描仪采样成为离散点的数字集合；卫星飞行的姿态、轨道等含有字符的数据，按一定格式以数字形式组成文件记录于数字磁道上，这是字符数字化，又称“编码”；地图资料、图件等经数字化，完成对平面位置坐标和特征进行编码，这是“地图数字化”。图像数字化在图像处理前设法把连续的图像函数变成一组能代表它的数字，以便计算机接收。图像数字化的步骤：

1）采样

一幅卫片主要是它所对应的地物反射的太阳电磁波谱能量的记录，单波段图像是一个二维光强函数 $f(x,y)$，它是一个连续函数。$f(x,y)$ 的大小通常称为图像在点（x,y）的亮度（或灰度）。因为光是能量的一种形式，故有 $0<f(x,y)<\infty$，点是无穷小的，在实际中我们所说的亮度总是指一定面积内各点 $f(x,y)$ 的平均值，并且认为是在该面积的中心取该值。将一张影像划分为 $M\times N$ 个像元并分别取这些像元的亮度值 $f(x,y)$ 的过程称为采样。即，由一个连续函数按照一定的方案抽取离散点的数据，叫作采样。采样实际上就是把图像的空间分布离散化——像素点，如图 8.2 所示。

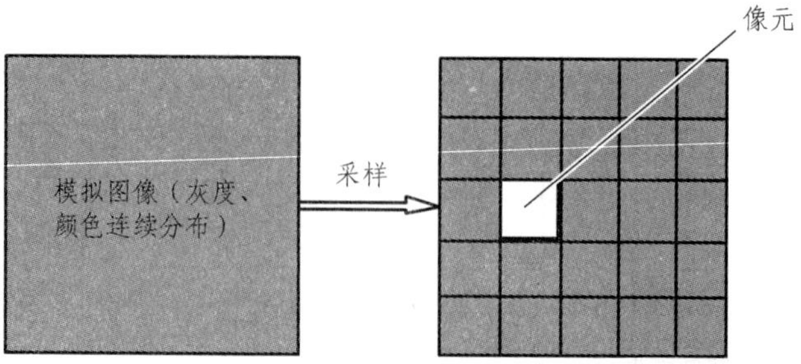

图 8.2　模拟图像采样

一个样点（或叫像点）的几何意义是双重的。相对于坐标系统以及在运算过程中，其空间位置（x,y）代表一个没有大小的点。但是作为构成图像的一个最小单元来看，它是有面积的，一般代表一个在（x,y）点周围的矩形或正方形，因而又常称为像元。采样时，在 x,y 方向所取的等距离（或不等距离）的点叫作采样点。点间距离称为步距。在实际中，为了处理方便，纵横向采样点常取为 2 的整次幂。设纵向幂次为 m，横向幂次为 n，则有

$$M = 2^m;\ N = 2^n$$

式中，m，n 均为整数。

2）量化（归一化）

计算机处理前还需将亮度值 $f(x,y)$ 数字化，即将 $f(x,y)$ 分为若干级，使同一像元都取同一亮度值，这个过程称为量化。量化使得连续的亮度值 $f(x,y)$ 也离散化。量化分为：均匀间隔（线性）量化和非均匀间隔（非线性的）量化。

量化使采样后的亮度值 $f(x,y)$ 分为若干级。设分为 K 级，则级的范围从 $0 \sim K-1$。为了便于处理，K 也常取为 2 的整次幂。设幂次为 k，则

$$K = 2^k$$

式中，k 为整数，通常取 $K=64$，128，256（即 $k=6$，7，8）。量化后，各点的亮度值即以级来表示。例如，亮度值 f 在级 d_j 和 d_{j+1} 之间，$j=0$，1，⋯，$K-1$。量化后，亮度值的变化范围为 0 到 $K-1$ 的 K 个离散值。

经过采样和量化后的离散化的坐标和灰度值组成的数字矩阵

$$\begin{matrix} f(0,0) & f(0,1) & f(0,2) & \cdots & f(0,N-1) \\ f(1,0) & f(1,1) & f(1,2) & \cdots & f(1,N-1) \\ \vdots & \vdots & \vdots & & \vdots \\ \vdots & \vdots & \vdots & & \vdots \\ f(M-1,0) & f(M-1,1) & f(M-1,2) & \cdots & f(M-1,N-1) \end{matrix}$$

称为数字化影像，计算机所能处理的就是这种影像。

2. 数字图像转换为光学图像

数字图像转换为光学图像一般有两种方式，一种是通过显示终端设备显示出来，这些设备包括显示器、电子束或激光束成像记录仪等，这些设备输出光学图像的基本原理是通过数

模转换设备将数字信号以模拟方式表现，如显示器就是将数字信号以蓝、绿、红 3 个颜色的不同强度通过电子束打在荧光屏上表现出来，一个数字图像的像元如（70，60，80）以红色电子束强度为相对 70 打在荧光屏上，同理，绿色、蓝色的电子束也打在同一个位置，3 个颜色的综合就显示出该像元应有的颜色。电子束或激光束成像记录仪工作原理与显示器基本相似。另一种是通过照相或打印的方式输出，如早期的遥感图像处理设备中包含的屏幕照相设备和目前的彩色喷墨打印机。

前面讨论的光学图像或数字图像是一种空间域的表示形式，它是空间坐标 x，y 的函数。

图像还可以另一种坐标空间来表示，即频率域的形式来表示。这时图像是频率坐标 v_x，v_y 的函数，用 $F(v_x, v_y)$ 表示，将图像从空间域变入频率域通常是采用傅立叶变换，反之，则采用傅立叶逆变换。

任务 8.2　ERDAS 遥感图像处理软件的认识

ERDAS IMAGINE 是一款专业的遥感图像处理系统，它是当前遥感图像处理的主要软件之一。ERDAS IMAGINE 采用了最新的 Ribbon 界面。Ribbon 是一种命令工具条，将软件的功能集成到上方一系列标签中。标签由许多“组”构成，这些组是一些密切相关的功能的集合。新的界面将所有的可视化窗口集成到一起，使得 3D 展示、制图过程和地图的显示能够融为一体，不仅简化了操作过程，也使得用户能够非常方便地定义自己的工作流，大大提高了工作效率。

8.2.1　ERDAS IMAGINE 软件界面认识

ERDAS IMAGINE 的 Ribbon 界面包括：菜单栏、快速工具栏、当前图层类型、工具面板、影像管理面板、数据组织面板、二维窗口和状态栏等，见表 8.1。

表 8.1　ERDAS 界面功能

菜单功能	菜单栏
菜单栏	新建，打开，保存，查看，打印，综合，批处理，配置，偏好和帮助等功能
快速工具栏	可定制的、快速访问的常用功能工具
工具菜单面板	实现 ERDAS IMAGINE 的所有功能
目录管理面板	编目管理视窗和视窗中加载的图层
数据组织检索面板	Shoebox 数据组织和管理，检索网络共享数据
视窗	显示图层视窗。可以添加多个视窗，地图视窗，三维视窗
状态栏	显示图层的坐标和状态等

8.2.2 ERDAS IMAGINE 软件工具面板分类

- 主页面板（Home）
- 数据管理面板（Manage Data）
- 栅格面板（Raster）
- 矢量面板（Vector）
- 地形面板（Terrain）
- 工具箱（Toolbox）
- 帮助面板（Help）
- 多光谱面板（Multispectral）\全色面板（Panchromatic）
- 绘图面板（Drawing）
- 格式面板（Format）
- 表面板（Table）

8.2.3 ERDAS IMAGINE 软件的视窗操作

启动 ERDAS IMAGINE 软件后，系统会自动打开一个二维视窗。图像显示视窗（Viewer）是显示栅格图像、矢量图形、注记文件、AOI 等数据层的主要窗口，在应用过程中可以随时添加新的视窗。视窗（Viewer）是显示栅格图像、矢量图形、注记文件、AOI 等数据层的主要窗口。视窗操作是 ERDAS IMAGINE 软件操作的基础。ERDAS IMAGINE 所有功能模块都会涉及视窗操作。

图像显示操作步骤：

第一步：启动 ERDAS IMAGINE 软件，软件运行后会自动打开一个二维视窗（2D View #1），如图 8.3 所示。

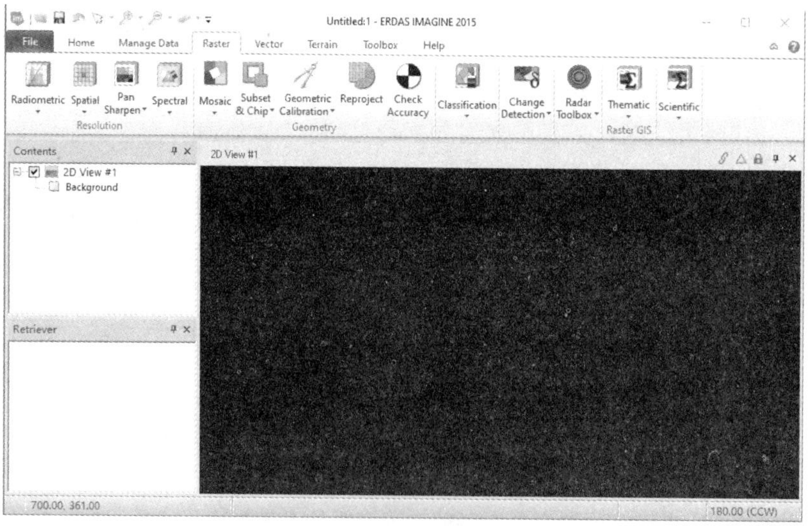

图 8.3 ERDAS IMAGINE 二维视窗

第二步：在 2D View #1 中点击右键→Open Raster Layer 或点击 Menu→Open→Raster Layer。在 Select Layer To Add 选项卡（见图 8.4）中选择要打开的影像（2.2.img）。

第三步：点击 Raster Options 选项卡（见图 8.5），在影像参数设置中设置相应的参数后，点击 OK 在视窗中显示影像。

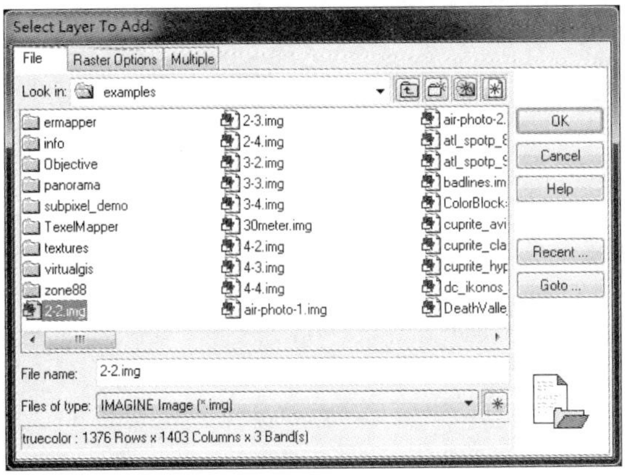

图 8.4　Select Layer To Add 对话框

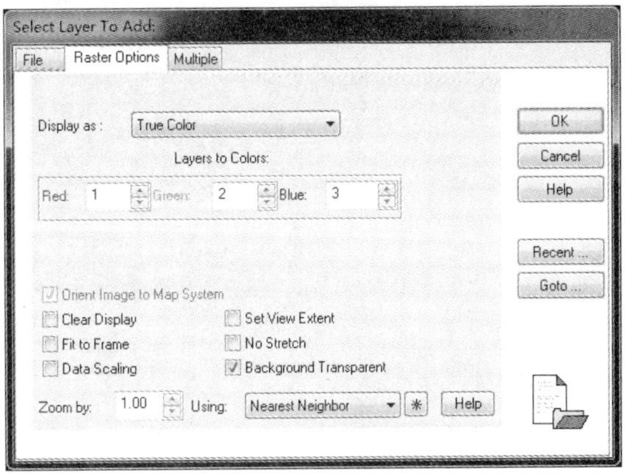

图 8.5　影像显示参数设置

第四步：在 Extent 面板中点击 pan 工具，移动浏览影像，同时选取相应的按钮可进行放大、缩小、按比例显示等操作（见图 8.6）。

图 8.6　影像显示

第五步：在 Information 面板中点击 Metadata 工具（元数据查看工具），弹出 Image Metadata 窗口，查看影像的基本信息、投影信息（见图 8.7）等。

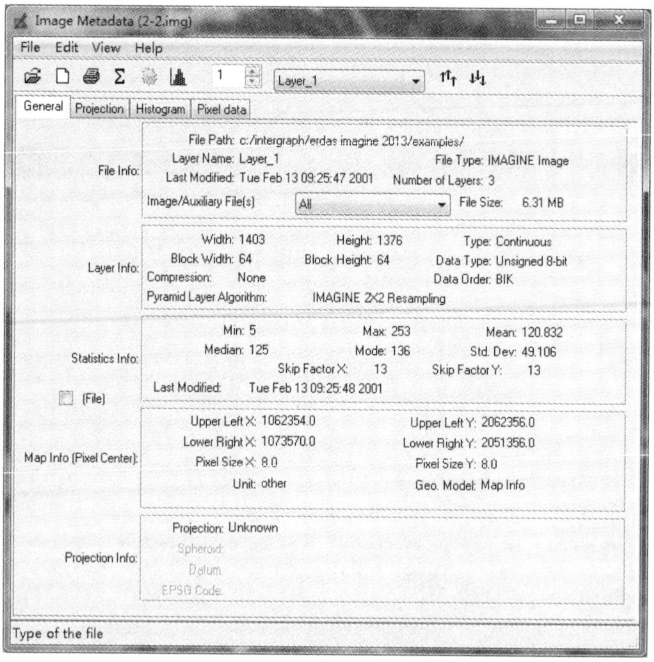

图 8.7 查看影像信息

任务 8.3 遥感图像裁剪与分割

在实际工作中，经常需要根据研究或工作范围对图像进行裁切，按照 ERDAS IMAGINE 图像分幅裁剪的过程，可以将图像裁剪分为规则裁切和非规则裁切。

遥感图像裁剪

8.3.1 遥感图像的裁剪

1. 影像规则裁切操作

第一步：打开裁切工具，点击 Raster 选项卡，在 Geometry 标签组中点击 Subset&Chip 图标，在下拉菜单中点击 Create Subset Image 图标，弹出如图 8.8 所示 Subset 对话框。

第二步：在 Subset 对话框中设置输入数据和输出数据。

第三步：裁切范围设置：① 可以手动输入图像中两角点或四角点的基于地理坐标或像素坐标的范围；② 通过查询框，在图像中绘制一个矩形区域作为裁切范围；③ 也可以通过图像中绘制 AOI 工具确定范围。

第四步：设置输出类型为 Unsigned 8 bit、Continuous，输出波段为 1 : 3（可根据需要设置）。点击 OK 执行影像裁切。

在图像裁切过程中，裁切范围是通过直接输入左上角坐标（ULX，ULY）和右下角坐标（LRX，LRY）来定义的。此外，裁剪范围还可以利用查询框（Inquire Box）和应用感兴趣区域（AOI 工具）来确定。

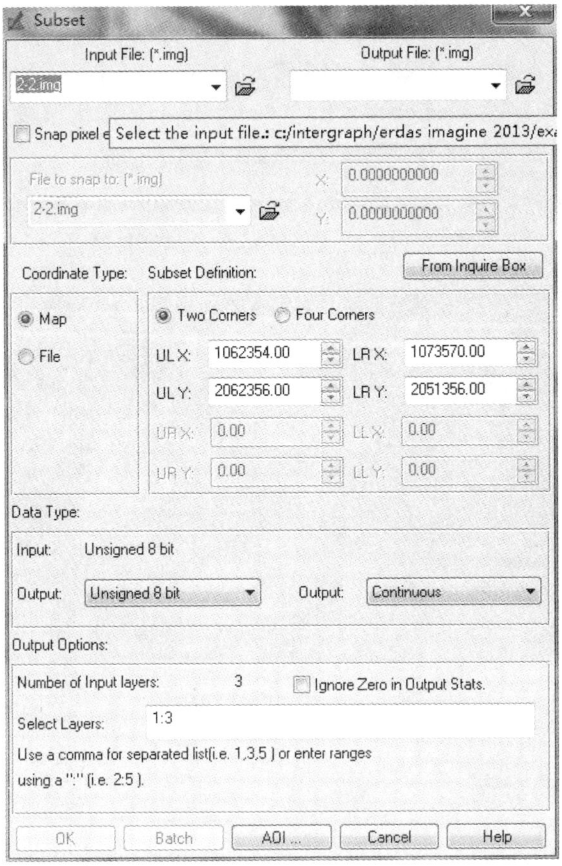

图 8.8 Subset 对话框

2. 影像非规则裁切操作

第一步：数据加载步骤同规则裁切一样（规则裁切中的前两步）。

第二步：裁切范围设置，点击 Drawing 选项卡，在 Insert Geometry 标签组中选择任意多边形工具。在影像中绘制希望裁切的区域，并保证其在被选中状态（四周有个方框），如图 8.9 所示。

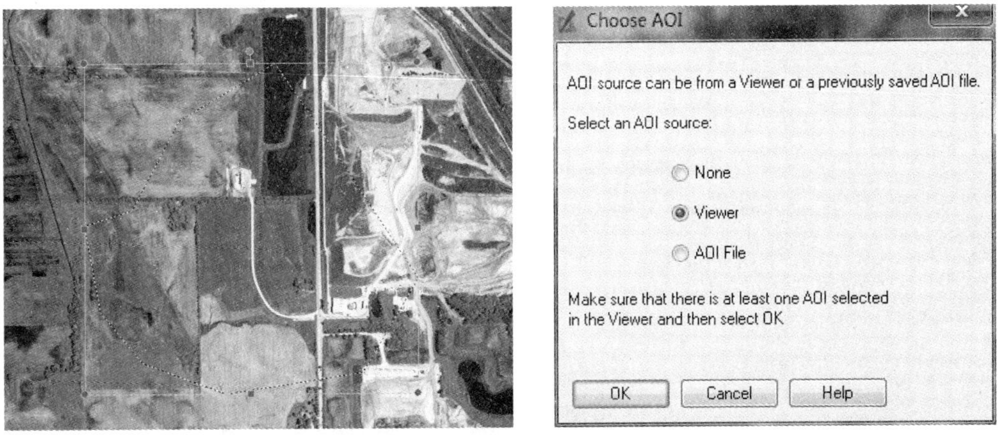

图 8.9 绘制不规则区域

第三步：回到 Subset 对话框中，点击 AOI 按钮，在弹出的对话框中选择 Viewer（如果有保存的 AOI 文件则选 AOI File），点击 OK 继续。

第四步：设置输出类型为 Unsigned 8 bit、Continuous，输出波段为 1∶3（可根据需要设置）。点击 OK 执行影像裁切。非规则裁切结果如图 8.10 所示。

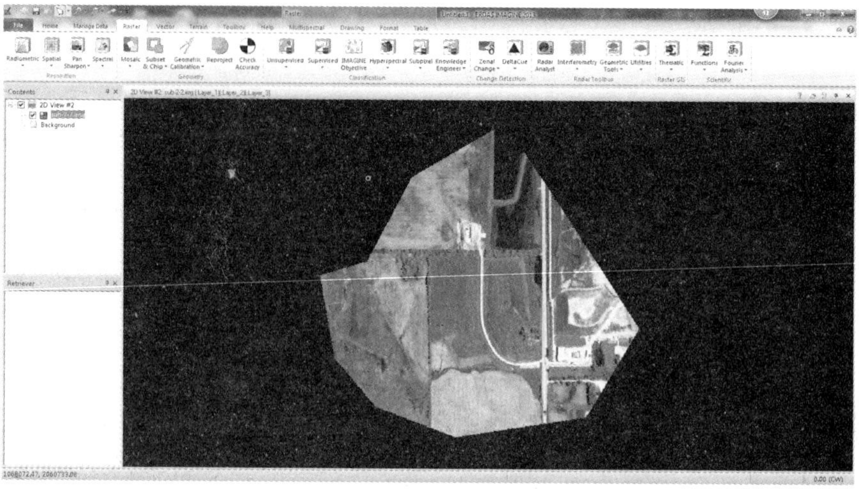

图 8.10　非规则裁切结果

8.3.2　遥感图像的分割

图像分块裁剪功能是允许用户根据设定的大小将一幅大影像分割成一些相同或不同尺寸的小幅影像，常常用于设定比例尺标准分幅系列卫星影像图的制作。

影像分割操作步骤：

第一步：打开裁切工具，点击 Raster 选项卡，在 Geometry 标签组中点击 Subset & Chip 图标，在下拉菜单中点击 Dice Image 图标，弹出图 8.11 所示 Dice an image 对话框。

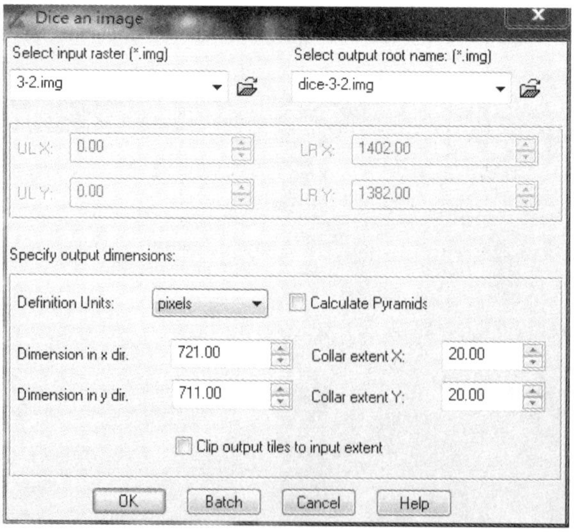

图 8.11　Dice an image 对话框

第二步：在 Dice an image 对话框中设置输入数据和输出数据。

第三步：设置 x 方向和 y 方向上的分割尺寸。Dimension in x dir：设置 x 方向上分割的尺寸，Dimension in y dir：设置 y 方向上分割的尺寸；Collar extent X：设置 x 方向上相互重叠的尺寸，Collar extent Y：设置 y 方向上相互重叠的尺寸。设置完成后，点击 OK 按钮进行影像分割处理。

第四步：在视窗中查看影像分割结果，如图 8.12 所示。

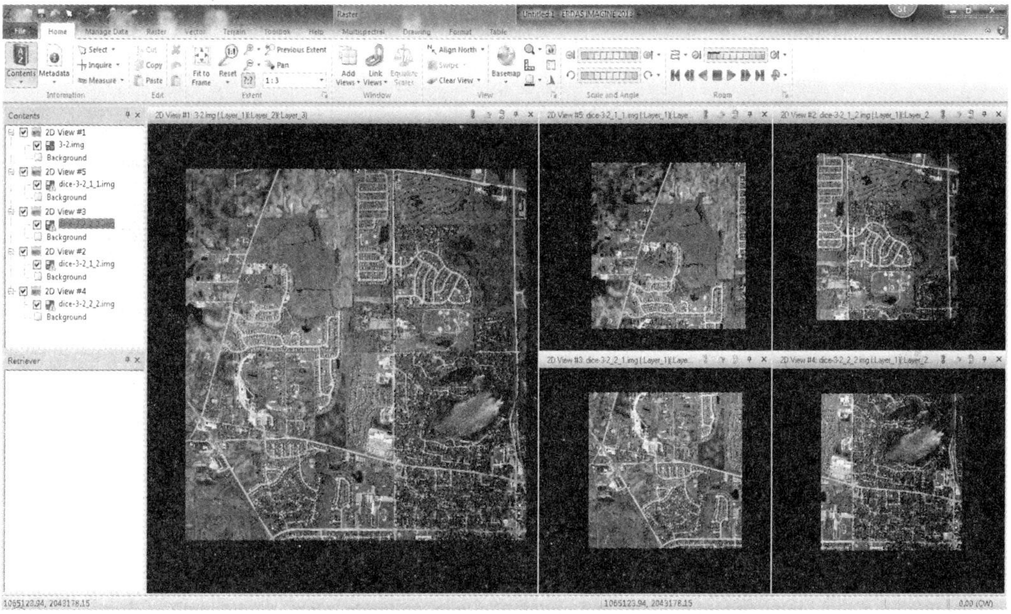

图 8.12　分割结果

任务 8.4　遥感图像的辐射校正

影响卫星图像的因素很多，大致可分为两方面：① 由卫星的姿态、高度、速度变化及其前进运动；MSS 扫描镜扫描速度不均，检测器采样延迟误差，波段间配准误差及全景畸变；地球自转、曲率、高程的影响等，引起图像的几何位置发生变化，造成几何失真。② 由大气的吸收、散射；地面及传感器系统中的仪器在接收、转换、传送、处理图像信息过程中性能不稳；非线性和非一致性故障及不可避免引入的噪声都将使图像的亮度发生变化，出现不均匀及条纹、斑点等缺陷，造成辐射失真。

遥感图像的辐射校正

这些畸变和失真影响了遥感图像的分析与应用，因此，必须进行消除——图像恢复。

图像恢复（Image Restoration）又称图像复原，是指改正或补偿在成像过程中造成的辐射失真、系统噪声和随机噪声、几何畸变以及高频信息的损失。图像恢复主要包括：

① 辐射校正（Radiometric Correction）；② 几何校正（Geometric Correction）；③ 几何配准（Geometric Registration）。

本项目主要介绍遥感图像的辐射校正、几何校正与配准。

8.4.1 遥感图像的辐射校正

利用遥感器观测目标物辐射或反射的电磁能量时，从遥感器得到的测量值与目标物的光谱反射率或光谱辐射亮度等物理量是不一致的。为了正确评价目标物的反射特性及辐射特性，必须消除这些失真——辐射校正。

1. 辐射校正的概念

辐射校正（Radiometric Correction）是指消除图像数据中依附在辐射亮度中的各种失真的过程。

2. 辐射畸变的成因与辐射校正的内容

引起辐射畸变的因素：遥感器的灵敏度特性、太阳高度及地形、大气等。

辐射校正的内容包括：由传感器的灵敏度特性引起的畸变校正；由太阳高度角及地形等引起的畸变校正；由大气的散射和吸收引起的辐射校正。

1）由传感器的灵敏度特性引起的畸变校正

（1）由光学系统的特性引起的畸变校正。

减光现象：在使用透镜的光学系统中，由于镜头光学特性的非均匀性，在其成像平面存在着边缘部分比中间部分暗的现象。另外，对于视场较大的成像光谱仪图像在扫描方向上也存在明显的辐射亮度不均匀的现象。这种辐射误差主要是光线路径长短不同造成的，扫描角越大时，光线路径越长，大气衰减越严重。

（2）由光电变换系统的特性引起的畸变校正。

传感器的光谱响应特性和传感器的输出有直接的关系。在扫描方式的传感器中，传感器接收系统收集到的电磁波信号需经光电转换系统变成电信号记录下来，这一过程也会引起辐射量误差。

光电变换系统的灵敏度特性有很高的重复性，故可以定期在地面测量其特性，根据测量值可以对其进行辐射畸变校正。例如，对于 Landsat 卫星的 MSS 图像和 TM 图像可以按式（8.6）对传感器输出的辐射亮度（R）进行校正。

$$V=[R_{\max}/(R_{\max}-R_{\min})]\cdot(R-R_{\min}) \tag{8.6}$$

式中，R 为传感器输出的辐射亮度；V 为已校正过的数据；$R_{\max}$ 和 $R_{\min}$ 分别为探测器能够输出的最大和最小辐射亮度。

2）由太阳高度角及地形等引起的畸变校正

（1）视场角和太阳角的关系引起的亮度变化的校正。

太阳光在地表反射、扩散时，其边缘更亮的现象叫太阳光点（Sun Spot），太阳高度高时容易产生。太阳光点与边缘减光等都可以用推算阴影曲面的方法进行校正。

阴影曲面是指在图像的明暗范围内，由太阳光点及边缘减光引起的畸变部分。

（2）地形倾斜的影响校正。

当地形倾斜时，经过地表扩散、反射再入射到传感器的太阳光的辐射亮度就会依倾斜度而变化。可以采取用地表的法线矢量和太阳光入射矢量的夹角进行校正的方法，以及对消除了光路辐射成分的图像数据采用波段间的比值进行校正的方法等。

3）由大气的散射和吸收引起的辐射校正

由传感器、太阳高度或地形等因素引起的误差，一般在数据生产过程中由生产单位根据传感器参数进行校正，而不需要用户进行自行处理。用户一般应该考虑的是大气引起的辐射畸变。进入大气的太阳辐射会发生反射、折射、吸收、散射和透射。其中对传感器接收影响较大的是吸收和散射。图 8.13 所示为吸收和散射现象。

大气校正（Atmospheric Correction）是清除卫星遥感图像在大气传输中所引起的退化因素的一种图像处理方法。精确的大气校正公式需要找出每个波段像元亮度值与地物反射率的关系。为此需得到卫星飞行时的大气参数。如果不通过特别的观测，一般很难得到这些数据，所以，常常采用一些简化的处理方法——粗略校正，只去掉主要的大气影响，使图像质量满足基本要求。

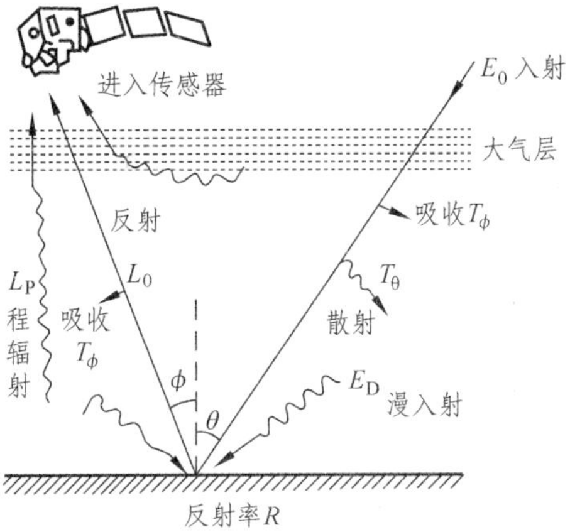

图 8.13　吸收和散射现象

大气粗略校正一般有 3 种方法：公式计算法、野外波谱测试回归分析法和波段对照法。

公式计算法需知道具体天气条件下大气路径辐射率等参数；野外波谱测试回归分析法需要到野外进行与陆地卫星同步的一致测试；这些与波段对照法相比，都相对困难，因此，我们一般采用波段对照法。

波段对照法是大气粗略校正的一般方法，最常用的是直方图最小值去除法和回归分析法。

（1）直方图最小值去除法。

直方图最小值去除法（见图 8.14）的基本思想在于一幅图像中总可以找到某种或某几种

0	5	8	10	13	14	14	13
5	0	4	9	14	15	12	11
6	2	10	10	13	15	15	12
6	8	9	9	10	12	11	8
5	8	8	9	9	9	11	9
5	7	7	8	8	7	7	8
3	4	7	6	6	3	4	5
1	1	4	6	7	3	2	2

数字图像

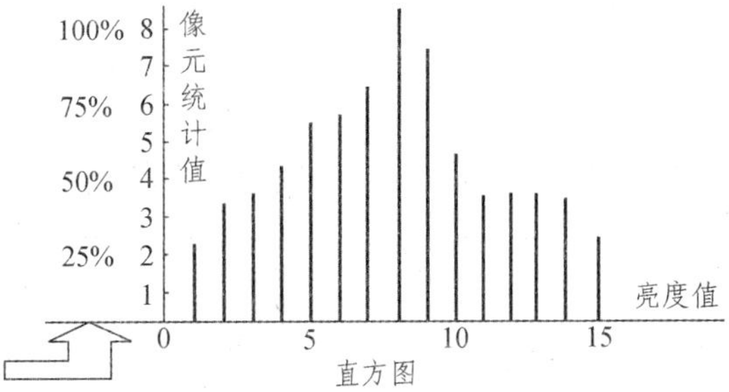

图 8.14　直方图最小值去除法

地物，其辐射亮度或反射率接近 0，例如，地形起伏地区山的阴影处，反射率极低的深海水体处等，这时在图像中对应位置的像元亮度值应为 0。实测表明，这些位置上的像元亮度不为 0。这个值就应该是大气散射导致的程辐射度值。

具体校正方法十分简单，首先确定条件满足，即该图像上确有辐射亮度或反射亮度应为 0 的地区，则亮度最小值必定是这一地区大气影响的程辐射度增值。校正时，将每一波段中每个像元的亮度值都减去本波段的最小值。使图像亮度动态范围得到改善，对比度增强，从而提高了图像质量。

（2）回归分析法（见图 8.15）。

假定某红外波段，不存在程辐射为主的大气影响，且亮度增值最小，接近于 0，设为波段 a。现需要找到其他波段相应的最小值，这个值一定比 a 波段的最小值大一些，设为波段 b，分别以 a，b 波段的像元亮度值为坐标，作二维光谱空间，两个波段中对应像元在坐标系内用一个点表示。由于波段之间的相关性，通过回归分析在众多点中一定能找到一条直线与波段 b 的亮度 L_b 轴相交，且

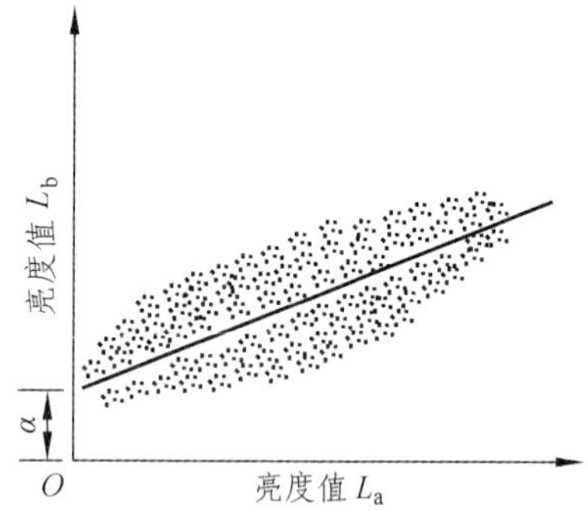

图 8.15　回归分析法

$$L_b = \beta L_a + \alpha \tag{8.7}$$

式中，β 为斜率。

$$\beta = \frac{\sum (L_a - \bar{L}_a)(L_b - \bar{L}_b)}{\sum (L_a - \bar{L}_a)^2} \tag{8.8}$$

式中，$\bar{L}_a$ 和 $\bar{L}_b$ 分别为 a、b 波段亮度的平均值。α 是波段 a 中的亮度为 0 处波段 b 中所具有的亮度。可以认为，α 就是波段 b 的程辐射度。校正的方法是将波段 b 中每个像元的亮度值减去 α，来改善图像，去掉程辐射。同理依次完成其他波段的校正。

8.4.2　遥感图像的几何畸变

当遥感图像在几何位置上发生了变化，产生诸如行列不均匀，像元大小与地面大小对应不准确，地物形状不规则变化等畸变时，即说明遥感影像发生了几何畸变。

遥感影像的总体变形（相对于地面真实形态而言）是平移、缩放、旋转、偏扭、弯曲及其他变形综合作用的结果。产生畸变的图像给定量分析及位置配准造成困难，因此遥感数据接收后，首先由接收部门进行校正，这种校正往往根据遥感平台、地球、传感器的各种参数进行处理。而用户拿到这种产品后，由于使用目的不同或投影及比例尺的不同，仍旧需要做进一步的几何校正。

遥感影像几何变形的原因：① 遥感器的内部畸变：由遥感器结构引起的畸变；② 遥感平台位置和运动状态变化的影响；地形起伏的影响；地球表面曲率的影响；大气折射的影响；地球自转的影响。

1. 遥感平台位置和运动状态变化的影响

无论是卫星还是飞机，运动过程中都会由于种种原因产生飞行姿势的变化从而引起影像变形。卫星姿态引起的图像变形如图 8.16 所示。

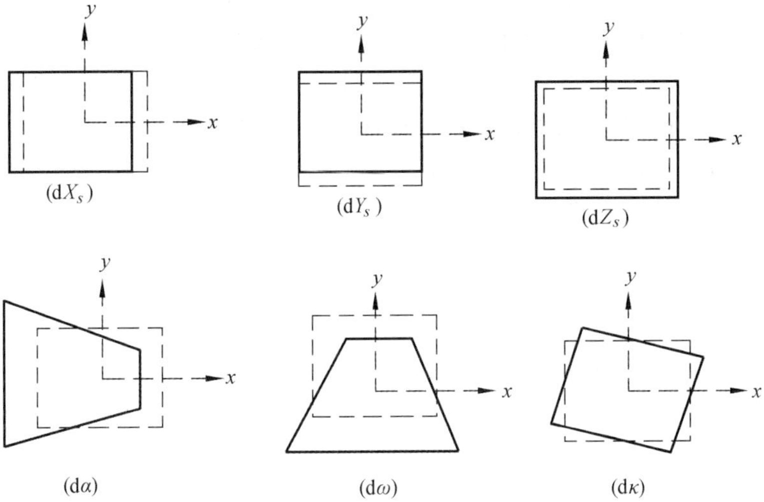

图 8.16　卫星姿势引起的图像变形

（1）航高：当平台运动过程中受到力学因素影响，产生相对于原标准航高的偏离，或者说卫星运行的轨道本身就是椭圆的。航高始终发生变化，而传感器的扫描视场角不变，从而导致图像扫描行对应的地面长度发生变化。航高越向高处偏离，图像对应的地面越宽。

（2）航速：卫星的椭圆轨道本身就导致了卫星飞行速度的不均匀，其他因素也可导致遥感平台航速的变化。航速快时，扫描带超前，航速慢时，扫描带滞后，由此可导致图像在卫星前进方向上（图像上下方向）的位置错动。

（3）俯仰：遥感平台的俯仰变化能引起图像上下方向的变化，即星下点俯时后移，仰时前移，发生行间位置错动。

（4）翻滚：遥感平台姿态翻滚是指以前进方向为轴旋转了一个角度。可导致星下点在扫描线方向偏移，使整个图像的行向翻滚角引起偏离的方向错动。

（5）偏航：指遥感平台在前进过程中，相对于原前进航向偏转了一个小角度，从而引起扫描行方向的变化，导致图像的倾斜畸变。

航高、航速、俯仰、翻滚、偏航等引起的图像变形如图 8.17 所示。

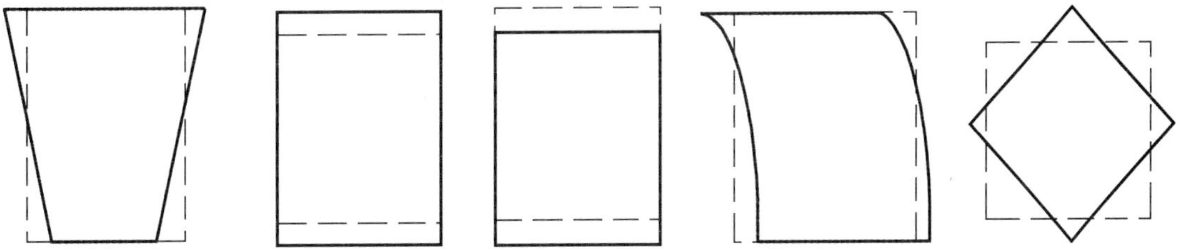

图 8.17　航高、航速、俯仰、翻滚、偏航引起的图像变形

2. 地形起伏的影响

当地形存在起伏时，会产生局部像点的位移，使原来本应是地面点的信号被同一位置上某高点的信号代替。由于高差的原因，实际像点 P 距像幅中心的距离相对于理想像点 P_0 距像幅中心的距离移动了 Δr。高差引起的像点位移如图 8.18 所示。

3. 地表曲率的影响

地球是球体，严格说是椭球体，因此地球表面是曲面。这一曲面的影响主要表现在两个方面：① 像点位置的移动。当选择的地图投影平面是地球的切平面时，使地面点 P_0 相对于投影平面点 P 有一高差 Δh。② 像元对应于地面宽度的不等。由于传感器通过扫描取得数据，在扫描过程中每一次取样间隔是星下视场角的等分间隔。如果地面无弯曲，在地面瞬时视场宽度不大的情况下，L_1，L_2，L_3，…的差别不大。但由于地球表面曲率的存在，对应于地面的 P_1，P_2，P_3…的差别就大得多。距星下点越远畸变越大，对应地面长度越长，如图 8.19、图 8.20 所示。

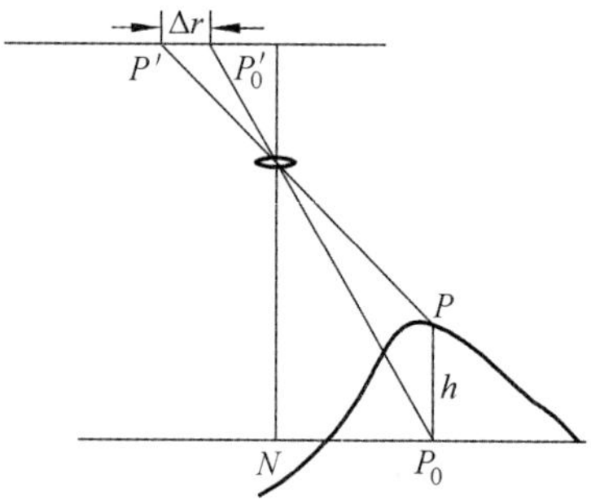

图 8.18　高差引起的像点位移

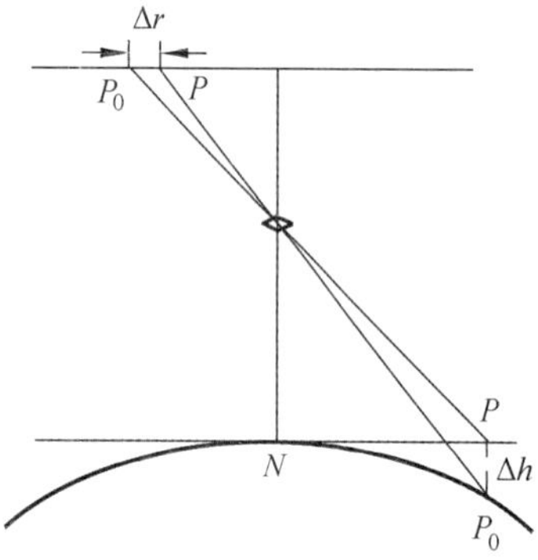

图 8.19　地表曲率引起的像点位移

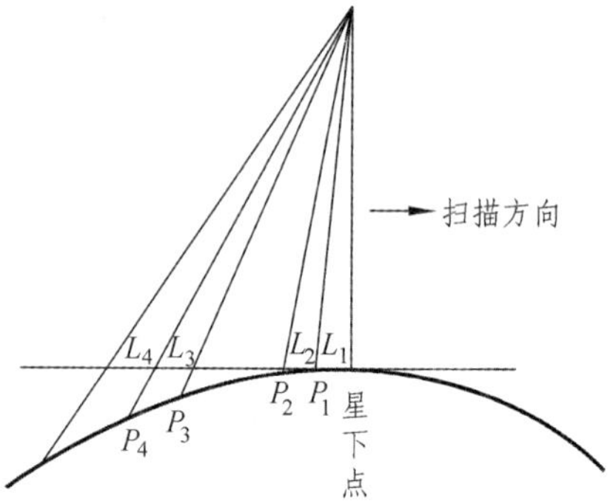

图 8.20　像元对应于地面宽度的不等

全景畸变：即当传感器扫描角度较大时，影响更加突出，造成边缘景物在图像显示时被压缩。假定原地面真实景物是一条直线，成像时中心窄、边缘宽，但图像显示时像元大小相同，这时直线被显示成反 S 形弯曲，如图 8.21 所示。

4. 大气折射的影响

大气对辐射的传播产生折射。由于大气的密度分布从下向上越来越小，折射率不断变化，因此折射后的辐射传播不再是直线而是一条曲线，从而导致传感器接收的像点发生位移，如图 8.22 所示。

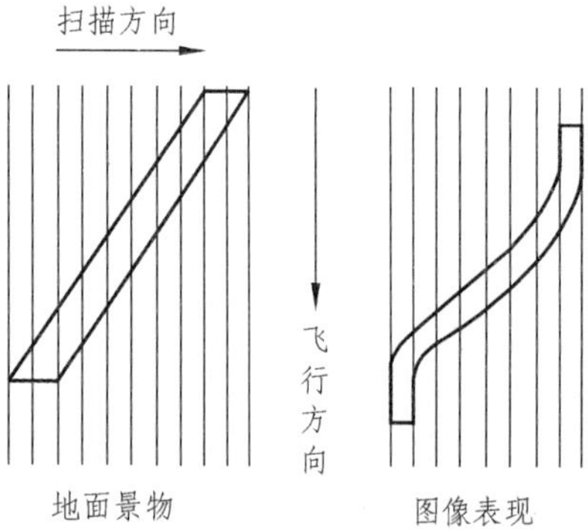

图 8.21　全景畸变导致 S 弯曲现象

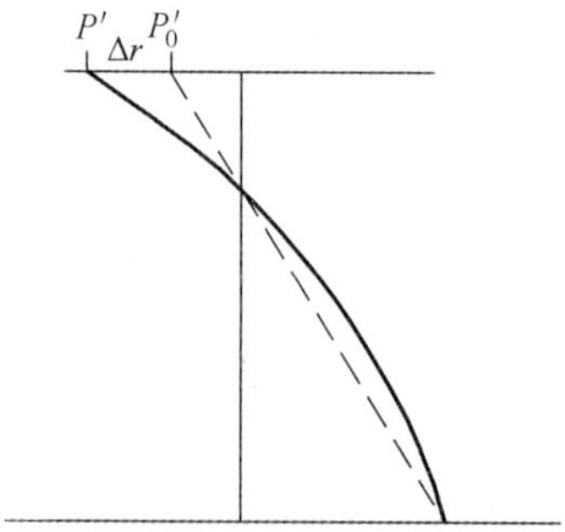

图 8.22　大气折射的影响

5. 地球自转的影响

卫星前进过程中，传感器对地面扫描获得图像[见图 8.23（a）]时，地球自转影响较大，会产生影像偏离。因为多数卫星在轨道运行的降段接收图像，即卫星自北向南运动，这时地球自西向东自转。相对运动的结果，使卫星的星下位置逐渐产生偏离。偏离方向如图 8.23（b）所示，所以卫星图像经过校正后成为图 8.23（c）的形态。

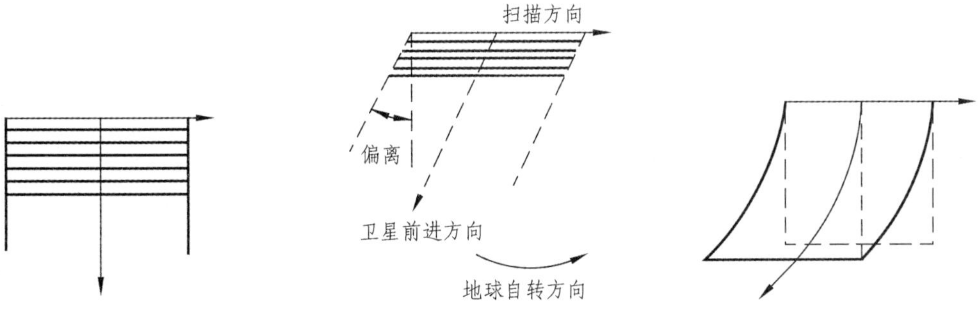

（a）获得图像　　（b）实际对应的地面位置　　（c）影像变形

图 8.23　地球自转引起偏离

任务 8.5　遥感图像的几何校正

几何校正（Geometric Correction）是指从具有几何畸变的图像中消除畸变的过程，即定量地确定图像上像元坐标（图像坐标）与目标物的地理坐标（地图坐标等）的对应关系（坐标变换式）。几何校正的处理流程如图 8.24 所示。

遥感图像几何校正

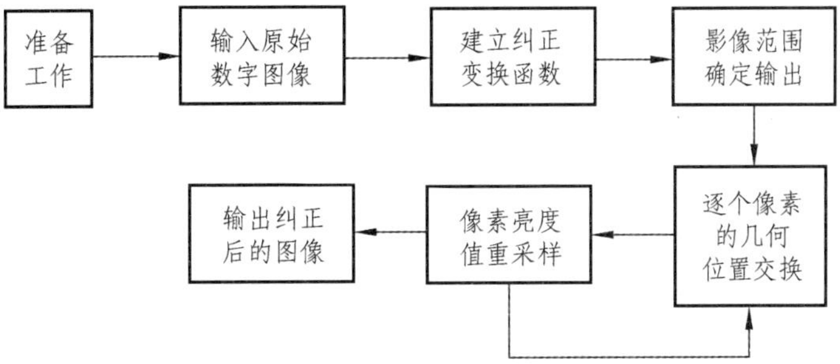

图 8.24　几何纠正的处理流程框图

8.5.1　几何校正的方法

1. 系统性校正

当知道了消除图像几何畸变的理论校正公式后，可把该式中所含的与遥感器构造有关的校准数据（焦距等）及遥感器的位置、姿态等的测量值代入到理论校正式中进行几何校正。该方法对消除遥感器内部的畸变大多是有效的。可是在很多情况下，遥感器的位置及姿态的测量值精度不高，所以外部畸变的校正精度也不高。

2. 非系统性校正

利用控制点的图像坐标和地图坐标的对应关系，可以近似地确定所给的图像坐标系和应输出的地图坐标系之间的坐标变换式。坐标变换式经常采用 1 次、2 次等角变换式，2 次、3 次投影变换式或高次多项式。坐标变换式的系数可从控制点的图像坐标值和地图坐标值中根据最小二乘法求出。

3. 复合校正

把理论校正式与利用控制点确定的校正式组合起来进行校正。① 分阶段校正的方法，即首先根据理论校正式消除几何畸变（如内部畸变等），然后利用少数控制点，根据所确定的低次校正式消除残余的畸变（外部畸变等）；② 提高几何校正精度的方法，即利用控制点以较高的精度推算理论校正式中所含的遥感器参数、遥感器的位置及姿态参数。

几何畸变有多种校正方法，但常用的是一种通用的精校正方法，适合于在地面平坦，不需考虑高程信息，或地面起伏较大而无高程信息，以及传感器的位置和姿态参数无法获取的情况时应用。有时根据遥感器平台的各种参数已做过一次校正，但仍不能满足要求，就可以用该方法作遥感影像相对于地面坐标的配准校正，遥感影像相对于地图投影坐标系统的配准校正，以及不同类型或不同时相的遥感影像之间的几何配准和复合分析，以得到比较精确的结果。

8.5.2 精校正方法基本思路

校正前的图像看起来是由行列整齐的等间距像元点组成的，但实际上，由于某种几何畸变，图像中像元点间所对应的地面距离并不相等[图 8.25（a）]。校正后的图像亦是由等间距的网格点组成的，且以地面为标准，符合某种投影的均匀分布[图 8.25（b）]，图像中格网的交点可以看作是像元的中心。校正的最终目的是确定校正后图像的行列数值，然后找到新图像中每一像元的亮度值。

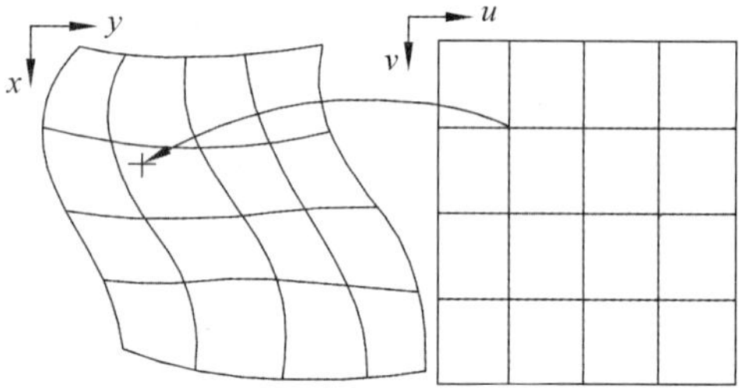

（a）校正前　　（b）校正后

图 8.25　校正前和校正后

具体步骤：

1. 重采样

找到一种数学关系，建立变换前图像坐标（x，y）与变换后图像坐标（u，v）的关系，通过每一个变换后图像像元的中心位置（u 代表行数，v 代表列数，均为整数）计算出变换前对应的图像坐标点（x，y）。分析得知，整数（u，v）的像元点在原图像坐标系中一般不在整数（x，y）点上，即不在原图像像元的中心。

计算校正后图像中的每一点所对应原图中的位置（x，y）。计算时按行逐点计算，每行结束后进入下一行计算，直到全图结束。

重采样的两种方法如图 8.26 所示。

（1）对输入图像的各个像元在变换后的输出图像坐标系上的相应位置进行计算，把各个像元的数据投影到该位置上。

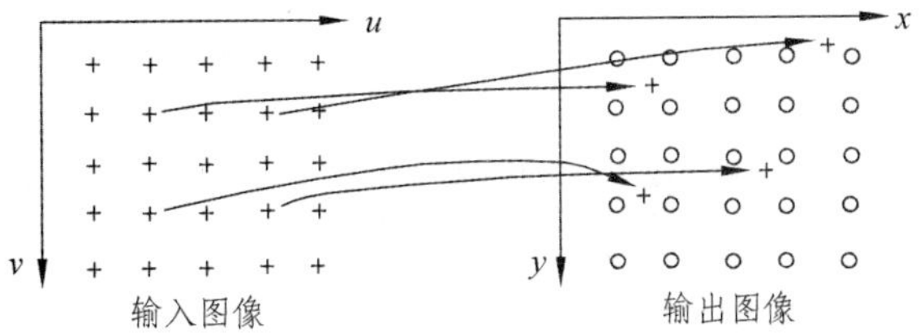

（a）输入图像的各要素在输出投像上的投影

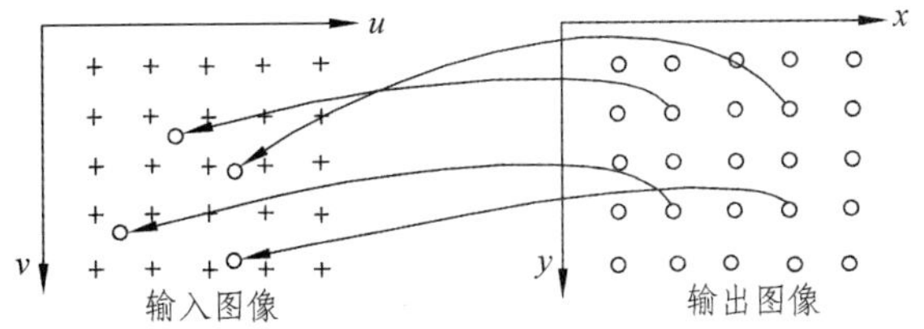

（b）输出图像的各要素在输入投像上的投影

图 8.26　重采样的方法

（2）对输出图像的各个像元在输入图像坐标系的相应位置进行逆运算，求出该位置上的像元数据。该方法是经常采用的方法。

计算方法：

建立两图像像元点之间的对应关系：

$$\begin{cases} x = f_x(u,v) = \sum_{i=0}^{n}\sum_{j=0}^{n-i} a_{ij}u_i v_i \\ y = f_y(u,v) = \sum_{i=0}^{n}\sum_{j=0}^{n-i} b_{ij}u_i v_i \end{cases} \tag{8.9}$$

$$\begin{cases} x = a_{00} + a_{10}u + a_{01}v + a_{11}uv + a_{20}u^2 + a_{02}v^2 \\ x = b_{00} + b_{10}u + b_{01}v + b_{11}uv + b_{20}u^2 + b_{02}v^2 \end{cases} \tag{8.10}$$

实际计算中常采用二元二次多项式（u，v）→（x，y），需求出 12 个系数，至少列出 12 个方程，即要找到 6 个已知的对应点（控制点）。如果要提高精度，必须大大增加控制点的数目，用最小二乘法进行曲面拟合求系数。

2. 内插计算（确定亮度）

计算每一点的亮度值。由于计算后的（x，y）多数不在原图的像元中心处，因此必须重新计算新位置的亮度值。一般来说，新点的亮度值介于邻点亮度值之间，所以常用内插法计算。

为了确定校正后图像上每点的亮度值，只要求出其原图所对应点（x，y）的亮度。通常有 3 种确定亮度值的内插方法：最近邻内插法、双线性内插法和三次卷积内插法。

（1）最近邻内插法。

图像中两相邻点的距离为 1，即行间距$\Delta x = 1$，列间距$\Delta y = 1$，取与所计算点（x，y）周围相邻的 4 个点，比较它们与被计算点的距离，哪个点距离最近，就取哪个的亮度值作为（x，y）点的亮度值f（x，y）。设该最近邻点的坐标为（k，l），则

$$\begin{cases} k = \text{Integer}(x+0.5) \\ l = \text{Integer}(x+0.5) \end{cases} \Rightarrow f(x,y) = f(k,l)$$（几何位置上的精度为 ± 0.5 像元）

最近邻内插法（见图 8.27）以距内插点最近的观测点的像元值为所求的像元值。该方法最大可产生 0.5 个像元的位置误差，优点是不破坏原来的像元值，处理速度快。

（2）双线性内插法。

$$Q(u,v) = (1-s)(1-t)P(i,j) + (1-s)tP(i,j+1) + s(1-t)P(i+1,j) + stP(i+1,j+1) \quad (8.11)$$

双线性内插法（见图 8.28）又称一级内插法，它使用内插点周围的 4 个观测点的像元值，对所求的像元值进行线性内插。其缺点是破坏了原来的数据，但具有平均化的滤波效果。

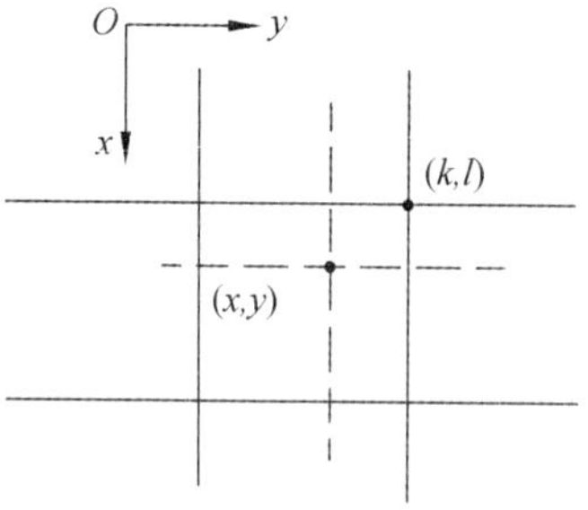

图 8.27 最近邻内插法

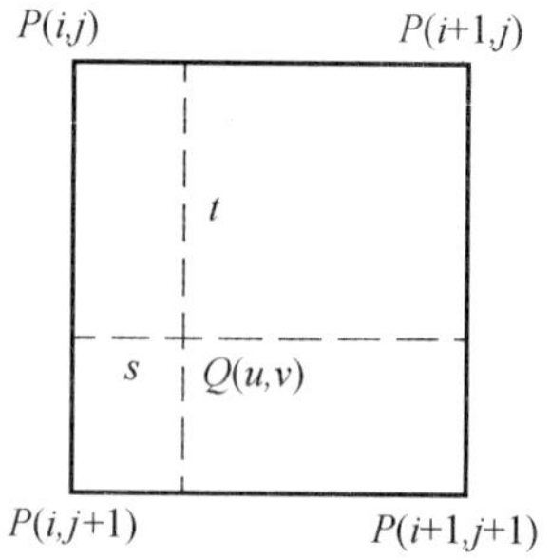

图 8.28 双线性内插法

（3）三次卷积内插法。

增加邻点来获得最佳插值函数。取与计算点（x，y）周围相邻的 16 个点，与双线性内插类似，可先在某一方向上内插，每 4 个值依次内插 4 次，求出 $f(x, j-1)$，$f(x, j)$，$(x, j+1)$，$f(x, j+2)$，再根据这 4 个计算结果在另一方向上内插，得到 $f(x, y)$。

因这种三次多项式内插过程实际上是一种卷积，故这种方法称三次卷积内插法（见图 8.29）。

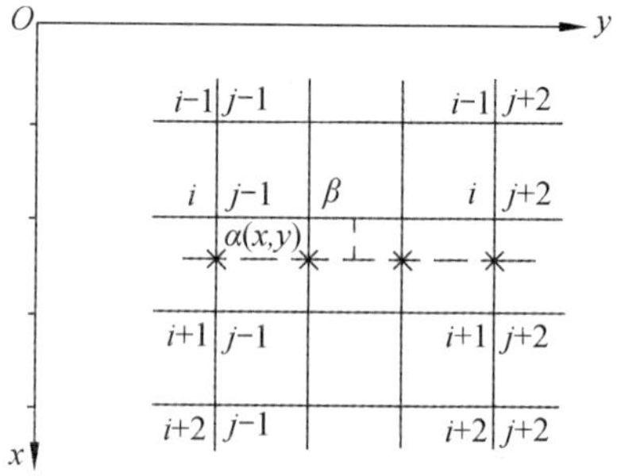

图 8.29 三次卷积内插法

三次卷积内插法使用内插点周围的 16 个观测点的像元值，用三次卷积函数对所求像元值进行内插。缺点是破坏了原来的数据，但具有图像的均衡化和清晰化的效果，可得到较高的图像质量。

以上 3 种方法的比较见表 8.2。

表 8.2 3 种方法比较

方法	优点	缺点	提醒
最近邻内插法	简单易用，计算量小	处理后的图像亮度具有不连续性，影响精确度	
双线性内插法	精度明显提高，特别是对亮度不连续现象或线状特征的块状化现象有明显的改善	计算量增加，且对图像起到平滑作用，从而使对比度明显的分界线变得模糊	鉴于该方法的计算量和精度适中，只要不影响应用所需的精度，作为可取的方法而常被采用
三次卷积内插法	更好的图像质量，细节表现更为清楚	计算量很大	欲以三次卷积内插获得好的图像效果，就要求位置校正过程更准确，即对控制点选取的均匀性要求更高

8.5.3 控制点的选取

几何校正的第一步便是位置计算，首先是对所选取的二元多项式求系数。这时必须已知一组控制点坐标。

1. 控制点数目的确定

其最低限是按未知系数的多少来确定的。一次多项式有 6 个系数，就需要有 6 个方程来求解，需 3 个控制点的 3 对坐标值，即 6 个坐标数。二次多项式有 12 个系数，需要 12 个方程（6 个控制点）。依次类推，n 次多项式，控制点的最少数目为（$n+1$）（$n+2$）/2。

实际工作表明，选取最少数目的控制点来校正图像，效果往往不好。在图像边缘处和地面特征变化大的地区，如河流拐弯处等，由于没有控制点，而靠计算推出对应点，会使图像变形。因此，在条件允许的情况下，控制点数的选取都要大于最低数很多。

2. 控制点选取的原则

控制点的选择要以配准对象为依据。配准对象可采用：① 地面控制点（记作 GCP）；② 参考地图或遥感图像（例如航空像片）作为参考基准。无论采用哪种参考基准，关键在于建立待匹配的两种坐标系的对应点之间的关系。

一般来说，控制点应选取图像上易分辨且较精细的特征点，这很容易通过目视方法辨别，如道路交叉点、河流弯曲或分叉处、海岸线弯曲处、湖泊边缘、飞机场、城廓边缘等。特征变化大的地区应多选些。图像边缘部分一定要选取控制点，以避免外推。此外，尽可能满幅均匀选取，特征实在不明显的大面积区域（如沙漠），可用求延长线交点的办法来弥补，但应尽可能避免这样做，以避免造成人为的误差。

8.5.4 遥感图像的几何校正处理

几何校正就是将图像数据投影到平面上，使其符合地图投影系统的过程。而将地图投影系统赋予图像数据的过程，称为地理参考。由于所有地图投影系统都遵循一定的地图坐标系统，因此几何校正的过程包含了地理参考过程。

几何校正处理的操作步骤：

第一步：点击 File→Open→Raster Layer 或在 Viewer 中点击右键→Open Raster Layer..，打开需要校正的影像 tmAtlanta.img。

第二步：点击 Multispectral 选项卡，在 Transform & Orthocorrect 标签组中点击 Control Points 图标，如图 8.30 所示。在打开的选择校正模型对话框里选择 Polynomial（多项式模型），如图 8.31 所示，点击 OK 继续。

第三步：在弹出的选择 GCP 来源对话框中选择 Image Layer（New Viewer），如图 8.32 所示，点击 OK 继续。在弹出的文件选择对话框中选中参考影像 panAtlanta.img，点击 OK。弹出参考影像的坐标信息，如图 8.33 所示，点击 OK 继续。

第四步：在弹出的多项式模型属性对话框中（见图 8.34），设置 Polynomial Order（多项式次数）为 2 次，点击 Apply 应用，点击 Close 关闭。出现了几何校正界面（见图 8.35），工具栏中提供了缩放、漫游等按钮，可以根据需要使用。

图 8.30　几何校正模块

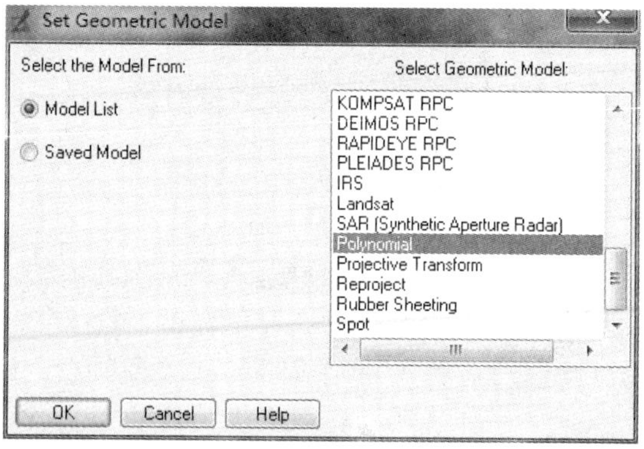

图 8.31　选择多项式模型

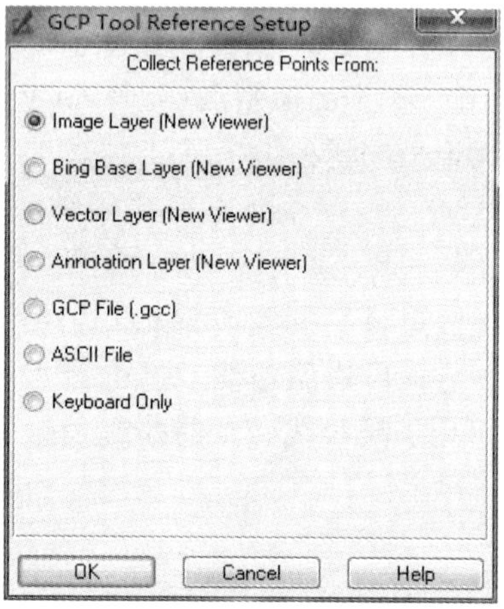

图 8.32　选择 GCP 来源

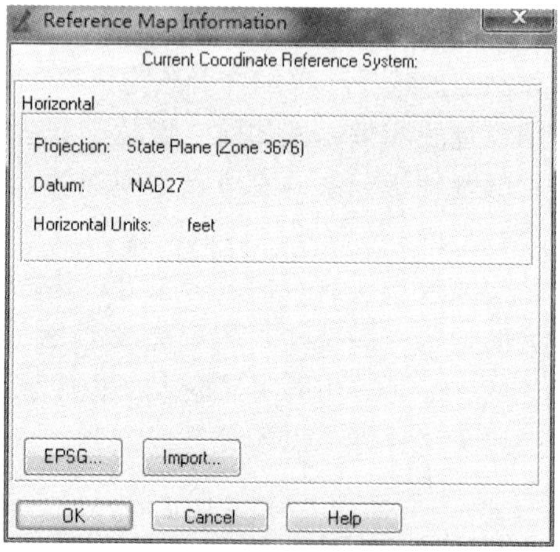

图 8.33　影像坐标信息

每个数据窗口都包括主窗口、全图窗口、细节放大窗口 3 个窗口，底部的列表显示所采集的控制点（GCPs）的信息。在主窗口和全图窗口可以看到链接框，可以拖动及缩放获取最佳的视觉效果。

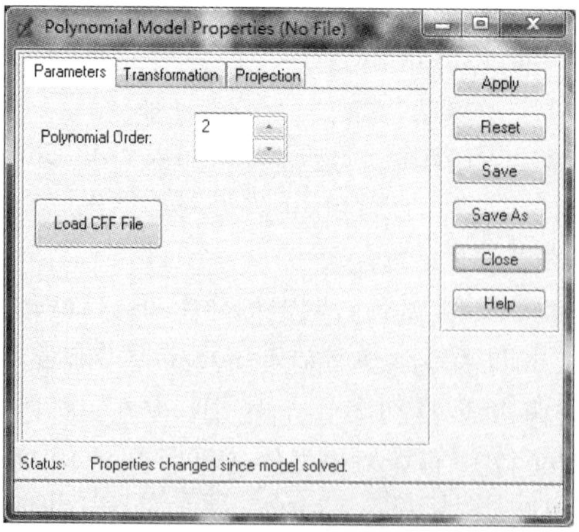

图 8.34　多项式次数

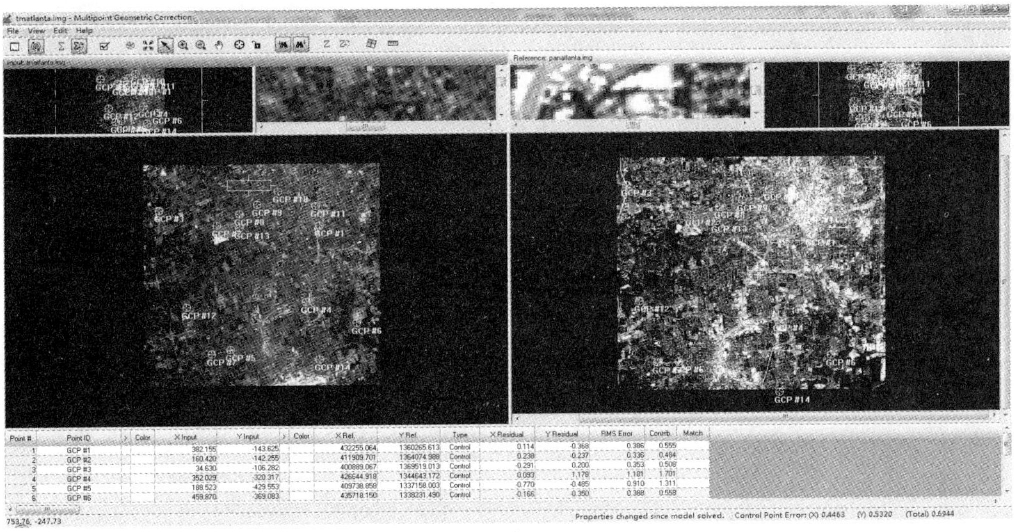

图 8.35　几何校正界面

第五步：采集地面控制点：GCP 一般选择在两幅影像中都易于识别的地物，如明显的独立地物、道路交叉点等。GCP 分布要尽量均匀覆盖整个区域。在 tmAtalanta 中拖动链接框寻找明显的地物点，并缩放到合适大小。点击 ⊕ 图标，在 tmAtalanta 中采集 GCP #1；在 panAtalanta 中移动链接框找到相同地物，并缩放到合适大小。点击 ⊕ 图标，在 panAtalanta 中采集 GCP #1。重复上述操作，采集其他的 GCPs，二次多项式至少需要 6 个控制点，为了保证精度，一般采集更多的控制点，使其在全图均匀分布。采集完 6 个控制点后，在采集第 7 个控制点时，GCP 列表中 RMS Error 就会显示每个点的误差（见图 8.36），在状态栏可以看到控制点的总体误差，如果没有，点击工具栏的统计图表 Σ 即可计算。

原图呈现

Point #	Point ID	>	Color	X Input	Y Input	>	Color	X Ref.	Y Ref.	Type	X Residual	Y Residual	RMS Error	Contrib.	Match
1	GCP #1			382.155	-143.625			432255.064	1360265.613	Control	-0.138	0.025	0.140	0.391	
2	GCP #2			160.420	-142.255			411909.701	1364074.988	Control	0.458	-0.084	0.466	1.299	
3	GCP #3			34.630	-106.282			400889.067	1369519.013	Control	-0.235	0.043	0.239	0.666	
4	GCP #4			352.029	-320.317			426644.918	1344643.172	Control	-0.226	0.042	0.230	0.642	
5	GCP #5			188.523	-429.553			409738.858	1337158.003	Control	-0.530	0.098	0.539	1.503	
6	GCP #6			459.870	-369.083			435718.150	1338231.490	Control	0.214	-0.039	0.217	0.607	
7	GCP #7			148.002	-439.106			406010.981	1336974.635	Control	0.457	-0.084	0.464	1.296	

图 8.36　误差检查

几何精校正要求 GCP 总体误差（Total）一般平坦地区要小于 1，山区小于 2。如果误差较大，需要进行修改、删除点或增加新的控制点来降低误差。

第六步：采集地面检查点：在工具栏点击 🔒 图标锁定 GCP，以免影响建好的模型。按照采集地面控制点的方法，采集 5 个左右检查点。在工具栏点击计算检查点误差图标 ☑，可以获得检查点的误差。一般要求所有检查点的误差小于 1。

第七步：影像重采样：重采样的过程就是依据未校正图像的像元值，计算生成一幅校正图像的过程。原图像中所有栅格数据层都要进行重采样。在工具栏点击影像重采样图标 ⊞，打开影像重采样对话框（见图 8.37）。设置输出文件名和路径，这里文件名设置为 geo-correct.img。选择重采样方法为最近邻内插法（Nearest Neighbor）。设置输出像元大小（Output Cell Sizes）X 为 30，Y 为 30。点击 OK 执行。

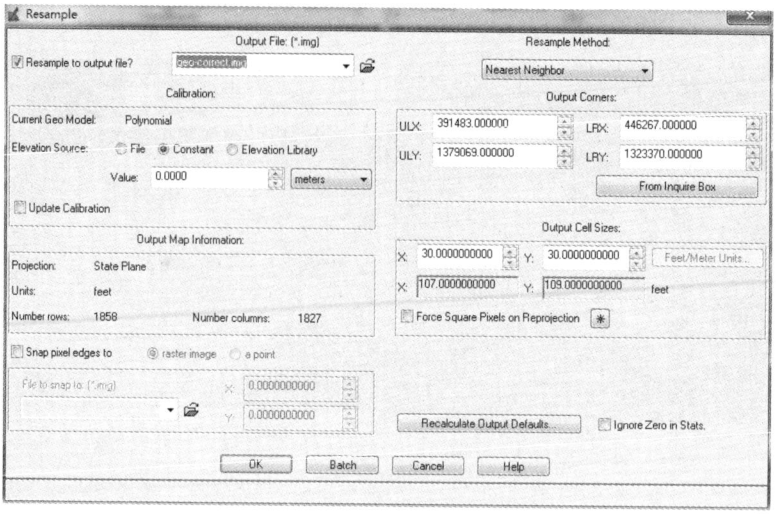

图 8.37　影像重采样对话框

第八步：保存几何校正模型：关闭几何校正模型界面，会提示是否保存（见图 8.38）。点击“是（Y）”可以将几何校正模型保存为 gms 文件，以备下次使用。

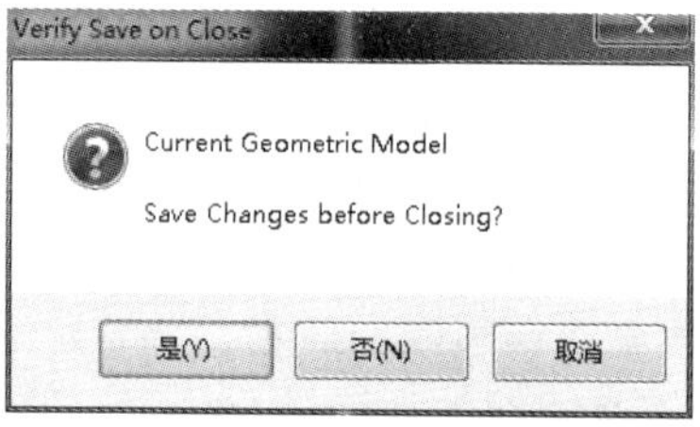

图 8.38　保存几何校正模型

第九步：完成后可在视窗中打开查看几何校正的结果（见图 8.39）。

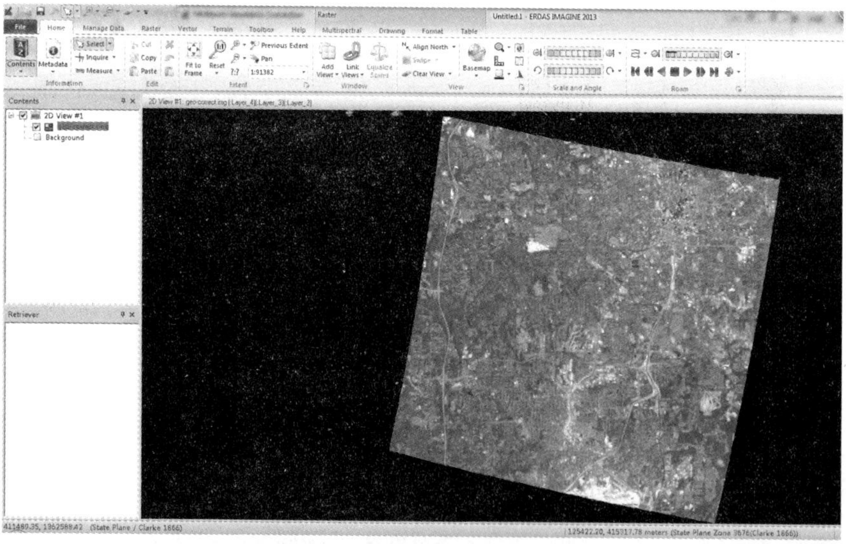

图 8.39　影像几何校正的结果

原图呈现

任务 8.6　遥感图像的正射校正

遥感图像
正射校正

正射校正是将影像数据投影到平面上，使其符合地图投影系统的过程，因此正射校正也包含了地理参考的过程。正射校正消除了由相机或传感器定位、地形起伏和其他系统误差带来的影响，经过了正射校正的影像可以真实地描述地表地物的精确位置。因此正射影像目前已经普遍应用于 GIS 数据的建立和维护中。

正射校正处理的操作步骤：

第一步：点击 File→Open→Raster Layer 或在 Viewer 中点击右键→Open Raster Layer..，打开需要校正的影像 ps_napp.img。

第二步：点击 Panchromatic 选项卡，在 Transform & Orthocorrect 标签组中点击 Control Points 图标。在打开的选择校正模型对话框里（见图 8.40）选择 Camera（相机模型），点击 OK 继续。在弹出的选择 GCP 来源对话框（见图 8.41）中选择 GCP File（.gcc），点击 OK 并选择 ps_camera.gcc 文件。

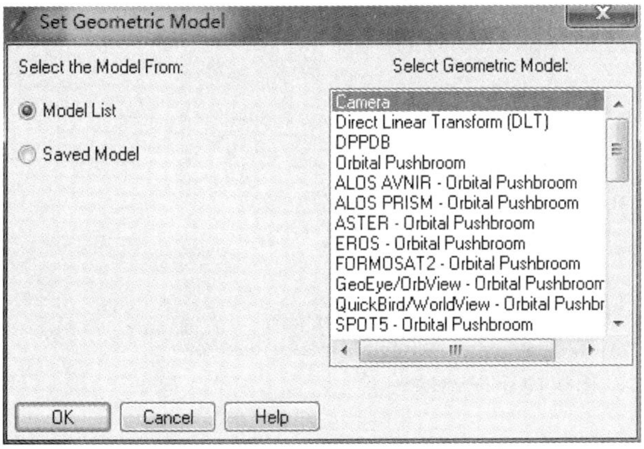

图 8.40　选择校正模型

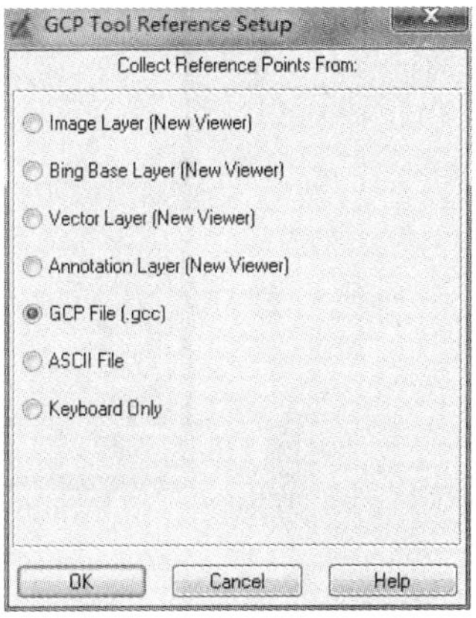

图 8.41　选择 GCP 来源

第三步：在弹出的相机模型属性对话框中（见图 8.42），点击 General 选项卡，设置高程源（Elevation Source）为 File，选择 DEM 数据 ps_dem.img。设置像主点（Principal Point）坐标 X 为 – 0.004，Y 为 0；镜头焦距（Focal Length）为 152.804，焦距单位（Units）为 Millimeters。勾选考虑地球曲率选项（Account for Earth’s Curvature）；设置迭代次数（Number of Iterations）为 5，点击 Apply 应用。

第四步：在弹出的相机模型属性对话框中，点击 Fiducicals 选项卡（见图 8.43），选择框标类型（Fiducial Type）为第一种，4 个角点类型。在定义框标位置区域点击图标，激活框标输入状态。

第五步：在正射校正窗口中拖放链接框到左上角框标点位置，并进行适当缩放，点击内定向窗口中的采点按钮，在放大窗口中采集第一个框标点（见图 8.44），在相机模型属性对话框中，在框标数据列表中输入 4 个点的已知图像坐标。所有坐标都输入后（见图 8.45），可以看到误差值，一般要小于 1，否则需要调整框标点。点击 Apply 应用。

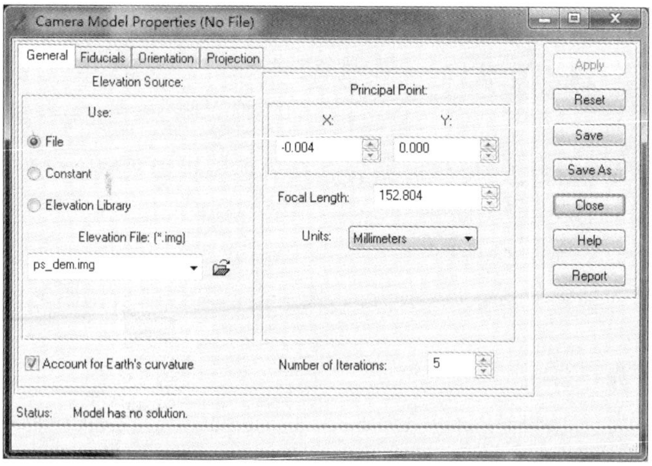

图 8.42　相机模型属性设置

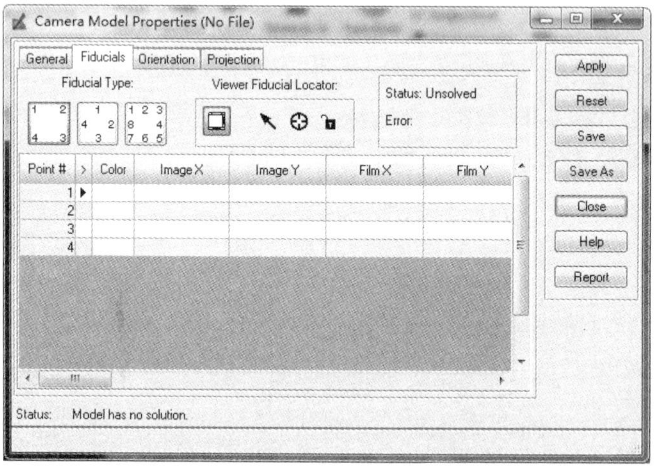

图 8.43　相机内定向参数设置

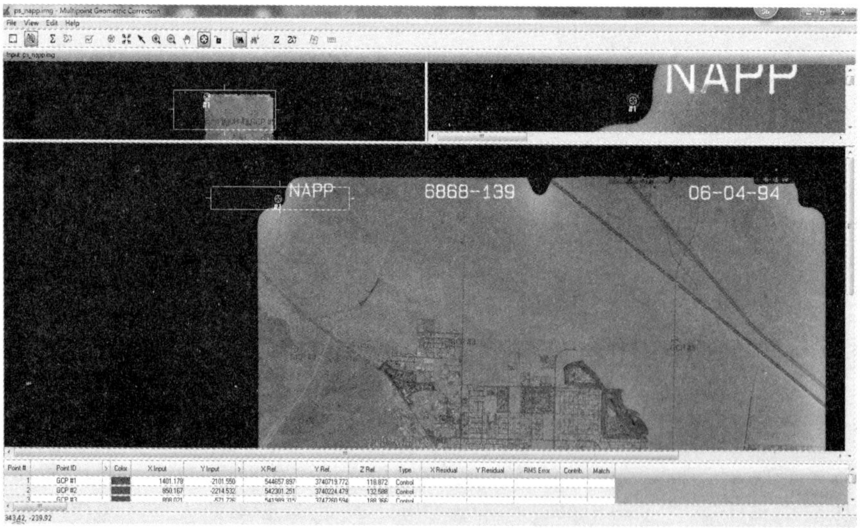

图 8.44　采集第一个框标点

原图呈现

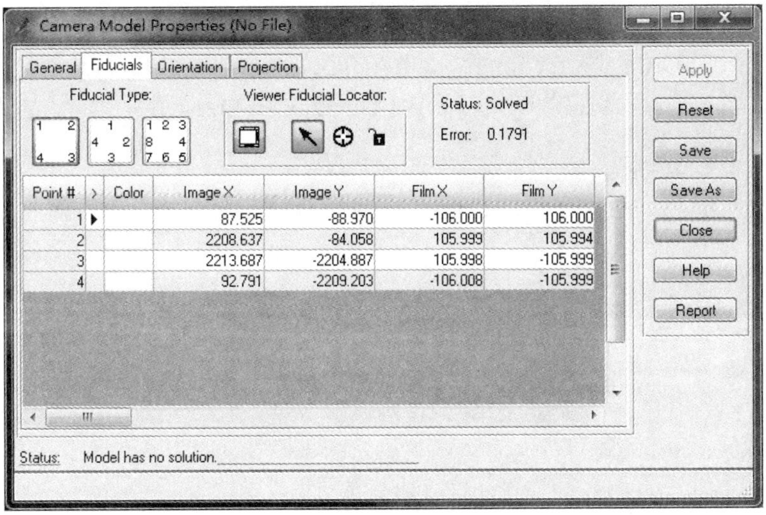

图 8.45　误差检查

第六步：点击 Orientation 选项卡查看（见图 8.46），由于我们选择了考虑地球曲率，此处无须设置。点击投影参数 Projection 选项卡，可以看到投影参数，DEM 的投影已被直接读入，参看是否正确即可，点击 Close 关闭。

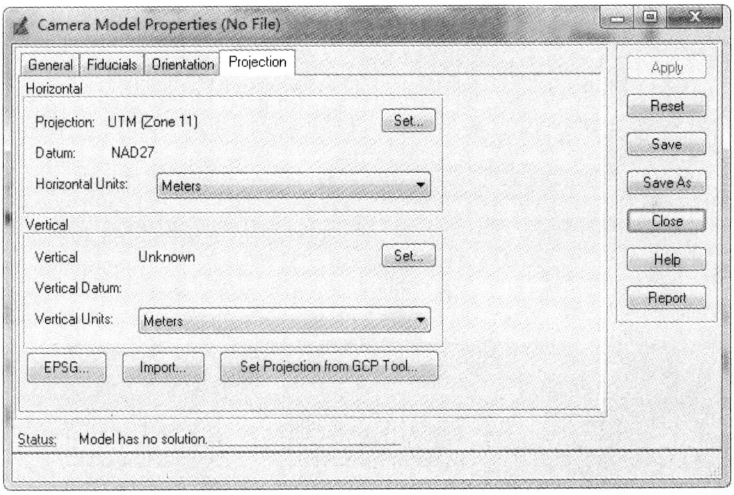

图 8.46　投影参数 Projection 选项卡

第七步：影像重采样：在工具栏点击 Σ 按钮，系统会自动计算求解模型，计算 RMS、Residuals 及控制点 X、Y 的坐标误差，结果显示在视窗下面（见图 8.47）。

Point #	Point ID	>	Color	X Input	Y Input	>	X Ref.	Y Ref.	Z Ref.	Type	X Residual	Y Residual	RMS Error	Contrib.	Match
1	GCP #1			1401.178	-2101.550		544657.897	3740719.772	118.872	Check	0.929	0.441	1.028	1.053	
2	GCP #2			850.167	-2214.532		542301.251	3740224.479	132.588	Check	1.284	0.606	1.420	1.455	
3	GCP #3			808.021	-571.726		541989.315	3747260.594	188.366	Check	-0.213	0.748	0.778	0.797	
4	GCP #4			1270.101	-1271.888		544030.350	3744286.400	147.218	Check	0.555	0.589	0.810	0.830	
5	GCP #5			1687.295	-590.503		545787.266	3747269.691	159.105	Check	-1.081	-0.108	1.087	1.113	
6	GCP #6			2146.066	-2223.600		547900.780	3740212.455	106.680	Check	-0.732	-0.814	1.095	1.121	
7	GCP #7			2019.663	-1107.192		547285.419	3745049.591	134.721	Check	0.608	-0.769	0.981	1.004	
8	GCP #8			150.746	-630.589		539235.585	3746921.105	248.000	Check	0.202	-0.679	0.709	0.726	
9	GCP #9			165.425	-1525.153		539516.899	3743200.150	459.000	Check	-0.630	-0.421	0.758	0.776	
10	GCP #10			163.557	-2181.082		539801.904	3740804.110	833.000	Check	-0.798	0.375	0.882	0.903	
11	GCP #11	▶				▶				Check					

图 8.47　RMS、Residuals 及控制点 X、Y 的坐标误差

第八步：点击工具栏中的 按钮，打开影像重采样对话框（见图 8.48）。设置输出路径和文件名，这里设为 Ortho_correct.img。重采样方法（Resample Method）设为三次卷积内插法（Cubic Convolution）。设置输出像元大小（Output Cell Sizes），X 为 4，Y 为 4。点击 OK 执行。

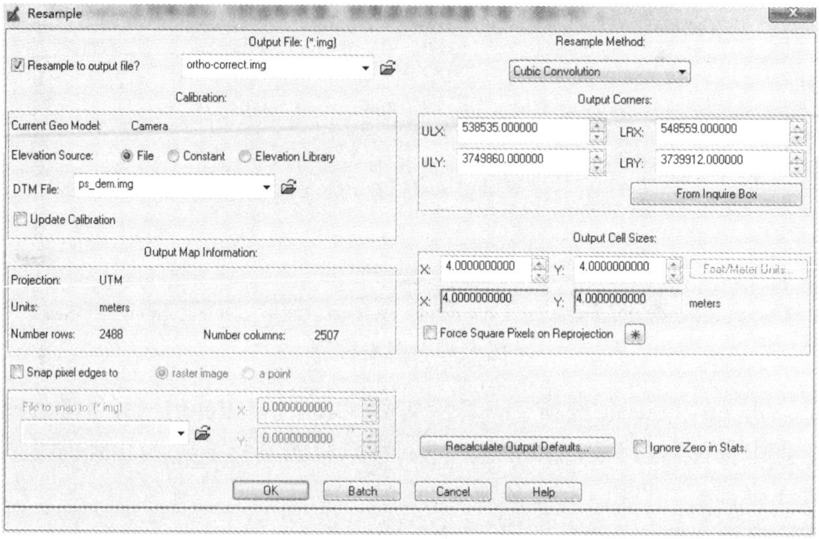

图 8.48　影像重采样

第九步：保存正射校正模型：关闭正射纠正界面，会提示是否保存几何校正模型，点击"是（Y）"可以将几何校正模型保存为 gms 文件，以备下次使用。完成后可在视窗中打开查看结果（见图 8.49）。

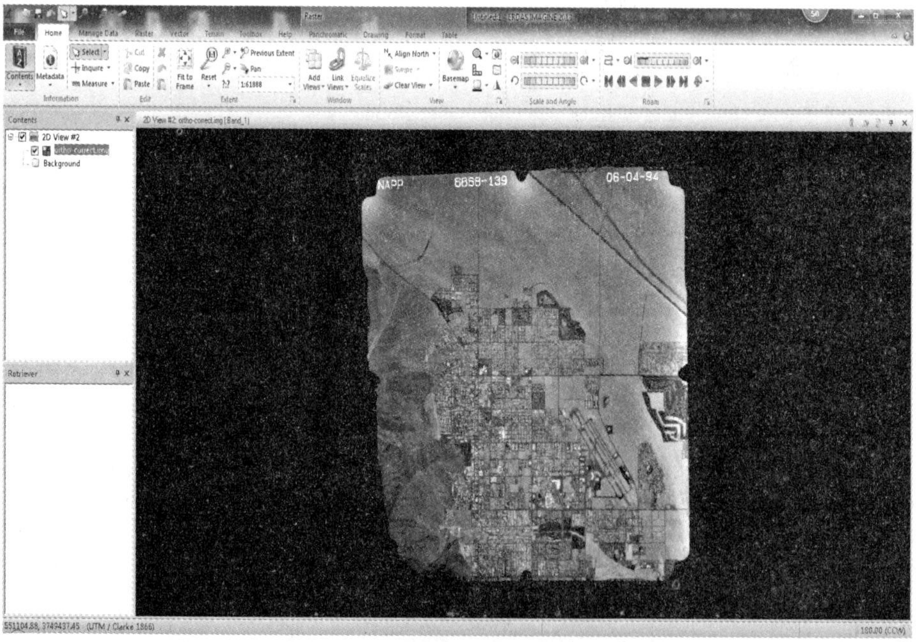

原图呈现

图 8.49　查看影像正射校正结果

任务 8.7　遥感图像的投影变换

遥感图像
投影变换

图像投影变换的目的是将影像文件从一种地图投影类型转换到另一种投影类型，这种转换可以对单幅影像进行，也可以通过批处理向导对多幅图像进行。与图像几何校正过程中的投影变换相比，这种直接的投影变换可以避免多项式近似值的拟合，对于大范围的地理参考是非常有意义的。

影像投影变换的操作步骤：

第一步：删除原有投影信息。点击 File→Open→Raster Layer 或在 Viewer 中点击右键→Open Raster Layer..，打开需要纠正的影像 lanier.img。点击 Home 选项卡下的 图标(Metadata 图标)，在弹出的 Image Metadata 对话框（见图 8.50）中点击 Edit 菜单下的 Delete Map Model，在弹出的确认对话框（见图 8.51）中点 Yes，即可删除原有投影信息。

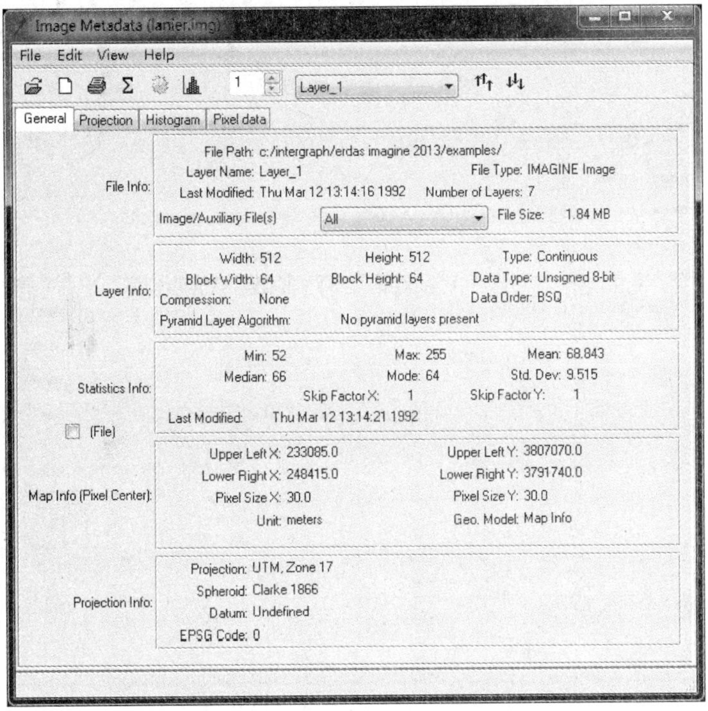

图 8.50　Image Metadata 对话框

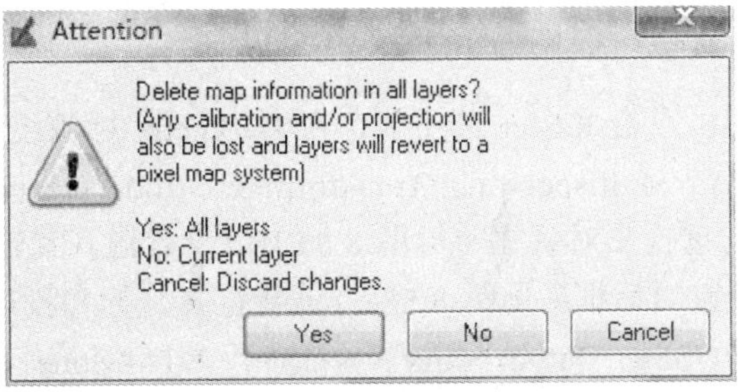

图 8.51　删除投影信息

第二步：定义投影信息。点击 Edit 菜单下的 Change Map Model…，在弹出的对话框（见图 8.52）中定义参数：左上角 X 坐标：233085.0，左上角 Y 坐标：3807070.0；像元大小：30，30；投影类型：UTM；单位：Meters，点击 OK 确认。在弹出的确认对话框中点击 Yes。点击 Edit 菜单下的 Add/Change Projection…，在弹出的对话框（见图 8.53）中定义参数：Projection Type：UTM；Spheroid Name：Clarke 1866；Datum Name：Clarke 1866；UTM Zone：17；NORTH or SOUTH：North。设置完成后，点击 OK 完成，在弹出的确认对话框中点击 Yes。

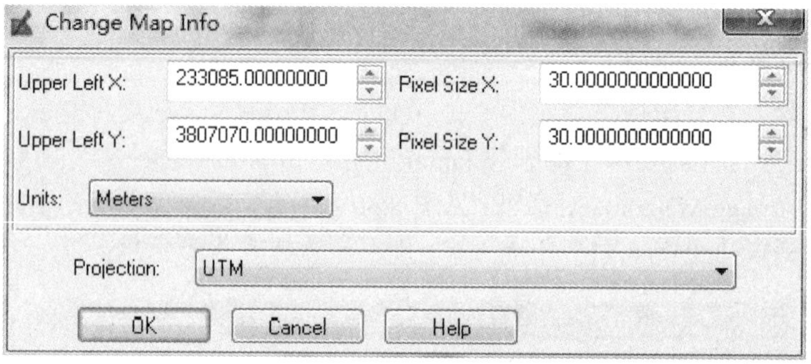

图 8.52　**改变地图模型**

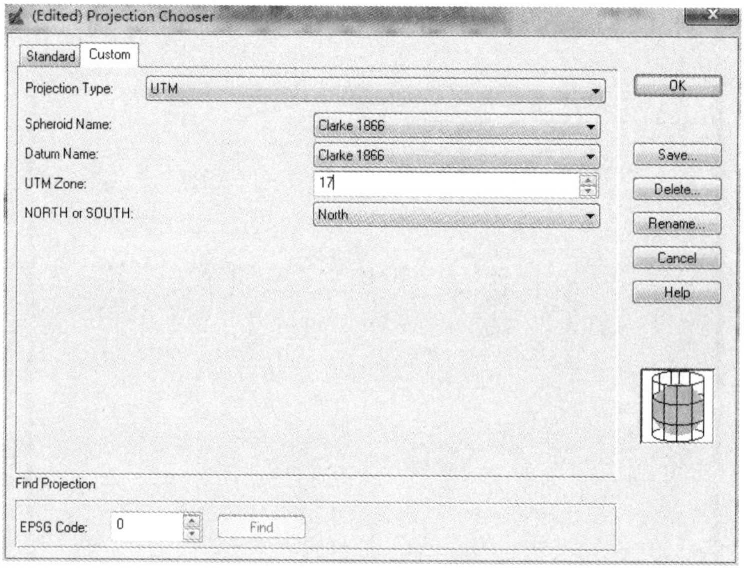

图 8.53　**选择坐标和投影信息**

完成了投影信息定义，我们可以重新打开一次数据，查看它的 Imaginfo，可以看到修改好的投影信息。

第三步：影像重投影。点击 Raster 选项卡，在 Geometry 标签组中点击 Reproject 图标或者在打开影像的情况下点击 Multispectral→Transform & Orthocorrect→Transform & Ortho→Reproject 图标。在弹出的重投影对话框（见图 8.54）中设置输入和输出数据，点击修改投影属性图标，打开投影设置对话框（见图 8.55）。重新定义坐标和投影参数。Projection Type：UTM；Spheroid Name：WGS84；Datum Name：WGS84；UTM Zone：25；NORTH or SOUTH：South。设置完成后，点击 Save，在弹出的对话框中设置保存投影的分类和名称。本练习以

NewProjection 命名保存在默认分类 ARC 中，点击 OK 继续。回到投影选择对话框中，点击 OK 完成。回到重投影操作对话框，设置单位为 Meters；像元大小为 30，30；重采样方法为最近邻内插法（Nearest Neighbor），其他值采用系统默认值。点击 OK 运行。

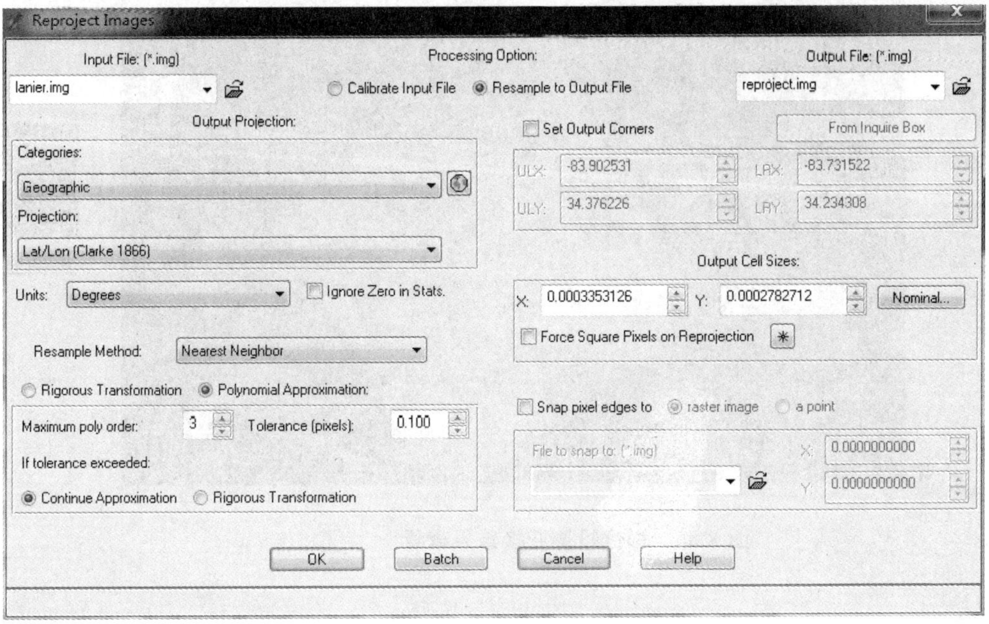

图 8.54　重投影设置

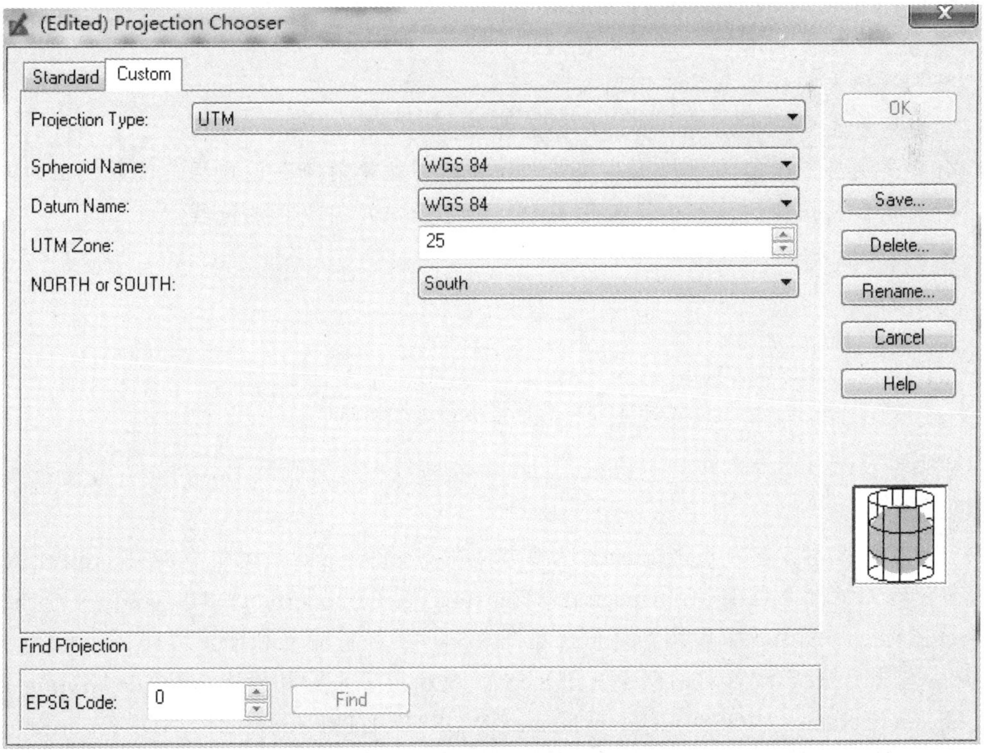

图 8.55　重新选择坐标投影参数

第四步：影像投影变换结果查看。完成后可在视窗中打开并查看结果（见图 8.56）。

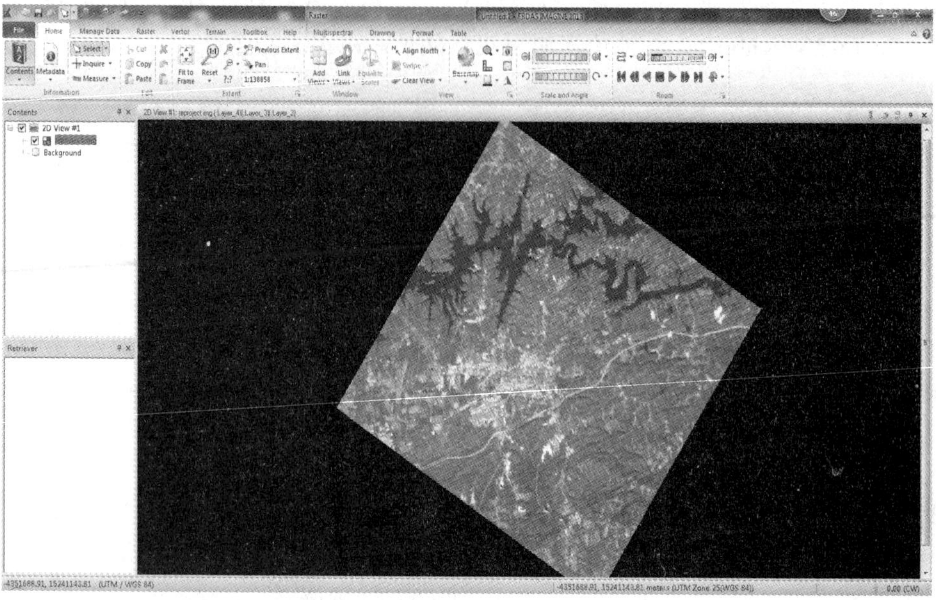

原图呈现

图 8.56　影像投影变换结果查看

复习思考题

1. 遥感数字图像采用什么方式来表示？
2. 什么是像素？什么是数字图像？
3. 引起遥感图像产生几何畸变的原因是什么？
4. 什么是遥感图像的辐射校正？简要叙述遥感图像辐射畸变的成因与辐射校正的内容。
5. 什么是遥感图像的几何校正？简要叙述遥感图像几何校正的流程。

项目 9　遥感数字图像解译

项目描述

遥感图像解译是根据各种应用的需要观察和判断遥感图像中信息含义的技术。经过解译的遥感图像，可以根据需要用人工方法或计算机自动方法制成各种专题图，提供给有关部门使用，或存入计算机，建立必要的数据库。

本项目将从遥感数字图像解译的目的出发，从遥感影像增强、影像分类、影像融合等方面对遥感数字图像处理做简要叙述。

教学目标

1. **能力目标**

- 能够描述遥感数字图像解译的基本概念；
- 能够了解遥感数字图像解译标志的建立方法；
- 能够理解遥感图像解译中的一些关键问题处理方法；
- 能够掌握遥感图像的增强处理；
- 能够掌握遥感图像的分类处理；
- 能够掌握遥感图像的匹配和融合处理等。

2. **知识目标**

- 了解数字图像解译的目的；
- 掌握遥感数字图像的增强处理；
- 掌握遥感数字图像的分类处理等。

3. **素质目标**

- 具备一定阅读总结能力；
- 具备一定的查阅、整理资料能力。

任务 9.1　遥感图像的目视解译

9.1.1　遥感图像解译概述

遥感图像通过亮度值或像元值的高低差异（反映地物的光谱信息）及空间变化（反映地物的空间信息）来表示不同地物的差异，这是区分不同图像地物的物理基础。图像信息提取方法的发展历程如图 9.1 所示。

人工解译是目前国内使用最多的一种图像提取方法，在土地调查、地质调查等工作中得到了广泛应用。这类方法非常灵活，但需要一定的经验，特别是图像地质解译等，对业务专业要求比较多。

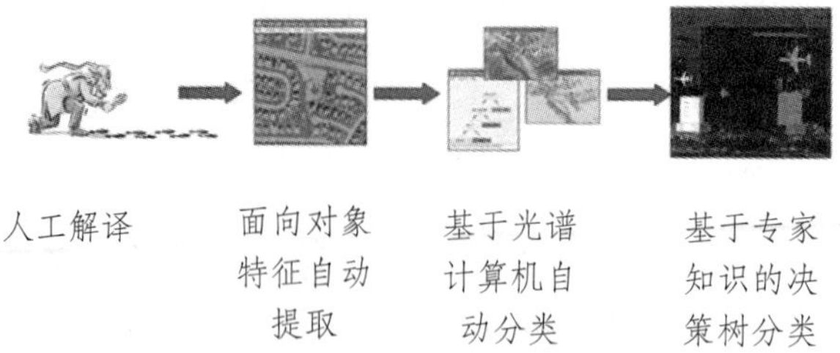

原图呈现

图 9.1　图像信息提取发展阶段

人们对地表物体认识的有关领域存在着一种先验知识，首先，利用这种先验知识在遥感图像和地表物体之间寻找对应关系，然后，根据遥感图像的图像特征推论地表物体的属性，这一过程就称之为遥感图像的解译，也叫遥感图像的判读。遥感图像解译的任务就是从图像上认识，辨别影像与地物的对应关系、判断、归类、地物目标，并用轮廓线圈定它们和赋予属性代码，或用符号、颜色表示属性。

进行图像解译时，把图像中目标物的大小、形状、阴影、颜色、纹理、图案，位置及周围的系统称之为解译的八要素。

（1）大小：拿到图像时必须根据判读目的选定需要的比例尺。根据比例尺的大小，可以预先知道图像上多少毫米的物体，在实际距离中为多少米。

（2）形状：由于目标物不同，在图像中会呈现出不同特殊的形状。用于图像判读的图像通常是垂直拍摄的，所以必须记住目标的成像方式。因为即使同样为树木，针叶林的树冠呈现为圆形，而阔叶树则形状不同，从而可以识别出二者。此外，飞机场，港口设施、工厂等都可以通过它们的形状判读出其功能。

（3）阴影：在判读存在于山脉等阴影中的树木及建筑时，由于阴影的存在会给判读者造成麻烦，获取的影像数据信息往往会使地面目标物丢失或目标物不清晰。但另一方面，在单像片判读时，利用阴影可以了解铁塔及桥、高层建筑物等的高度及结构。

（4）颜色：黑白像片从白到黑的密度比例叫色调（也叫灰度）。用全色胶片拍摄的像片中，目标物按照其反射率而呈现出白—灰—黑的密度变化。例如，同样为海滩的沙子，干的沙子拍出来发白，而湿沙则发黑。在红外图像上，水域拍出来是黑色的，而植被则发白。

（5）纹理：纹理也叫结构，是指与色调配合看上去平滑或粗糙纹理的粗细程度，即图像上目标物表面的质感。草场及牧场看上去平滑，造林后的幼树看上去像铺了天鹅绒，针叶树林看上去很粗糙，等等。这些纹理的不同也是判读线索。

（6）图案：例如，住宅区的建筑群，农田的垄、高尔夫球场的路线和绿地，果树林的树冠等目标物有规律排列而形成的图案，均是以这种图案为线索可以容易判别出目标物。

（7）位置及与周围的关系：在（1）~（6）要素上加上各区域的地理特色及判读者的专业知识等，就可以确定解译的结果。

遥感数字图像解译的步骤可用图 9.2 表示。

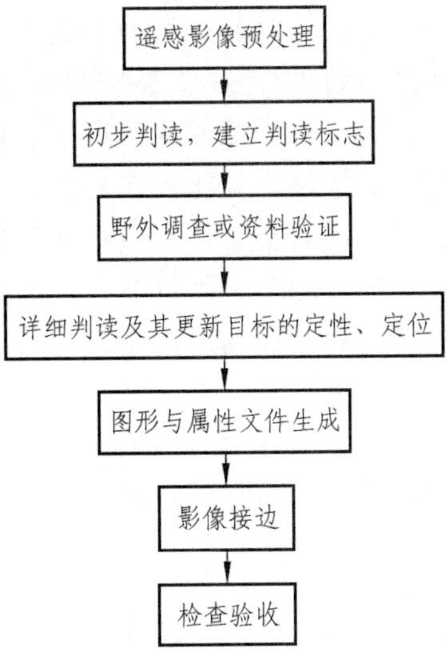

图 9.2　遥感数字图像解译步骤

9.1.2　遥感图像解译预处理

遥感图像解译预处理主要包括：几何校正、融合、裁剪、镶嵌。除了这些传统的预处理外，为了方便目视解译，图像解译中比较重要的处理还包括了波段组合、图像增强、图像变换等。传统的遥感影像预处理见项目八，这里介绍一下其他几个预处理方法。

1. 波段组合

波段组合的作用在于：可扩展地物波段的差异性；表现差异显示的动态范围，扩展肉眼观察的可视性；综合选取各波段的特点；不同类别、形态得到良好的表达。

多波段组合图像最终是为了提高地物的可判读性，使判读结果更为科学合理。高分辨率影像大多只有 4 个波段，波段组合常用的是真彩色和标准假彩色。有的时候在对土壤分类或者植被分类时，也可以把植被指数当作 G 分量。

组合比较丰富的是 Landsat 数据源，其他数据也可以参考其组合效果。总结如下：

（1）4、3、2（R、G、B）类似于彩色红外图像，是一种标准假彩色图像，用于植被分类、水体识别。

（2）3、2、1（R、G、B）类似于仿制真假彩色图像，用于各种地类识别。影像平淡、色调灰暗、彩色不饱和、信息量相对少。

（3）7、4、3（R、G、B）类似于仿真彩色图像，用于居民地、水体识别。

（4）7、5、4（R、G、B）是一种非标准假彩色图像，画面偏蓝色，用于特殊的地质构造调查。

（5）5、4、1（R、G、B）是一种非标准假彩色图像，植物类型较丰富，用于研究植物分类。

（6）4、5、3（R、G、B）特点：① 利用了一个红波段、两个红外波段，因此凡是与水有关的地物在图像中都会比较清楚；② 强调显示水体，特别是水体边界很清晰，易于区分河渠与道路；③ 由于采用的都是红波段或红外波段，对其他地物的清晰显示不够，但对海岸及其滩涂的调查比较适合；④ 具备标准假彩色图像的某些点，但色彩不会很饱和，图像看上去不够明亮；⑤ 水浇地与旱地的区分容易。居民地的外围边界虽不十分清晰，但内部的街区结构特征清楚；⑥ 植物会有较好的显示，但是植物类型的细分会有困难。

（7）3、4、5（R、G、B），它是一种非标准的接近于真色的合成方案。对水系、居民地及其市容街道和公园水体、林地的影像判读是比较有利的。

其中最常用方案：使用 4、3、2（近红外、红、绿、）配红、绿、蓝，形成标准假彩色图像，是一种在大量总结实际经验基础上的最常用方案。它的地物影像丰富，鲜明、层次好。植被以红色显示，主要用于资源环境和土地利用调查或更新等。

次常用方案：使用 3、4、5（或 7）配蓝、绿、红的合成方案。它是一种非标准的接近于真色的合成方案（仿真彩色合成方案）。它利用了 TM 图像较丰富的多光谱（红、近红外、短波近红外），对水系、居民地及其市容街道和公园水体、林地的图像判读是比较有利的。

2. 植被抑制

植被是地球上分布最广的地物类型，对于非植被，特别是在地质解译中，就会有很大的不便。但在 ENVI 中可以非常方便地做到，点击 processing->vegetation suppression，如图 9.3 所示是 TM 影像（543）组合，图 9.4 是植被抑制之后的（543）组合。

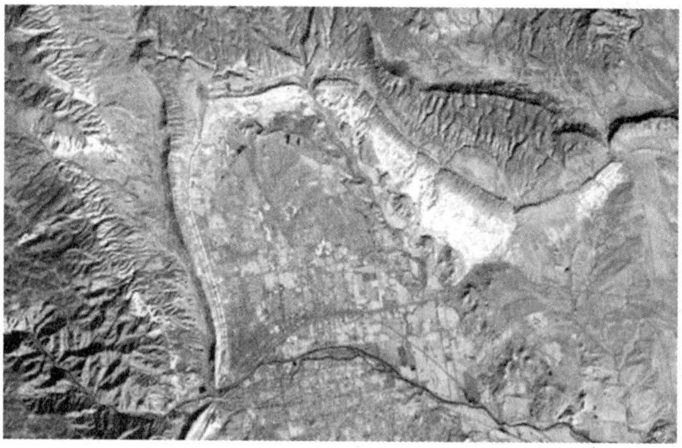

原图呈现

图 9.3　TM 影像（543 组合）

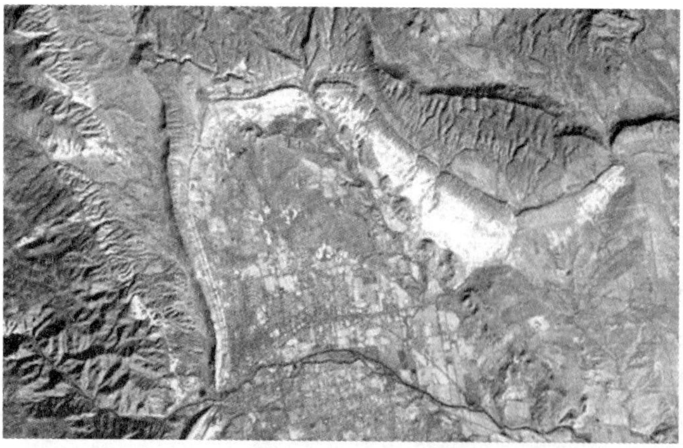

原图呈现

图 9.4　植被抑制之后（543 组合）

9.1.3 遥感图像解译标志的建立

遥感图像判读包括识别、区分、辨别、分类、评定、评价及对某些特殊重要现象的探测与鉴别。其轮廓的勾绘及其属性的赋予是要有依据的，其依据就是判读标志。也就是说，在遥感图像上研究地表地物的种种特征的总和，就叫判读遥感图像标志。

在数据预处理准备之后，要根据数据源情况、解译目标等信息确立解译标志，编写成表格文档形式，遥感图像解译标志见表 9.1。

表 9.1 遥感图像解译标志

QUICKBIRD 影像	名称（地类代码）	颜色色调	形状	纹理	备注
	水田（011）	中灰绿	方块连片	较均匀	边界多有路、渠，生长季节颜色较深
	水浇地（012）	中灰绿	方块连片	较均匀	边界多有路、渠、
	旱地（013）	浅灰绿	方块连片	不均匀	分布不广大多在山区和居民点周边
	果园（021）	深绿	块状	较均匀	纹理较粗，有明显的行距和株距，每株影像呈绿色小颗粒状
	茶园（022）	深绿	块状	较均匀	纹理较粗，有明显的行距和株距，一般分布在山脚下
	林地（031）	深绿	块状	均匀	树冠连片，纹理较粗，周边有阴影
	农村道路（104）	白色线状	一般为直线		多处于耕地之间
	坑塘（114）	黑色	不规则	均匀	居民点周边或内部，耕地中间

续表

QUICKBIRD 影像	名称（地类代码）	颜色色调	形状	纹理	备注
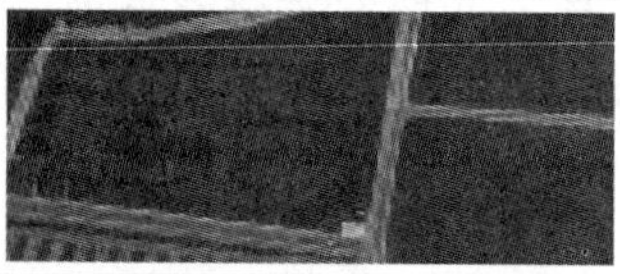	坑塘（鱼塘）（114）	黑色	规则	均匀	靠近水源，规则网格状
	城市（201）	亮白	较规则	不均匀	有城市特征，如宽阔道路、广场等
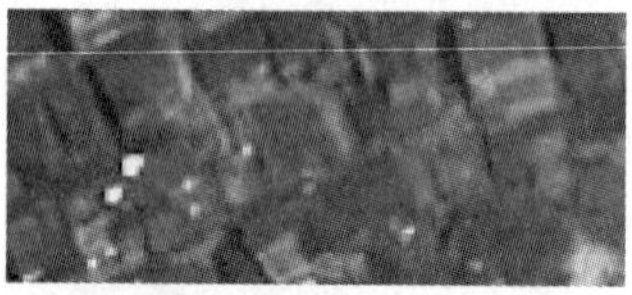	农村居民点（203）	深绿＋白点	不规则	不均匀	房屋密集，道路纵横交错，规模较大，纹理较粗
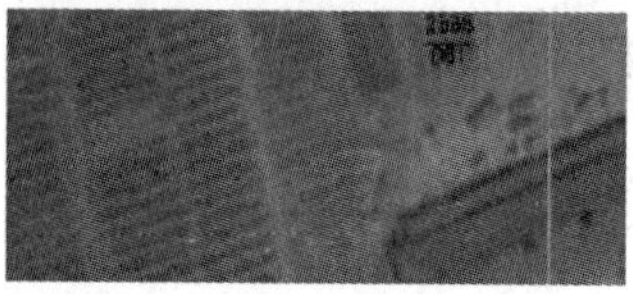	采矿用地（204）	一般为白灰色	较规则	不均匀	几何图形不规则，通道路指采沙、矿、砖瓦窑
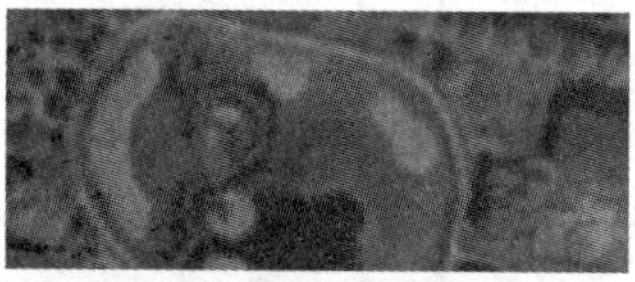	风景名胜及特殊用地（205）	绿色	较规则	不均匀	从外观可以分辨出城市、居民点以外的旅游风景区及特殊用地
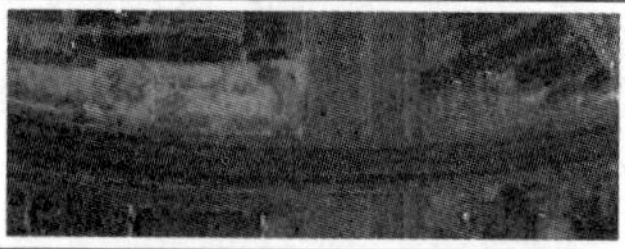	铁路（101）	暗青	条带状	不均匀	弯曲处为平滑弧形，一般与其他道路垂直交叉
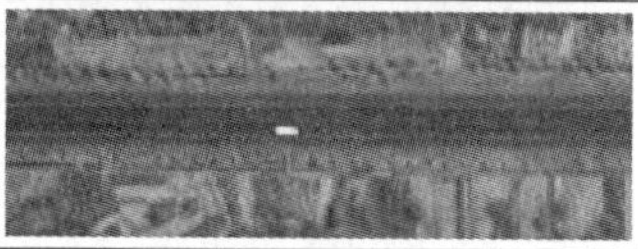	公路（102）	暗黑	线状	较均匀	宽度均匀一致，走向平直，穿越居民点多
	水库（113）	黑色	不规则	均匀	一侧有明显大坝
	堤坝（118）	浅白	线状		靠近河两岸，顺河走势
	荒草地（043）	浅绿	不规则	不均匀	多分布于山区、坡沟处

续表

QUICKBIRD 影像	名称（地类代码）	颜色色调	形状	纹理	备注
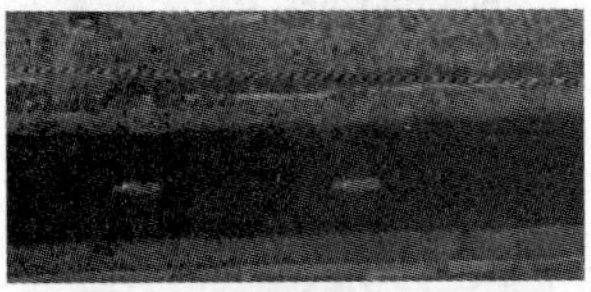	河流（111）	蓝黑	不规则	均匀	交汇处或河中沙洲朝上游圆弧状，朝下游较尖
	内陆滩涂（116）	浅绿＋浅灰	不规则	不均匀	河流与大坝之间

9.1.4　遥感图像解译中的几个关键问题

扫描二维码，观看更清晰遥感图像解译标志

1. 数据源的选择

数据源的选择需要考虑的因素非常多，包括价格、空间分辨率、成像时间、波谱分辨率等因素。数据源的选择因素如图 9.5 所示。

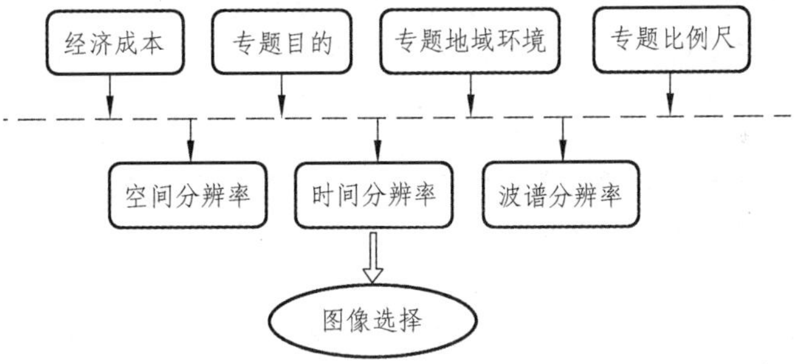

图 9.5　数据源的选择因素

2. 解译平台

一个好的解译平台可以大大提高工程效率，平台应具备操作便捷、数据格式的互操作、结果的储存和管理方便等特点。对于高分辨率影像的解译，很多软件都具有半自动跟踪功能。如在 ENVI 中的 Vector->Intelligent Digitizer（智能化矢量工具），也具有半自动跟踪功能，能自动圆滑线性地物拐弯处、圆滑不规则地物边界等，如图 9.6 所示。

3. 经验的积累

图像解译以相关的专业知识和经验为主导，图像处理为辅助，经验是在实践中逐步总结出来的，可归纳为：总体观察→到局部详细分析；对比分析→地面调绘图、土地利用图；已知→未知；易→难；山区→平原；整体→局部（大类→二级分类）；宏观特征→细部结构；先线状地物→后图形。

图 9.6 半自动跟踪数字化

原图呈现

任务 9.2 遥感图像的增强处理

遥感图像增强处理

9.2.1 遥感图像增强

图像增强是为了突出图像中的某些信息（如强化图像高频分量，可使图像中物体轮廓清晰、细节明显），同时抑制或去除某些不需要的信息来提高遥感图像质量的处理方法。图像增强可以改善图像质量，使之更适于人的视觉或机器识别系统。遥感图像增强主要包括空间域增强、频域滤波增强、彩色增强等方法。

1. 空间域增强

在图像处理中，空间域是指由像素构成的空间。空间域增强包括空间域变换增强与空间域滤波增强两种。空间域变换增强是基于点处理的增强方法，空间域滤波增强是基于邻域处理的增强方法。

（1）空间域变换增强。常用的空域变换增强方法包括：对比度增强、直方图增强和图像算术运算等。

（2）空间域滤波增强。空间滤波又称空间域滤波，这是在图像空间几何变量域上直接修改图像数据，抑制噪声，改善图像质量的方法。常用方法包括：图像卷积运算、边缘增强、平滑滤波、定向滤波等。

2. 频域滤波增强

频率滤波又称频率域滤波，它通过修改遥感图像频率成分来实现遥感图像数据的改变，达到抑制噪声或改善遥感图像质量的目的。频率域滤波的基础是傅立叶变换和卷积定理。在图像增强问题中，$g(x, y)$ 是待增强的图像，一般是给定的，在利用傅立叶变换获取频谱函数 $G(u, v)$ 后，关键是选取滤波器 $H(u, v)$，若利用 $H(u, v)$ 强化图像高频分量，可使图像中物体轮廓清晰，细节明显，这就是高通滤波，若强化低频分量，可减少图像中噪声影响，对图像平滑，这就是低通滤波。此外，还有其他的滤波器。本任务讨论的所有滤波器函数都是以原点径向对称的，它是在规定的剖面上，从原点出发沿半径方向画出一个随距离变化的函数，然后利用剖面绕原点旋转 360°，得到滤波器函数。下面分别介绍几种常用的滤波器。

（1）低通滤波。

低通滤波又称“高阻滤波器”，是一种抑制图像频谱的高频信号而保留低频信号的一种模型（或器件）。在遥感图像中，物体边缘和其他尖锐的跳跃（如噪声）对频率域的高频分量具有很大的贡献，通过低通滤波，可以抑制地物边界剧变的高频信息，以及孤立点噪声。低通滤波起到突出背景或平滑图像的增强作用。常用的低通滤波包括理想低通滤波器、巴特沃思低通滤波器、指数低通滤波器、梯形低通滤波器等。

（2）高通滤波。

高通滤波又称“低阻滤波器”，是一种抑制图像频谱的低频信号而保留高频信号的模型（或器件）。高通滤波可以使得高频分量畅通，而频域中的高频部分对应着图像中灰度急剧变化的地方，这些地方往往是物体的边缘。因此高通滤波可使得图像得到锐化处理。常用的高通滤波包括理想高通滤波器、巴特沃思高通滤波器、指数高通滤波器、梯形高通滤波器等。

（3）带阻滤波与带通滤波。

带阻滤波器是一种抑制图像频谱的中间频段而允许高频与低频畅通的滤波器。该滤波器的作用是滤除遥感图像中特定频谱范围内的信息。带通滤波器是一种抑制图像频谱中的高频与低频而允许中间频段畅通的滤波器。通常该滤波器用于突出遥感图像中特定频谱范围内的目标。

3. 彩色增强

人的视觉对彩色的分辨能力远远高于对灰度的分辨能力，通常人眼能分辨的灰度有十几个等级，但可以分辨 100 多种彩色层次。彩色增强就是根据人的视觉特点，将彩色用于图像增强之中，这是提高遥感图像目标识别精度的一种有效方法。彩色合成增强是将多波段黑白图像变换为彩色图像的增强处理技术。根据合成影像的彩色与实际景物自然彩色的关系，彩色合成分为真彩色合成和假彩色合成两种。真彩色合成是指合成后的彩色图像上地物色彩与实际地物色彩接近或一致，假彩色合成是指合成后的彩色图像上地物色彩与实际地物色彩不一致，通过彩色合成增强，可以从图像背景中突出目标地物，便于遥感图像判读。

9.2.2 Erdas Image 的遥感图像增强处理

Erdas Image 图像解译模块主要包括了图像的空间增强、辐射增强、光谱增强、高光谱工具、傅立叶变换、地形分析以及其他实用功能。

1. 卷积增强（空间增强中的一种）（Convolution）

空间增强技术是利用像元自身及其周围像元的灰度值进行运算，达到增强整个图像之目的。卷积增强是空间增强的一种方法。

卷积增强时将整个像元分块进行平均处理，用于改变图像的空间频率特征。卷积增强处理的关键是卷积算子——系数矩阵的选择。该系数矩阵又称卷积核（Kernal）。Erdas Imagine 将常用的卷积算子放在一个名为 default.klb 的文件中，分为 3*3，5*5，7*7 等 3 组，每组又包括“EdgeDetect/Low Pass/Horizontal/Vertical/Summary”等 7 种不同的处理方式。具体执行过程如下：

Erdas 图标面板菜单条：Main→Image Interpreter→Spatial enhancement→Convolution→convolution 对话框，如图 9.7 所示。

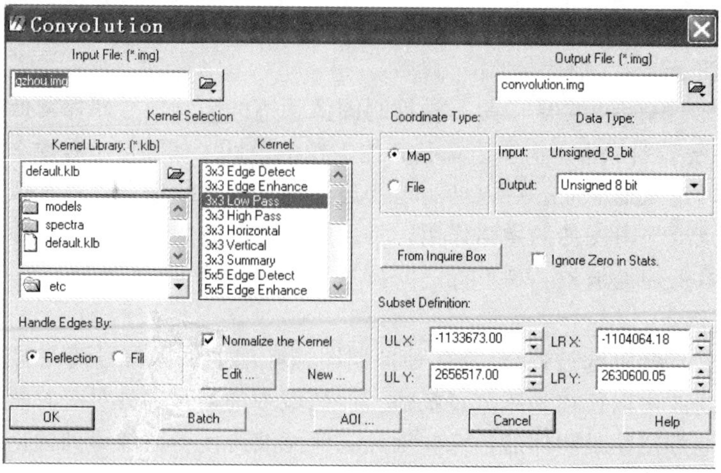

图 9.7　卷积增强

几个重要参数的设置：

边缘处理方法：(Handle Edges by)：Reflection。

卷积归一化处理：Normalize the Kernel。

2. 主成分变换（K-L 变换）

主成分变换（Principal Component Analysis）也称 K-L 变换，是一种常用的图像处理方法。主成分变换用于：

（1）数据压缩：去相关，它可以将具有相关性的多波段数据压缩到完全独立的较少的几个波段上，通常主成分中第一主分量或前两个或前 3 个主分量已包含该幅图像中的绝大多数地物信息。

（2）图像增强：前几个主分量信息多且信噪比大，噪声少，最后分量几乎全是噪声，去掉最后分量可达到去噪声目的。

Erdas 图标面板菜单条：Main→Image Interporeter→Spectral Enhancement→Principial Comp→Pincipal Components 对话框，如图 9.8 所示。

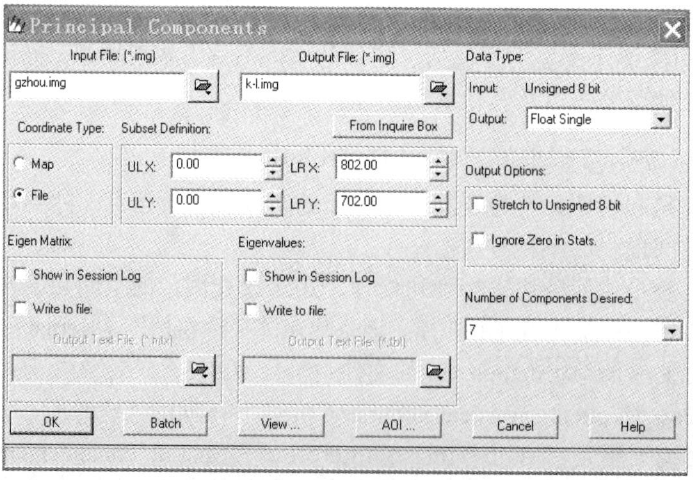

图 9.8　主成分变换对话框

3. 缨帽变换（K-T 变换）

缨帽变换也称 K-T 变换，是一种坐标空间发生旋转的线性变换，不同的是变换后的坐标轴不是指向主成分方向，而是指向与地面景物有密切关系的方向，特别是与植物生长过程和土壤有关。这种变换即可以实现信息压缩，又可以帮助解译分析农业特征，因此有很大的实际应用意义。

Erdas 图标面板菜单条：Main→Image Interporeter→Spectral Enhancement→Tasseled Cap→Tasseled Cap 对话框，如图 9.9 所示。

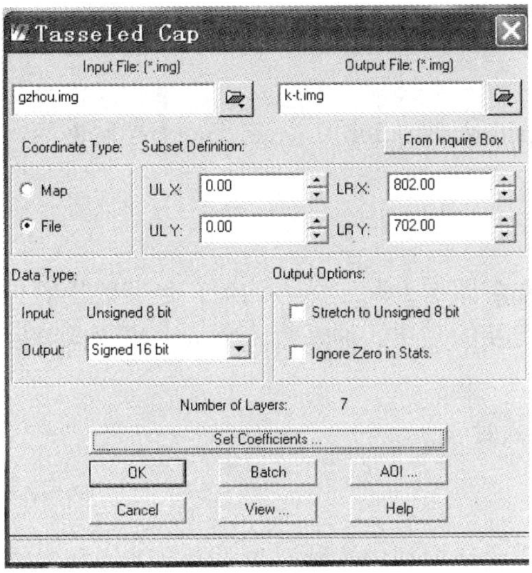

图 9.9　缨帽变换对话框

4. 多光谱的四则运算

利用卫星或者飞机对地面进行遥感资源勘查、军事侦察时，往往使用多光谱的遥感仪器。这是因为多光谱的遥感图像可以比单一波段的图像包含有更多的信息，有利于识别一些类似的目标。

通过多光谱的四则运算，可以获取或突出某些信息，对图像起到增强的作用。利用空间建模模块（Modeler）的建模工具（Model Maker）做多光谱的四则运算。

（1）差值运算：TM4-TM3。

（2）比值运算：TM4/TM3。

（3）归一化植被指数：（TM4-TM3）/（TM4 + TM3）。

（4）求和运算：（TM1 + TM2 + TM3 + TM4 + TM5 + TM7）/6。

任务 9.3　遥感图像的配准、融合

遥感图像的配准、融合

9.3.1　遥感图像的配准

1. 图像配准的定义

图像配准（Image registration）是指将两组或更多组图像进行几何对准，使得同一地区的各个像元可以在数字上或视觉上被叠加起来（注：被配准的数据可以是多图像的任意一种）。

2. 图像配准的必要性

在许多遥感图像处理应用中，需要对多图像数据进行比较和分析，例如：图像的统计模式识别、变化检测等，这就要求多图像之间在几何上是相互匹配的，即是说多图像上的一个测量向量是由一个共同的地面分辨元素得到的。但实际上，多图像之间存在一定的几何畸变。因此，使多图像各分量上的分辨元素按一个统一的坐标系实现上下符合的处理是必需的。

3. 图像配准的方式

相互匹配（Image to image registration），选择多个图像的某一分量作为参考图像，将其他分量图像与之配准。

绝对配准（Image to grid registration），先定义一个控制格网，所有的分量图像对这个参考格网配准。

4. 图像配准的一般过程

同名像素点的选取：在多图像上确定分布均匀，足够数量的相互匹配的点。

几何校正：确定几何变换的多项式的系数，完成一幅图像对另一幅图像的几何校正。

9.3.2 遥感图像的融合

1. 概念与简介

多种遥感数据源信息融合是指利用多种对地观测技术所获取的关于同一地物的不同遥感数据，通过一定的数据处理技术提取各遥感数据源的有用信息，最后将其汇集（融合）到统一的空间坐标系（图像或特征空间）中进行综合判读或进一步的解析处理，通过多种信息的互补性表现，提高多源空间数据综合利用质量及稳定性，提高地物识别、解译与决策的可靠性及系统的自动化程度的技术。

数据融合的概念始于 20 世纪 70 年代，进入 90 年代以后，随着多种遥感卫星的发射成功，从不同遥感平台获得的不同空间分辨率和时间分辨率的遥感影像形成了多级分辨率的影像金字塔序列，给遥感用户提供了从粗到精、从多光谱到高光谱的多种遥感数据源。数据融合的发展在一定程度上解决了多种数据源综合分析的问题。

2. 数据融合前处理

影像配准是数据融合处理中的关键步骤，其几何配准精度直接影响融合影像的质量。通常情况下，在不同类型的传感器影像之间融合时，由于它们成像方式的不同，则其系统误差类型也不同。如 SPOT 与 TM 数据融合时，SPOT 的 HRV 传感器是以 CCD 推帚式扫描成像的，而 TM 则是通过光机扫描方式成像的，因而不同类型影像进行融合时必须经过严密的几何校正，分别在不同数据源的影像上选取控制点，用双线性内插法或三次卷积内插法对分辨率较低的图像进行重采样，改正其误差，将影像投影到同一个地面坐标系统上，为图像配准奠定基础。

在实践中，可以统一采用数字化地形图作为基础底图，分别对不同遥感器产生的图像进行几何精校正，使它们具有统一的投影方式和坐标系统，以便使不同类型或不同时相的遥感影像之间可以的几何配准和精确融合。

3. 常用的数据融合方法

多源遥感影像数据融合在国际上经过多年研究，技术上日趋成熟。目前，常用的遥感影像的融合方法，主要包括：以像元为基础的加权融合、HSI 变换、K-L 变换、比值变换；基于小波理论的特征融合、基于贝叶斯法则的分类融合，以及以局部直方图匹配滤波技术为基础的影像数据融合等。

4. 遥感影像与非遥感数据融合

在仅用遥感数据难以解决问题的时候，可以加入非遥感数据进行融合。非遥感数据包括地质、气象、水文等自然专题信息，也包括行政区划、人口、经济收入等人文与经济信息，这些信息可以作为遥感数据的补充，有助于综合分析客观规律，提高判读的科学性，因此遥感数据与地理数据的融合也是遥感分析过程中不可缺少的手段。

航空与航天数据是以网格的形式记录，而地面采集的地理数据则常以多等级，多量纲的形式反映地面的状况，数据格式也呈多样化。因此，为了使各种地理数据与遥感数据兼容，要将获取的非遥感数据按照一定的地理网格系统重新量化和编码，以完成各种地理数据的定量和定位，产生的新的数据。它们可以作为与遥感数据类似的若干独立的波段，以便和遥感数据融合。融合步骤如下：

（1）地理数据的网格化。

为了使非遥感的地理数据与遥感数据融合，前提条件是必须使地理数据可作为遥感数据的一个“波段”，这就是说通过一系列预处理，使地理数据做到：① 成为网格化的数据；② 空间分辨率与遥感数据一致；③对应地面位置与遥感数据配准。

（2）最优遥感数据的选取。

融合时的遥感数据常常只需 1 个或 2 个波段的数据，例如：为使分辨率优化而选取 SPOT 数据的全色波段，当用 TM 数据时，则可选用 K-L 变换后的前两个波段，达到减少数据量保持信息量的目的。

（3）非遥感数据与遥感数据的融合。

在完成分辨率与位置配准处理后多采用两种方法：① 非遥感数据与遥感数据共组成 3 个波段（不同数据源波的数目比例为 1：2 或 2：1）实行假彩色合成；② 两种数据直接叠加（参考遥感数据融合）。例如：波段之间做加法或其他数学运算，也可以波段之间做适当的“与”“或”等布尔运算。

不同的遥感数据具有不同的空间分辨率、波谱分辨率和时相分辨率，如果能将它们各自的优势综合起来，可以弥补单一图像上信息的不足，这样不仅扩大了各自信息的应用范围，而且大大提高了遥感影像分析的精度。

分辨率融合是遥感信息复合的一个主要方法，它使得融合后的遥感图像即具有较好的空间分辨率，又具有多光谱特征，从而达到增强图像质量、提高图像分析精度的目的。

9.3.3 ERDAS IMAGE 进行遥感图像的融合

影像融合是对不同空间分辨率遥感图像的融合处理，通常是把多光谱影像和高分辨率的影像进行融合，使融合后的遥感图像既具有较好的空间分辨率、又具有多光谱特征，从而达到图像增强的目的。遥感图像融合的主要步骤：① 对图像进行配准（方法同几何校正），② 信息复合。

1. 主成分变换影像融合操作步骤

第一步：点击 Raster 选项卡，在 Resolution 标签组中点击 Pan Sharpen 图标，在下拉菜单中选择 Resolution Merge，弹出 Resolution Merge 对话框，如图 9.10 所示。

第二步：在弹出的 Resolution Merge 对话框中设置高分辨率影像输入文件为 QuickBird_Pyramids_Pan.img，多光谱输入数据为 QuickBird_Pyramids_MS.img，定义输出路径及文件名（merge1.img）。

第三步：融合方法选择主成分变换法（Principal Component），重采样算法采用三次卷积（Cubic Convolution），输出波段设为 1：4，输出数据类型为 Unsigned 16 bit，点击 OK 执行影像融合处理。

第四步：在视窗中打开融合结果进行查看，如图 9.11 所示。

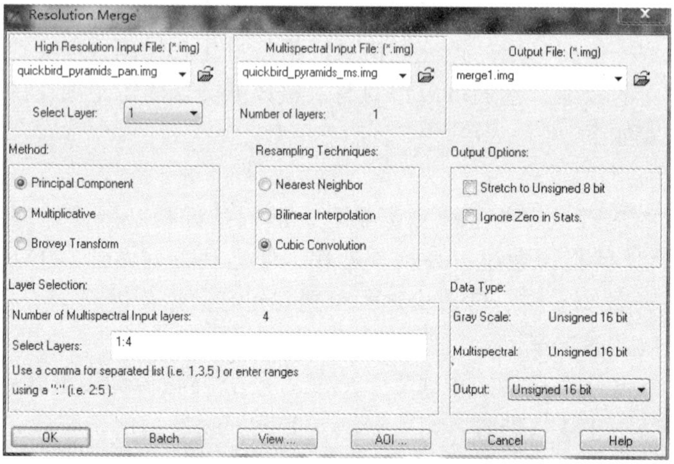

图 9.10　Resolution Merge 对话框

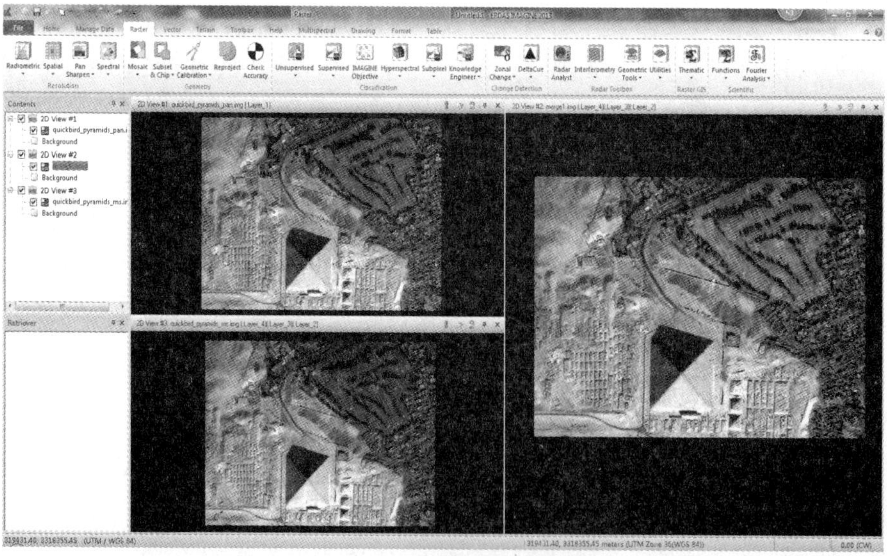

图 9.11　影像融合结果

原图呈现

2. 减法变换影像融合操作步骤

第一步：点击 Raster 选项卡，在 Resolution 标签组中点击 Pan Sharpen 图标，在下拉菜单中选择 Subtractive Resolution Merge，弹出 Subtractive Resolution Merge 对话框，如图 9.12 所示。

第二步：在弹出的 Subtractive Resolution Merge 对话框中设置多光谱输入数据为 QuickBird_Pyramids_MS.img，高分辨率影像输入文件为 QuickBird_Pyramids_Pan.img，定义输出路径及文件名（merge2.img）。

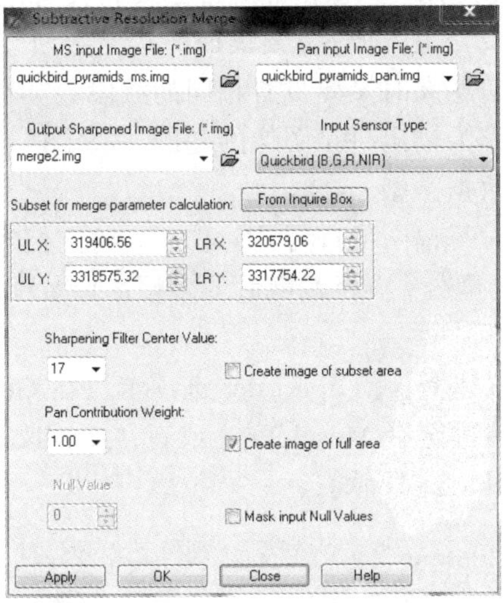

图 9.12　Subtractive Resolution Merge 对话框

第三步：选择传感器类型为 QuickBird（B，G，R，NIR），设置 Sharpening Filter Center Value 为 17，设置 Pan Contribution Weight 为 1.00，勾选 Create image of full areas。点击 OK 执行影像融合处理。

第四步：完成后可在视窗中打开并查看结果，如图 9.13 所示。

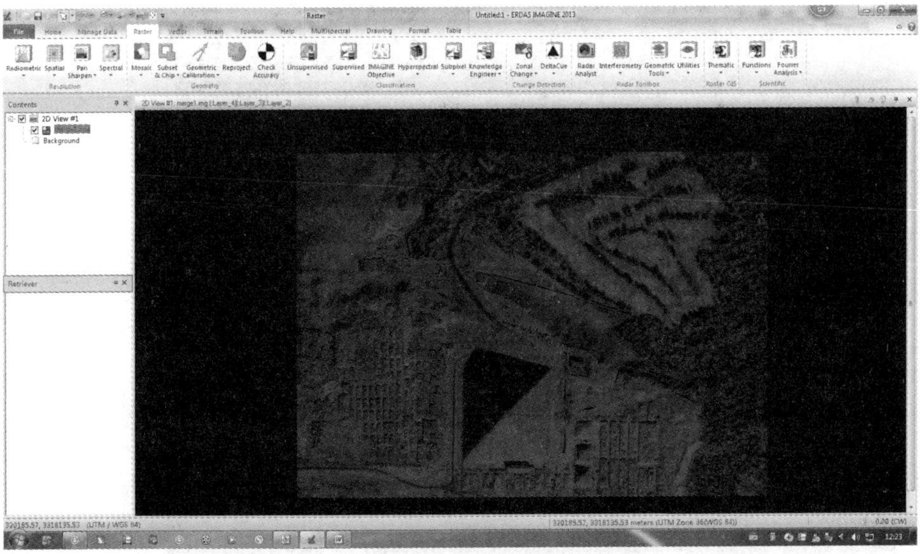

原图呈现

图 9.13　减法变换影像融合成果

任务 9.4　遥感图像的镶嵌处理

遥感图像的镶嵌处理

数字影像镶嵌（Mosaic）是将两幅或多幅数字影像（它们有可能是在不同的摄影条件下获取的）拼在一起，构成一幅整体图像的技术过程。在遥感应用中，影像镶嵌有着重要的应用。影像镶嵌处理是要将具有地理参考的若干相邻图像合并成一幅图像或一组图像，需要镶嵌的影像必须经过几何校正处理或校正标定，包含地理信息同时又要具有相同的波段数。在进行图像拼接时，需要确定一幅参考图像，参考图像将作为输出拼接图像的基准，决定拼接图像的反差匹配以及输出图像的地图投影、像元大小和数据类型。

影像镶嵌的原理是：先对每幅图像进行几何校正，将它们规划到统一的坐标系中，然后对它们进行裁剪，去掉重叠的部分，再将裁剪后的多幅影像装配起来形成一幅大幅面的影像。

影像镶嵌处理的操作步骤：

第一步：启动 MosaicPro 工具。点击 Raster 选项卡，在 Geometry 标签组中点击 Mosaic 图标（见图 9.14），在下拉菜单中选择 MosaicPro；或者在 Toolbox 选项卡中找到 Mosaic 打开，弹出 MosaicPro 对话框，如图 9.15 所示。

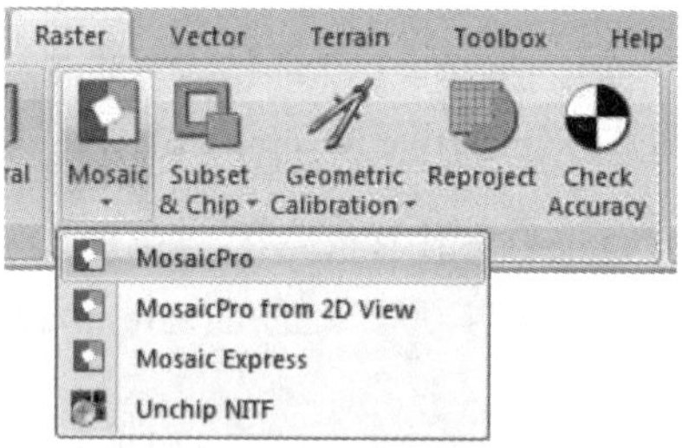

图 9.14　影像镶嵌

图 9.15　MosaicPro 对话框

第二步：加载影像数据。在 MosaicPro 对话框菜单栏中选择 Edit→Add Image，或点击工具栏的图标，打开 Add Image 对话框，一次将 wasia1_mss.img、wasia2_mss.img、wasia3_tm.img 三景数据全部选中。点击 Image Area Options 选项（见图 9.16），点选 Compute Active Area 选项。点击 OK 继续。在打开的 MosaicPro 窗口的数据列表中对每幅影像都勾选 Vis.（见图 9.17），并点击工具栏中的图标或 View 菜单下的 Show Rasters 使其显示。

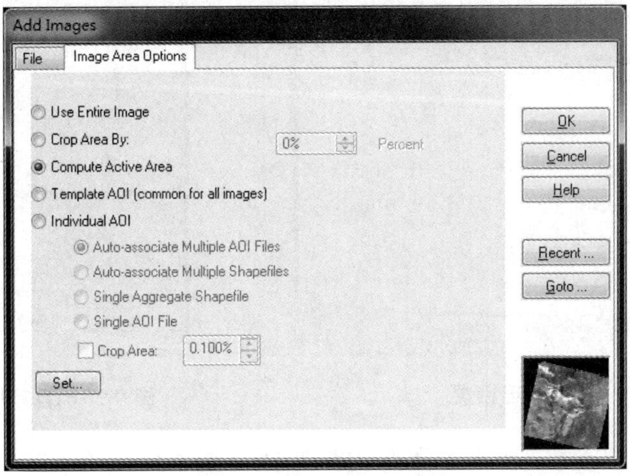

图 9.16　计算有效面积

Order	Ref.	Vis.	Image Name	Area	Resample	RMS	Online	Exclude Areas	Illumination Equalized
1	✔	✔	ntergraph/erdas imagine 2013/examples/wasia1_mss	Active	NN	0.0000	✔		
2		✔	ntergraph/erdas imagine 2013/examples/wasia2_mss	Active	NN	0.0000	✔		
3		✔	intergraph/erdas imagine 2013/examples/wasia3_tm.i	Active	NN	0.0000	✔		

图 9.17　影像可见

第三步：生成拼接线。点击工具栏中的图标，在弹出的自动生成拼接线对话框中选择 Most Nadir Seamline（见图 9.18）。点击 OK 继续。

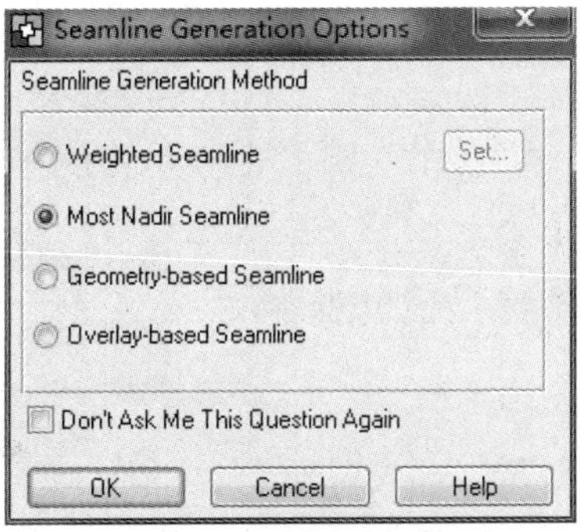

图 9.18　拼接线选择

第四步：设置颜色校正。点击工具栏中的图标，或 Edit 菜单下的 Color Corrections…，在弹出的颜色校正算法选择对话框中，勾选 Use Histogram Matching，并点击 Set…（见图 9.19）。

在打开的直方图匹配设置对话框（见图 9.20）中将 Matching Method 设为 Overlap Areas，点击 OK 回到 Color Corrections 对话框，点击 OK 完成颜色校正设置。

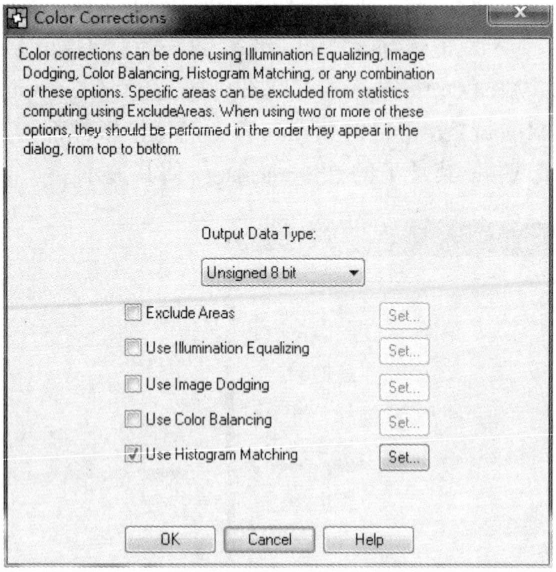

图 9.19　颜色校正设置

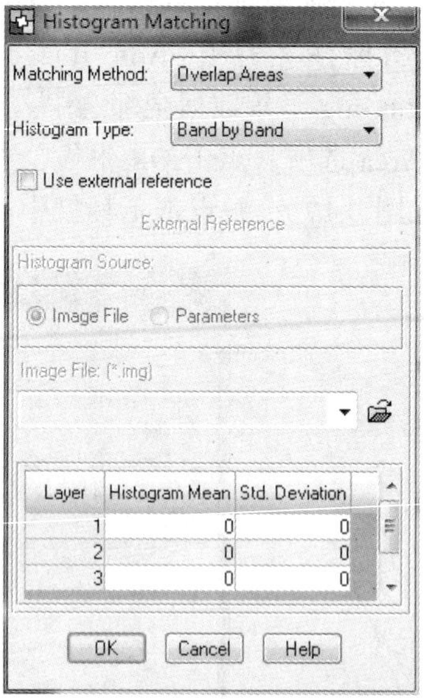

图 9.20　直方图匹配设置

第五步：设置输出参数。点击工具栏中的图标，或 Edit 菜单下的 Output Options，弹出输出影像设置对话框（见图 9.21），可以根据需要设置输出范围、影像分辨率、数据类型、影像波段。点击 OK 完成设置。

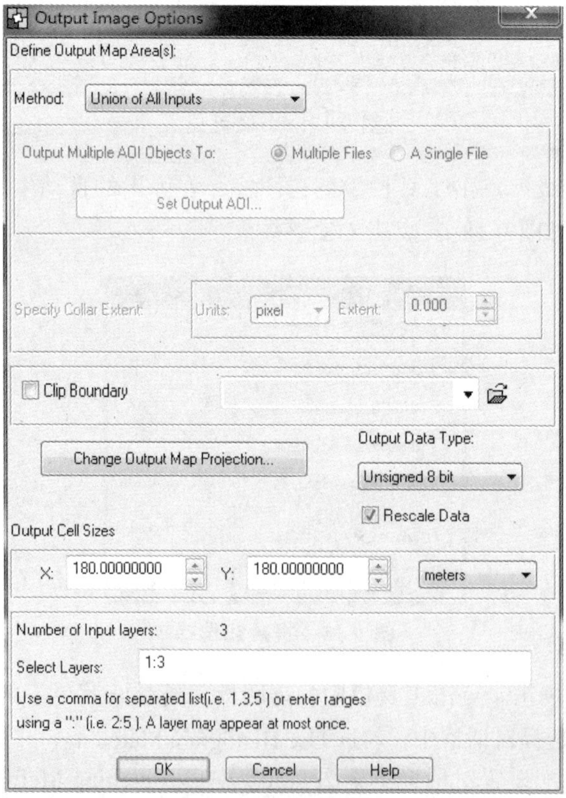

图 9.21　输出参数设置

第六步：预览镶嵌效果。点击工具栏中的▣图标，在三景影像重叠区域勾绘一个较小的预览区域（图 9.22 中间方框）。点击 Process 菜单中的 Preview Mosaic for Window…运行预览镶嵌效果，如果认为结果较好，则可进行下一步，否则需要☑借助工具调整编辑拼接线。

图 9.22　预览镶嵌效果

原图呈现

第七步：运行镶嵌。点击工具栏中的⚡图标，或 Process 菜单中的 Run Mosaic…运行镶嵌处理。在弹出的对话框中定义输出文件路径和文件名，完成后点击关闭 MosaicPro 窗口，提示是否保存 Mosaic File。可以选是将其保存为镶嵌工程文件，以备以后使用。

第八步：镶嵌结果查看。镶嵌运行完毕后可在视窗中打开镶嵌结果查看，如图 9.23 所示。

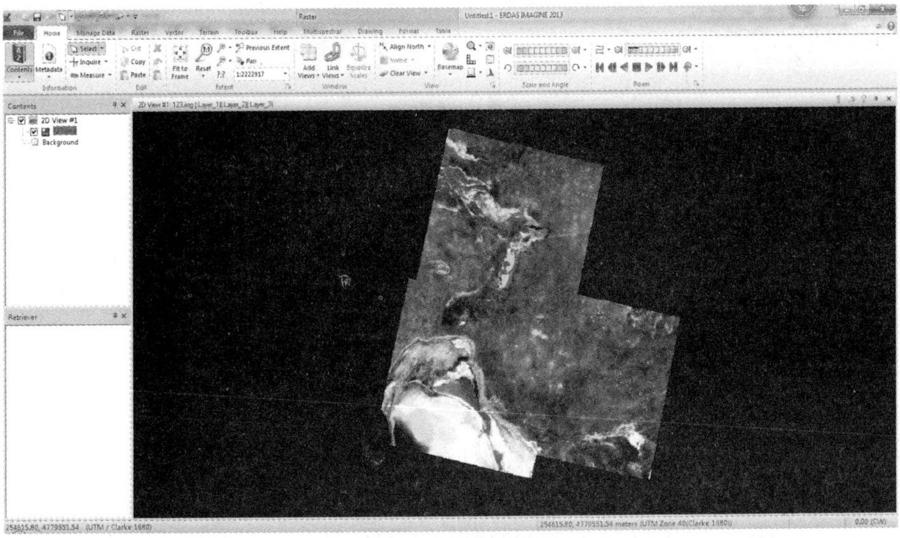

图 9.23　查看镶嵌结果

原图呈现

任务 9.5　遥感图像的分类

遥感图像的分类

遥感信息的提取主要由人工或计算机进行。人工信息提取也称图像判读；计算机信息提取即数字图像处理，包括图像校正、图像增强、图像分类等。本任务主要介绍遥感图像的计算机分类。遥感的最终成果之一就是从遥感影像上获取信息，遥感图像分类是获取信息的重要手段。同时遥感图像分类也是目前遥感技术中的热点研究方向之一。

9.5.1 遥感图像的计算机分类

遥感图像通过亮度值或像元值的高低差异（反映地物的光谱信息）及空间变化（反映地物的空间信息）来表示不同地物的差异，这是区分不同影像地物的物理基础。遥感图像分类就是利用计算机通过对遥感图像中各类地物的光谱信息和空间信息进行分析，选择特征，将图像中每个像元按照某种规则或算法划分为不同的类别，然后获得遥感图像中与实际地物的对应信息，从而实现遥感图像的分类。遥感图像分类原理如图 9.24 所示。

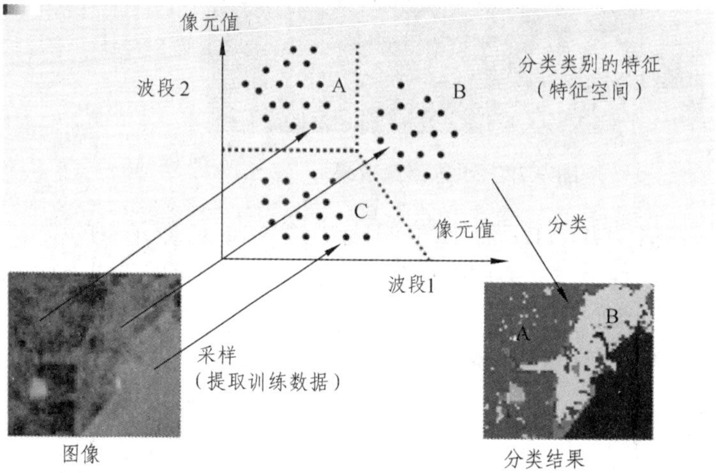

图 9.24 遥感图像分类原理

不同的地物具有不同的波谱特征，同类地物具有相似的波谱特征，由不同探测波段组成的多波段数字图像是地物特征的量化，遥感图像分类正是基于图像中所反映的同类地物的光谱相似性和异类地物的光谱差异性的基础上进行的，根据图像的特征向量，建立判别函数，最终实现将遥感图像自动分成若干地物类型。在遥感图像分类时由于遥感图像的数据量大和成像复杂等特点，使得遥感图像具有一些特点和原则。

遥感图像分类比起一般的数字图像分类具有自身的特点，概况来讲遥感图像分类的特点有以下几点：

（1）数据量大。遥感图像通常具有较多的光谱波段，每个像元在不同波段具有不同的波谱特征，所以遥感图像分类是处理多波段的运算。

（2）复杂性。虽然大多数的地物符合“同类地物具备相同的波谱特征，不同地物具有不同的波谱特征”的原则，但是大多数情况下，研究的同类地物会具有不同的光谱特征，即“同物异谱”，而相同的光谱特征表示了不同的地物，即“异物同谱”。

（3）需要预处理。在对遥感图像分类前，往往需要做一定的预处理，原始图像的特征波段间往往存在着比较强的相关性，同时由于处理多波段遥感数据的计算量大的原因，在分类前采用特征判别，决定预处理方法，不但可以减少计算量，同时为可以处理多波段数据提供一种方式。

遥感图像分类方法可以归纳为两类：监督分类与非监督分类。

9.5.2 遥感图像的监督分类

1. 监督分类的概念

监督分类又称训练分类法，是根据已知训练场地提供的样本，通过选择特征参数，建立判别函数，然后把图像中各个像元点归化到指定类中的分类方法，是用被确认类别的样本像元去识别其他未知类别像元的过程。该方法是在分类之前通过目视判读和野外调查，对遥感图像上某些样区中影像地物的类别属性有了先验知识，对每一种类别选取一定数量的训练样本，计算机对每种训练样本或信息进行统计和分析，得到种子类别，同时用这些种子类别对判决函数进行训练，使其符合于各种子类别分类的要求，随后用训练好的判决函数去对其他待分数据进行分类。使每个像元和训练样本做比较，按不同的规则将其划分到和其最相似的样本类，以此完成对整个图像的分类。

训练（training）是指计算机对遥感图像进行自动识别、分类的学习过程。训练场地（training site）是从所要研究的地区中确定的包含所有要去分类的，并对每类具有代表性样本的集合。训练样本（training sample）又称“训练组”或“训练区”，是指监督分类法中由先验类别选取的已知样本，它用来建立分类标准。

监督分类的要求是对所要分类的地区必须要有先验的类别知识，即先要从研究区中选择出包含所有要区分的各类地物的所谓的训练场地，用于建立判别函数。在训练场地里，我们具体地确定各类地物各波段的亮度值，并据此确定特征参数，建立判别函数。监督分类一般是在图像中选取有代表性的区域作为训练区，由训练区数据得出各个类别的统计数据，然后根据这些统计数据对整个图像进行分类。

2. 监督分类的步骤

（1）类别定义：根据分类目的、图像数据自身的特征和分类区收集的信息确定分类系统。

（2）特征判别：对图像进行特征判断，评价图像质量，决定是否需要进行图像增强等预处理。

（3）样本选择：为了建立分类函数，需要对每一类别选取一定数目的样本。

（4）分类器选择：根据分类的复杂度、精度需求等确定分类器。

（5）图像分类：利用选择的分类器对图像数据进行分类，有时候还需要进行分类后处理。

（6）结果验证：对分类结果进行评价，确定分类的精度和可靠性。

3. 监督分类的内容

1）学习过程

利用训练场地进行“训练”或“估计参数”，从而形成判别函数的过程称为监督分类的学习过程。利用判别函数对未知类别样本进行分类的过程称为识别分类过程

（1）选择训练场地需注意的问题：训练场地给出了选择特征参数的原始数据，也是建立判别函数的依据，故要认真加以确定。

① 对所使用图件的要求：

时间性：在确定数字图像与地形图（或土地利用图、地质图、航片等其他图）的对应关系时，所用的两类图件在时间上应一致，即同一时间的图件。

空间性：上述两类图件在空间上应很好匹配。

② 对训练样本的要求：

类别：选择的训练场地所包含的类别在种类上应与研究地域所要区分的类别一致。

不连续性：训练场地各样本在地理空间上可以是不连续的。

代表性：训练场地样本应在各类地物面积较大的中心部分进行选取，而不应在各类地物的混交地区和类别的边缘选取，以保证数据的单纯性（均一物质的亮度值）。

分布：各类训练场地样本还必须与采用的分类方法所要求的分布一致。如最大似然法假设各变量是正态分布，训练样本应尽量满足这一要求。

数量：要使各类训练样本能够提供各类别的足够信息和克服各种偶然因素的影响，各类别训练样本应该有足够样本数。

训练样本的个数与所采用的分类方法、特征空间的维数、各类别的大小和分布等有关。

例如：当采用最大似然法时，训练样本数目至少要 $n+1$ 个（n 为特征空间的维数），因为少于这个数协方差矩阵是奇异的，行列式为 0，也无逆阵。各类训练样本的数目通常为 4～5n 或 10n，留有一些余量是为了提供筛选（以满足代表性、分布的要求），不同类别的训练样本数目可以不同。

（2）选择训练场地的方法：

① 特征库法：从已建立的样本特征库中取出同样环境下同种物类的数据。

② 外推法：从地形图、土地利用图、航片等图件上直接选取训练样本。具体做法是将几何粗校正好的数字图像与比例尺相同的地形图配准后，在数字图像上勾画出各类地物的边界，提取样本。

2）识别分类过程

（1）识别分类及其判别函数的特点。识别分类又称判别分析分类，是根据某个判别函数的函数值对自变量进行分类的统计分析方法。在图像处理中，判别函数一般是指一组以各波段的像元值 X_j 为自变量的函数，其函数值可以作为分类界线。

识别分类判别函数的特点：

① 通过这种函数关系，多波段的像元值向量转化为一个单一的判别值。

② 两类以上情况，每一类有一个判别函数 $d_i(x)$，把一个像元值（向量）代入每一个判别函数中，哪一个函数值最大，该像元就归入哪一类。

③ 只有两类的情况下，判别函数的形式可以改变或简化为一个函数，同时确定一个判别点 C（常数），如果函数值大于等于 C，则归入第一类，否则归入第二类。

（2）识别分类方法。判别分析可以采用不同的判别函数及分析方法。监督分类主要有以下 3 种识别分类方法：

① 最小距离法(Minimum distance classifier)。该方法，是根据最小距离原则进行分类的方法。在资源遥感分类中，该方法应用较多。

原理：首先由训练样本数据得出每一类别的均值向量及标准差向量，然后以均值向量作为该类在多维空间的中心位置，计算输入图像中每个像元到各类中心的距离，到哪一类中心距离最小，则该像元就归入哪一类。最小距离分类法原理如图 9.25 所示。

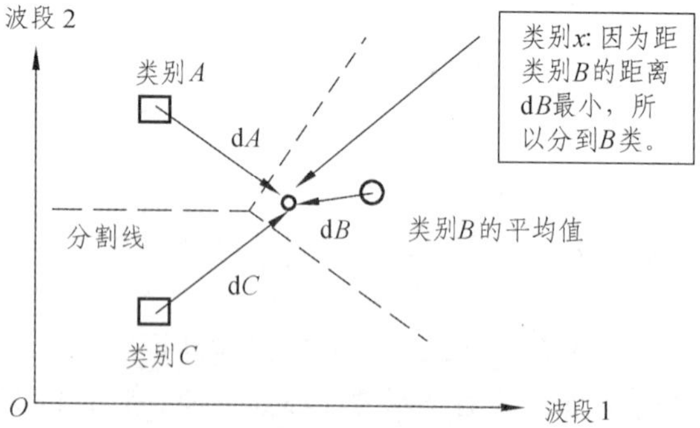

图 9.25 最小距离分类法原理图

最小距离分类法中常用的距离函数有两个：

欧几里得距离：

$$D = \frac{\sum_{i=1}^{n}(x_i - \overline{x}_i)^2}{n} \quad (9.1)$$

街道距离：

$$D = \sum_{i=1}^{n} | x_i - \overline{x}_i | \quad (9.2)$$

式中，$\overline{x}_i$ 为第 i 类在第 i 波段的均值；n 为波段数；x_i 为像元在第 i 波段的像元值。

最小距离分类法原理简单，分类精度不是很高，但计算速度快，它可以在快速浏览分类概况中使用。

② 平行六（多）面体法（Parallelepiped/Box Classifier）。该方法是在三维（或更多维）特征空间中，每类形成一个平行六面体（或多面体），待分个体（样本）落入某平行六面体（或多面体）中，则归属某一类，否则被拒绝。平行六面体，一般以每类均值坐标点为中心，两倍标准差（在每个变量上）为棱长，以使分类满足要求。

平行六（多）面体监督分类方法便于直观理解如何分割特征空间，以及待分类像素如何与分类类别相对应。但该方法要求分割面总是与各特征轴正交，如果各类别在特征空间中呈现倾斜分布，就会产生分类误差。因此运用平行六（多）面体法分类前，需要先进行主成分分析，或采用其他方法对各轴进行相互独立的正交变换，然后进行分类。平行六面体分类法原理如图 9.26 所示。

③ 最大似然法（Maximum Likelihood Classifier）。该方法是应用最广泛的监督分类方法，分类中所采用的判别函数是依据每个像元值属于每一类别的概率或可能性来确定。其基本原理是对每个像元计算其落于各先验类别的概率。概率最大的相应类别，即为该像素的所属类别。最大似然法分类原理如图 9.27 所示。

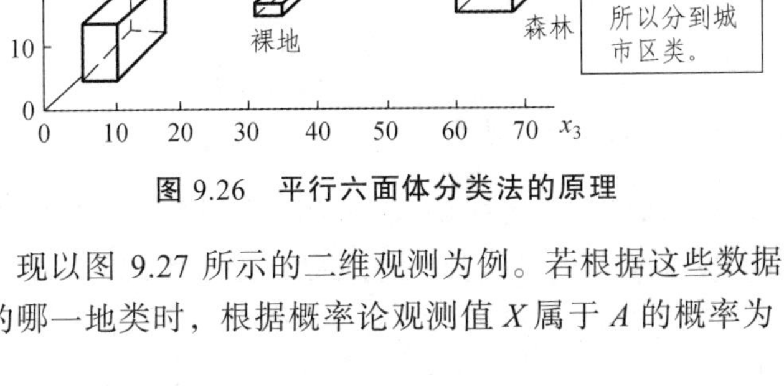

图 9.26　平行六面体分类法的原理

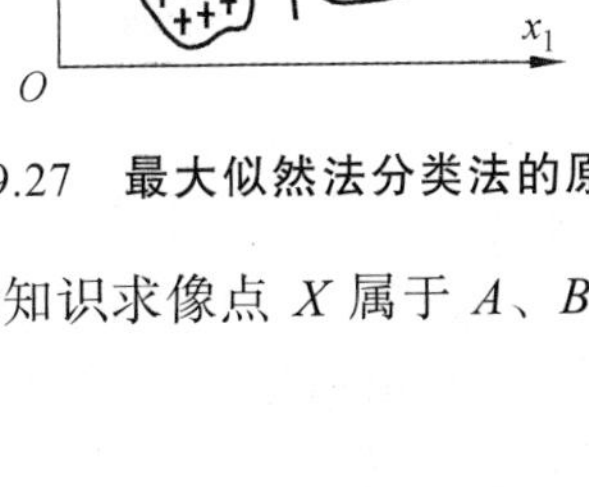

图 9.27　最大似然法分类法的原理

现以图 9.27 所示的二维观测为例。若根据这些数据和先验知识求像点 X 属于 A、B、C 中的哪一地类时，根据概率论观测值 X 属于 A 的概率为

$$p(X,A)=p(X/A)\cdot p(A)$$
$$p(X,A)=p(A/X)\cdot p(X) \tag{9.3}$$

式中，$p(X/A)$ 为先验已知值，是指在已知地类 A 内获得 X 的条件概率；$p(A)$ 也为先验已知值，是指在研究区内 A 地类出现的先验概率；$p(A/X)$ 为相应于观测值 X 的地类 A 的条件概率；$p(X)$ 为 X 的先验概率。

最大似然法分类在分类结果上具有概率统计的意义。但必须注意几点：① 为了以较高精度测定平均值及方差、协方差，各类别的训练数据至少要为特征维数的 2～3 倍；② 若 2 个以上的波段相关性很强，或训练数据几乎都取相同值的情况下，则方差协方差矩阵的逆矩阵不存在，或极不稳定。此时，最好采用主成分分析法，把维数减到仅剩相互独立的波段。

当总体分布不符合正态分布时，不适于采用以正态分布的假设为基础的最大似然比分类法，其分类精度也将下降。

4. 遥感监督分类的软件实现

图像分类就是基于像元数据值，将像元归并成有限的几种类型、等级或数据集的过程。监督分类更多地要用户来控制，常用于对研究区域比较了解的情况。在监督分类过程中，首先选择可以识别或者借助其他信息可以断定其类型的像元建立模板，然后基于该模板使计算机系统自动识别具有相同特性的像元。多次反复后建立一个比较准确的模板，并在此基础上最终进行分类。

监督分类软件操作步骤：

第一步：打开需要分类的影像。点击菜单栏 File→Open→Raster Layer 或者在 Viewer 中点击右键→Open Raster Layer…，选择 germtm.img 影像。

第二步：打开模板编辑器。点击 Raster 选项卡下的 Classification 标签组中的 Supervised 图标，在下拉菜单中点击 Signature Editor，弹出 Signature Editor 对话框，如图 9.28 所示。

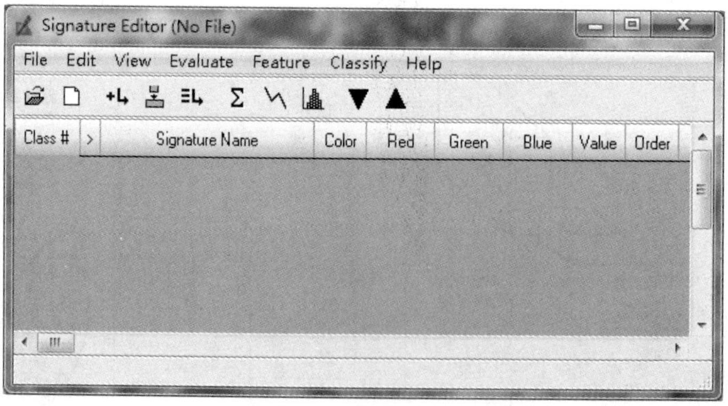

图 9.28 Signature Editor 对话框

第三步：采集训练样本。点击 Drawing 选项卡，在 Insert Geometry 标签组中选择任意多边形工具，进入 AOI 绘制状态（见图 9.29）。在视窗中选择一种地物绘制一个多边形 AOI 区域，如图 9.30 所示。

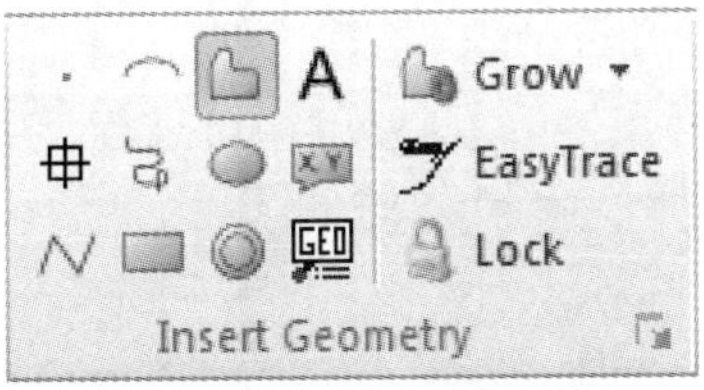

图 9.29　AOI 绘制工具

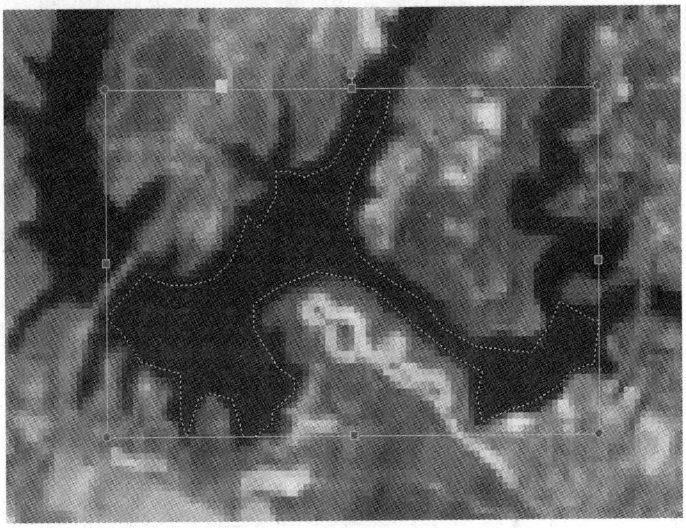

原图呈现

图 9.30　绘制 AOI 区域

在 Insert Geometry 标签组中点击区域增长工具 Grow 图标，在下拉菜单中选择 Region Growing Properties，弹出 Region Growing Properties 对话框，如图 9.31 所示。在该对话框中设置相应的参数，设置完参数后，单击区域增长工具 Grow 图标，鼠标变成十字光标，在影像中目标地物处点击一次，就可自动产生一个 AOI。

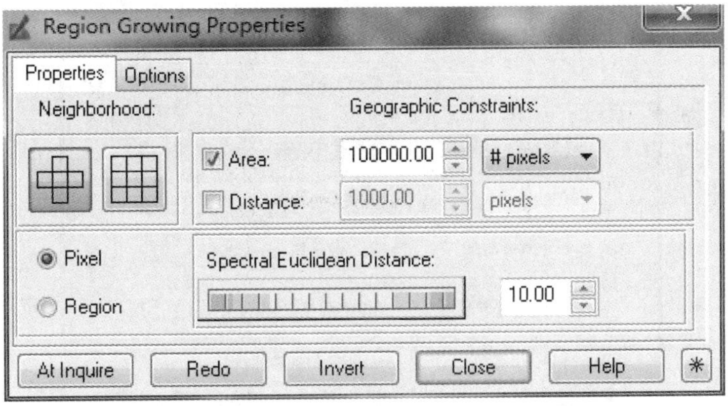

图 9.31　Region Growing Properties 对话框

第四步：建立分类模板。采集完某一地物的一个 AOI 后，可在 Signature Editor 对话框中选择图标，将其添加到模板中。对同一地物可勾绘多处 AOI，如图 9.32 所示。按照自己的分类体系，重复以上步骤，采集所有要分类地物的样本，完成分类模板的构建。

第五步：所有地物采集完成后，点击 Signature Editor 窗口 File 菜单下的 Save 命令，在弹出的对话框中设置路径和名称，这里设置名称为 class.sig，点击 OK 将分类模板保存。

第六步：执行监督分类。点击 Raster 选项卡下的 Classification 标签组中的 Supervised 图标，在下拉菜单中点击 Supervised Classification，弹出 Supervised Classification 对话框，如图 9.33 所示。在对话框中设定相应的参数，点击 OK 执行监督分类。

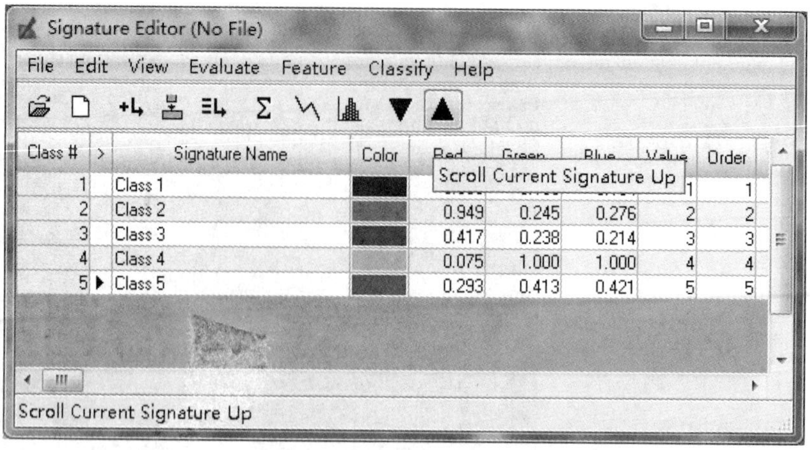

图 9.32 添加分类样本

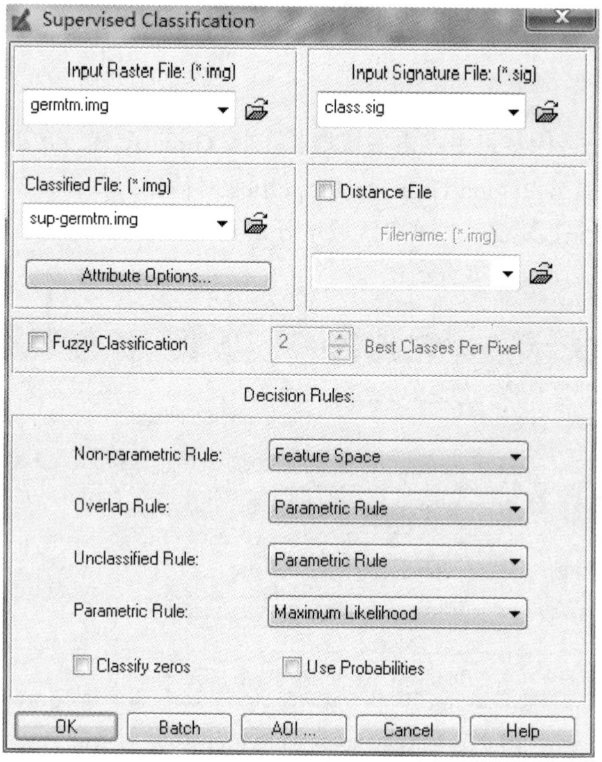

图 9.33 Supervised Classification 对话框

9.5.3 遥感图像的非监督分类

一种无先验（已知）类别标准的分类法。对于待研究的对象或区域，没有已知类别或训练样本作标准，而直接依据样本观测资料的内在联系进行分类，也称为聚类分析或点群分类。在多光谱图像中搜寻、定义其自然相似光谱集群的过程。它不必对影像地物获取先验知识，仅依靠影像上不同类地物光谱（或纹理）信息进行特征提取，再统计特征的差别来达到分类的目的，最后对已分出的各个类别的实际属性进行确认。

非监督分类法的理论根据是同类样本具有内在的相似性。在卫星图片上，同类物体在同样的条件下应具有相同的光谱信息特征，从而集群在同一个光谱空间区域里，不同类别物体因其光谱信息特征不同而集群在不同的光谱空间区域里。

由于在一幅复杂的图像中，分类训练区有时并不能完全包括所有的波谱样式，这就造成了一部分像元找不到归属。在实际工作中为进行监督分类而确定类别和选取训练区也是不易的，因而在开始分析图像时，用非监督分类方法来研究数据的本来结构及其自然点群的分布情况是很有价值的。

1. 非监督分类的方法

非监督分类的主要方法是聚类分析。聚类（Cluster）是把一组像素按照相似性归成若干类别，即“物以类聚”。它的目的是使得属于同一类别的像素之间的距离尽可能地小而不同类别上的像素间的距离尽可能地大。

聚类分析（cluster analysis）——也叫集群分析，是依据特征空间中相似性样本集合于一定空间范围而形成集群的原理，确定一种反映个体间内在联系的分类结构（谱系图或树状图）。即按照亮度值向量或波谱样式在特征空间聚集的情况划分点群或类别的分类方法。

从几何角度看，一个点群或类别是在 N（波段数）维的特征空间里某个众数（概率取最大数的点为众数）的周围数据点（像元）相对密集的区域，亮度值向量之间具有更大的相似性，因此聚类分析首先需要确定对于这种相似性的度量。可以作为这种相似性度量的基本数据特征有两个：一是在特征空间中亮度值向量或波谱样式之间的距离，也可称为相似距离；二是在特征空间中不同区域的数据点密度（像元数目）。

同一点群中的距离应该比不同点群中两个样式之间的距离小得多。点群与点群之间是像元比较稀疏的地区。地物类别与点群亦不是完全等同的，一个点群可能包含不同类，一个类也可能包括几个点群。

在缺乏已知类别的训练数据，也不知道有多少类别的情况下，由程序来划分符合实际的点群或类别是一个复杂的课题，一般不可能一次完成，需要经过一个反复的检验过程，而且要由分析人员提供一定的参数来控制这个过程。

一个典型的聚类分析程序包括：选定初始聚类中心；用最小距离原则进行归类；循回式的检查和修改；输出分类结果。

1）选定初始聚类中心

初始聚类中心也叫“种子（Seed）”，是在程序开始时选定几个均值向量，作为假定的聚类中心，并不一定是真正的聚类中心。选定方法有两种：

（1）按照一定的算法由程序本身来产生。

（2）由用户根据经验或图像直方图的情况直接提供均值向量数据。

由程序产生初始聚类中心的方法设计可以是多种多样的。

例如：用随机选择的方法，如果要选定 k 个集群中心，可以依次选取像元编号为：$L=i\cdot m/k$ 的亮度值作为初始中心，其中 $i=1，2，\cdots，k$；m 为总的像元数。

再如：用分裂的方法，如果整个图像的均值向量为 M，标准差为 S，一次分裂可以得出两个初始中心，即：$\bar{x}_1=M+S$，$\bar{x}_2=M-S$，$\bar{x}_1$、$\bar{x}_2$ 与 M 一起成为 3 个初始聚类中心。如果继续用该法分裂下去，可以产生更多的“种子”。但是，这些“种子”并不一定是真正的聚类中心。太多了并没有好处，只能增加计算量。因此，在程序中，往往用“起始集群数”、“最大分类数”等参数来限制种子的数量。

2）用最小距离原则进行归类

选定了聚类中心后，就要计算每个像元到各个中心之间的距离，用最小距离的原则把像元规划到不同的集群或类别。

由确定聚类中心到按最小距离归类，构成一个循回。但是，按初始聚类中心划分的点群总是不完善的，还要经过不止一次的检验和修改；每一次都要改变一些聚类中心，然后重新计算距离和归类，这样经过若干次的反复，便使之渐趋完善。

从节省运算时间出发，当然希望循回少一些为好。一般来讲，如果初始聚类中心比较接近地物类别的实际，可以经过少数几个循回就可达到分类的要求。

3）循回式检查和修改

根据规定的参数来检查前一循回中归类的结果。决定进行再分裂、合并或者取消某些集群。

（1）再分裂：

① 已有的集群数小于参数“预期的集群数”。

② 某一类的像元数大于参数“一类中的最大像元数”，或标准差超过了参数“最大标准差”。

③ 当一个均值的点群或类别的第 j 个波段的标准差 S_j 超过了最大标准差时，就分裂为两个新的集群中心。

（2）合并：把原来已分为两个集群的像元合并到一起，重新计算其中心（均值）。

① 两个集群之间的统计距离小于确定的阈值（最小集群间距）。

② 集群的数目超过了规定的“最大分类数”。

（3）取消：一集群中心像元数太少，小于参数“一类中最少像元数”时，这一点群被取消，其成员分散到相邻的集群中去。

点群和类别不一定完全一致。

4）输出分类结果

输出的分类结果取决于具体的数据特征和分析人员的要求。并不是循回次数越多越好。一般在达到预先次数，或所有像元已经归入适当的类别，不需要再分裂或合并时，就算完成了。有时程序中规定了一个移动距离阈值，即前后两个循回间各类均值向量的平均移动距离，用像元值的单位表示，小于这个值就停止。

2. 常用的聚类分析方法

常用的聚类分析方法有分级集群法和动态聚类法。

1）分级集群法

分级集群法是采用“距离”评价每个像元在空间分布的相似程度，把它们的分布分割或者合并成不同的集群。每个集群的地理意义需要根据地面调查或者与已知类型的数据比较后方可确定。

（1）分级集群法的分类过程（见图 9.34）。

① 确定评价各样本相似程度所采用的指标，可采用前面介绍的几种距离。

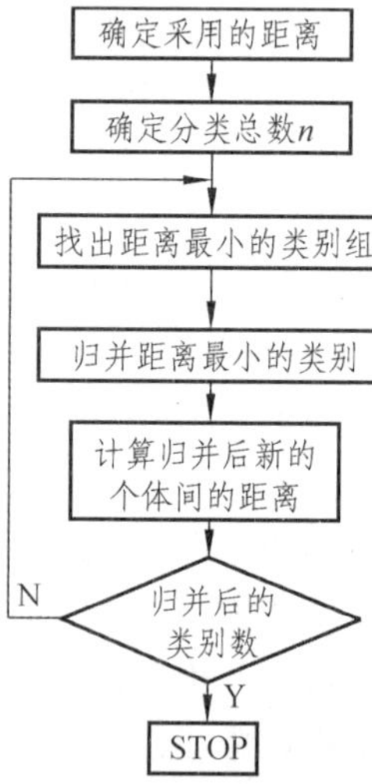

图 9.34　分级集群法的分类过程

② 初定分类总数 n。

③ 计算个体间的距离；根据距离最近的原则判定归并到不同类别。

④ 归并后的类别作为新类，与剩余的类别重新组合，然后再计算并改正其距离。重复样本间相似度的评价和归并，直到所有像素都归入到各类别中去。

（2）分级集群法的特点：分级集群法是分级进行的，在迭代过程中没有调整类别总数的措施，如果一个像元被归入到某一类后，就排除了它再被归入到其他分支类别中的可能性，这样可能导致对一个像元的操作次序不同，会得到不同的分类结果，这是该方法的缺点。

2）动态聚类法

在初始状态给出图像粗糙的分类，然后基于一定原则在类别间重新组合样本，直到分类比较合理为止，这种聚类方法就是动态聚类法。迭代自组织数据分析技术方法 ISODATA（Iterative Self-Organizing Data Analysis Technique）在动态聚类法中具有代表性。

ISODATA 方法是按照某个原则选择一些初始类聚类中心。在实际操作中，要把初始聚类数设定得大一些，同时引入各种对迭代次数进行控制的参数，如控制迭代的总次数、每一类别最小像元数、类别的标准差、比较相邻两次迭代效果以及可以合并的最大类别对数等，在整个迭代过程中，不仅每个像元的归属类别在调整，而且类别总数也在变化。在用计算机编制分类程序时，初始聚类中心可按如下方式确定：设初始类别数为 n，这样共有 n 个初始聚类中心，求出图像的均值 M 和方差σ，按下式可求出初始聚类中心：

$$\overline{x}_k = M + \sigma\left(\frac{2(k-1)}{n-1} - 1\right) \tag{9.4}$$

式中，$k=1，2，\cdots，n$ 为初始类中心编号，n 为初始类总数。

计算像素与初始类别中心的距离，把该像素分配到最近的类别中。动态聚类法中类别间合并或分割所使用的判别标准是距离，待分像元在特征空间中的距离说明互相之间的相似程度，距离越小，相似性越大，则它们可能会归入同一类。这里的距离可以采用前面介绍的几种距离。

计算并改正重新组合的类别中心。如果重新组合的像素数目在最小允许值以下，则将该类别取消，并使总类别数减 1。当类别数在一定的范围，类别中心间的距离在阈值以上，类别内的方差的最大值在阈值以下时，可以看作动态聚类的结束。当不满足动态聚类的结束条件时，就要通过类别的合并及分离，调整类别的数目和中心间的距离等，然后返回到上一步，重复进行组合的过程。

动态聚类法中有类别的合并或分裂，这说明迭代过程中类别总数是可变的。如果两个类别的中心点距离近，说明相似程度高，两类就可以合并成一类；或者某类像元数太少，该类就要合并到最相近的类中去。类别的分裂也有两种情况：某一类像元数太多，就设法分成两类；如果类别总数太少，就将离散性最大的一类分成两个类别。

3. 非监督分类方法软件实现

非监督分类又称为聚类分析，是通过在多光谱图像中搜寻、定义其自然相似光谱集群，对图像进行分类的过程。非监督分类不需要人工选择训练样本，仅需要预设一定的条件，让计算机按照一定的规则自动地根据像元光谱或空间特性等特征组成集群组，然后分析、比较集群组和参考数据，给每个集群组赋予一定的类别。常用的非监督分类方法包括 K-均值（K-Means）算法和迭代自组织数据分析技术（ISODATA）两种。

非监督分类软件操作步骤：

第一步：点击 Raster 选项卡下的 Classification 标签组中的 Unsupervised 图标，在下拉菜单中点击 Unsupervised Classification，弹出 Unsupervised Classification 对话框，如图 9.35 所示。

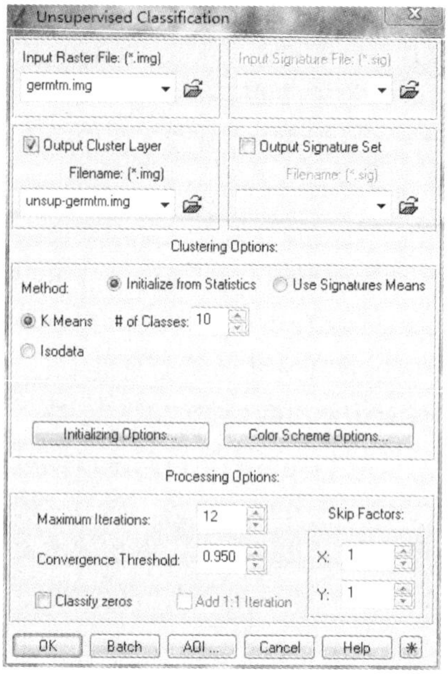

图 9.35　Unsupervised Classification 对话框

第二步：在 Unsupervised Classification 对话框中设置输出文件保存路径、聚类数、最大迭代次数、循环收敛阈值等参数，设置完成后，点击 OK 执行影像分类处理。

第三步：在视窗中查看分类结果，如图 9.36 所示。

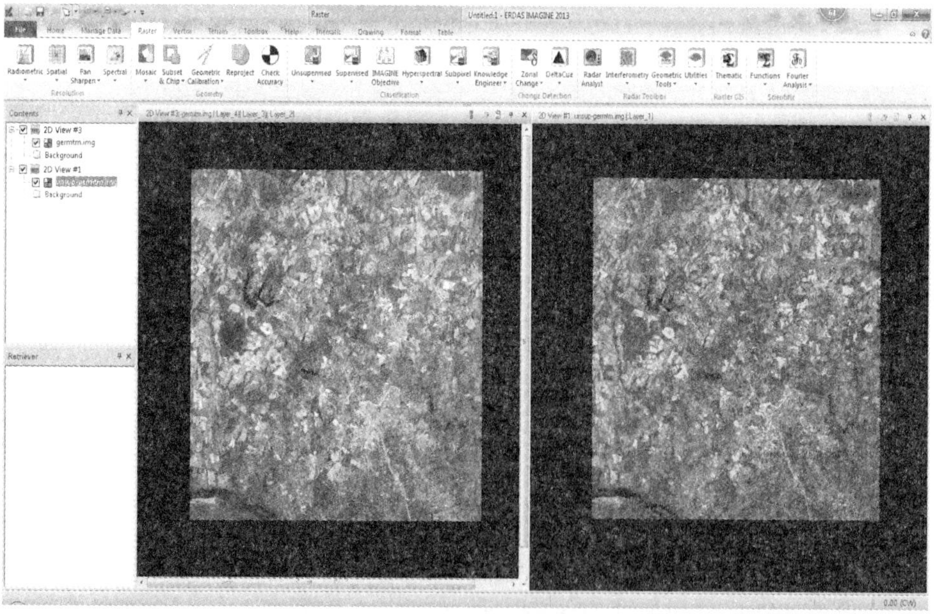

原图呈现

图 9.36　Unsupervised Classification 结果

4. 监督/非监督分类方法比较

根本区别点在于是否利用训练样区来获取先验的类别知识。

监督分类根据训练样区提供的样本选择特征参数，建立判别函数，对待分类像元进行分类。因此，训练场地选择是监督分类的关键。对于不熟悉区域情况的人来说，选择足够数量的训练样区是很困难的，操作者需要将相同比例尺的数字地形图叠在遥感图像上，根据地形图上的已知地物类型圈定分类用的训练样区。由于训练样区要求有代表性，训练样本的选择要考虑到地物光谱特征，样本数目要能满足分类的要求，有时这些还不易做到，这是监督分类不足之处。

非监督分类不需要更多的先验知识，它根据地物的光谱统计特性进行分类。因此，非监督分类方法简单，且分类具有一定的精度。严格说来，分类效果的好坏需要经过实际调查来检验。当光谱特征类能够和唯一的地物类型（通常指水体、不同植被类型、土地利用类型、土壤类型等）相对应时，非监督分类可取得较好分类效果。当两个地物类型对应的光谱特征类差异很小时，非监督分类效果不如监督分类效果好。

复习思考题

1. 遥感图像的解析要素有哪些？绘制流程图说明遥感图像解译的步骤。
2. 什么是遥感图像的监督分类？什么是非监督分类？
3. 比较遥感图像监督分类与非监督分类的优缺点。

项目 10　遥感专题图制作

项目描述

遥感技术的发展，使利用遥感资料编制专题地图成为专题地图编制的主要方法。遥感专题制图是以遥感资料为主要数据源，经过图像处理和专题判读编制专题地图的一种制图方法。遥感专题制图以多种遥感图像为基础，打破了从图到图的作业过程，在内容、形式、成图方法上均采用新的途径。

本项目主要介绍专题信息提取的基本方法和专题图制作方法及流程。

教学目标

1. 能力目标

- 能够描述遥感专题图提取的主要方法；
- 能够了解遥感专题图制作的原理；
- 能够理解 4D 产品制作和质量检查方法；
- 能够了解遥感技术在测绘中的应用途径。

2. 知识目标

- 了解遥感专题图提取的主要方法；
- 掌握遥感专题图制作的原理；
- 掌握 4D 产品制作和质量检查方法等。

3. 素质目标

- 具备一定阅读总结能力；
- 具备一定的查阅、整理资料能力。

任务 10.1　遥感专题图提取

遥感专题图设计的领域很广，如地质图、地貌图、水文图、土壤图、植被图、土地利用图、自然灾害图、环境污染与保护图等。所有这些地图的制作，遥感图像都已经成为不可缺少的基本资料。

遥感分类图是栅格图，图上的类是用一个个有地理坐标和类属性的像素点表示的。我们通常看到的分类是向量图，其中的分类图斑是用封闭的多边形或封闭的不规则弧形圈表示的，多边形或弧形圈内不管面积多大，也不管包括多少点，其属性都可用一个代码表示。分类结果可以转换为矢量图，多数图像处理系统都有这种功能。栅格到矢量的转换可以对选定的类，进行，也可以对所有的类同时进行，通常是每个类保存为一个独立的矢量文件。

实际生产中，更多的是将分类图制作为遥感分类专题图，其技术路线如图 10.1 所示。在这个过程中，需要注意以下几个方面。

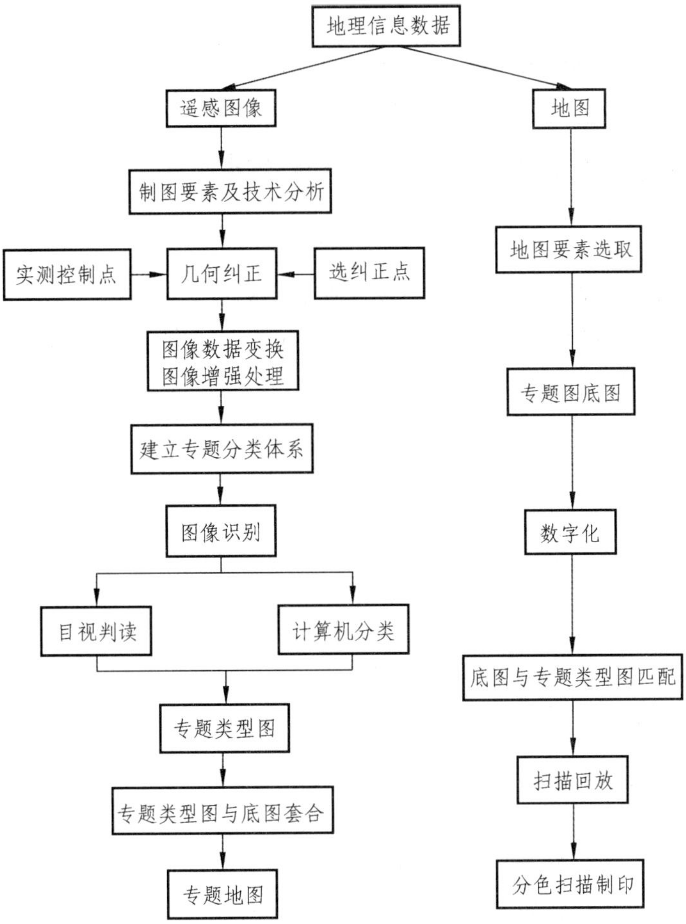

图 10.1 遥感分类专题图制作技术路线

1. 分类赋色

分类完成后，计算机处理系统一般都是按类顺序（或训练区的颜色）自动给各种类别赋色。这些默认的颜色基本上都不符合专业制图的要求，例如，专业制图要求相近的类颜色应相近，面积大的类的颜色应较浅等，因此需要重新给各类配色。在 Erdas 系统中是重编码处理的一部分。各类配好颜色后，可存为一个特定文件或查找表，供分类图输出时使用。

2. 叠加修饰符号

为了满足制图的要求，需要在图像上叠加各种修饰性内容，包括：比例尺、公里网、指北针、图例、图廓、注记统计图表等。多数图像处理系统都提供了相应的功能或模板，操作比较方便。

3. 打印输出

分类图可以通过各种打印设备输出。输出形式可以是彩色图（以不同颜色表示不同的类），也可以是黑白图（用不同的灰度值或灰度等级表示不同的类），还可以是符号图（以不同的字母或数字表示不同的类）或图案。

任务 10.2　遥感专题图制作

遥感专题图制作

10.2.1　卫星正射影像图的制作流程及技术要求

1. 外业控制测量

像控点的设计布点，保证每一景内布设足够的平高点和检查点，对于地形比较破碎的影像需增加检查点，每一条带重叠范围必须有同名平高点，以上各点必须均匀分布并在内业初步选定像控点范围之内。

2. 内业制作

1）图件资料

分析和收集作业范围内现势性较强的最新资料，包括地形图图纸、DEM 数据等，以及作业范围内最新布设的像控点。

2）准备数据

将卫星影像数据拷贝到作业目录中，确定影像（*.tif）文件为可读可写，转为系统内部格式。

3）正射纠正

（1）选用遥感图像处理软件，比如 Erdas 或 PCI。

（2）选择传感器物理模型（严密模型）纠正模式。

（3）根据控制资料将控制点逐一加入所需纠正的影像中。

（4）模型计算，对该影像进行内、外方位元素定向。

（5）定向精度预估，根据参加的控制点解算其几何纠正精度。

（6）使用 Geogrid、GeoTIN 软件将所需纠正影像范围内的 DEM 进行拼接，然后转为（*.bil）格式，利用 ARCGIS 的 ARCTOOL、ArcInfo 软件将数据转为软件可读格式（GRID 格式）。

（7）导入 DEM，按全景范围进行精纠正。

（8）精纠正：

① 全部控制点参与平差，检查点不参与平差纠正全景影像。

② 利用检查点检查已纠正影像中的检查点中误差。中误差必须在规范规定之内，否则检查（2）步骤。

③ 检查点作为控制点与全部控制点参与平差纠正全景影像。

（9）按国家标准图幅裁取出图影像以及按入库要求裁取入库影像。

（10）将上述影像转为带有坐标信息的（*.tif）文件。

4）影像拼接

为了减少相邻景与景之间接边误差，相邻景之间的控制点必须为同名点。

5）影像动态色彩均衡

由于每景的灰度值不同，另外数据获取时间不同其灰度值也不相同，必须对影像进行色彩均衡处理，以确保每景之间的色调一致。

6）影像编辑

当一景卫星影像图纠正完成后，由于山上树太高容易造成影像失真或由于卫星影像数据云太多（指小于 20%，而不压盖重要地物的情况下），需要对影像进行编辑，其原则是不影响地形的真实性，对于地物要素不多的地区（山区），可以利用该地区其他卫星资料进行弥补。

7）地名注记

地名注记应使用最新的地名资料。

8）影像图图廓整饰

按分幅要求生成内外图廓线，进行图廓整饰。

10.2.2 4D 产品生产方法

1. 4D 产品简介

摄影测量生产的主要产品包括 4 种基本模式：数字栅格地图（DRG）、数字正射影像（DOM）、数字高程模型（DEM）、数字线划图（DLG），简称 4D 产品。

数字栅格地图是以栅格数据格式存储和表示的地图图型数据。该产品可以作为背景图，用于其他专题数据的参照和修测其他与地理信息相关的信息；可用于 DLG 的数据采集、评价和更新；也可与 DOM、DEM 等数据集成使用，从而提取、更新地图数据和派生出新的信息。

数字正射影像图是利用数字高程模型，对经扫描处理后的数字化的航空像片，逐像元进行辐射纠正、微分纠正和镶嵌，按图幅范围裁切生成的影像数据，带有公里格网、内/外图廓整饰和注记的平面图。它同时具有地图的几何精度和影像特征。可作为背景控制信息、评价其他数据的精度、现势性和完整性，可从中提取自然和人文信息，还可用于地形图的更新。

数字高程模型是在高斯投影平面上，规则或不规则格网点的平面坐标（X、Y）及其高程（Z）的数据集。为控制地表形态，可采集离散高程点数据。该产品可以派生出等高线、坡度图等信息，可与其他专题信息数据叠加，用于与地形相关的分析应用，同时它还是生产数字正射影像图的基础数据。

数字线划图是地形图上基础要素信息的矢量格式数据集，其中保存着要素的空间关系和相关的属性信息。数字线划图较全面地描述地表目标。为缩短数据采集和产品提供的周期，数字线划图可满足各种空间分析要求，可随机地进行数据选取和显示，与其他信息叠加，可进行空间分析、决策。

2. DRG 生产技术规定

1）资料准备

（1）根据采用的资料性质可分为 3 类：地形图印刷图、地形图分版二底图、数字线划图（DLG）数据。

（2）资料分析：从地图、文档、元数据等资料了解成图年代，成图方法，采用的大地基准、高程基准、等高距以及内图廓点坐标等。图纸、二底图是否齐全，平整，无折皱，无污渍；DLG 数据是否完整。

2）生产过程及技术要求

（1）直接法：直接对印刷图进行彩色（或黑白）扫描，然后通过几何校正、色彩归化（或二值化）、栅格编辑等过程，生成 DRG。技术要求如下：

① 地形图扫描：根据图面要素特别是等高线密度选择扫描分辨率，扫描分辨率不应低于 400 dpi；根据扫描图像灰度直方图选择亮度值与阈值，确保不漏要素，尽量不断线少粘连。

② 栅格数据编辑：图面线条与注记清晰；图面无明显噪声、斑点。

③ 色彩归化：各要素色彩 RGB 值符合 CH/T 1010 设置的彩色模版标准值要求；色彩排列顺序与彩色模版顺序一致；色彩数目与彩色模板一致。

④ 几何校正：几何校正重采样分辨率符合 CH/T 1010 中的产品规格要求；经定向校正后，内图廓点、公里格网点坐标与理论值比较，1：10 000 图偏差一般不大于 1 m，最大不得大于 1.5 m；定向校正后的数据按 GB/T 17798 的有关要求生成“附加信息文件”，或按 GeoTIFF 格式存储。

（2）叠合法：对分版二底图分别进行扫描，分别进行几何校正、赋色，然后按坐标进行叠合生成 DRG。方法、要求、流程与直接法基本相同。

不同之处如下：

① 生产工艺流程：分版灰度（黑白）扫描。分版处理，包括去噪声编辑、赋设定色（RGB）、几何校正等；各版数据处理完成后再进行数据叠合，并控制叠合精度。

② 技术要求：图廓分版叠合误差要求不大于 1.5 个像素，且各分版地物要素套合后相互关系正确。

（3）转换法：将 DLG 数据按图式要求符号化，并对各要素按标准要求设定 RGB 色，然后进行矢量-栅格数据转换，生成 DRG。

技术要求：要素的符号化及线划类型、宽度应符合图式标准；要素色彩按产品标准要求赋色（RGB 值）；矢栅转换后，保留地理定位信息。

3. DOM 生产技术规定

1）资料准备

制作正射影像所需的数据包括：航摄底片/复制片或其他遥感器获得的栅格影像数据；与影像同区域的数字高程模型（DEM）；由野外测量、空中三角测量加密或大比例尺地形图上获取的控制点资料（包括控制点位、坐标成果、分布略图）；航摄仪鉴定表、航摄验收报告。

2）生产技术要求

DOM 的生产目前主要采用两种方法。

（1）数字摄影测量法：建立立体模型采集 DEM，继而进行数字影像微分纠正。

（2）单片数字微分纠正法：利用已有的 DEM，进行单片数字影像微分纠正。

DOM 的生产过程：

（1）影像扫描：扫描几何分辨率的选择；扫描影像的灰度直方图在 0 ~ 255 并近似正态分布；扫描影像清晰，框标完整。

（2）采集 DEM：满足定向精度要求；若采集的 DEM 数据要作为正式成果上交，则 DEM 格网间距和格网点高程精度必须符合 CH/T 1008 的有关规定，若所采集的 DEM 仅供影像微分纠正使用，则高程精度可放宽 1 倍；单模型 DEM 之间进行拼接，应具有一定宽度的重叠带，一般以控制点连线为中线，带宽不小于 2 个格网（3 排点）。同名点高程较差不得超过一个等高距。

（3）纠正镶嵌。

① 微分纠正：首先，对 DEM 格网按像元地面分辨率的大小进行分割，形成格网，用该 DEM 格网的四角高程对格网每一个点的高程进行双线性内插。依次将每个像元的地面坐标按空间直线方程投影到像片上，求得其像点坐标。根据该像点坐标寻求其周边有关的扫描像片像元，进行灰度内插（重采样）。最邻近点法重采样最简单，但将造成像点在一个像元范围内的位移，精度较差，一般情况下不采用；双线性内插法重采样算法简单，且具有较高的灰度内插精度，是实践中常用的方法；双三次卷积内插法重采样算法较复杂，内插精度好，当重采样前后像元地面分辨率之比达 1∶2 以上（抽稀）时，采用本法才能取得较好的效果。

② 色调调整与影像镶嵌：镶嵌前应保证片与片之间、图幅与图幅之间的影像色调基本一致。特别是彩色影像（包括真彩色、彩红外等）必须根据需要进行局部色彩纠偏，以保持整体色彩效果的统一。相邻模型影像的镶嵌，应注意拼接线的选择，一般以控制点连线为拼接线，为避免地物影像分割（如高大建筑物）失去完整性，以控制点连线为中心线的一定范围内选择拼接线，影像镶嵌后不能造成影像重影。

4. DEM 生产技术规定

1）资料准备

收集资料时应注意优先收集现势性强的资料。包括：

（1）同等比例尺或更大比例尺的实测地形图或数字栅格地图数据。

（2）航空摄影资料：底片或其扫描影像；测区航摄略图（含航线分布、像主点位置、图幅分幅）；航摄验收报告；航摄仪鉴定表。

（3）由野外测量、空中三角测量加密或大比例尺地形图上获取的控制点资料（包括控制点位、坐标成果、分布略图）。

（4）按图幅的坐标系改正数和高程系改正数（视其需要）。

2）生产技术要求

DEM 的生产目前主要采用两种方式：地形图扫描矢量化法和数字摄影测量法。

（1）地形图扫描矢量化法。

① 地形图扫描：根据图面要素特别是等高线密度选择扫描分辨率，一般不应低于 400dpi；根据扫描图像灰度直方图选择亮度值与阈值，确保二值化后不漏要素，尽量减少断线和粘连。

② 定向与几何校正：栅格图像经定向与几何校正后，内图廓点、公里格网点的坐标与理论值偏差要满足要求。

③ 矢量化。

图形要素点位置的采集偏离、线位置采集偏差要满足要求。图形要素的分层与代码应正确无误。高程点、等高线无遗漏，高程赋值无误。在图幅范围内选择足够高程检查点数字化。

（2）数字摄影测量法。

① 影像扫描。扫描几何分辨率的选择，一般考虑 3 方面的因素：航摄底片的最高分辨率、最终产品的几何精度以及像片比例尺。

扫描参数的调整：原则上要使扫描影像的灰度直方图调整在 0 ~ 255 间并接近正态分布。

影像质量：要求像幅范围内影像清晰，层次丰富，所有框标清晰。

② DEM 的格网间距与精度。DEM 格网间距依比例尺要求：凡是用于内插 DEM 的数据（如视差曲线、像方格网模型等），均应通过与影像立体模型配准，进行人机交互编辑，改正自动匹配造成的误差以及森林、楼宇高差，使之切准地面，去除粗差。

③ DEM 拼接。单模型 DEM 之间应至少有 2 ~ 3 个格网的重叠带。接边前同名格网上高程交叉不超过 2 倍格网点高程中误差。接边后，所有同名格网点高程应一致。

5. DLG 生产技术规定

1）资料准备

（1）最新的航摄资料。

（2）航测外业控制测量资料。

（3）野外调绘资料。

（4）其他地形图、地名、行政勘界资料等可供作业参考的资料。

2）航摄底片扫描

确定合适的扫描分辨率，扫描时要注意灰度直方图的调整，尽量使其基本符合正态分布，做到扫描的色彩图像色调均衡、层次丰富、反差适中，各类标志清晰可见。

3）空中三角测量

外业采用区域网布点时，内业要利用空中三角测量系统进行像控点的加密工作。

4）内业测图

（1）采用数字摄影测量方法采集 DLG 数字地形图，要求采集的数据按点、线、面来描述其几何特征，并赋予分类代码。

（2）使用数字摄影测量系统（JX4 或 VituozoNT）作业，建立立体模型时其内定向量测误差、相对定向残差、绝对定向平面、高程误差应依据测区具体情况，按相关规范、技术设计书要求执行。

（3）地物测绘方法是外业调绘定性，立体模型定位，地名注记、植被符号等无需精确定位的要素在编辑时生成。

（4）测图时，应正确表示各要素的几何关系，要正确使用图形的捕捉功能，即正确捕捉到要素的端点或线上的最近点。

（5）水系网应连接成一整体，湖泊、水库应与河网连接，河流经过桥、坝、闸、隧道、居民地等时，应连续通过。

（6）测绘道路时，要根据相关规范、技术设计书对宽度的要求判断测路边线还是中心线，道路应呈网状。

（7）地类界按立体模型实测。

（8）境界按调绘片的位置实测，如能较清楚判断境界走山脊，则按山脊线测。

（9）测有向点时按两点有向线段采集，第一点为要素的定位中心点，第二点标志要素的方向；测有向线状要素时，一律将符号部分放在数字化前进方向的右侧。

（10）编辑视差曲线时应切准地面，对于密林地区要考虑树高。

（11）测绘等高线时原则上要求连续，要有正确的高程值，等高线应合理地表示出地貌特征；等高线遇陡崖、陡石山等被隔断，应将上下坡线的两条等高线连通，中间的可以断开；在地形变换处如山头、山谷、鞍部等，等高线必须逐条绘出，并适当读取高程点。高程注记点应选在明显地物点和地形特征点上。高程注记点密度、等高线注记按照具体技术设计书要求。

（12）对于等高距为 1 m 的图幅，其等高线、高程注记点根据相关精度要求，采用由内业在立体模型上直接测绘或采用原有地形图上的高程信息，地貌变化区域由外业实地补测高程碎部点、内业勾绘等高线的方法。

（13）各级三角点、军控点、GPS 点直接按坐标取整输入，各级水准点参考调绘片在立体模型上采集点位。

（14）每个像对、每幅图测完后要求必须接边，包括与已成图数据的接边。

5）内业编辑

内业测图完成后，首先建立编码转换对照表，将内业测图采集的数据按最终要求的代码和分类标准转换到编辑软件，按 GIS 数据的要求进行编辑，构拓扑，并依据调绘片添加注记、植被符号等无须精确定位的要素。

总体要求：

（1）采集内容及代码参考《基础地理信息要素分类与代码》（GB/T 13923），具体以相应技术设计书为准。

（2）数据需分层存放，并录入属性，能满足直接入库要求。

（3）各层要素采集后，进行图形及属性编辑，要保证各层数据拓扑关系及属性的正确性。

（4）内图廓线、公里网应用理论数据生成，其他数据层若有与图廓线相交形成的闭合多边形，应采集一段内图廓线构成闭合图形。

（5）以地形图标准分幅为作业单元，所有作业单元必须接边（包括换带接边）。接边的一般原则：不同时期成图的，后期成图与前期成图接边，前期成图不动；同期成图的，各改一半，具体见 GB/T 13990 要求。对于因现势性原因造成部分要素不接边时，不做处理，在图历簿记载注明。

（6）注意处理好各要素之间的关系，各层叠加后关系应协调一致，如居民地与道路、水库与水库坝、河流，河流与等高线的关系。

（7）数据提交后，不应出现不合理的悬挂点和伪节点，属性表中代码（CODE）不应为 0。

（8）有向线要素（运河、堤）一律将符号部分放在数字化前进方向的右侧。

（9）点状要素采集该符号定位点，有向点要注意其方向（第一点为要素的定位中心点，第二点为标志要素方向）。

（10）对于多层数据共线的，只采集一次，再拷贝到其他数据层。同时，代码做相应的改变。

（11）线状要素被其他要素隔断时，除特别规定加辅助线连接外，应连续采集。

（12）凡有高程信息的独立地物要素，应在存放高程点的层中增加采集一个点，其代码采用一般高程点代码。

（13）省界附近图幅编辑范围按调绘范围，但必须要满省界（以新的勘界资料为准）。

（14）线、面状要素的采集密度以线、面要素几何形状不失真为原则确定，采点密度随线划曲率的增大而增加，平直的地方采点间隔适当放大。

各类要求：

（1）测量控制点：按理论坐标取整输入，并输入相应的名称、高程值。

（2）水系要素。

① 单线河、双线河、湖泊等遇不依比例尺的桥梁、涵洞、瀑布、水闸等时直接通过，保证水系贯通形成水网；单线河、双线河、湖泊等遇依比例尺的桥梁、涵洞、瀑布、水闸等时，用辅助线连接。

② 单线河、双线河过双线路时用辅助线连接；单线河过大车路、乡村路、小路时直接通过。

③ 单线河的数字化方向从河源到河口。

④ 单线河、单线渠、双线河等水系加辅助线连到水库、湖泊水涯线。

⑤ 为保持面状水系要素闭合需加辅助线（双线河与水库汇水处、双线河与入海口、双线河与水塘等）。不同名称段的双线河，在分界处加辅助线，形成不同的多边形。

⑥ 双线河、湖泊等与内图廓线闭合形成的多边形，只采集形成闭合多边形的那一小段内图廓线，其他部分的图廓线不采集。

⑦ 海岛、洲心岛等需加 Label 点。

⑧ 水系的线层要进行重线、相交、打折等线层的相关检查。

（3）道路要素。

① 道路应按先行政等级，后技术等级的顺序，确定代码进行采集，道路的行政等级可依据有关的道路交通图及调绘资料。

② 所有的道路都应采集中心线，构成网状，并输入属性。

③ 所有半依比例尺、依比例尺的桥应按中心线表示，并与路相接。

④ 主要街道采集中心线，视具体情况采集边线。

⑤ 道路遇不依比例尺桥时直接连通，遇依比例尺桥时与桥两头相接。

⑥ 飞机场在交通点层采集中心点，同时在交通面层采集范围线构面。

⑦ 无法确定路的行政等级、技术等级时，作其他公路表示。

⑧ 国道、省道、县道或乡道重合于同一段道路时，取较高一级道路代码；同级道路重合时取号数小的为这段道路的道号。

⑨ 不同行政等级或技术等级的道路要分别数字化，同一条道路中不同的线段的节点必须重合。

（4）境界要素。

① 境界面层的数据中均为闭合图形（境界与内图廓线相交时，用内图廓线帮助构面）。

② 境界以单线河、道路等线状地物为界时应从相应数据层拷贝，并赋相应代码。境界以双线河、防火带等中心线为界时应按中心线数字化。

③ 境界面层中应存放海域和海岛，所有海岛都有归属，中国海岛注行政区划代码。

④ 各级行政境界采用最新的勘界资料，行政区划代码（PAC）依据 GB/T 2260 录入。

⑤ 镇级行政界线依据调绘片采集。

⑥ 界端注记按图式要求位置采集。

（5）居民地要素：县级以上政府驻地名及能判断其位置的重要建筑物名要输入到点的属性项 NAME 中。

（6）地貌要素：等高线原则上要求连续不间断，但遇陡崖、陡石山等被隔断时，应将上下坡线的两条等高线连通，中间的可以断开。

（7）注记要素：所有注记都要以点或线的方式采集，有实体的还要录入到实体的NAME属性段，整列式的注记按注记中心点采集，输入代码及名称，海洋、山脉、群岛等散列注记沿图上注记排列延伸方向的中轴线采集有向线，每一个注记的中心位置有一个节点。如遇有库外字，将库外字的编码输入属性项中。

任务10.3　4D产品质量检查

10.3.1　概　述

在GB/T 18316—2001《数字测绘产品检查验收规定和质量评定》中，检查验收基本规定：二级检查一级验收制度。两级检查是指过程检查和最终检查。

（1）过程检查：作业人员产品上交以后，质检人员对产品所进行的第一次全面检查。

（2）最终检查：在过程检查的基础上，质检人员对产品进行的再一次全面检查。

检查工作的实施：应在作业人员经自查，确认无误后方可按规定整理上交成果。科室一级进行过程检查，生产单位（院）进行最终检查，这两级检查均为100%的成果全面检查。在过程、最终检查时，如发现有不符合质量要求的产品时，应退给作业员或作业科室进行处理，然后再进行检查，直到检查合格为止。

（3）验收：为判断受检批是否符合要求（或能否被接收）而进行的检验。

（4）质量元素：产品满足用户要求和使用目的的基本特性。这种特性可归纳为数字测绘产品的数据格式、数学精度、属性精度、逻辑一致性、要素完备性、现势性以及图形、图像质量、整饰质量、附件质量等质量元素。这些元素能予以描述或度量，以便确定对于用户要求和使用目的是合格还是不合格。

（5）严重缺陷：单位产品的极重要质量元素不符合规定以致不经返修或处理不能提供用户使用。

（6）重缺陷：单位产品的重要质量元素不符合规定，或者单位产品的质量元素严重不符合规定。对用户使用有重大影响。

（7）轻缺陷：单位产品的一般质量元素不符合规定，或者单位产品的质量元素不符合规定，对用户使用有轻微影响。

（8）缺陷值：按照缺陷等级而规定的分值。

10.3.2　数字线划地形图DLG产品的检查验收

1. 数字线划地形图产品质量元素

数字线划地形图产品质量元素见表10.1。

2. 检测内容和方法

检查的程序和步骤，可根据组织形式、软件情况、工序情况，采用分幅、分层或以工序进行全面内容的检查。

表 10.1　数字线划地形图产品质量元素

一级质量元素	二级质量元素
基本要求	文件名称、数据格式、数据组织
数学精度	数学基础 平面精度 高程精度 接边精度
属性精度	要素分类与代码的正确性 要素属性值的正确性 属性项类型的完备性 数据分层的正确及完整性 注记的正确性
逻辑一致性	拓扑关系的正确性 多边形闭合 结点匹配
要素的完备性及现势性	要素的完备性 要素采集或更新时间 注记的完整性
附件质量	文档资料的正确、完整性 元数据文件的正确、完整性

1）文件名及数据格式检查

检查文件名命名格式与名称的正确性；检查数据格式、数据组织是否符合规定。

2）数学精度

（1）数学基础。

检测产品的大地基准、高程基准、地图投影方式、分带情况是否符合数字线划图产品标准的要求。根据 GB/T 13989 的规定，检测图幅西南角点的经纬度坐标，控制点 X、Y、Z 坐标值是否正确。图廓点 X、Y 坐标值取位到厘米，检测其坐标值与国家大地数据处理中心提供的坐标值是否一致。检测不同坐标系间的坐标转换关系是否符合国家大地数据处理中心的规定。

（2）平面精度及高程精度。

检测数字线划图数据产品平面精度和高程精度是否满足规范和设计的规定。

数字地形图平面检测点应是均匀分布、随机选取的明显地物点。平面和高程检测点的数量视地物复杂程度、比例尺等具体情况确定，每幅图一般各选取 20 ~ 50 个点。

检查方法随成图方法的不同而不同：

① 野外实地检测。

② 基于航测成图时，采用内业加密桩点法检测。

③ 用更大比例尺资料进行检测。

④ 基于扫描数字化成图时，用计算机在屏幕上套合检查。高程精度的检测是对照数字化原图检查高程点和等高线高程注记的正确性，平面精度检测点状目标和线状目标位移误差，

分别统计、计算两种目标的位移中误差。

⑤ 基于数字正射影像图成图时，用计算机在屏幕上套合检查。平面精度检测点状目标和线状目标位移误差，分别统计、计算两种目标的位移中误差。

（3）接边精度。

检测要素是否几何接边；检测接边要素的几何形状是否合理；检测要素几何接边后，属性是否一致，拓扑关系是否正确；检测跨带接边是否准确。

采用编制相关软件程序自动检查、人机交互检查、绘图检查的方法检查。

通过量取两相邻图幅接边处要素端点的距离是否等于0来检查接边精度，未连接的记录其偏差值；检查接边要素几何上自然连接情况，避免生硬；检查面域属性、线划属性的一致情况，记录属性不一致的要素实体个数。

3）属性精度

（1）要素分类与代码的正确性。

（2）要素属性值的正确性。

（3）属性项类型的完备性。

（4）数据分层的正确及完整性。

（5）注记的正确性。

检查各个层的名称是否正确，是否有漏层；逐层检查各属性表中的属性项类型、长度、顺序等是否正确，有无遗漏；按照地理实体的分类、分级等语义属性检索，在屏幕上将检测要素逐一显示或绘出要素全要素（或分要素图）与地图要素分类代码表，与数字化原图对照，目视检查各要素分层、代码、属性值是否正确或遗漏；检查公共边的属性值是否正确；采用调绘片、原图等方式检查注记的正确性。

采用编制相关软件自动检查、人机交互检查、绘图检查的方法。

4）逻辑一致性

（1）拓扑关系的正确性。

（2）多边形闭合。

（3）结点匹配。

用相应软件检查各层是否建立了拓扑关系及拓扑关系的正确性；检查各层是否有重复的要素；检查有向符号，有向线状要素的方向是否正确；检查多边形的闭合情况，标识码是否正确；检查线状要素的结点匹配情况；检查各要素的关系表示是否合理，有无地理适应性矛盾，是否能正确反映各要素的分布特点和密度特征；检查双线表示的要素（如双线铁路、公路）是否沿中心线数字化；检查水系、道路等要素数字化是否连续。

5）要素的完备性及现势性

（1）要素的完备性。

（2）要素采集或更新时间。

（3）注记的完整性。

检查数据源生产日期是否满足要求，检查数据采集时是否使用了最新的资料；采用调绘片、原图、回放图，必要时通过立体模型观察各要素及注记是否有遗漏。

6）整饰质量

（1）线划质量。

（2）符号质量。

（3）图廓整饰质量。

对于地图制图产品应检查以下内容：检查各要素符号是否正确，尺寸是否符合图式规定；检查图形线划是否连续光滑、清晰，粗细是否符合规定；检查各要素关系是否合理，是否有重叠、压盖现象；检查各名称注记是否正确，位置是否合理，指向是否明确，字体、字大、字向是否符合规定；检查注记是否压盖重要地物或点状符号；检查图面配置、图廓内外整饰是否符合规定。

7）附件质量

（1）文档资料的正确、完整性。

（2）元数据文件的正确、完整性。

检查所上交的文档资料填写是否正确、完整；逐项检查元数据文件内容是否正确、完整。

采用编制相关软件程序自动检查、人机交互检查的方法检查元数据文件内容。采用上机浏览或书面检查的方法检查文档资料内容，以测区为单位检查测区技术设计书、测区生产技术规定、技术总结报告、文档簿、图幅结合表、验收技术规定。

10.3.3 数字高程模型 DEM 产品的检查验收

1. 数字高程模型 DEM 产品质量元素

数字高程模型 DEM 产品质量元素见表 10.2。

表 10.2 数字高程模型 DEM 产品质量元素

一级质量元素	二级质量元素
基本要求	数据命名、数据格式
数据精度	数学基础 高程精度 接边精度 格网间距
现势性	数据生产日期
附件质量	元数据的正确性、完整性 文档资料的正确性、完整性

2. 检测内容和方法

1）文件命名及数据格式的检查

2）数学基础检查

（1）数字摄影测量法生产的 DEM，应检查格网间距、DEM 范围即起止点坐标的正确性、高程数据的完整性及明显高程异常。

（2）地形图扫描矢量化法内插 DEM，除了按（1）检查外，首先还应采用编制的软件自动或人工检查矢量数据的图廓点坐标，将矢量数据与纠正后地图扫描数据叠加显示矢量采集精度。

3）高程精度检查

（1）数字摄影测量法高程精度的检测包括对同名格网点高程精度的检测和对高程模型内插点的高程精度检测，可用以下方法进行：① 室内加密桩点法；② 野外散点法（野外散点法较适用于平缓地区的数字高程模型的高程精度检测）。

（2）基于地形图扫描矢量化法可用下列步骤检测：分层设色显示 DEM 数据，并叠合矢量数据，用来检查 DEM 的错误及异常，或晕渲显示 DEM 数据，并叠合矢量数据，用来检查 DEM 的错误及异常。

采用地形图原图对照矢量数据，人机交互式或用相应软件，检查高程点和等高线的正确性，有无点线矛盾等。

4）接边精度的检查

在屏幕上目视检查相邻图幅的 DEM 接边处的重叠情况，同名格网点高程的一致性，以及相邻行（列）格网平面坐标的连续性、正确性。

5）附件质量检查

（1）元数据文件：逐项检查元数据的内容是否正确、完整。

（2）文档资料：检查文档资料填写是否正确、完整。

（3）特征点（线）文件：检查内容包括分类代码、属性精度等。

10.3.4 数字正射影像图 DOM 的检查验收

1. 数字正射影像图 DOM 产品质量元素

数字正射影像图 DOM 产品质量元素见表 10.3。

表 10.3 数字正射影像图 DOM 产品质量元素

一级质量元素	二级质量元素
基本要求	文件名称、数据格式、数据组织
数学精度	数学基础 平面精度 接边精度
影像质量	反差 灰度 色彩 清晰度 分辨率 外观质量
现势性	数据生产日期
整饰质量	注记质量 图廓整饰质量
附件质量	文档簿的正确性、完整性 元数据文件的正确性、完整性

2. 检测内容和方法

质量检查采用软件自动检查、人机交互检查、数学基础的正确性交互检查、人工校对检查等方法。视具体检查内容，确定采用一种或多种方法。

1）文件命名及数据格式检查

2）数学基础检查

影像分辨率、左上角（起点）坐标 X_{max}、Y_{min} 及影像行数（Row）、列数（Col）是否正确可通过数字正射影像图信息文件（*.IMG）中相关内容来检测。

影像分辨率的理论值、图幅范围的正确性，围成 1∶10 000 数字正射影像图外接矩形的左上角坐标 X_{max}、Y_{min}，右下角坐标 X_{min}、Y_{max} 的正确性。

3）影像点位平面精度检测

检测点的选取：数字正射影像图平面精度以及接边精度是通过在影像图上选取一定数量的检测点，通过检测检测点的精度来度量整幅图的精度。

抽取的检测点应便于在实地野外检测或在比例尺较大一级的数字线划图、数字栅格地图等上能明显判读的地物点。

每幅图的检测点数量视地形情况而定，一般不少于 20 点，且在图幅内尽量分布均匀。

4）接边检测

接边处影像检测：用目视检测法看相邻数字正射影像图幅接边处影像的亮度、反差、色彩是否基本一致。

接边精度的检测：取相邻两 DOM 影像图重叠区域处同名地物点作为检测点，分别量取两同名点的距离，或者是读取同名点的坐标，算出两点间的距离，检查同名点的较差是否符合限差。

5）影像质量检测

在 1∶10 000 状态下，目视检查影像是否清晰易读、反差是否适中、色调是否均匀一致、纹理是否清楚，对于彩色影像，目视检查影像色彩是否鲜明有真实感，影像上不能有因作业过程中的失误而造成的肉眼可见的重影。

经过镶嵌的影像，其镶嵌处色彩应过渡自然，无明显的色彩变换；在镶嵌处不应有因镶嵌引起的重影、模糊或断裂等现象。

6）整饰质量检查

如果生产的 DOM 存在整饰内容，则可利用回放图或在计算机上打开整饰文件目视检查注记有无错漏，位置是否恰当；检查图廓内整饰是否符合图式的规定，内容是否正确、完整。

7）附件质量检查

（1）元数据的检查。用目视检测法对元数据文件的数据项完整性、正确性做出检查。

（2）文档簿的检查。用目视检测法对文档簿进行逐项检查，检查文档簿中必填项是否完备，是否符合文档簿的填写要求。

10.3.5 数字栅格地图 DRG 的检查验收

数字栅格地图 DRG 质量元素见表 10.4，根据质量元素进行有关检查和验收。

表 10.4　数字栅格地图产品质量元素

一级质量元素	二级质量元素
基本要求	文件名称、数据记录格式
数学精度	数学基础 平面精度
栅格图形质量	分辨率 清晰度 色彩一致性 外观质量
整饰质量	图廓整饰质量
现势性	数据生产日期
附件质量	文档资料的正确、完整性 元数据的正确、完整性

任务 10.4　遥感技术的应用

遥感技术的应用

10.4.1　遥感技术在测绘中的应用

遥感图像在测绘中主要被用来测绘地形图、制作正射影像图和经专业判断读后编绘各种专题图；使用现时的遥感图像补测和修编地形图和地图，以及在一些特殊条件下，如云覆盖、森林覆盖、水下、雪原上测绘地形图等。所测绘的地形图或地图已是数字形式，通过格式变换直接存入 GIS 的数据库，修测的内容可以更新 GIS 数据库。

1. 制作卫星影像地图

利用各种传感器的影像制作卫星影像图，先在所需制作影像图的区域内，均匀选取一些控制点，点数与区域大小和选择的纠正模型要求有关，区域面积大，适当多选一些。点的坐标可在比最后制作影像图大一个等级的比例尺的地形图上读取或用 GPS 或其他测量工具实地测定。根据卫星影像的分辨率和粗加工处理后残余变形误差的特点，按规范要求对影像精加工处理后平面误差在 1 ~ 1.5 个像元之间才能制作影像图，而用于一般判读目的时，残余误差可放宽到 2 ~ 3 个像元。各种卫星影像与影像图比例尺之间的关系见表 10.5。

表 10.5　卫星影像分辨率与成图比例尺的关系

卫星影像名称	分辨率/m	按规范规定最大成图比例尺	仅用于一般判读的成图比例尺
MSS	79	1∶500 000	1∶250 000
TM	30	1∶100 000	1∶50 000
SPOT（1 ~ 4）	20，10	1∶50 000	1∶250 000
IRS（全色）	5.8	1∶25 000	1∶20 000
IKONOS（全色）	1	1∶10 000	1∶5 000

2. 卫星影像修测地形图

利用卫星影像修测地形图速度快、费用低（见图 10.2）。因地形一般情况下不会发生大的变化，因此主要修测城镇居民地、道路交通、水系及部分地物类型，还应对变化的地名进行更改。修测地形图的比例尺一般比制作影像图的比例尺小 50%。卫星影像图现已广泛应用于城镇规划、交通规划、违章建筑监测等方面（见图 10.3）。

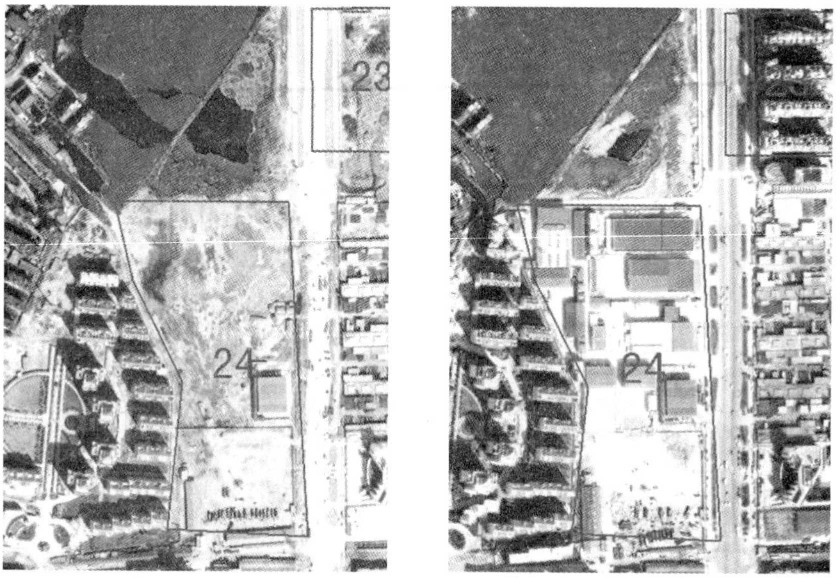

图 10.2　23#、24#地块修补测

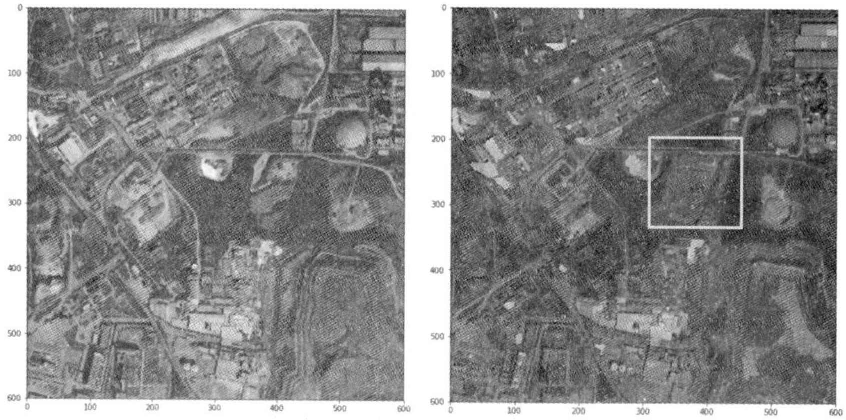

图 10.3　山东淄博某区域疑似违章建筑监测

3. 陆地地形图测绘

使用航空像片测绘地形图的技术已相当成熟，它的进一步发展是与计算机和自动控制技术结合起来，实现测图自动化。但航空像片覆盖面积小，全世界那么大的地方不可能在短时间内拍摄全部的陆地，并且价格昂贵。而卫星相片覆盖面积很大，能在短时间内对全球摄影一遍，还可进行重复摄影。随着分辨率的提高，测图比例尺也在不断提高。利用影像图制作数字线划图（见图 10.4）。

图 10.4　利用影像图制作数字线划图

10.4.2　遥感技术在环境和灾害监测中的应用

地球环境是一个庞大而复杂并且在不断变化的系统，由于人类活动和自然本身演变的原因，使地球环境产生急剧的、甚至发生一些灾难性的变化，如地球温室效应、厄尔尼诺现象、海洋赤潮、洪涝和旱灾、臭氧空洞、沙尘暴、南北极和珠峰的冰雪线退化等。遥感技术是监测地质灾害的最佳方法之一。2008 年 5 月 12 日，汶川地震发生后北川县局部影像图如图 10.5 所示。

图 10.5　汶川 5.12 地震后的北川县局部影像图

1998 年受厄尔尼诺现象的影响，我国长江中游从宜昌至南京全线突破警戒水位，7 月份中、下旬川、黔、湘、鄂、赣再次下大到暴雨，沿江各省告急，尤其是湖北省簰州湾发生决口，侵吞了簰州湾合镇岭，造成重大生命财产损失。

由于水灾期间往往阴雨连绵，常规遥感方法已无法探测，而雷达图像能穿云过雾，因此是监测洪涝灾害的有效手段。为了监测水情，还须将现时的雷达影像与原先的 TM 图像进行精确准后作融合处理，在融合影像上先清楚地显示出清水、浊水、新淹没积水区，地表无明水但土壤为水分饱和的内涝滞水区、植物正常生长的无灾区及城镇居民点等。如图 10.6 所示，为 1998 年 8 月 1 日 6 时前武汉地区融合影像，品红色区为淹没区，绿色区为未淹没的植物覆盖区，这时簰州湾尚未被淹。8 月 1 日晚 8 时簰洲湾溃口，从 8 月 1 日以后的 SAR 与 TM 融合的影像上看，簰洲湾已被品红色（新淹没区）和蓝色（水区）所覆盖。

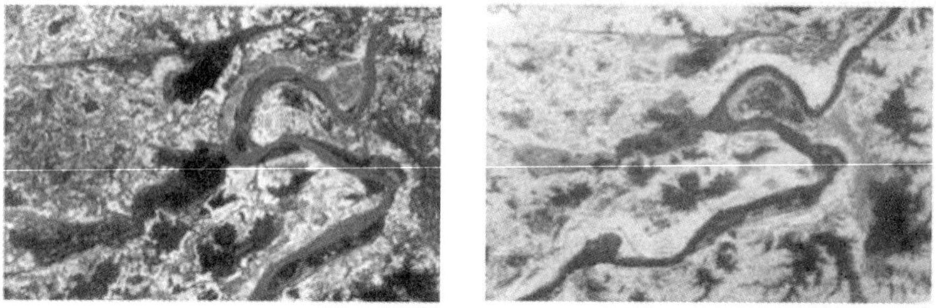

（a）1998 年 8 月 1 日 6 时前的 SAR 与 TM 融合影像

（b）1998 年 8 月 1 日晚 8 时后 SAR 与 TM 的融合影像

原图呈现

图 10.6　遥感技术监测洪水淹没区域

10.4.3　遥感图像上的地质构造解译

地质构造是指岩层和岩体在地壳运动所引起的构造作用力的作用下，所发生的各种永久性的变形和变位。地质构造是岩浆活动、沉积作用、变质作用、风化作用及地球内部放射物质迁移、集中和裂变等地质作用的综合结果。

由于地壳运动引起的构造作用力，使岩层和层体产生各种不同的构造形变，如褶皱、断层、节理以及不整合接触等。地质构造的类型、走向及密度等是判断成矿条件的重要依据之一，同时对各项建设工程会产生直接的影响。

地质构造与地貌类型密切相关，所以研究地质构造往往从地貌类型的调查开始。卫星遥感图像上对各种地貌类型显示得十分清楚，有时可将整个盆地或山脉容纳在一张像片中。由于卫片具有宏观观察的特点，使地面上许多构造特征历历在目，如山地和平原的交界、支流河谷的线性排列、洪积扇、断裂、褶皱等。

复习思考题

1. 简述遥感分类专题图制作技术路线。
2. 卫星正射影像图的制作流程及技术要求是什么？
3. 简述 4D 产品质量检查方法。
4. 简述遥感技术的应用领域。

附 录

附录 1 数字摄影测量系统简介

一个完整的遥感数字图像处理系统应包括硬件和软件两大部分。硬件是指进行遥感图像数字处理所需具备的硬器件设备。这些设备用光学器件、电子器件和机械部件按设计要求组装而成，主体是电子计算机，并配有必要的输入、储存、显示、输出和操作等终端及外围设备。软件是指进行遥感图像处理时所编制的各种程序，一整套图像处理程序构成图像处理的软件系统，该系统运行于特定的操作系统之上。

1. 数字摄影测量系统概述

摄影测量的基本原理是利用立体像对上的同名点进行空中前方交会、利用三度重叠的同名点进行模型连接、利用航带间的同名点进行光束法区域网平差等。因此，如何代替作业员的眼睛进行立体观测、实现确定同名点的自动化，是摄影测量工作者长期追求的目标。

20 世纪 80 年代以来，由于计算机技术的飞速发展，许多数字摄影测量工作站相继建立，利用计算机的计算代替作业员的眼睛进行立体观测就是数字摄影测量的核心。早期著名的数字摄影测量工作站有 DPW610/650/710/750、PHODIS、ImageStation、JX-4C 数字摄影测量工作站（见附图 1）、VirtuoZo 数字摄影测量工作站（见附图 2）等。

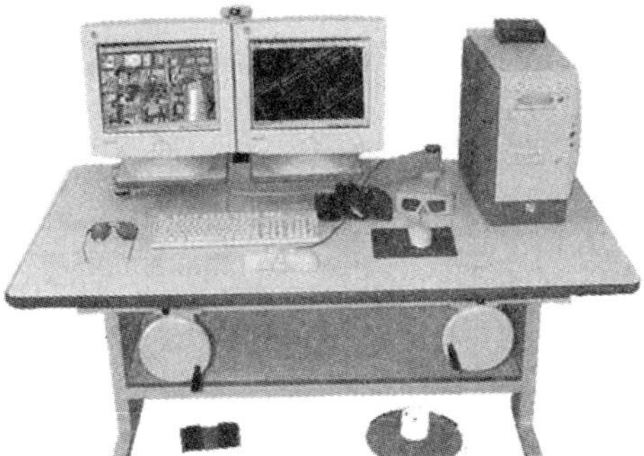

附图 1 JX-4C 数字摄影测量工作站

附图 2 VirtuoZo 数字摄影测量工作站

2. 遥感数字图像处理的硬件系统

遥感数字图像处理硬件系统主要由以下几部分构成：输入设备、输出设备、电子计算机存储设备以及系统操作台。随着计算机硬件的快速发展，有些原来作为独立的硬件设备现在也变成了电子计算机的一个构成部分，所以硬件系统的划分界限也变得模糊起来。

（1）输入设备。

遥感数字图像处理系统常用输入设备有磁带机、磁盘机（包括光盘）、胶片扫描仪、析像器、数字化仪等。输入设备主要完成遥感数据输入计算机的功能。根据遥感数据类型的不同，输入设备也不相同。磁带机，磁盘机直接将存贮在磁带、磁盘或光盘上的遥感数字图像输入计算机；胶片扫描仪、析像器主要将光学遥感图像转换成数字遥感图像，然后输入计算机进行处理；数字化仪将线划地图变换成数字形式输入计算机进行处理。胶片扫描仪、析像器及数字化仪统称为数字化器。最常用的数字化器有：平台式图像数字化器、滚动式图像数字化器、固态阵列数字化器、飞点扫描器、摄像管数字化器、地图数字化桌等。

平台式图像数字化器几何精度高、辐射分辨率高，可处理大像幅遥感图像，但采样速度较低。平台式图像数字化器 PDS-G，平面精度达 5 μm，采样窗口在 5 μm × 5 μm 以上时，灰度可用 32 bit 进行编码，在 0 ~ 4 密度值间的辐射分辨率为 ± 0.01，扫描速度每秒钟 200 mm。处理像幅面积达 50.8 cm × 50.8 cm。

滚动式图像数字化器，采样速度高，但几何精度低于平台式图像数字化器，也可处理大像幅遥感影像。例如 Joyce-Loebl Scanding 彩色胶片扫描仪，处理像幅最大为 400 mm × 300 mm，采样窗口分 25 μm、50 μm、100 μm、200 μm、500 μm、1 000 μm 几种，分红、绿、蓝和黑白 4 个通道，每个通道用 8 bit 编码，采样数据率为 500 ~ 20 万个像元/秒。有的滚筒式图像数字化器与扫描晒像机装在一起，例如 C-4500 型扫描图像输入输出器。

固态阵列数字化器，使用 CCD 线阵列器件作数字化器的探测器，它的采样速度快、几何精度高，但由于各个 CCD 元素的光敏特性不同，其辐射测试性不如前两种。目前还有两维固态阵列数字化器。

飞点扫描器和摄像管数字化器只适用于小像幅影像的数字化器。

地图数字化器是将地图要素的坐标数字化后输入计算机。它通过测标将地图任一点的坐标输入计算机。目前也可将地图直接数字化成栅格地图，然后用软件进行自动识别和跟踪将地图要素形成矢量形式的数字化地图。

（2）输出设备。

遥感图像处理系统常用的输出设备有磁带机、磁盘机（包括光盘）、彩色显示器、绘图仪和打印机等。磁带机、磁盘机将处理结果以数字形式存储在磁带、磁盘及光盘上。彩色显示器、绘图仪和打印机完成数字图像向光学图像的转换，处理结果以光学图像形式直观表现出来。同时显示器还作为人机交互的工具实现人对计算机遥感图像处理的控制。

（3）电子计算机。

电子计算机是遥感图像处理系统的心脏。计算机性能的高低决定了处理的速度及效果。计算机的发展日新月异，适合遥感图像处理的计算机也越来越多。

遥感图像处理系统中电子计算机的选择主要经历了以下几个阶段。

第一阶段为 20 世纪 60 年代到 70 年代上半期，遥感图像处理的实现一般都是在已有的大、中型计算机上配备必要的外围设备（如图像的输入与输出设备），利用图像处理软件来完成图像处理与分析功能。

第二阶段为 20 世纪 70 年代下半期到 80 年代初期，这个时期的特点是除了主机之外，还配备了专用的图像处理机，将许多图像处理算法固化以加速遥感图像处理。

第三阶段是 20 世纪 80 年代初到 90 年代初。这个时期遥感图像处理系统主机绝大多数采用 32 位的超小型机，处理速度进一步提高。

第四阶段是 20 世纪 90 年代初至今。现在的遥感图像处理系统按照处理规模的大小采用不同类型的计算机。一方面计算机朝着巨型化发展，如各种超级计算机，这些计算机也被气象、地质等部门作为图像处理和分析使用；另一方面，体积越来越小，功能越来越强的微型计算机得到了迅猛发展。基于微型计算机的遥感图像处理系统也越来越普遍。介于两者之间的计算机有工作站。基于工作站的遥感图像处理系统目前应用也较广。

遥感图像处理系统主机的选择主要根据处理的规模来定。对于数据量特别大，处理速度要求很高的情况，应选择大型乃至巨型计算机。而对于一般的用户而言，工作站和微机足够满足通常的遥感图像处理的要求。特别是微机的发展，使得以前需要大型计算机完成的处理工作，微机上就可胜任。

（4）其他设备。

其他设备包括存储设备、操作台等。随着计算机技术的发展，存储设备也得到了较快的发展，现在大容量的存储设备成为计算机配置的一部分。而操作台随着微机的发展已逐渐消失，而代之以键盘和鼠标及简捷、实用的操作界面。操作终端与显示设备合二为一。

3. 遥感数字图像处理的软件系统

遥感数字图像处理的软件系统是建立在一定操作系统之上的应用软件。早期的遥感图像处理软件与操作系统紧密相连，不具有通用性，往往一套图像处理系统软件只适于在特定的机器之上运行，所以在购买软件时必须同时购买硬件。现在大部分遥感图像处理软件位于操作系统之上，与硬件独立，只要是运行于某个操作系统上的，就不必考虑这种操作系统是安装在哪种类型的硬件上。这一点在微机版的遥感图像处理软件中表现得更明显。如，只要是以 Windows NT 为平台的就可以适合于在各种安装了 Windows NT 的硬件平台上运行。不管这种硬件是哪个厂家生产的，是微机还是工作站。

当前遥感图像处理软件主要运行于 Unix 和 Windows 系列操作系统之上。近年来随着 Internet 的发展，一种新的操作系统也逐渐引人注目，这就是 Linux，这是一种类 Unix 的操作系统。它的优势在于系统的稳定性及安全性均不逊色于多种主流操作系统，而它是免费的，开放的。现在许多遥感图像处理软件也可以运行于 Linux 上了。Unix 操作系统主要工作在工作站上，在微机性能没有得到长足进步的早期，许多遥感图像处理软件都是运行于工作站上，操作系统为 Unix，随着微机性能的提高，同一种遥感软件，其工作站版的功能与微机版上的功能差异逐渐缩小。微机上主要运行 Windows 系统操作系统。对于用户来说，两者的操作界面类似，功能相近，所以，操作系统的区别对于用户是不敏感的。

各种遥感图像处理软件的功能有比较大的区别，但是都包含一些基本的、常用的功能。不同之处在于，不同的系统实现方式多异，功能的多少也不相同。大型的软件系统，如 PCI、ER Mapper、ERDAS 等，不仅能完成通常的各种遥感处理，还提供与 GIS 的集成，与数字摄影测量系统的集成，功能非常强大。

（1）遥感图像处理系统的软件功能。

这里归纳的软件功能主要是指一些比较基础的遥感图像处理功能，是每一个遥感图像处理系统所基本共有的，主要存在以下几个方面：

① 图像文件管理。包括各种格式的遥感图像或其他格式的输入、输出、存储以及图像文件管理等功能。

② 图像处理。包括以下功能：

a. 影像增强，如分段线性拉伸、对数变换、指数变换、直方图均衡、直方图规定化和正态化等。

b. 图像滤波，空间域滤波如锐化，平滑等频率域滤波如带通滤波，高通滤波，低通滤波等。

c. 纹理分析及目标检测，如纹理能量提取、基于边缘信息的纹理特征提取、线性算子检测、霍夫变换等。

③ 图像校正。包括辐射校正和几何校正。

辐射校正包括太阳高度角照度变化校正，大气校正，传感器成像误差校正等。

几何校正包括粗纠正和针对各种传感器的精纠正、图像匹配、图像镶嵌等。

④ 多影像处理。包括图像运算，图像变换以及信息融合，

图像运算包括逻辑运算、逻辑比较运算和代数运算等。

图像变换包括傅立叶变换、傅立叶逆变换、彩色变换及逆变换、主分量变换、穗帽变换、阿达玛变换、生物量指标变换等。

信息融合包括加权融合、HIS 变换融合等。

⑤ 图像信息获取。包括图像直方图统计、多波段图像的相关系数矩阵、协方差矩阵、特征值和特征向量的计算、图像分类的特征统计、多波段图像的信息量及最佳波段组合分析等。

⑥ 图像分类。包括分类前的样区分析，训练样区合并以及非监督分类（如 ISODATA 聚类法、K-均值聚类法等）和监督分类（最大似然法、最小距离法等）方法，分类后处理（类别合并、类别统计、面积统计、边缘跟踪等）等。

⑦ 遥感专题图制作。如黑白正射影像图，彩色正射影像图，基于影像的线划图制作，真实感三维景观图，其他类型的遥感专题图（土地利用分类图，植被分布图，洪水淹没状况图，水土保持状况图等）。

⑧ 与 GIS 系统的接口。GIS 数据的转入及输出，栅-矢转换，GIS 图形层数据与影像的叠加等。

以上所列的功能是比较基础的，一般的遥感软件中都包含，现在的遥感软件功能越来越强，不仅包含以上所列的功能，还包含与 DEM 结合的分析等。

附录 2　常用遥感图像处理软件简介

1. ERDAS IMAGINE

ERDAS IMAGINE 软件是一款专业的遥感图像处理系统，它是当前遥感图像处理的主要软件之一。ERDAS IMAGINE 是以模块化的方式提供给用户的，用户可根据自己的应用要求，资金情况合理选择不同功能模块及其不同组合，对系统进行剪裁，充分利用软件、硬件资源，并最大限度地满足用户的专业应用要求。

ERDAS IMAGINE 分为低、中、高 3 档产品架构，分别为 IMAGINE Essentials、IMAGINE Advantage、IMAGINE Professional。ERDAS IMAGINE 软件是处理遥感图像的常用软件，其基本功能（如图像的预处理、裁剪、拼接、融合、分类等）经常被使用。ERDAS IMAGINE 软件图像的几何校正精度比较高、操作相对简单。

（1）ERDAS IMAGINE 图标面板界面。

启动 ERDAS IMAGINE 后，首先看到的是 ERDAS IMAGINE 的图标面板，如附图 3 所示。图标面板包括菜单栏和工具栏两部分。

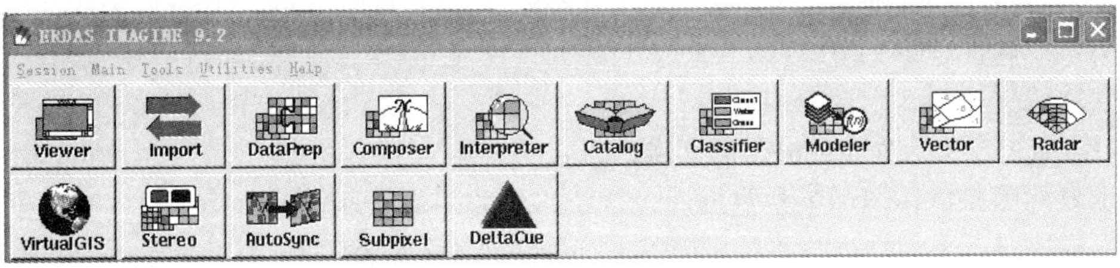

附图 3　ERDAS IMAGINE 启动面板

（2）ERDAS IMAGINE 视窗操作界面。

启动 ERDAS IMAGINE 后，系统自动打开一个二维视窗，如附图 4 所示。二维视窗是显示栅格图像、矢量图形、注记文件、AOI（感兴趣区域）等数据层的主要窗口。在图像操作过程中，可以根据需要随时打开新的视窗。打开视窗有两种方式，一种方式是通过面板菜单条 Main→Start IMAGINE Viewer，另一种方式是通过鼠标左键单击面板工具条 Viewer 图标。

附图 4　ERDAS IMAGINE Viewer 视窗

2. PCI

PCI 软件是一款可用于图像处理、几何图像、GIS、雷达数据分析以及资源管理和环境监测的软件系统。PCI 拥有比较全的功能模块：常规处理模块，几何校正、大气校正，多光谱分析，高光谱分析，摄影测量，雷达成像系统，雷达分析，极化雷达分析，干涉雷达分析，地形地貌分析，矢量应用，神经网络生成，区域分析，GIS 连接，正射影像图生成及 DEM 提取（航片，光学卫星，雷达卫星），三维图像生成等。

PCI 专业遥感图像处理系统分为 3 个软件包及 5 个专业扩展模块，这 3 个软件包是向上包含的。

（1）第一软件包 IMAGEWORKS。

该软件包主要由 3 个部分组成：

① IMAGEWORK/Multispectral classification。

用于显示图像、位图和矢量数据。包含了基本的图像处理功能：反差调整，图像增强，拉伸，图像滤波，多种监督与非监督分类方式，矢量编辑，伪彩色编辑，DEM 编辑，图形注释，矢量-栅格转换，图像算术运算及建模，投影设置，高光谱数据的可视化，散点图，数据库的查询统计，感兴趣区（ROI）操作能力；用户自定义任意形态的 ROI，并可以在 ROI 内或 ROI 外运算所有的图像处理功能。

② GCPWORKS。

专门的几何校正工具，可作图像-图像，图像-地图，图像-矢量，图像-CHIP 数据库的几何配准和图像镶嵌。校正方法有多项式和小样条法。图像镶嵌时支持不规则接边，自动进行颜色匹配。

③ GEOGATEWAY。PCI 能够直接读取 60 多种图像、栅格及矢量数据格式，并对其中 30 多种数据可直接写入。PCI 采用了所谓的类数据库技术（GENERICDATABASE），使得用户可以不经转换直接读写，操作多种格式数据。也不必关心数据格式细节。

（2）第二软件包 EASI/PACE Image Processing Kit*w/Visual Modeller。

该软件包在包含第一软件包功能的基础上又增加了可视化建模，XPACE 核心程序，影像处理，几何校正，多层栅格模型，矢量工具，ACE 专业制图，地形分析，航片立体像对 DEM 提取，磁带输入输出的功能。

（3）第三软件包 EASI/PACE IMAGEPRO。

该软件包除包含上一软件包的全部功能外，还具有多光谱分析，雷达分析，AVHRR 轨道领航者，大气校正，高光谱分析，神经元网络分类器，地面控制点图像库，三维可视化飞行模拟。

（4）第四软件包——PCI 遥感图像专业处理软件的 5 个专业扩展模块。

该软件包包含 5 个专业扩展模块，分别为大气校正，图像锁数据融合，极化雷达，PCI 作者及软件工具箱目标库，这些模块可以单独地与第二或第三软件包配合用。

3. ENVI 软件

ENVI 软件是遥感领域的科学家采用交互式数据语言 IDL（Interactive Data Language）开发的一套功能强大的遥感图像处理软件系统。ENVI 的一个显著特点就是具有灵活、友好的界面，简单易学、便于操作和使用。ENVI 可以轻松读取、显示和分析各种类型的遥感数据、矢量数据和通用格式影像数据，并提供了从遥感影像与处理、信息提取到与 GIS 整合所需要的各种功能。

ENVI 简介

4. eCognition 软件

易康（eCognition）软件是全球第一个面向对象的影像分析软件，它模拟人类大脑的认知过程，采取专家决策系统支持的模糊分类算法，是一种专业化的影像分析软件。

除了上面讨论的几大遥感图像软件之外，还有其他的软件，如 ER Mapper 等。国产遥感软件近几年也有所发展，其中比较突出的有中国地质大学开发的 MapGIS 中的遥感图像处理模块，北京大学 CityStar 中的遥感图像处理模块和原武汉测绘科技大学开发的 GeoStar 中的 GeoImager。这些遥感图像处理软件提供的功能还比较有限，与国外同类型的软件相比还有一定的差距，但随着遥感技术在我国的蓬勃发展，将来一定能够开发出与国外软件相比毫不逊色的遥感图像处理软件。

附录 3　遥感图像处理过程

遥感是一种全新的地学评价手段，然而，因遥感技术本身的复杂性、综合性以及遥感技术随时空域变化的无规律性等方面的原因，遥感工作研究的进展与遥感技术应用领域的开拓相比还有很多问题急需解决。遥感图像的数字处理是地学遥感工作中的一个重要环节，虽然由于地学目的不同、工作区域不同、图像种类不同以及提取的专题信息不同等方面的原因，会造成图像处理在方法的选择上存在差异，然而遥感图像的数字处理作为一个整体过程，其工作方法必然有自己的特色并遵循一定的客观规律。

1. 遥感数字图像处理的工作流程

影响遥感图像处理方法的选择与方案的因素很复杂，目前还没有一个通用的遥感图像数字处理流程可供参考，下面是遥感图像数字处理的一个大致流程，如附图 5 所示。

（1）遥感图像选择。

遥感图像选择是根据专题的要求与特点选择适当的空间分辨率、适当的波谱分辨率和适当的时相的遥感图像资料。图像选择需要考虑的因素主要有 3 个，即专题目的、专题图比例尺以及专题的地域环境。

（2）观测数据的输入。

（3）典型工作区、典型地物的放射波谱特征分析。

（4）图像特征的概貌分析。

（5）图像的预处理。

（6）图像统计特征分析。

（7）重点子区域处理。

（8）图像增强处理。

（9）分类处理。

（10）区域处理。

（11）复合处理。

（12）处理结果的输出。

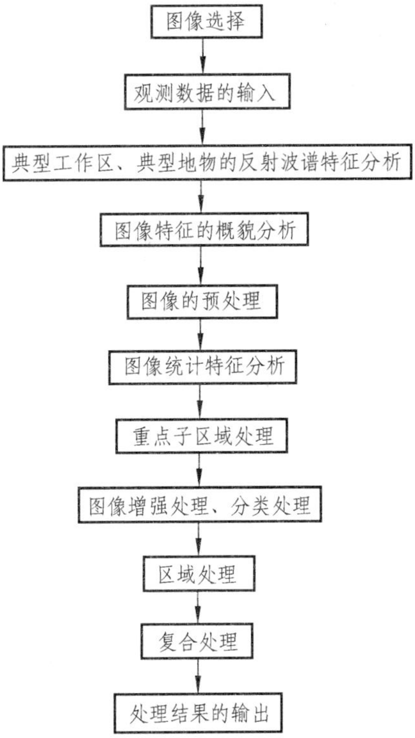

附图 5　遥感数字图像处理流程

处理结果主要分为两种，一是作为模拟数据输出到显示屏幕上或胶片上，二是作为 GIS 等其他处理系统的输入数据而以数字数据输出，或者是地图、专题图、图表、报告等形式。

2. 遥感数字图像处理的特点

遥感图像处理的目标是增强和提取所需的地学专题信息。地学专题信息的多样性和复杂性决定了遥感图像处理的特点；图像的质量直接影响着图像处理方法的选择与方案的制订；同时，处理方法与方案的选择还取决于增强与提取的图像目标信息的内容。同遥感图像的光学处理（即模拟图像处理）相比，遥感数字图像的计算机处理有很多优点，主要表现在：

（1）图像信息损失低，处理的精度高。由于数字遥感图像是用二进制表示的，在图像处理时，其数据存储在计算机数据库中，不会因长期存储而损失信息，也不会因处理而损失原有信息。而在模拟处理中，要想保持处理的精度，需要有良好的设备装备，否则将会使信息受到损失或降低精度。

（2）抽象性强，再现性好。不同类型的遥感数字图像有不同的视觉效果，对应不同的物理背景，由于它们都采用数字表示，在遥感图像处理中，便于建立分析模型，运用计算机容易处理的形式表示。在传送和复制图像时，只在计算机内部进行处理，这样的数据就不会丢失和损坏，保持了完好的再现性。而在模拟图像处理中，就会因为外部条件（温度、照度、人的技术水平和操作水平等）的干扰或仪器设备的缺陷或故障而无法保证图像的再现性。

（3）通用性广，灵活性高。遥感数字图像处理方法，既适用于数字图像，又适用于用数字传感器直接获得的紫外、红外、微波等不可见光成像，而且也可用于模拟图像的处理，只要把模拟图像信号或记录在照片上的图像通过 A/D 变换，输入计算机便可。对于计算机来说，无论何类图像都能用二维数组表示，不管什么图像都可以用同样的方法进行处理，这就是计算机处理的通用性。另外，在遥感数字图像处理时，只要对程序加以自由改变，就可进行各种各样的处理，如上下滚动、漫游、拼贴、合成、放大、缩小、校正、转换、提取、套合和进行各种逻辑运算等。因此可以说数字图像的计算机处理灵活性很高。

参考文献

[1] 梅安新，彭望琭，秦其明，等. 遥感导论[M]. 北京：高等教育出版社，2001.

[2] 彭望琭，白振平，刘湘南，等. 遥感导论[M]. 北京：高等教育出版社，2002.

[3] 孙家抦，倪玲，周军其，等. 遥感原理、方法和应用[M]. 北京：测绘出版社，1996.

[4] 李德仁，王树根，周月琴. 摄影测量与遥感概论[M]. 北京：测绘出版社，2008.

[5] 袁金国. 遥感图像数字处理[M]. 北京：中国环境科学出版社，2006.

[6] 李玲. 遥感数字图像处理[M]. 重庆：重庆大学出版社，2010.

[7] 王敏. 摄影测量与遥感[M]. 武汉：武汉大学出版社，2011.

[8] 邹晓军. 摄影测量与遥感[M]. 北京：测绘出版社，2011.

[9] 党安荣，贾海峰，陈晓峰，等. ERDAS IMAGINE 遥感图像处理教程[M]. 北京：清华大学出版社，2010.

[10] 赵英时等. 遥感应用分析原理与方法[M]. 北京：科学出版社，2003.

[11] 张祖勋，张剑清. 数字摄影测量学[M]. 武汉：武汉大学出版社，2002.

[12] 国家测绘局人事司，国家测绘局职业技能鉴定指导中心. 航空摄影测量学[M]. 哈尔滨：哈尔滨地图出版社，2007.

[13] 段延松，王玥，季铮. 数字摄影测量 4D 生产综合实习教程[M]. 武汉：武汉大学出版社，2014.

[14] 王佩军，徐亚明. 摄影测量学[M]. 3 版. 武汉：武汉大学出版社，2016.

[15] 赵红，李爱霞. 摄影测量与遥感实践教程[M]. 北京：中国水利水电出版社，2017.

[16] 丁华，李如仁，徐启程. 数字摄影测量及无人机数据处理技术[M]. 北京：中国建材工业出版社，2018.

[17] 詹云军，袁艳斌，黄解军，等. ERDAS 遥感图像处理教程与分析[M]. 北京：电子工业出版社，2016.

[18] 郭学林. 无人机测量技术[M]. 郑州：黄河水利出版社，2018.

[19] 刘仁钊，马啸. 无人机倾斜摄影测量技术[M]. 武汉：武汉大学出版社，2021.

[20] 朱凌. 摄影测量基础[M]. 北京：测绘出版社，2018.

摄影测量与遥感实训指导书

主　编　贺凯盈
副主编　李燕敏　董　伟
主　审　王　涛

西南交通大学出版社
·成　都·

图书在版编目（CIP）数据

摄影测量与遥感：含实训指导书. 2，摄影测量与遥感实训指导书 / 贺凯盈主编. —成都：西南交通大学出版社，2023.2
ISBN 978-7-5643-9125-6

Ⅰ. ①摄… Ⅱ. ①贺… Ⅲ. ①摄影测量－高等职业教育－教学参考资料②遥感技术－高等职业教育－教学参考资料 Ⅳ. ①P23②TP7

中国版本图书馆 CIP 数据核字（2022）第 257191 号

前　言

本教材紧密结合高职技术技能人才培养目标，注重理论与实践相结合，特别强调培养学生的数据获取、处理和应用能力，同时加强学生的“规范”意识培养，实现课程标准与职业标准精准对接。以摄影测量与遥感技术为主线，以VirtuoZo和ERDAS IMAGINE软件为数据处理平台，结合测绘企业生产实例数据开展教学，以期学生深刻理解相关概念和熟练掌握软件操作，实现学、练结合，体现了“校企合作、工学结合”特色，适合高等职业院校摄影测量与遥感技术、无人机测绘技术、工程测量技术等专业的教学使用。

《摄影测量与遥感实训指导书》是《摄影测量与遥感》的配套实训教材。

本实训教材共包含16个实训任务，由王涛（陕西铁路工程职业技术学院）主审，贺凯盈（陕西铁路工程职业技术学院）主编，李燕敏（陕西铁路工程职业技术学院）、董伟（西北综合勘察设计研究院）副主编。参与编写的还有中铁第一勘察设计院集团有限公司的时丕旭等测绘行业高级技术技能人员。全书由贺凯盈负责统稿、定稿。

限于作者的水平，书中难免有欠妥之处，敬请专家和广大读者不吝指教。

编　者

2022年10月

目　录

任务一　实训须知

一、实训目的

（1）运用所学的基础理论知识，利用数字摄影测量软件和遥感图像处理软件对已有外业航摄像片或数字遥感影像资料进行分析、处理和综合应用。

（2）在摄影测量与遥感相关课程实习环节，掌握4D产品生产的基本原理和具体操作流程。

（3）掌握数字遥感影像的预处理、校正处理、分类处理和专题图制作等相关实习内容。

二、实训内容

实习软件认识；航摄数据预处理；影像定向处理；解析空中三角测量；自动化空中三角测量；数字高程模型（DEM）生产；数字正射影像（DOM）生产；数字线划地图（DLG）生产；数字栅格地图（DRG）生产；航摄像片调绘；ERDAS IMAGINE软件的认识及视窗操作；遥感图像的裁剪和分割；遥感图像的几何校正；遥感图像的非监督分类和监督分类。

三、实训要求

（1）课内实训前，应认真阅读教材中的相关内容和预习实训教程中的相应实习任务，了解实训目的、内容、方法和注意事项。

（2）课内实训中，应认真学习授课教师的讲解和示范操作，认真操作。遵守实训过程中的纪律要求和有关规定，确保实训效果和课堂秩序良好，若有违反实训纪律和规定者，指导教师应严肃处理。

（3）课内实训后，应按时完成授课教师布置的学习内容和操作练习任务，并认真反思实训环节中可改进的地方。

（4）以组为单位开展的实训，组员之间应积极团结协作，密切配合，确保实训任务的顺利完成。

（5）以个人为单位按时完成实训报告。

四、实训注意事项

正确使用、爱护和科学保养实训设备是测量人员必备素质，也是保证测量成果的质量、提高工作效率的必要条件。在使用测量仪器和设备时应养成良好的工作习惯，严格遵守以下规则：

（1）注意环境卫生，禁止携带食物或饮料进入机房，实训过程中产生的废纸或其他耗材，课后及时清理干净，保持机房清洁，实训结束机房用品各归其位，不随意摆放。

（2）遵守学校机房管理制度，每次课前班长认真填写机房登记表，上课班级学生严格遵守机房使用管理要求。

（3）上课期间不乱接乱插手机等电子设备，将手机等电子设备调至静音或处于关机状态，不接打电话，禁止大声喧哗。

（4）每次课后安排值日人员，负责机房的卫生清洁、物品摆放和检查等工作。

任务二 软件认识

一、实训目的

（1）认识摄影测量工作站。
（2）熟悉常用的数字摄影测量处理软件系统。
（3）熟悉常用的遥感图像处理软件。

二、实训内容

在老师的带领下，以组为单位，按照要求了解摄影测量工作站、数字摄影测量处理软件系统以及遥感图像处理软件的主要组成和功能，对后期课程的学习奠定基础。

三、实训准备

课前完成分组，4 人 1 组，分别设小组长，配备专业的实训机房。

四、实训方法及步骤

1. 数字摄影测量系统

摄影测量的基本原理是利用立体像对上的同名点进行空中前方交会、利用三度重叠的同名点进行模型连接、利用航带间的同名点进行光束法区域网平差等。因此，如何代替作业员的眼睛进行立体观测、准确实现同名点的自动化配准一直是个难题。图 2.1、图 2.2 分别为 JX-4C 数字摄影测量工作站和 VirtuoZo 数字摄影测量工作站。

图 2.1 JX-4C 数字摄影测量工作站

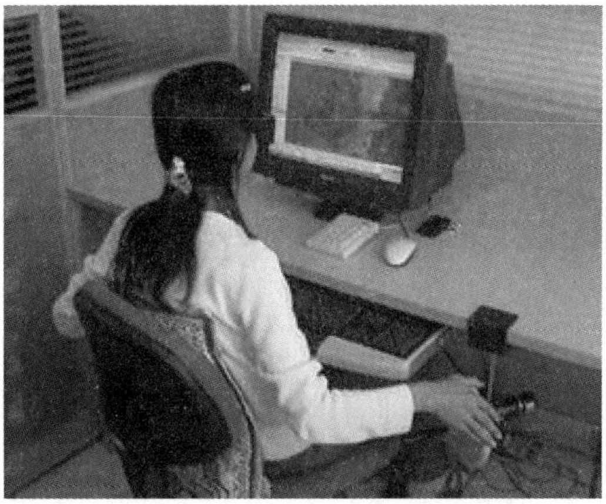

图 2.2 VirtuoZo 数字摄影测量工作站

20 世纪 80 年代以来，由于计算机技术的飞速发展，许多数字摄影测量工作站相继建立，利用计算机的计算代替作业员的眼睛进行立体观测就是数字摄影测量的核心。早期著名的数字摄影测量工作站有：Helava 公司的 DPW610/650/710/750；Zeiss 公司的 PHODIS；Intergraph 公司的 ImageStation；武汉适普有限公司的 VirtuoZo 数字摄影测量工作站；北京四维远见信息技术有限公司的 JX-4C 数字摄影测量工作站等。

2. 遥感图像处理系统

遥感数字图像处理的软件系统是建立在一定操作系统上的应用软件。早期的遥感图像处理软件与操作系统紧密相连，不具有通用性，往往一套图像处理系统软件只适用在特定的机器之上，所以在购买软件时必须同时购买硬件。现在大部分遥感图像处理软件位于操作系统之上，与硬件独立，只要是运行于某个操作系统上的，就不必考虑这种操作系统是安装在哪种类型的硬件上，这一点在微机版的遥感图像处理软件中表现得更明显。

各种遥感图像处理软件的功能有比较大的区别，但是都包含一些基本的常用功能。不同之处在于，不同的系统实现方式各异，功能的多少也各不相同。大型的软件系统，如 PCI、ER Mapper、ERDAS IMAGINE、ENVI 等，不仅能完成通常的各种遥感处理任务，还提供与 GIS 的集成、与数字摄影测量系统的集成，功能非常强大。本实训教程主要以 ERDAS IMAGINE 2015 讲解遥感数字图像处理教学内容。

ERDAS IMAGINE 软件是美国 ERDAS 公司开发的专业遥感图像处理系统，它是当前遥感图像处理的主要软件之一。ERDAS IMAGINE 是以模块化的方式提供给用户的，用户可根据自己的应用需求，资金情况合理选择不同功能模块及其不同组合，充分利用软件、硬件资源。

ERDAS IMAGINE 是处理遥感图像的常用软件，分为低、中、高 3 档产品架构，分别为 IMAGINE Essentials、IMAGINE Advantage、IMAGINE Professional，其基本功能（如图像的预处理、裁剪、拼接、融合、分类等）应用广泛。

五、提交资料

实训报告 1 份。

六、思考与练习

（1）通过网络或文献检索的方式，了解 VirtuoZo 软件之外的目前商用数字摄影测量系统。

（2）通过网络或文献检索的方式，了解 ERDAS IMAGINE 软件的主要功能模块。

实 训 报 告

班级__________　组号__________　姓名__________　学号__________　日期__________

一、实训过程

请填写系统部分名称

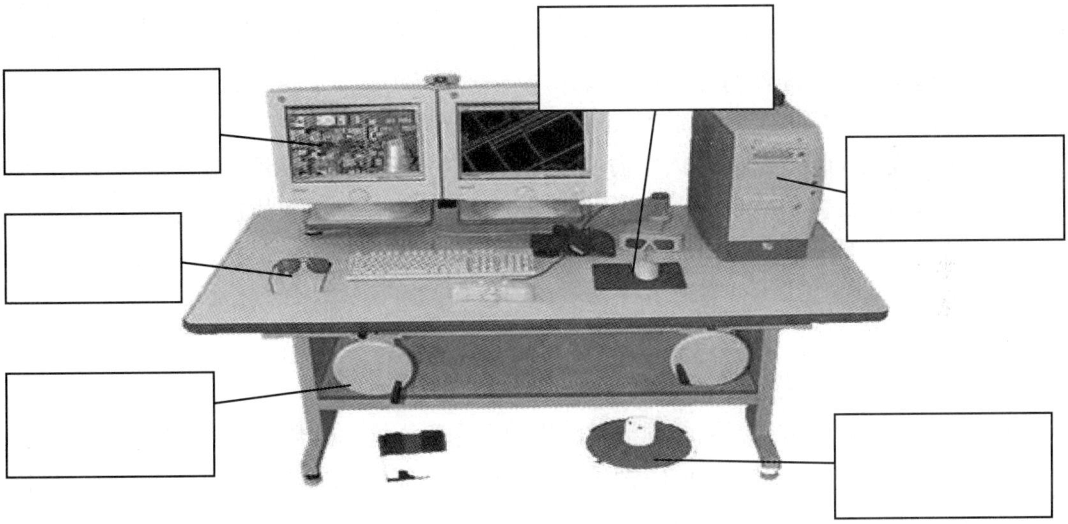

二、实训小结

1. 主要遇到的问题

2. 解决方法

3. 经验总结

任务三　影像数据准备及处理

一、实训目的

（1）掌握数字影像的航向重叠度、旁向重叠度、影像分辨率、摄影比例尺、影像框标等重要名词。

（2）掌握航摄数据准备的方法及步骤。

（3）掌握数字影像内定向的原理以及软件处理流程。

（4）熟练应用 VirtuoZo 软件内定向模块进行内定向处理，成果精度满足生产要求。

（5）熟悉相对定向的基本原理并应用 VirtuoZo 软件相对定向模块进行相对定向处理。

（6）熟练量测外业控制点并进行调整，进行绝对定向处理。

（7）掌握核线影像重采样及生成核线影像的流程。

二、实训内容

对航摄数据的数据格式、影像分辨率、比例尺、相机检校参数、地面控制点坐标及其点位分布情况进行分析。应用 VirtuoZo 数字摄影测量系统完成航摄数据准备、内定向、立体模型相对定向、绝对定向、核线影像生成等操作。

三、实训准备

完成实训分组，实训场地为机房，实训数据采用 VirtuoZo 软件附带的 Hammer 测区数据。

四、实训方法与步骤

数据分析是摄影测量数据处理的重要环节，正确理解原始影像数据对成果的生产以及精度评定有着重要作用。在摄影测量前期，需要确定航片的分辨率、摄影比例尺、地面分辨率、影像的航带等参数，同时还需要对相机文件、控制点点位文件、航片索引图等进行分析整理。

1. 影像数据分析

（1）分析原始数据格式。

影像的数据格式有多种，一般常用的数据格式有 TIF、JPEG 等，教材中以 VirtuoZo 数字摄影测量系统为例，VirtuoZo 通常会将数据格式转换成内部的 VZ 格式。

（2）分析原始数字影像的分辨率、比例尺等。

影像分辨率指影像上能区分图像中两个像元的最小距离。摄影比例尺指航空摄影机的主距与航高之比，一般认为当像片水平和地面为水平面的情况下，摄影比例尺是一个常数。

（3）分析相机检校参数及其影像方位、框标位置等。

相机检校的目的是求出相机的内方位元素及相机的各项畸变参数，这些参数在航空摄影时已经记录在文档中。根据影像框标的量测值，可以解算出相机的检校参数。

（4）分析地面控制点坐标及其点位分布情况。

控制点的选取应均匀覆盖测区，且最好分布在不同高程面上。

2. 影像数据准备

数据准备的第一步是创建测区，创建测区即为将要进行处理的数据创建一个工程文件。创建测区主要包括：指定测区数据存储路径，设定测区参数，指定相机参数，控制点数据以及影像数据的录入等。测区文件各参数的设置一定要正确，否则将无法进行后续的影像处理。

3. 数字影像定向

数字影像的内定向是指框标的自动识别与定位。内定向问题需要借助影像的框标来解决。航摄仪一般具有 4 ~ 8 个框标，一般位于影像的四边中央和影像的四个角的位置。为进行影像内定向，首先需要量测影像上框标点的影像坐标或扫描坐标，然后根据量测相机的检定结果所提供的框标理论坐标，用解析计算的方法进行内定向，从而获得所量测各点的影像坐标。

立体像对的相对定向就是恢复摄影时相邻两影像摄影光束的相互关系，从而使同名光线对相交，所有同名光线的交点集合构成了地面的几何模型。

经相对定向后，恢复了立体像对的两张相片（光线束）的相对方位，同名光线成对相交，这些交点的总和，形成了一个与实地相邻的几何模型，这些模型在地面测量坐标系中是任意的，模型的比例尺也是任意的。要确定模型在实际物方空间坐标系中的正确位置，则需要把模型点的摄影测量坐标转换为物方空间坐标。立体模型的绝对定向就是利用控制点来确定立体模型的像空间辅助坐标系与实际物方坐标系之间的变换关系。

1）内定向的具体作业步骤

（1）创建模型。选择主界面下的文件→新建/打开模型，弹出打开或创建一个模型对话框，如图 3.1 所示。

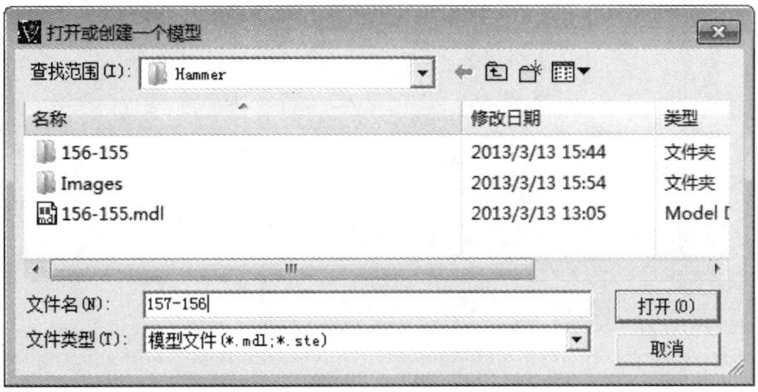

图 3.1　创建模型

在打开或创建一个模型对话框的文件名一栏输入模型名称，例如 157-156，表示用影像编号为 157、156 的像片创建一个模型，如图 3.2 所示。

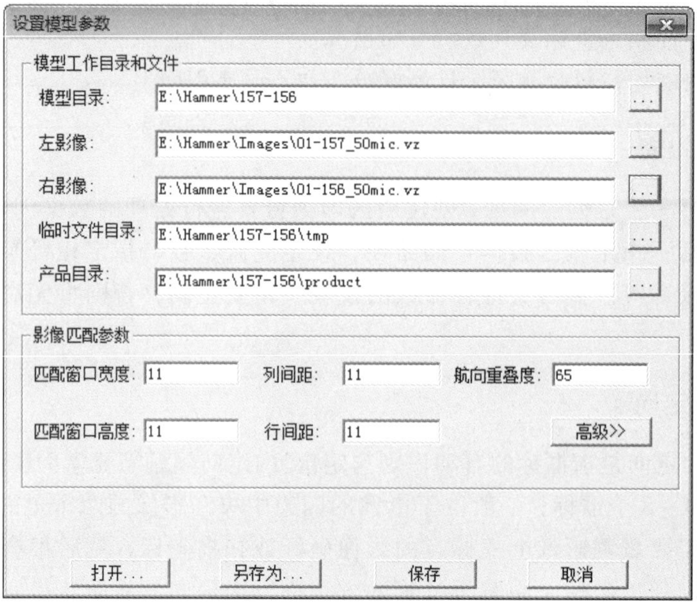

图 3.2　设置模型参数

在设置模型参数对话框中设置左右影像，打开 HammerIndex.html 文件查看可知，157 为左影像，156 为右影像。点击默认参数“保存”按钮，完成模型创建。

（2）建立框标模板。当模型打开后，在系统主菜单中，选择模型定向→影像内定向，程序读入左影像数据后，屏幕显示建立框标模板界面，如 3.3 所示。

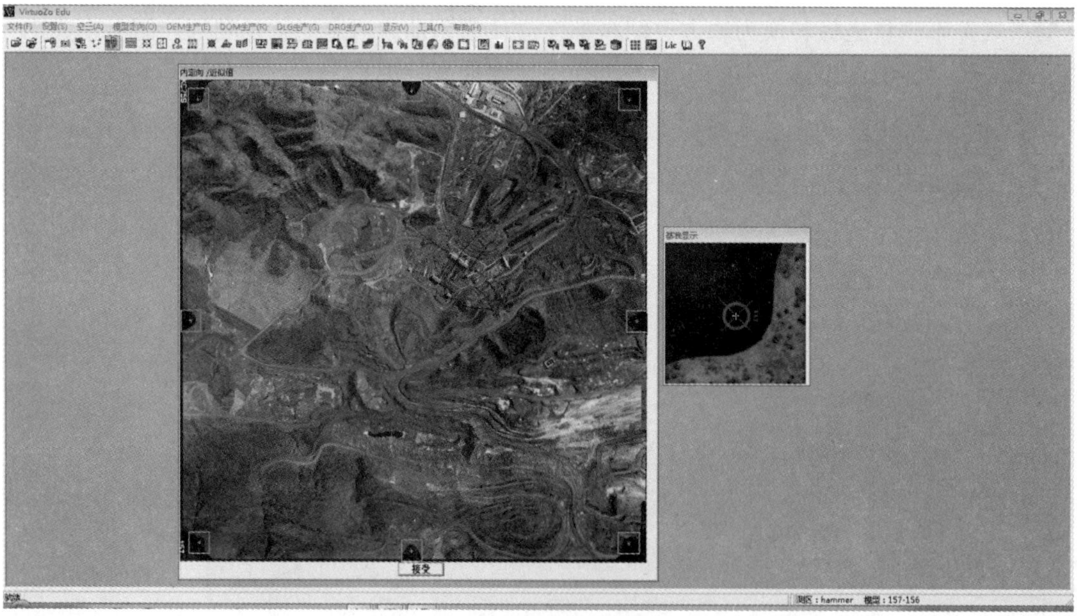

图 3.3　建立框标模板

界面右边小窗口为某个框标的放大影像，其框标中心点清晰可见。界面左窗口显示了当前模型的左影像，若影像的四角的每个框标都有白色的小框围住，框标近似定位成功。

若白色小框没有围住框标，则需进行人工干预：移动鼠标将光标移到某框标中心，单击鼠标左键，使白色小框围住框标。依次将每个白色小框围住对应的框标后，框标近似定位成功。选择界面左窗口下的“接受”按钮。

（3）左影像内定向。框标模板建立完成后，进入内定向界面，如图 3.4 所示。该界面显示了框标自动定位后的状况。可选择界面中间小方块按钮将其对应的框标放大显示于右窗口内，观察小十字丝中心是否对准框标中心，若不满意可进行调整。

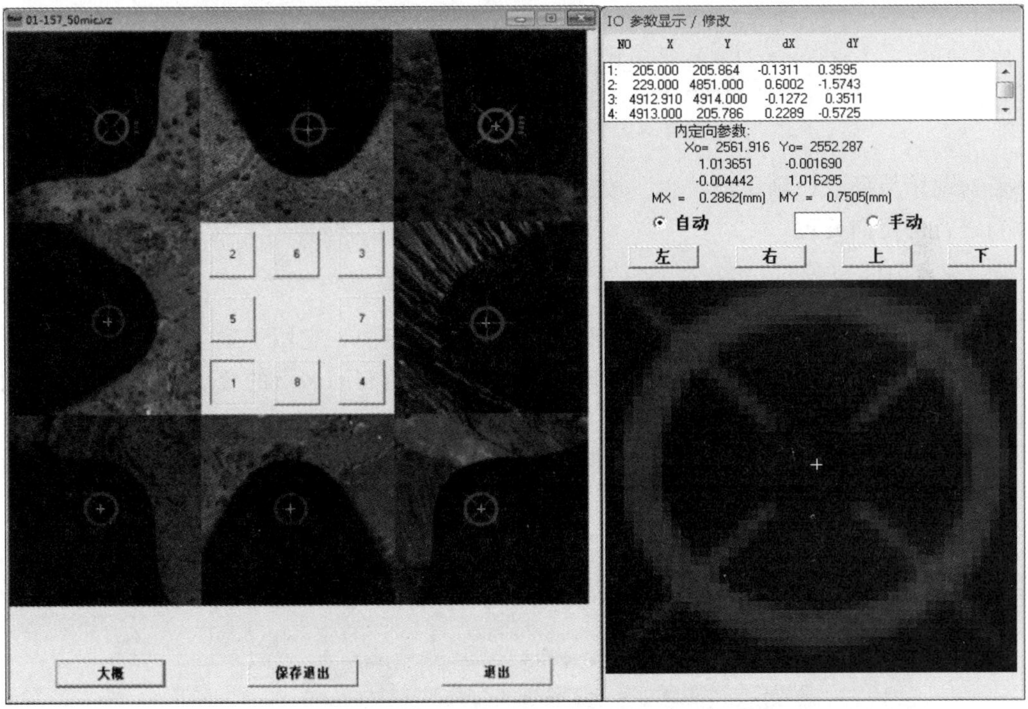

图 3.4 左影像内定向

框标调整有自动或人工两种方式：自动方式：选择自动按钮后，移动鼠标在左窗口中的当前框标中心点附近单击鼠标左键，小十字丝将自动精确对准框标中心；人工方式：若自动方式失败，则可选择人工按钮，移动鼠标在左窗口中的当前框标中心点附近单击鼠标左键，再分别选择上、下、左、右按钮，微调小十字丝，使之精确对准框标中心。框标调整同时参看界面右上方的误差显示，精度满足要求后，点击“保存退出”按钮，退出左影像内定向操作。

（4）右影像内定向。左影像内定向完成后，程序自动读入右影像数据，对右影像进行内定向。具体操作方法和左影像内定向操作相同，至此一个新模型的内定向完成。程序返回系统主界面。

对于已经做过内定向处理的模型，当在 VirtuoZo 界面上点击“模型定向”→“影像内定向”菜单项时，系统会弹出上次的内定向处理结果，并询问是否重新进行内定向处理，如图 3.5 所示。

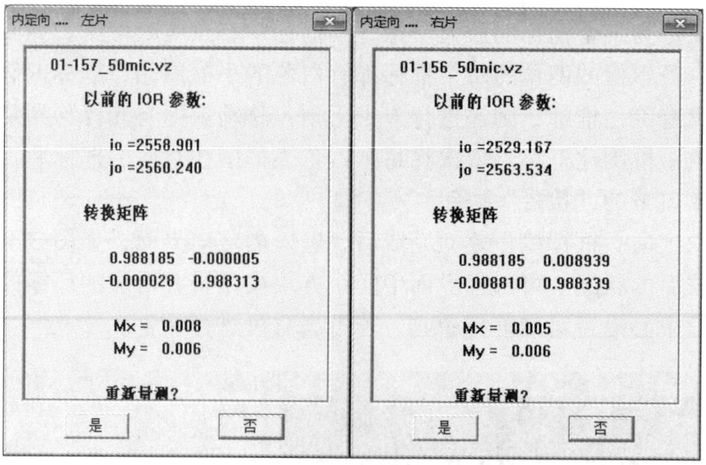

图 3.5　左、右影像内定向结果

若对此结果满意，则单击“否”按钮退出内定向。如果对结果不满意，则点击“是”按钮重新进行内定向处理。

2）单模型相对定向

确定一个立体像对中两张影像的相对位置称为相对定向，它用于建立地面立体模型。相对定向的标准是两张影像上同名点的投影光线对相交，所有同名点的交点集合构成了地面的几何模型（即地面模型），确定两张影像的相对位置的元素称为相对定向元素。相对定向是利用两张影像的二维相关，在相邻影像上识别同名点（几十至上百个点），计算相对定向参数的过程。

在系统主菜单中，选择“模型定向”→“相对定向”菜单项，系统读入当前模型的左右影像数据，屏幕显示相对定向界面，如图 3.6 所示。

图 3.6　相对定向

（1）自动相对定向。单击鼠标右键，弹出菜单，选择自动相对定向，程序将自动寻找同名点，进行相对定向。完成后，影像上显示相对定向点（红十字丝）。

（2）检查与调整相对定向点。在界面的定向结果窗中显示相对定向的中误差等。拖动定向结果窗的滚动条可看到所有相对定向点的上下视差。如某点误差过大，可进行调整（删除或微调）。删除点：选中（将光标置于定向结果窗中该点的误差行再点击鼠标左键）要删除的点后，选择界面上的删除点按钮，删除该点。

微调点：选中（将光标置于定向结果窗中该点的误差行再击鼠标左键）要微调的点后，分别选择界面右下方的左影像或右影像按钮，然后对应按钮上方的两个点位影像放大窗中的十字丝，分别点击向上、向下、向左、向右按钮，使左、右影像的十字丝中心位于同一影像点上。

注意：调整中应参看定向结果窗中的误差显示，以保证精度要求。当达到精度要求后，单击鼠标左键弹出菜单，选择保存，则相对定向完成。

（3）量测控制点。按照控制点的真实地面位置（参见 HammerIndex.html 和《PointPos 目录》中的图片点位），在影像上逐个量测。其量测方法一般采用半自动量测，方法如下：① 移动鼠标将光标对准左影像上的某个控制点的点位，单击左键弹出该点位放大影像窗；② 再将光标移至点位放大影像窗，精确对准其点位单击鼠标左键，程序自动匹配到右影像的同名点后，弹出该点位的右影像放大窗以及点位微调窗；③ 在点位微调窗中可以鼠标左键点击左或右影像的微调按钮，精确调整点位直至满意；④ 在点位微调窗中的点号栏中输入当前所测点的点号，然后选择确定按钮，则该点量测完毕。此时该点在影像上显示黄色十字丝。

按以上操作依次量测 3 个控制点如 1157、1156、6157 后（3 个控制点不能位于一条线上），系统自动预测其余控制点，显示蓝色小圈，以表示待测控制点的近似位置。然后继续量测蓝圈所示的待测控制点。

3）单模型绝对定向

绝对定向是人工在左（或右）影像上定位控制点，最小二乘匹配同名点，计算绝对定向参数。

（1）绝对定向计算。控制点量测完后，单击鼠标右键弹出菜单，选择开始绝对定向，随即在定向结果窗中显示绝对定向的中误差及每个控制点的定向误差。另弹出控制点微调窗，窗中显示当前控制点的坐标，且设置了立体下的微调按钮，如图 3.7 所示。

（2）检查与调整控制点。根据误差显示可知绝对定向的精度如何，若某控制点误差过大，则可进行微调。其微调方法与步骤如下：① 在定向结果窗中对某控制点误差行单击鼠标左键，选中该点，弹出该控制点的微调窗；② 分别选择界面右下方的左影像或右影像按钮，然后对应按钮上方的两个点位影像放大窗中的十字丝，分别点击向上、向下、向左、向右按钮，使左、右影像的十字丝中心位于同一影像点上；选中另一个需调整的点，进行微调；所需调整的点均完成后，选择控制点微调窗中的确定按钮，程序返回模型定向界面。至此，绝对定向完成。

注意：在操作中随时参看定向结果窗中的误差变化，以确保控制点定位和计算精度要求。

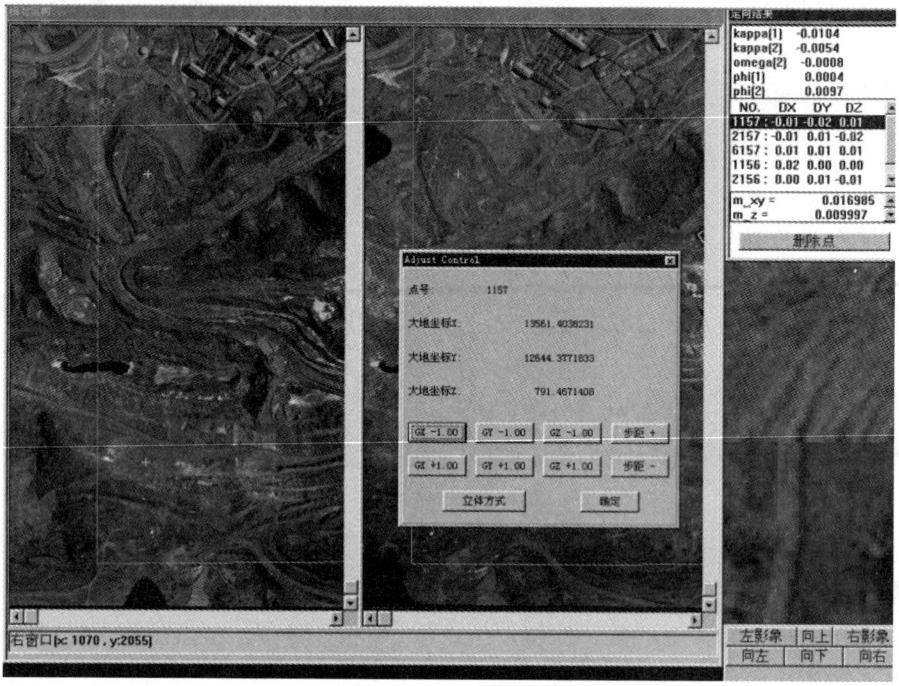

图 3.7 绝对定向

4）定义核线作业范围

在模型定向界面，单击鼠标右键弹出菜单，选择全局显示，界面显示模型的整体影像，然后再弹出菜单，选择取最大核线范围；或者选择自定义核线范围，随之将光标移至右影像窗中，置于作业区左边一角点处，按下鼠标左键，然后拖动鼠标朝对角方向移动，当屏幕显示的绿色四边形框符合作业区范围时，停止拖动，松开鼠标左键，则作业区定义好，显示为绿色四边形框。

5）生成核线影像

单击鼠标右键弹出菜单，选择“生成核线影像”，程序依次对左、右影像进行核线重采样，生成模型的核线影像。生成核线影像：即是形成按核线方向排列的立体影像：同名核线影像灰度重排，形成核线影像。

单击鼠标右键弹出菜单，选择“保存”，然后再弹出菜单，选择“退出”，然后回到界面上的提示，程序退出模型定向的界面，回到系统主界面。

至此，该模型的内定向、相对定向、绝对定向及核线影像生成均已完成。

五、提交资料

（1）控制点分布图 1 份。

（2）绝对定向精度报告 1 份。

（3）实训报告 1 份。

六、思考与练习

1. 名词解释：影像分辨率、航向重叠度、旁向重叠度、摄影比例尺、影像框标、影像内定向、影像相对定向、影像绝对定向、核线影像。

2. 课后练习数字影像内定向的软件处理操作。

3. 课后练习数字影像相对定向的软件处理操作。

4. 课后练习数字影像绝对定向的软件处理操作。

实训报告

班级________ 组号________ 姓名________ 学号________ 日期________

一、实训过程

1. 打开软件

2. 内定向

3. 相对定向

4. 绝对定向

5. 生成核线影像

二、实训小结

1. 主要遇到的问题

2. 解决方法

3. 经验总结

任务四　解析空中三角测量

一、实训目的

（1）理解航带设置、自动内定向、匹配连接点、平差编辑和自动创建模型的理论基础。
（2）掌握航带设置、自动内定向、匹配连接点、平差编辑和自动创建模型的具体操作。

二、实训内容

空中三角测量是摄影测量生产中的关键步骤，它利用少量的地面控制点来计算一个测区中所有影像的外方位元素和所有加密点的地面坐标，是后续一系列摄影测量数据处理与应用的基础。

三、实训准备

1. VirtuoZo 软件。
2. Hammer 测区实例数据。

四、实训方法与步骤

（1）在 VirtuoZo 主界面上单击解析空中三角测量（简称“空三”）菜单栏中的“设置航带”菜单项，系统弹出航带设置窗口，如图 4.1 所示。

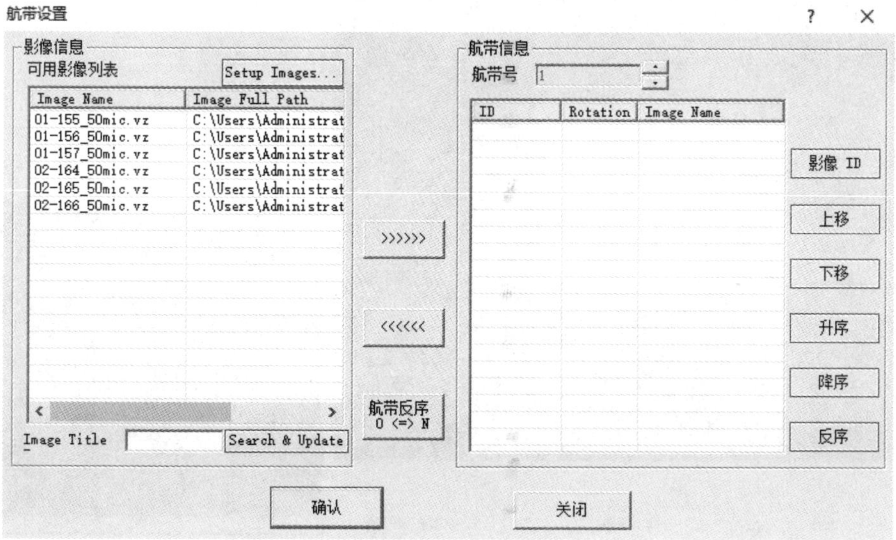

图 4.1　航带设置

（2）在航带设置左窗口影像信息列表中选取第一条航带的影像，将所选影像加载到右窗口航带信息列表中，并由系统自动赋影像 ID 号，其余航带以同样方式加载到航带信息列表中，确认即可。

注意：此处航带号排列必须按由上向下的排列顺序，每条航带影像排列需由左向右排列，且影像 ID 号按排列顺序升序编号。

（3）在 Virtuo Zo 界面上，单击“空三”——自动内定向菜单项，系统弹出选择影像进行自动内定向窗口，如图 4.2 所示。

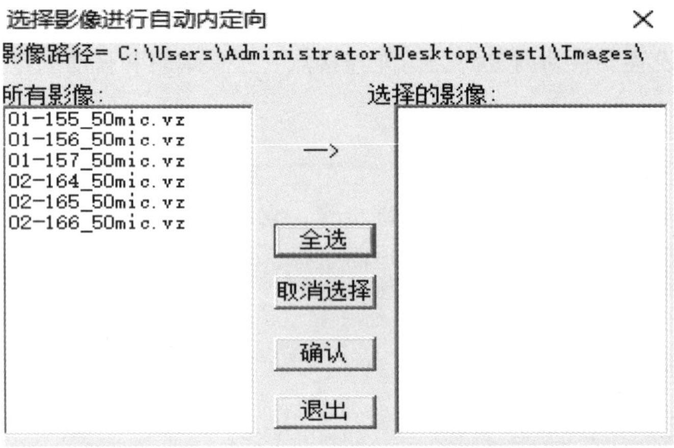

图 4.2　选择影像进行自动内定向

（4）在进行全测区内定向前，首先要建立框标模板文件，如图 4.3 所示。为建立清晰的框标模板，应从内定向的列表框中选取一个最清晰（框标）的影像。

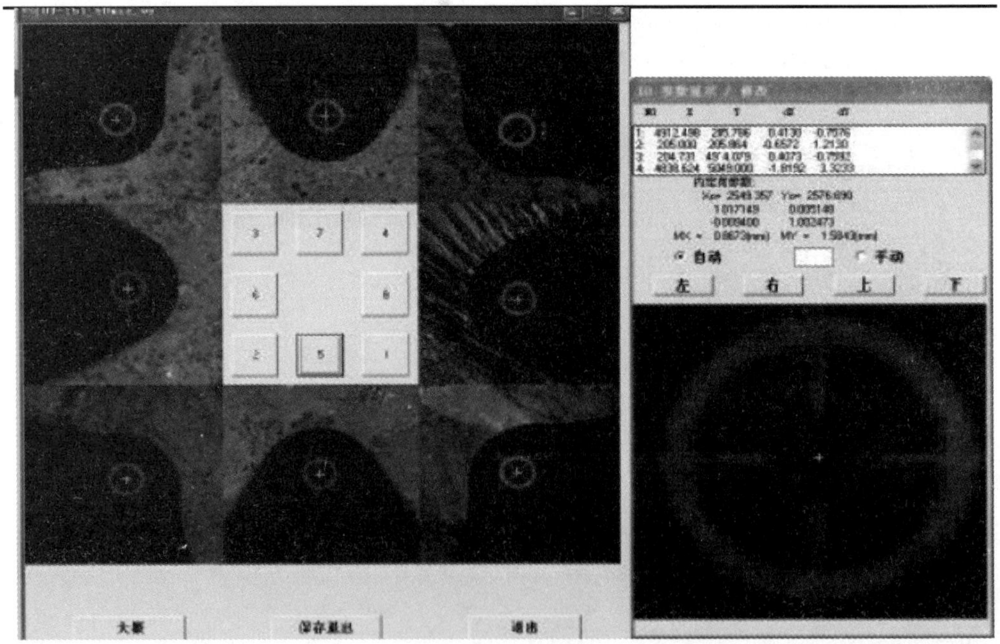

图 4.3　框标模板

调整好框标后，自动内定向结束，如图 4.4 所示。

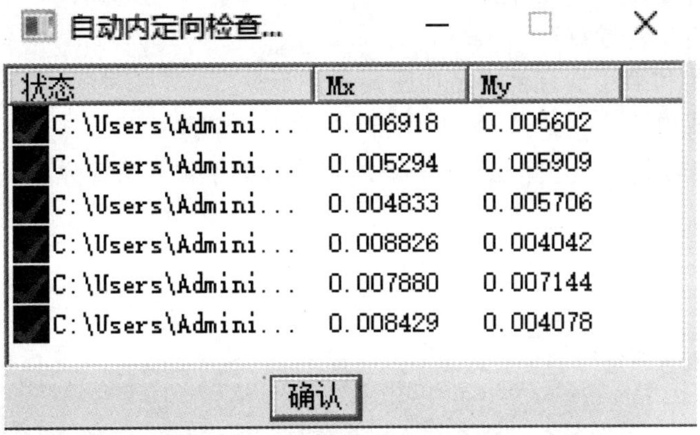

图 4.4　自动内定向检查...

（5）在 VirtuoZo 主界面上单击“空三”——匹配连接点菜单项，系统弹出匹配的连接点布局对话框，如图 4.5 所示。

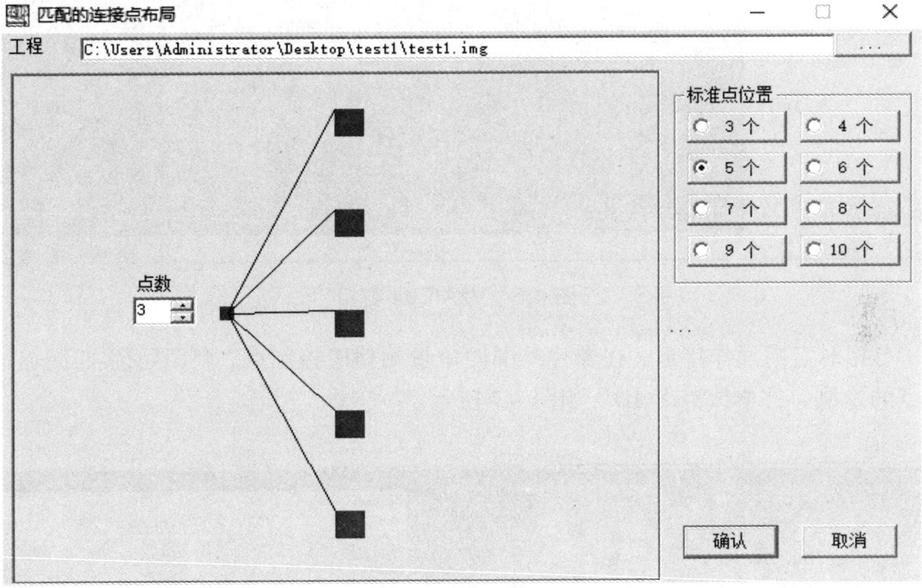

图 4.5　匹配的链接点布局

在传统的“空三”作业中，一般是在影像三度重叠区的上中下 3 个标准点位上各量测一个连接点，这种分布方式只能保证最基本的加密作业，对于粗差检测和加密精度来说是远远不够的。因此推荐用户选用 5×3 布局方式（5 个点位，每点位 3 个点），这种布局对于旁向重叠度大于 30%时尤其有利。

（6）系统完成匹配点自动连接后，开始编辑连接点并进行平差。一般说来，“空三”加密作业的步骤为：

① 量测控制点；

② 在标准点位增加像点；

③ 调用平差程序进行平差计算；

④ 删除或编辑粗差像点；

⑤ 重复第③步和第④步直至满足加密要求；

⑥ 输出加密成果。

在 VirtuoZo 界面上单击“空三”——平差与编辑菜单项，系统弹出 VzAtEdit 窗口，如图 4.6 所示。

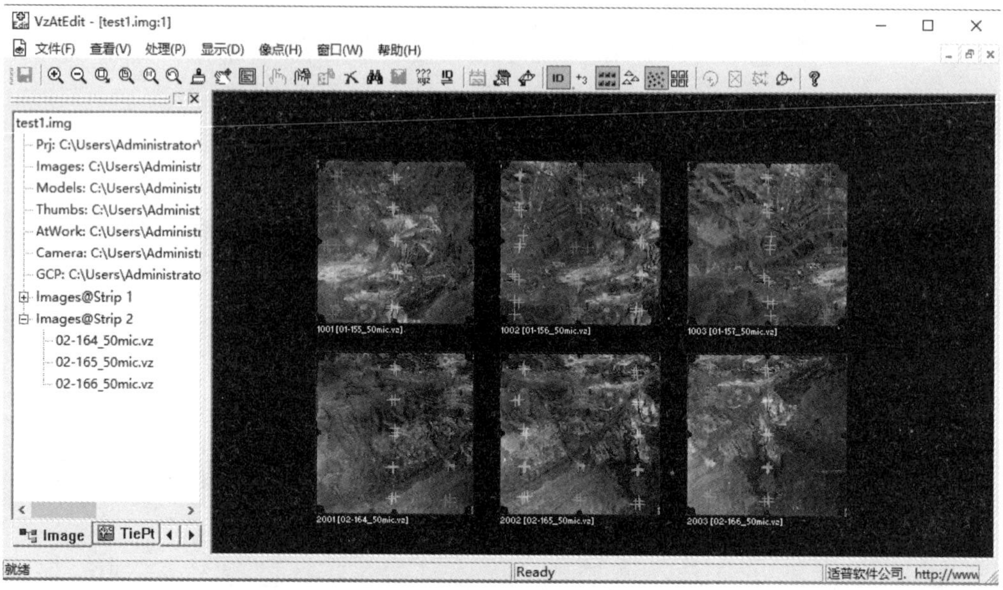

图 4.6　VzAtEdit 窗口

（7）与相对定向操作接近，在像片外围四角量测相应控制点。利用处理-匹配加连接点进行控制点的量测，并修改点名 ID。如图 4.7 所示。

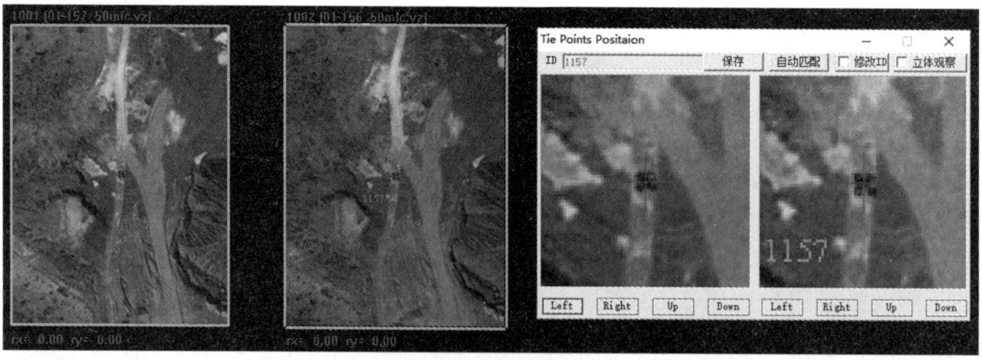

图 4.7　控制点量测（一）

在 6 张影像所包含的区域中 4 个角点分别量测控制点，用黄色的三角形表示。如图 4.8 所示。

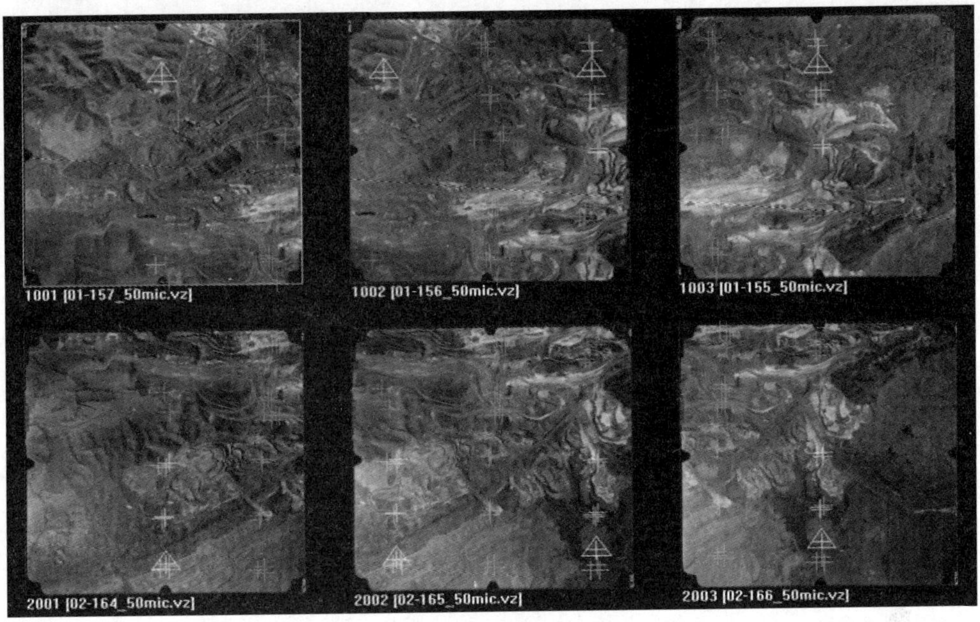

图 4.8　控制点量测（二）

（8）最后再调用平差程序 iBundle 进行平差。在平差程序中选择控制点平差，平差完成后查看平差报告获取相应连接点的平面及高程坐标信息。

五、提交资料

（1）控制点分布图 1 份。

（2）绝对定向精度报告 1 份。

（3）实训报告 1 份。

六、思考与练习

1. 什么是解析空中三角测量？

2. 按所采用的平差方式，解析空中三角测量分为哪几种方法？

3. 解析空中三角测量的作用和意义是什么。

实训报告

班级__________ 组号__________ 姓名__________ 学号__________ 日期__________

一、实训过程

1. 打开软件

2. 自动内定向

3. 匹配连接点

4. 编辑连接点并进行平差

5. 输出成果

二、实训小结

1. 主要遇到的问题

2. 解决方法

3. 经验总结

任务五　自动化空中三角测量

一、实训目的

掌握利用 Pix4D 进行航带设置、自动内定向、匹配连接点、平差编辑和自动创建模型的全过程。

二、实训内容

空中三角测量是摄影测量生产中的关键步骤，它利用少量的地面控制点来计算一个测区中所有影像的外方位元素和所有加密点的地面坐标，是后续的一系列航测数据测量处理与应用的基础。

三、实训准备

（1）Pix4D 软件。

（2）软件自带样例数据。

四、实训方法与步骤

1. 建立工程

打开 Pix4d mapper，选择项目菜单栏下的新建项目，在弹出的对话框中设置工程的属性，如图 5.1 所示，选中航拍项目，不勾植被和倾斜项目，然后输入工程名字，设置路径（工程名字以及工程路径不能包含中文）。新建项目选上，然后选择下一步 Next。

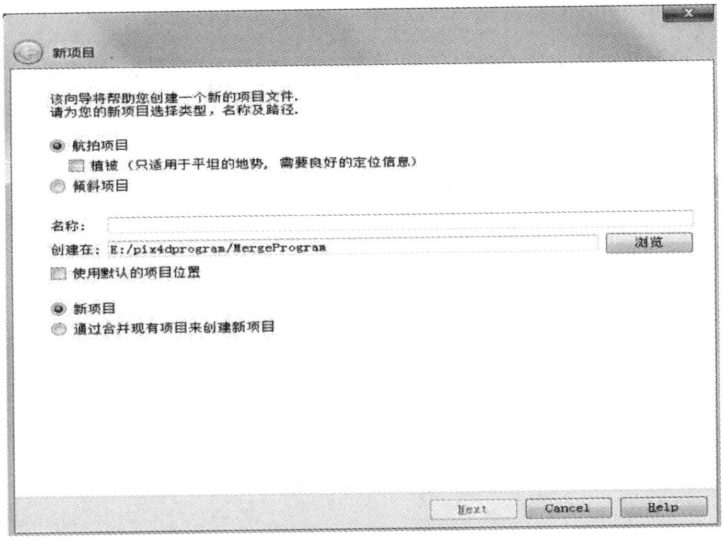

图 5.1　新建项目

2. 加入影像

点击添加图像，选择加入的影像。影像路径中不要包含中文，点击 Next 按钮。如图 5.2 所示。

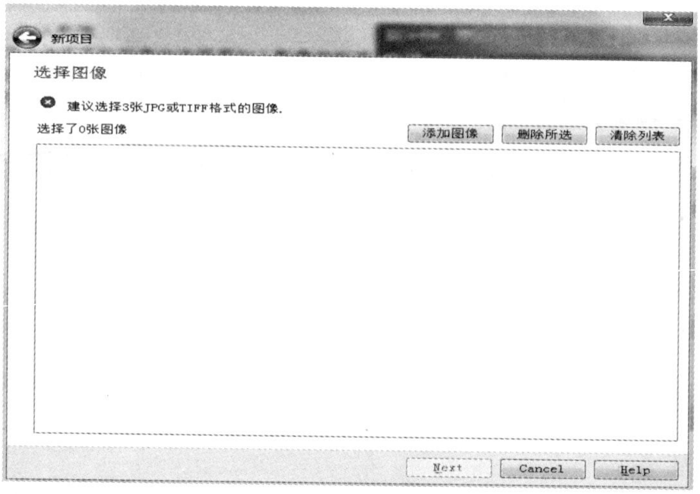

图 5.2　添加影像

3. 设置影像属性

（1）图像坐标系。设置 POS 数据坐标系，默认是 WGS84（经纬度）坐标。
（2）地理定位和方向。设置 POS 数据文件，点击从文件选择 POS 文件。
（3）相机型号。选择影像对应的相机型号。

4. 设置相机文件

通常软件能够自动识别影像相机型号。确认各项设置后，点击 Next 按钮进入下一步，如图 5.3 所示。然后点击 Finish 按钮完成工程建立。

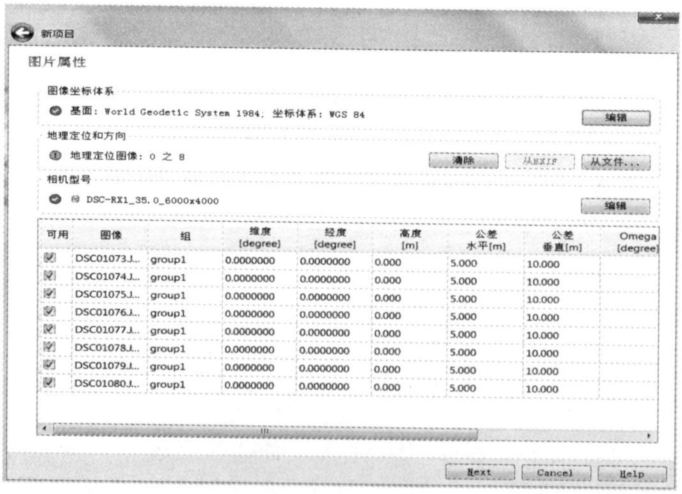

图 5.3　设置影像属性

5. 快速处理检查

快速处理出来的结果精度比较低，但快速处理的速度会快很多。因此快速处理建议在飞行现场进行，发现问题方便及时处理。如果快速处理失败了，那么后续的操作也可能出现相同结果。快速处理界面如图 5.4 所示。

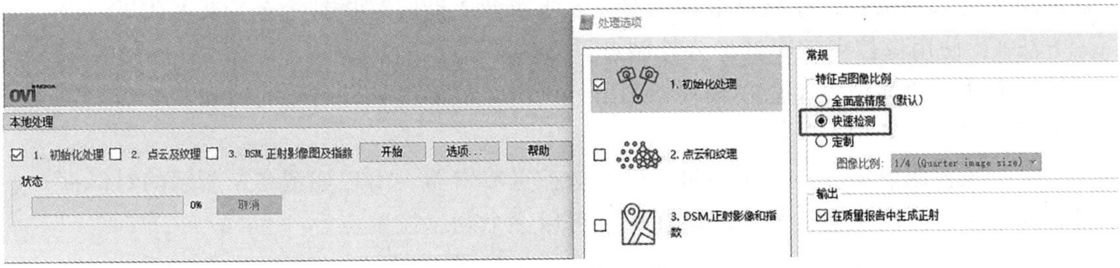

图 5.4　快速处理

点击运行，选择本地处理。设置如图 5.4 所示，初步处理和快速检测选上，其他不选，点击开始，等待软件运行完，可以查看快速处理成果（一张影像拼图），检查快速处理质量报告。质量报告（见图 5.5）主要检查两个问题，Dataset 以及 Camera optimization quality。Dataset（数据集）：在快速处理过程中所有的影像都会进行匹配，这里我们需要确定大部分或者所有的影像都进行了匹配。如果没有就表明飞行时相片间的重叠度不够或者相片质量太差。Camera optimization quality（相机参数优化质量）：最初的相机焦距和计算得到的相机焦距相差不能超过 5%，不然就是最初选择的相机模型有误，重新设置。

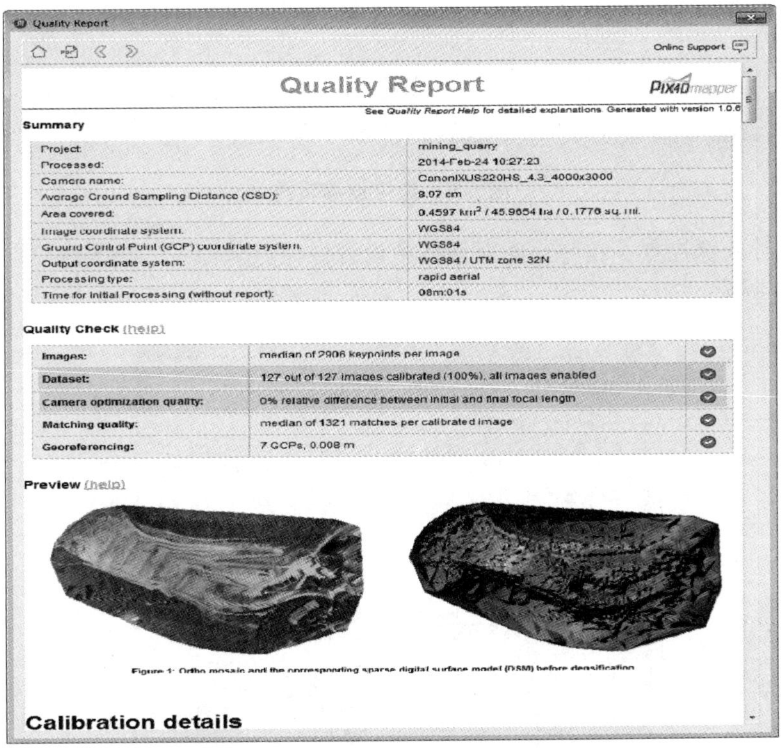

图 5.5　质量报告

6. 加入控制点

控制点必须在测区范围内合理分布，通常在测区四周以及中间都要有控制点。要完成模型的重建至少要有 3 个控制点。通常 100 张相片 6 个控制点左右，更多的控制点对精度也不会有明显的提升（在高程变化大的地方更多的控制点可以提高高程精度）。控制点不要放置在太靠近测区边缘的位置，控制点最好能够在 5 张影像上能同时找到（至少要两张）。

方法 1：使用像控点编辑器加入控制点。

这种方法需要逐个控制点在相片上刺出，刺出后可以由软件自动完成初步处理、生成点云、生成 DSM 以及正射影像。

（1）加入控制点文件。点击项目，选择像控点编辑器。出现如图 5.6 所示的对话框。点击增加像控点后，图像会出现在对话框中，可以逐个刺出控制点。

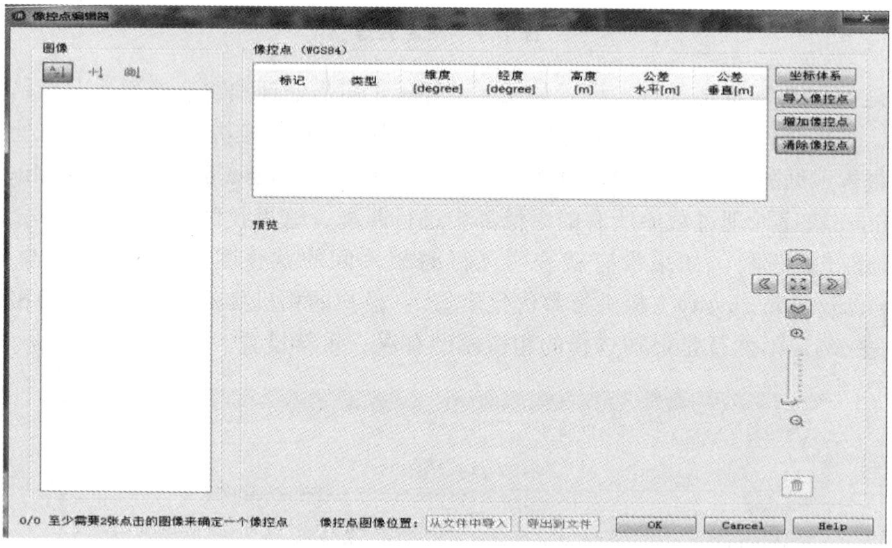

图 5.6 像控点编辑器

（2）选择导入像控点。在弹出的对话框中设置像控点坐标系、导入像控点文件（csv 格式），如图 5.7 所示。

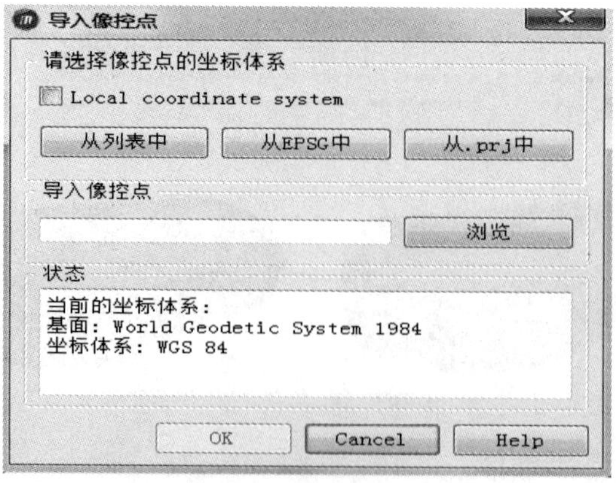

图 5.7 导入像控点

（3）在图像上刺出控制点，如图 5.8 所示。在左侧的图像列表中选中图像，右侧就会显示出该图像。在对应的位置上，鼠标左键点击图像中的点，标出控制点位置。一个控制点最少要在两张图像上标注出来，通常建议标注在 3～8 张图像上。在质量报告中会显示是否需要在更多的图像上标出控制点。

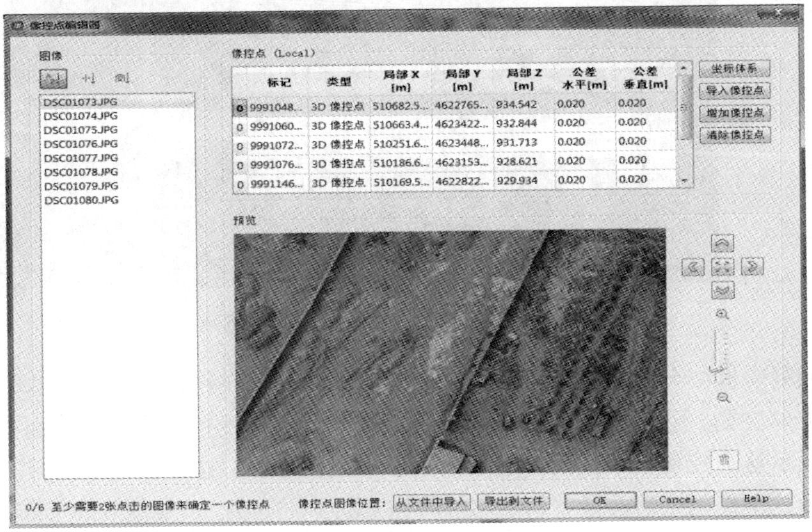

图 5.8　刺点

设置完成后，点击 OK。控制点就加入到了工程里面。

方法 2：在空三射线编辑器中刺出控制点。

这种方法先进行初步处理后在“空三”射线编辑器显示控制点，是通过 POS 数据预测出所有控制点位置。这种情况适用于软件坐标系统库中可以找到 POS 数据坐标系统与 GCP 坐标系统，这两个坐标系统不一定要相同，软件会自动将他们转化成同一个坐标系统。使用这种方法添加控制点，在初步处理后需要手动设置控制点。

（1）加入控制点到工程中，完成初步处理。

点击菜单栏运行，选择本地处理（见图 5.9），把初步处理以及高精度处理选上，点云以及正射影像先不生成。点击开始进行处理。

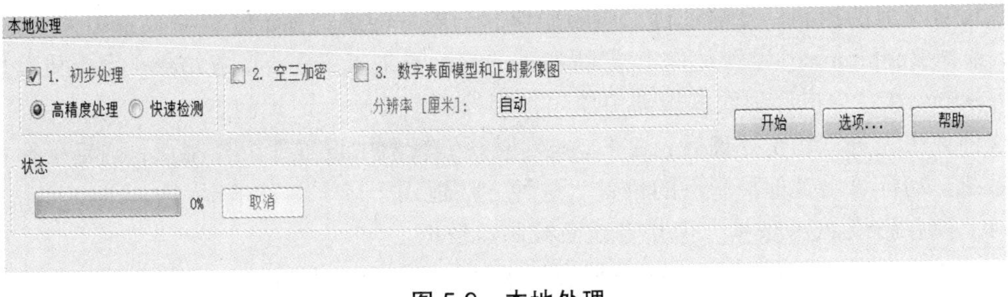

图 5.9　本地处理

（2）在“空三”射线编辑器中刺出控制点 GCP。

点击菜单栏的视图，打开“空三”射线编辑器，可以看到生成的连接点以及系统预测的控制点位置（蓝色的圆圈，中间有一个小点），如图 5.10 所示。

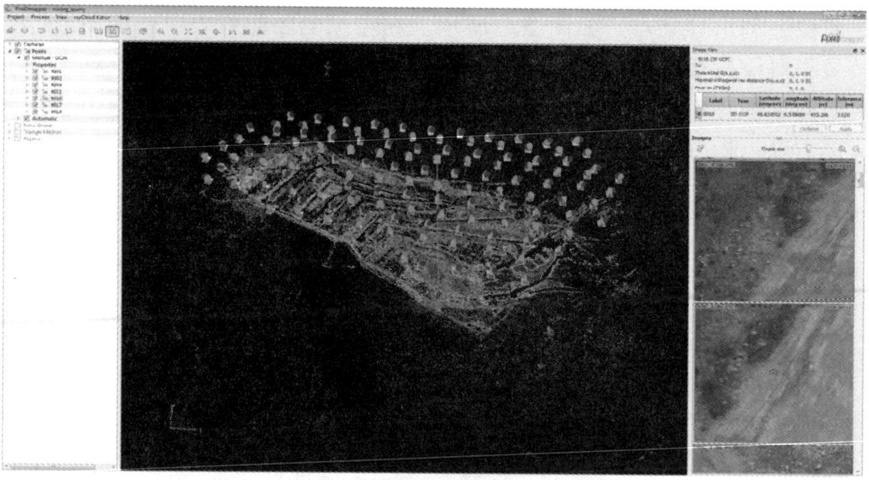

图 5.10　在“空三”射线编辑器中刺点

在左侧的列表框中会显示所有包含这个控制点的相片，在每张相片上左键单击图像，标出控制点的准确位置（至少标出两张）。这时控制点的标记会变成一个黄色的框，中间有黄色十字叉号，表示这个控制点已经被标记（标记了两张相片后，这个标记中间会多一个绿色的叉号，则表示这个控制点是已经重新参与计算重新得到的位置）。如图 5.11 所示。

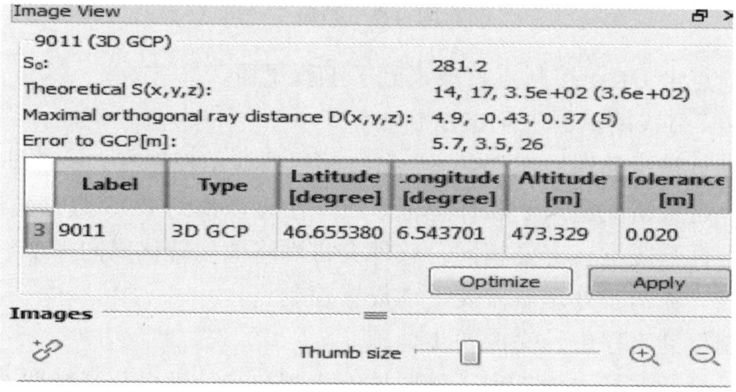

图 5.11　图像视窗

然后对其他的控制点分别进行上面的操作。当所有的点都标记完成后，点击菜单栏运行按钮，选择 Reoptimize（重新优化），把新加入的控制点加入，重新生成结果，检查质量报告。

方法 3：在“空三”射线编辑器中使用预测控制点功能标记控制点。

这种方法先进行初步处理后，在“空三”射线编辑器中设置 3 个控制点，确定坐标系统，然后系统自动计算出其他控制点的位置。这种方法适用于以下两种情况：

（1）没有影像 POS 数据，但是有地面控制点数据。

（2）GCP 数据坐标系统与 POS 数据坐标系统关系未知（对应转化参数未知）。

7. 设置 GCP 坐标系统

（1）点击菜单栏项目，选择像控点编辑器，在出现的对话框中点击坐标系，出现如图 5.12 所示的对话框，选择坐标系统的输入方式，设置好 GCP 坐标系统后点击 OK。

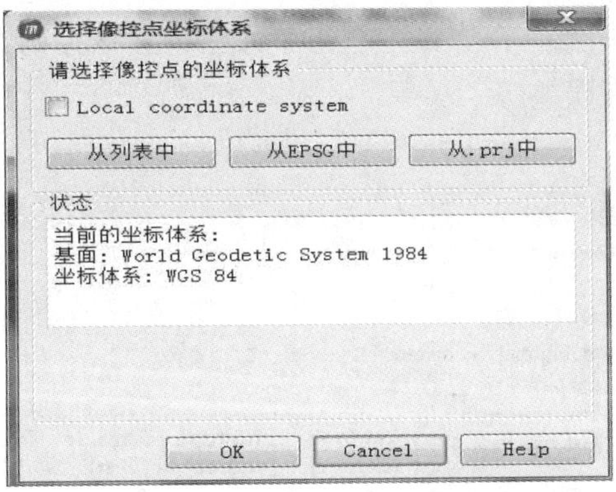

图 5.12 像控点坐标系选择

（2）在“空三”射线编辑器中刺出 GCP。点击菜单栏视图，选择“空三”射线编辑器，如图 5.13 所示，软件生成的连接点会显示在三维视图中。在三维视图中点击靠近控制点附近位置的点，在右侧的视图中找到该控制点的准确位置。

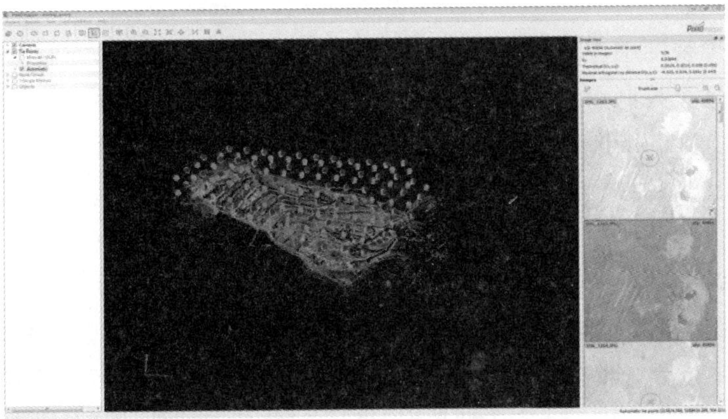

图 5.13 在“空三”射线编辑器中刺点

（3）点击 新建连接点（见图 5.14）。

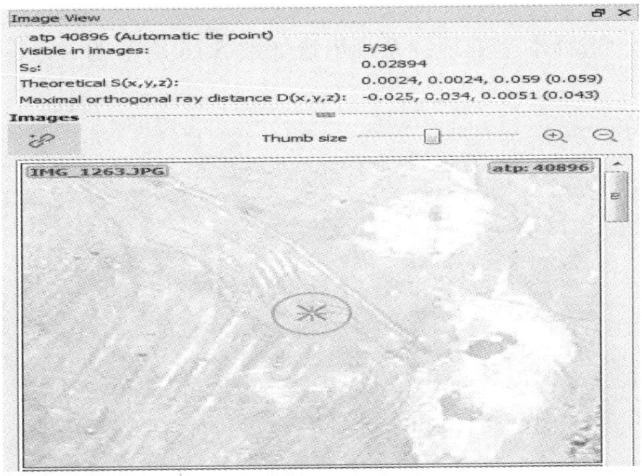

图 5.14 连接点选择

出现如图 5.15 所示对话框，在表格中双击单元格设置该控制点的属性，名称、类型（设置为 3DGCP）、坐标、允许误差等。

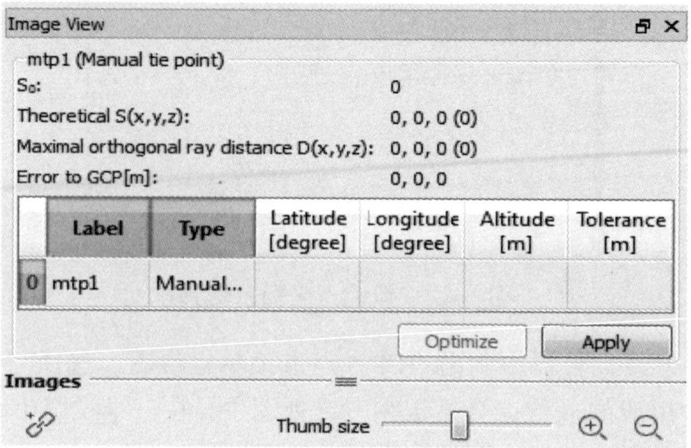

图 5.15　控制点属性

在右侧的影像视图中左键点击影像，在两张影像上面刺出这个控制点的准确位置。在一张影像上刺出这个控制点后，该位置会出现一个黄色的标记，在另外一张相片上刺出这个控制点后，点击 Optimize，该控制点在所有相片上相应的位置会有一个绿色的标记，表示系统自动计算出来的位置。检查绿色的标记与实际控制点位置是否一致。确认无误后点击 Apply 按钮。

按以上步骤添加 3 个控制点后，把剩下的控制点添加到工程中。系统会自动计算出新加入的控制点的位置信息，并且以蓝色的圈标记表示。调整控制点的位置使之与实际位置对应。逐个检查控制点的位置，没有问题后点击 Apply 按钮。然后继续设置其他控制点。

当所有控制点添加完成后，点击菜单栏运行，选择重新优化。软件会把新加入的控制点参与重新计算。

8. 全自动处理

点击菜单栏运行，选择本地处理，系统出现如图 5.16 所示的对话框。

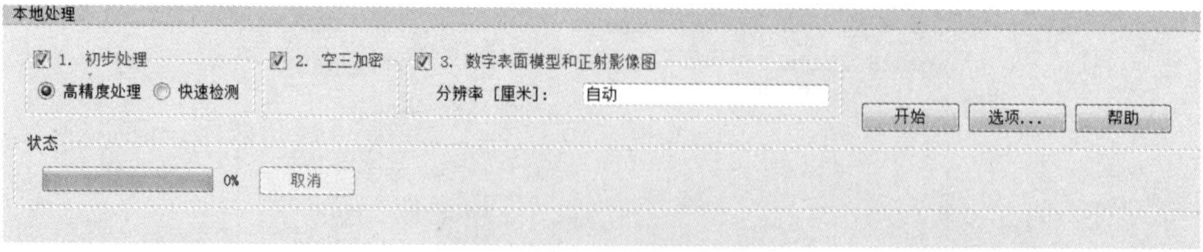

图 5.16　本地处理

在前面添加控制点过程中，如果初步处理已经运行完毕（使用方法 2 以及方法 3 选项添加控制点），这里就无须再次运行。根据需要选择所需要运行的步骤，点击开始按钮运行。

9. 数字表面模型及正射影像生成

（1）栅格数字表面模型（DSM）。

GeoTiff：保存 DSM 为 Geotiff 文件。

合并瓦片：生成一个融合的大文件，若没选上，生成的 DSM 是分块的。

设置坐标 DSM 格式，XYZ 选项下 Spacing 为生成的 3D 点距离。如图 5.17 所示。

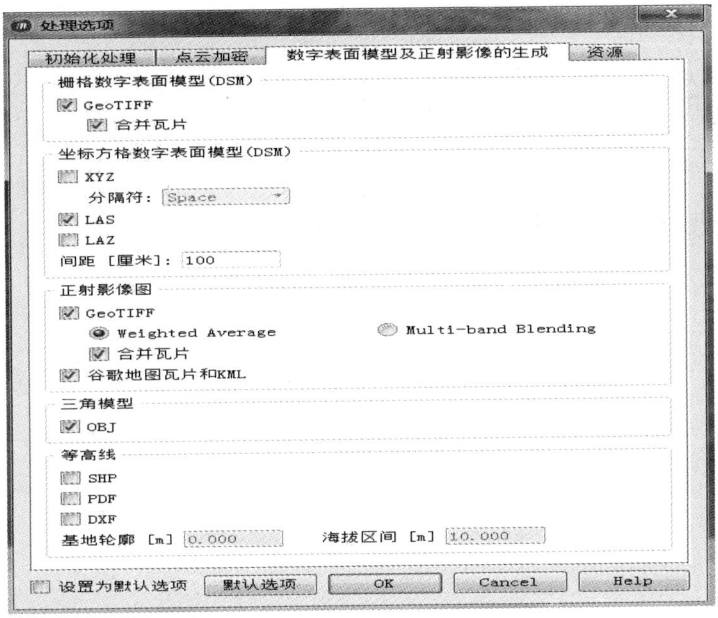

图 5.17　数字表面模型及正射影像生成

（2）正射影像图。

GeoTiff 选上后可以输出正射影像图。Weighted Average（加权平均）选项是默认的，如果选择 Multi-band Blending，那么处理速度会加快，但是在一些边角区域会出现更多“拉花”现象。

（3）三角模型。

用正射影像、DSM 生成 OBJ 格式文件。（在三维建模时使用，可以在 3D MAX 中打开）

（4）等高线。

设置生成的等高线文件格式。基地轮廓：设置等高线高程；海拔区间：设置等高线距离（等高距）。

五、提交资料

（1）实训成果 1 份。

（2）实训报告 1 份。

六、思考与练习

1. 什么是自动化空中三角测量？

2. 请简述采用 Pix4d 软件进行空中三角测量的基本步骤。

3. 自动化空中三角测量有哪些优势？

实 训 报 告

班级__________ 组号__________ 姓名__________ 学号__________ 日期__________

一、实训过程

1. 建立工程

2. 设置影像属性

3.设置相机文件

4. 加入控制点

5. 设置 GCP 坐标系统

6. 全自动处理

7. 数字表面模型及正射影像生成

二、实训小结

1. 主要遇到的问题

2. 解决方法

3. 经验总结

任务六　数字高程模型（DEM）生产

一、实训目的

掌握 DEM 生产制作流程。

二、实训内容

DEM 即数字高程模型，与 DOM、DLG、DRG 即为摄影测量 4D 产品。

三、实训准备

（1）VirtuoZo 软件。

（2）Hammer 测区实例数据。

四、实训方法与步骤

本实训只介绍自动模式下进行的 DEM 生产流程。各模型内定向、相对定向、绝对定向生成核线影像后，即可进行影像自动匹配，然后对匹配质量低的点进行编辑（可选），然后用匹配点生成单模型的 DEM。

1. 影像匹配

影像自动匹配是数字摄影测量系统的关键技术，是沿核线一维影像匹配，确定同名点。其过程是全自动化的。选择系统菜单 DEM 生产→影像自动匹配，进度条结束后即完成。

2. 匹配结果编辑

匹配结果编辑是影像匹配的后处理工作，是一个交互式的人工干预过程。目前，在影像匹配中，尚有一些区域（如：水面、人工建筑、森林等）计算机难以识别，将出现不可靠匹配点（没有匹配在地面上），这将影响数字高程模型 DEM 的精度。因此，对这些区域进行人工干预是必要的。

3. 匹配点生成 DEM

选择系统菜单 DEM 生产→匹配点生成 DEM，进度条结束后即完成。

4. DEM 拼接检查

生成 4 个模型的 DEM 后，先进行 DEM 拼接检查，选择系统主菜单 DEM 生产→DEM 拼接检查，如图 6.1 所示。

在选择拼接区域框中用鼠标拉框选择范围，单击开始拼接按钮，进入 DEM 的拼接计算，屏幕弹出拼接进度显示条。当拼接完成后，将显示拼接中误差、总点数、误差分布统计及误差分布图。

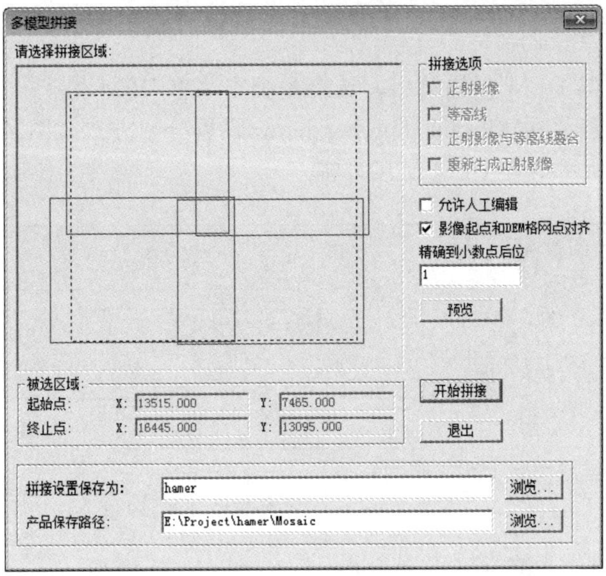

图 6.1 DEM 拼接检查

显示窗的上部所显示的图形表示 DEM 重叠度与接边误差，绿色表示小于 1 倍中误差的点，蓝色表示大于 1 倍中误差且小于 2 倍中误差的点，黄色表示大于 2 倍中误差且小于 3 倍中误差的点，红色表示大于 3 倍中误差的点，如图 6.2 所示。

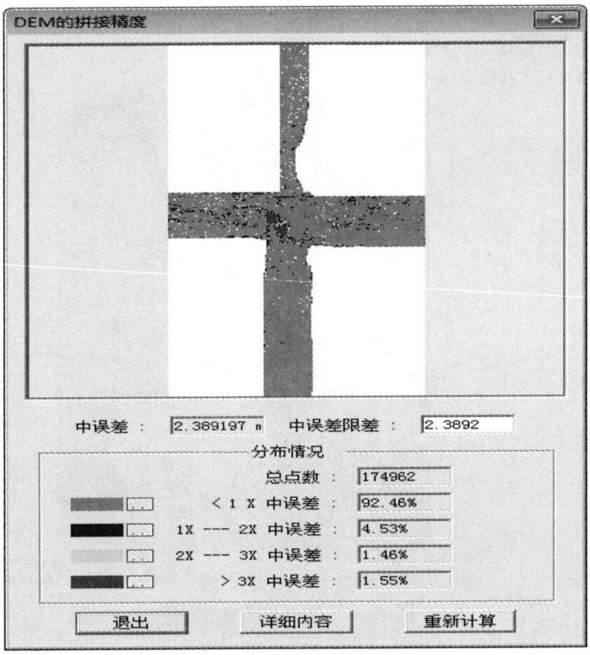

图 6.2 DEM 拼接误差

DEM 拼接完成后，要检查 DEM 拼接精度及中误差是否符合规范要求。主要检查红色接边处（大于 3 倍中误差的点），一般原因是两个模型 DEM 的边缘有错误的匹配点，进入匹配编辑，对精度不好的 DEM 进行重新检查编辑，重新生成 DEM 和拼接工作。

5. DEM 分幅输出

对符合精度要求的 DEM 分幅输出，选择系统主菜单 DEM 生产→DEM 拼接与裁剪。选择文件新建，打开工程目录\Mosaic\Hammer.dem，设置分幅方式，图 6.3 所示的是按块大小划分的图幅，图 6.4 所示的是 DEM 拼接分幅。

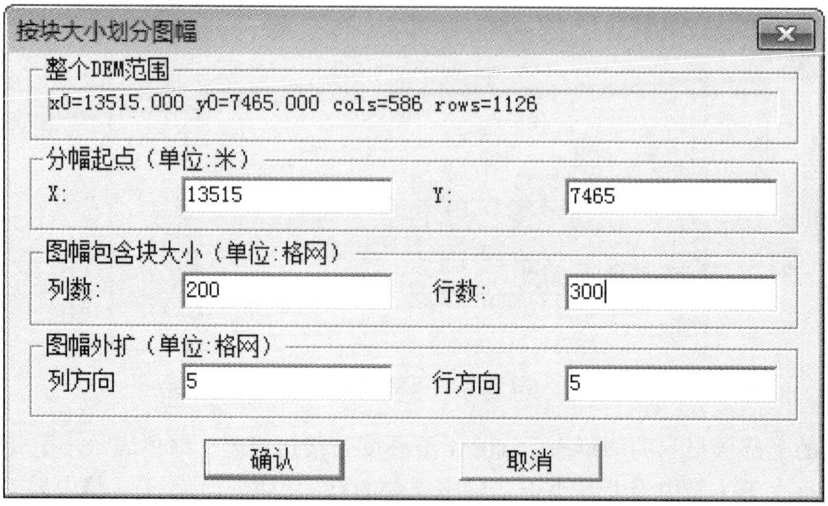

图 6.3　DEM 分幅

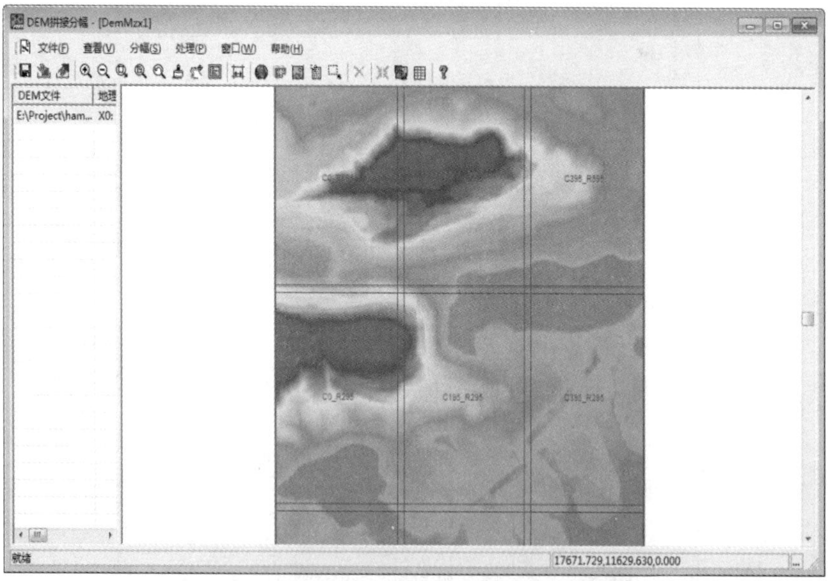

图 6.4　DEM 拼接分幅

划分大小后，单击处理菜单下的执行划分，选择存放目录输出。

五、提交资料

（1）DEM 成果 1 份。
（2）实训报告 1 份。

六、思考与练习

1. 什么是 DEM?

2. 简述生成 DEM 的操作流程。

实训报告

班级________ 组号________ 姓名________ 学号________ 日期________

一、实训过程

1. 打开软件

2. 影像匹配

3. 匹配点生成 DEM

4. DEM 拼接检查

5. DEM 拼接分幅

二、实训小结

1. 主要遇到的问题

2. 解决方法

3. 经验总结

任务七　数字正射影像（DOM）生产

一、实训目的

掌握 DOM 的生产流程。

二、实训内容

DOM 即为数字正射影像，利用 Hammer 测区完成数字正射影像制作，并评估精度。

三、实训准备

（1）VirtuoZo 软件。
（2）Hammer 测区实例数据。

四、实训方法与步骤

1. 生成正射影像

此步为自动化处理过程，选择 DOM 生产（见图 7.1）→生成正射影像菜单按钮后，软件自动弹出 DOM 生成进度对话框，生成完毕后自动关闭。

正射影像参数说明：

自动生成正射影像的参数默认为测区参数，也可在设置→正射影像参数中进行更改，如图 7.2 所示。

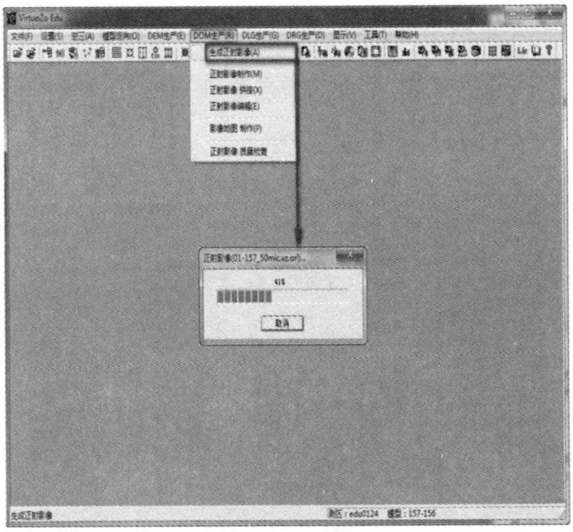

图 7.1　DOM 生产

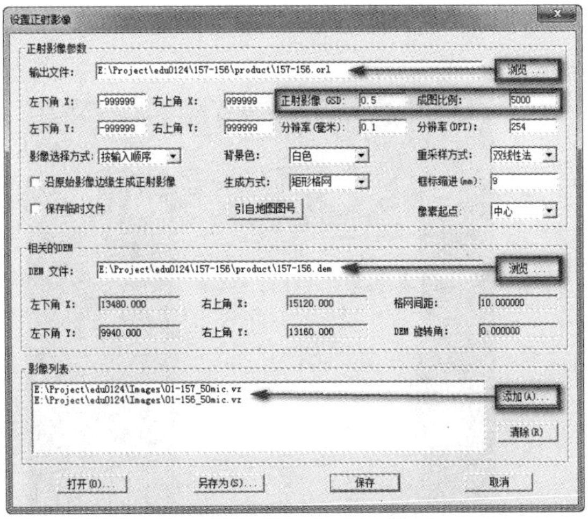

图 7.2　DOM 设置

（1）可更改 DOM 自动生成结果存放目录，默认为模型文件夹下的 product 子文件夹。

（2）正射影像分辨率及成图比例尺，默认为测区参数下设置的参数。

（3）生成正射影像所用的 DEM，默认为当前模型对应的 DEM。

（4）生成正射影像的原始影像，默认为当前打开模型的原始影像。

以上参数没有特殊要求情况下一般默认，不必设置。

2. 创建拼接工程

（1）选择 DOM 生产-正射影像拼接菜单项，打开“DPMzx”窗口。

（2）“DPMzx”窗口中，选择文件→新建，在弹出的“参数设置”对话框（见图 7.3）中指定拼接工程存放路径，其余参数默认即可。

图 7.3　参数设置

3. 添加待拼接 DOM

点击添加影像工具按钮，选择需要拼接的单张正射影像，点击【打开】即可，如图 7.4 所示。

4. 编辑拼接线

（1）工具按钮中点击生成拼接线工具按钮，可生成拼接线，如图 7.5 所示。

图 7.4　影像添加

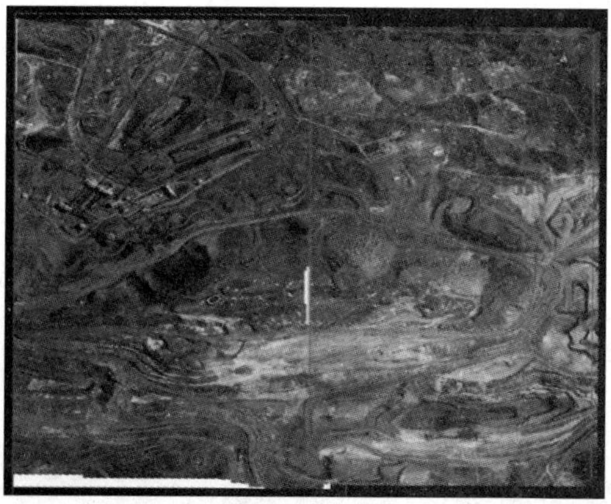

图 7.5　拼接线生成

（2）激活编辑拼接线工具按钮，可对自动生成的拼接线进行点编辑（移动节点或增加节点），如图 7.6 所示。

（3）激活编辑拼接线工具按钮，可对自动生成的拼接线进行线编辑（鼠标左键自拼接线上一点开始至拼接线上另一点右键结束，量测线段将替换原拼接线）如图 7.7 所示。

图 7.6　拼接线点编辑

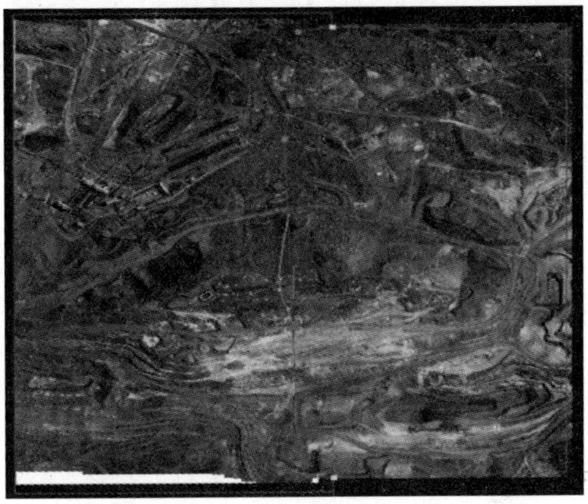

图 7.7　拼接线线编辑

5. 拼接影像

点击工具栏中拼接影像按钮，在弹出的对话框中选择拼接影像存放路径，并命名拼接后 DOM 名称。

6. 保存拼接工程

点击工具条中保存按钮，即可保存整个拼接工程，便于下次打开，在本次成果基础上进行修改操作。

五、提交资料

（1）DOM 成果 1 份。
（2）实训报告 1 份。

六、思考与练习

1. 什么是 DOM?

2. 熟练掌握 DOM 的生成及拼接操作流程。

实训报告

班级__________ 组号__________ 姓名__________ 学号__________ 日期__________

一、实训过程

1. 打开软件

2. 生成正射影像

3. 添加待拼接 DOM

4. 编辑拼接线

5. 拼接影像

6. 保存拼接工程

二、实训小结

1. 主要遇到的问题

2. 解决方法

3. 经验总结

任务八　数字线划图（DLG）生产

一、实训目的

掌握数字线划图（DLG）的生产流程。

二、实训内容

当核线重采样后，就可以进行 DLG 生产，即使用数字影像测图模块采集矢量地形图。

本模块为交互式数字影像测图系统（Interactive Graphics System，IGS），主要用于地物量测。

交互式数字影像测图系统是利用计算机代替解析测图仪、用数字影像代替模拟像片、用数字光标代替光学光标，直接在计算机上进行数字化测图的作业方法。在立体或正射影像上进行地物数据采集和编辑，生成数字测图文件（*.xyz），在匹配预处理中被叠加到立体影像上，然后参与影像匹配，设置作业环境，就可进行地物量测和图素编辑等。测图方式如图 8.1 所示。

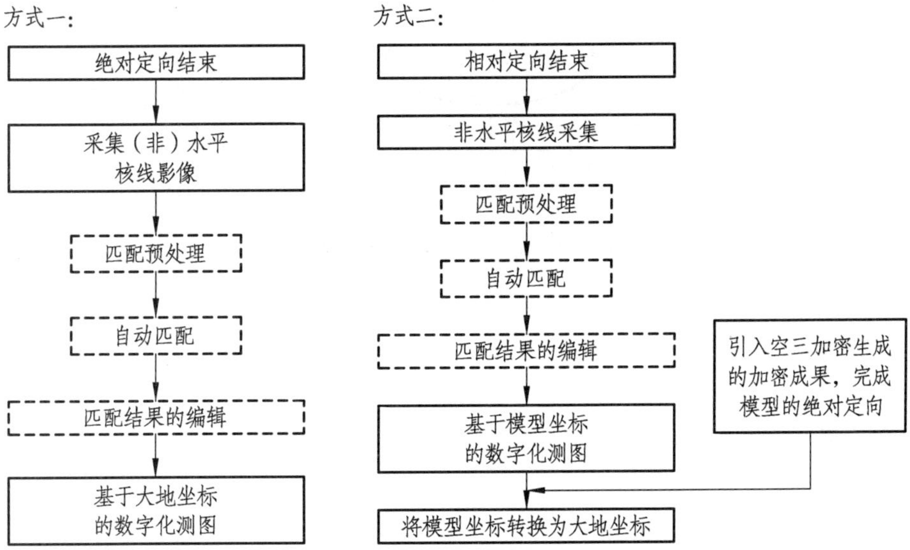

图 8.1　数字化测图方式

IGS 测图的基本流程，如图 8.2 所示。

在 VirtuoZo 的 IGS 数字化测图系统中，通过在立体模型影像上的矢量测图和坐标范围设定等操作，可生成数字线划图（DLG）。在其图廓整饰环境中，载入相应的矢量文件、正射影像，设定相应的图廓参数，即可生成数字栅格图（DRG）。在 VirtuoZo 的 IGS 数字化测图系统中，通过在立体模型影像上的矢量测图和坐标范围设定等操作，可生成数字线化图（DLG）。在其图廓整饰环境中，载入相应的矢量文件、正射影像，设定相应的图廓参数，即可生成数字栅格图（DRG）。

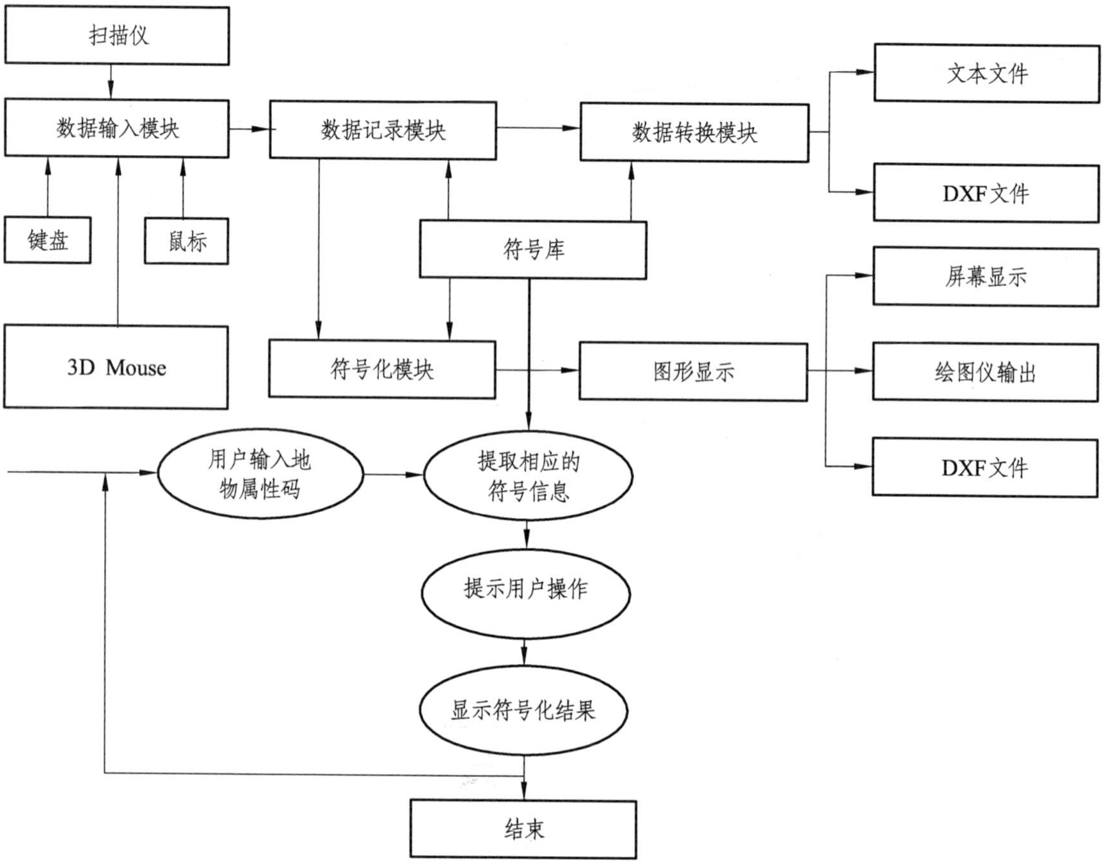

图 8.2　IGS 测图的基本流程

三、实训准备

（1）VirtuoZo 软件。

（2）Hammer 测区实例数据。

四、实训方法与步骤

1. 进入 IGS 测图界面

单击测图→IGS 数字化测图，进入 IGS 界面，如图 8.3 所示。

图 8.3　IGS 主程序界面

2. 新建一个矢量文件（*.xyz 文件）

点击文件→新建 xyz 文件，设置相应的参数和坐标范围，如图 8.4 所示。

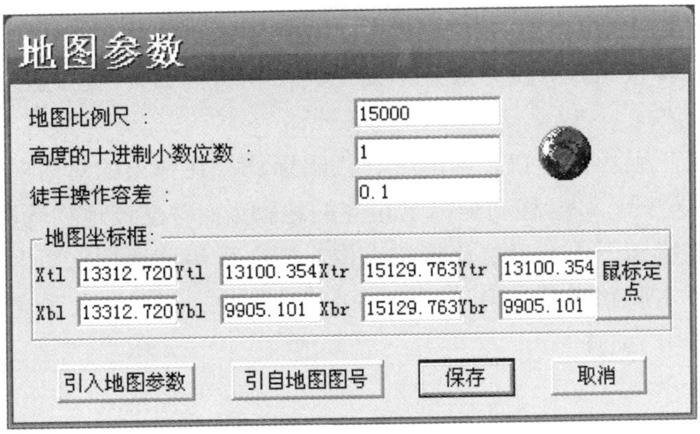

图 8.4　参数设置界面

3. 装载相应的立体模型

单击装载→立体模型（或正射影像）菜单项，在弹出的对话框中选择需要载入的立体模型或正射影像，确认后，系统即在 IGS 界面中打开一个窗口，显示立体模型或正射影像。点击文件→设置模型边界，在弹出的对话框中进行相应的设置，完成模型的参数设置工作。通过窗口→横向排列，可以得到图 8.5 所示的界面。

图 8.5　立体窗口和矢量窗口横向排列显示

4. 选择相应的地物符号，进行地物的绘制

在界面右边有两排按钮，分别为数据采集工具栏和编辑工具栏。通过打开工具栏的或，激活响应的工具栏。

激活立体模型或正射影像窗口，单击工具栏图标Sh，在弹出的对话框中选择相应的地物符号，然后按下工具栏图标，移动测标至相应的地物处，对准该地物轮廓上某一点的高程，然后单击（或踏下左脚踏开关）确定该点的点位，依次采集该地物轮廓上的节点，待采集完毕后，单击（或踏下右脚踏开关）确认，即记录了该地物，同时，矢量窗口中会显示该地物的矢量化符号。

5. 编辑地物

激活立体模型或正射影像窗口，点击，激活编辑工具栏，移动测标至需要编辑的矢量地物处，单击（或踏下左脚踏开关）选中该地物，然后再次单击（或踏下左脚踏开关）选择该地物轮廓上的某点，即可对该点进行编辑。

6. 导出矢量文件

当地物采集完成后，我们需要导出所采集的矢量文件，VirtuoZo 系统默认的矢量格式为.xyz，也可以导出其他的格式，比如 AutoCAD 支持的 dxf 格式、ASCII 码纯文本形式等等。

具体操作是点击文件→导出，然后选择需要的文件格式，设置相应的一些属性，指定一个路径即可。

7. 退出 IGS 测图窗口

采集的矢量文件是自动保存的，所以可以直接关闭 IGS。

五、提交资料

（1）DLG 生产成果 1 份。
（2）精度分析报告 1 份。
（3）实训报告 1 份。

六、思考与练习

1. 什么是 DLG?

2. 如何评定精度?

实训报告

班级__________ 组号__________ 姓名__________ 学号__________ 日期__________

一、实训过程

1. 打开软件

2. 进入 IGS 测图界面

3. 装载相应的立体模型

4. 选择相应的地物符号

5. 编辑地物

6. 导出矢量文件

7. 退出 IGS 测图窗口

二、实训小结

1. 主要遇到的问题

2. 解决方法

3. 经验总结

任务九　数字栅格地图（DRG）生产

一、实训目的

掌握数字栅格地图（DRG）的生产流程。

二、实训内容

DRG 生产包括 DRG 地理校正和 DRG 矢量化两个模块。数字栅格地图（DRG）是现有纸质地形图经计算机处理后得到的栅格数据文件。目前数字栅格地图一般由矢量的数字线划地图直接进行格式转换得到，因此在内容、几何精度和色彩上与基本比例尺地形图保持一致。

三、实训准备

Hammer 测区实例数据。

四、实训方法与步骤

单击 DRG 生产→DRG 地理校正菜单项，即进入 DRG 制作界面，单击文件→打开菜单，在系统弹出的打开对话框中选择需要进行编辑的扫描地图，然后单击打开按钮，系统即可显示地形图，如图 9.1 所示。

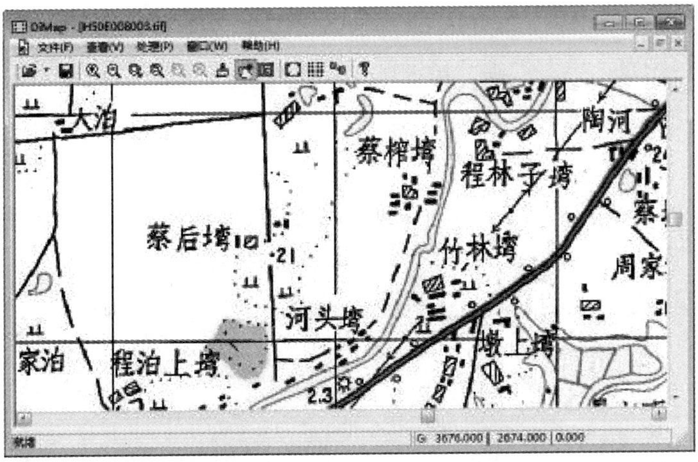

图 9.1　系统显示地形图界面

1. 打开地图

在 VirtuoZo 主界面上单击 DRG 生产→DRG 地理校正菜单项，进入 DRG 制作界面；在 DRG 制作界面上，单击文件→打开菜单项，在系统弹出的对话框中选择地图，然后单击打开按钮。

2. 四角配准

在 DRG 制作界面，单击处理→四角配准菜单，进入四角配准对话框。首先，使用选择像点按钮，在地图上分别找准地图的左上、右上、左下和右下 4 个内图廓角点，如图 9.2 所示。可使用左、右、上、下按钮对各个点位进行微调，使点位精确落在地图的内图廓角点上。接着，点击标准图号按钮输入地图的标准图幅号（参考地图名字和注记），如“G50G096003”，点击标准图廓按钮，设置投影坐标系和地图左下角和右上角的坐标（x, y 为左下角坐标，x2, y2 为右上角坐标），左下角坐标为地图左下方内图廓角点的经纬度坐标，右上角坐标为地图右上方内图廓角点的经纬度坐标，投影坐标系参见地图左下角的文字说明。设置完后，点击确定按钮即可。

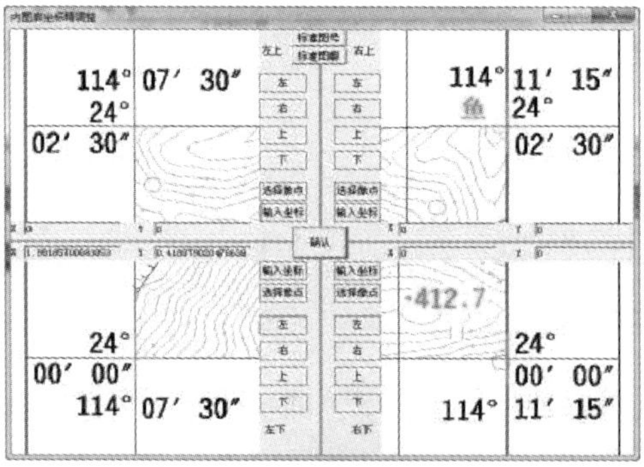

图 9.2　四角配准

3. 格网配准

在 DRG 制作界面，单击处理→格网配准菜单，进入格网配准对话框。单击提取格网按钮，在弹出的对话框中设置格网的 x 和 y 方向的间距（单位：m），提取完毕如图 9.3 所示，最后确定即可。

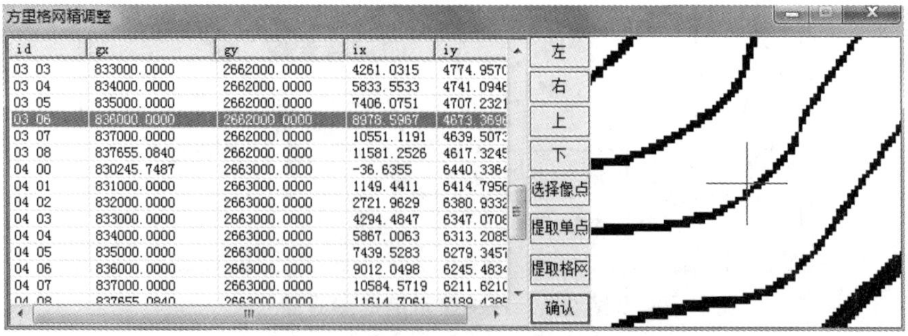

图 9.3　格网配准

4. 校正影像

在 DRG 制作界面，单击处理→校正影像菜单，进入校正影像参数设置对话框，设置成果输出路径和分辨率，如图 9.4 所示，再单击确认按钮即进行校正，校正完毕后退出程序。校正结果为带地理坐标文件的 tif 格式地图。DRG 矢量化将数字栅格地图上的栅格符号采集成矢量符号，将 DRG 转换成 DLG。

图 9.4　参数校正

单击 DRG 生产→DRG 矢量化菜单项，即进入 DRG 矢量化界面，单击文件→打开菜单，在系统弹出的打开对话框中选择一幅 DRG，然后单击打开按钮，系统即可显示地形图。

5. 打开地图和矢量

单击 DRG 生产→DRG 矢量化菜单项，即进入 DRG 制作界面，单击文件→打开菜单，在系统弹出的打开对话框中选择一幅 DRG，然后单击打开按钮，系统即可显示地形图。单击文件→OpenVectors 菜单项，在系统弹出的打开对话框中选择一个矢量文件或者输入一个矢量名字新建一个矢量文件，然后单击打开按钮，即可加入矢量，如图 9.5 所示。

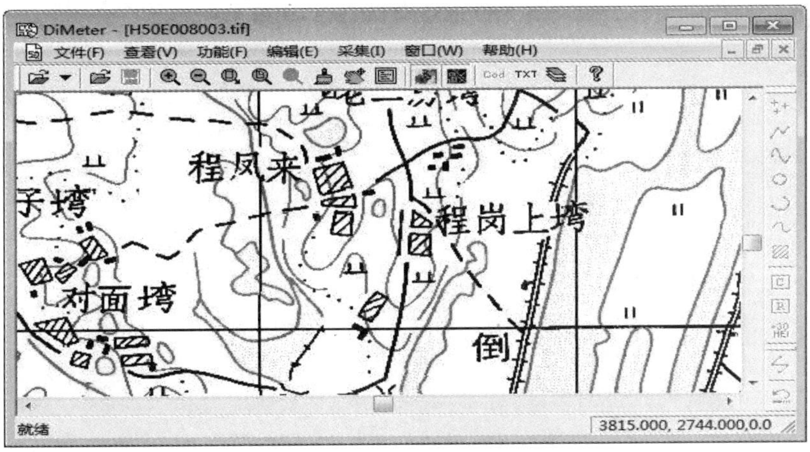

图 9.5　矢量编辑

6. 采集矢量，编辑矢量

首先，在采集菜单中，选取要绘制的矢量类型：点、直线、曲线、圆弧、流线等。然后，利用鼠标左键，在地图上对应类型地物的轮廓上描绘点、线、面。

五、提交资料

（1）DRG 成果及精度分析报告 1 份。

（2）实训报告 1 份。

六、思考与练习

什么是 DRG？

实训报告

班级__________　组号__________　姓名__________　学号__________　日期__________

一、实训过程 1. 打开地图 2. 四角配准 3. 格网配准 4. 校正影像 5. 打开地图和矢量 6. 采集矢量，编辑矢量
二、实训小结 1. 主要遇到的问题 2. 解决方法 3. 经验总结

任务十　航摄像片调绘

一、实训目的

（1）掌握航摄像片判读和调绘的基本方法。

（2）理解像片调绘中综合取舍的原则。

（3）理解“三清四到”的基本要求，掌握调绘路线的设计。

二、实训内容

像片调绘是对航空像片进行的调查、判读和绘制等工作的统称，是航测外业工作的重要工作之一。调绘是设计用语，指把地面的实际东西在草图上写清楚。外业调绘是内业编辑及制作最终地形图的主要依据，也是外业所有工序中技术含量最高、最复杂的一个工序。例如将航摄像片上呈现出的实地路灯杆、电力线杆、水渠、植被、道路等地物定性或定量，调查清楚就是调；绘则是把草图上的东西按规定的图式符号标注在图上，这两项合起来就是调绘。

像片调绘需要用航摄像片进行调查，将调查的现实资料描绘在像片上并加以注记。一般持像片到现场进行对照，或根据典型样片与各种资料在室内进行对比，将各种地形与地物资料标绘在像片上，并作为现实资料供测绘地形图或编绘地图时使用。

根据指导教师发放的航摄调绘片，在校园内完成相关的调绘任务。

三、实训准备

完成分组，指导教师提供校园正射影像图。

四、实训方法与步骤

（1）学生准备好航摄像片、记录表、记录笔等资料和工具。

（2）在调绘片上标注出调绘区域，根据像片判读标志了解调绘区域的基本地理概况。

（3）设计调绘路线，尽量一次性调绘完毕，按照要求调绘相关地物。

（4）将调绘片夹在记录板上，采用“以线带面”的原则开始对地物的属性及位置调绘。

（5）对于不明确或者无法判读的地物应特别标明，便于后期补调。

（6）组员间互相检查，提交调绘成果。

五、提交资料

完成校园 DOM 的调绘内容整理 1 份。

六、思考与练习

1. 像片判读的特征或标志是什么？

2. 像片调绘的目的及意义是什么？

3. 简要描述像片调绘的工作流程。

4. 影像调绘中综合取舍的原则是什么？

5. 摄影测量影像调绘中，“三清四到”指的是什么？

6. 简要总结，影像调绘中有哪些注意事项。

任务十一　ERDAS 软件的认识及视窗操作

一、实训目的

（1）了解 ERDAS 软件的界面及主要功能。
（2）掌握 ERDAS 的视窗操作。

二、实训内容

1. ERDAS 软件界面介绍

ERDAS IMAGINE 采用的 Ribbon 界面将所有的可视化窗口集成到一起，使得 3D 展示、制图过程和地图的显示能够融为一体。Ribbon 界面不仅简化了操作过程，也使得用户能够非常方便地定义自己的工作流程，从而大大提高工作效率。Ribbon 界面包括：菜单栏、快速工具栏、当前图层类型、工具面板、影像管理面板、数据组织面板、二维窗口和状态栏等。Ribbon 界面功能介绍如表 11.1 所示。

表 11.1　Ribbon 界面功能介绍

菜单	功　能
菜单栏	新建、打开、保存、查看、打印、综合、批处理、配置、偏好和帮助等功能
快速工具栏	可定制快速访问的常用功能工具
工具菜单面板	实现 ERDAS IMAGINE 的所有功能
目录管理面板	编辑管理视窗和视窗中加载的图层
数据组织检索面板	Shoebox 数据组织和管理，检索网络共享数据
视窗	显示图层视窗。可以添加多个视窗，地图视窗、三维视窗
状态栏	显示图层的坐标和状态等

2. ERDAS 软件视窗操作

1）视窗介绍

视窗（Viewer）是显示栅格图像、矢量图形、注记文件、AOI 等数据层的主要窗口。视窗操作是 ERDAS IMAGINE 软件操作的基础，ERDAS IMAGINE 所有功能模块都会涉及视窗操作，这里将介绍打开一幅栅格影像数据并浏览查看影像信息的基本操作，为深入理解和学习并掌握 ERDAS IMAGINE 奠定基础。

2）示例演示

打开一幅多光谱影像数据并进行浏览，查看影像的基本信息。通过本练习，掌握浏览影像信息的方法，同时对遥感影像有基本的认识。主要步骤包括：启动软件；添加二维视窗、三维视窗、制图视窗；选择栅格数据、设置数据参数；打开栅格数据并浏览影像信息；打开矢量数据并浏览；添加注记信息。

三、实训准备

（1）栅格数据：HOME\Hexagon\ERDASIMAGINAE2015\examples\XS_truecolor_sub.img，HOME 为实例数据安装路径，默认安装为 D：\Program Files\Hexagon。

（2）矢量数据：HOME\Hexagon\ERDASIMAGINAE2015\examples\virtualgis\streets，HOME 为实例数据安装路径，默认安装为 D：\Program Files\Hexagon。

四、实训方法及步骤

（1）启动 ERDAS IMAGINE 软件，软件运行后会自动打开一个二维视窗（2D View #1），如图 11.1 所示。

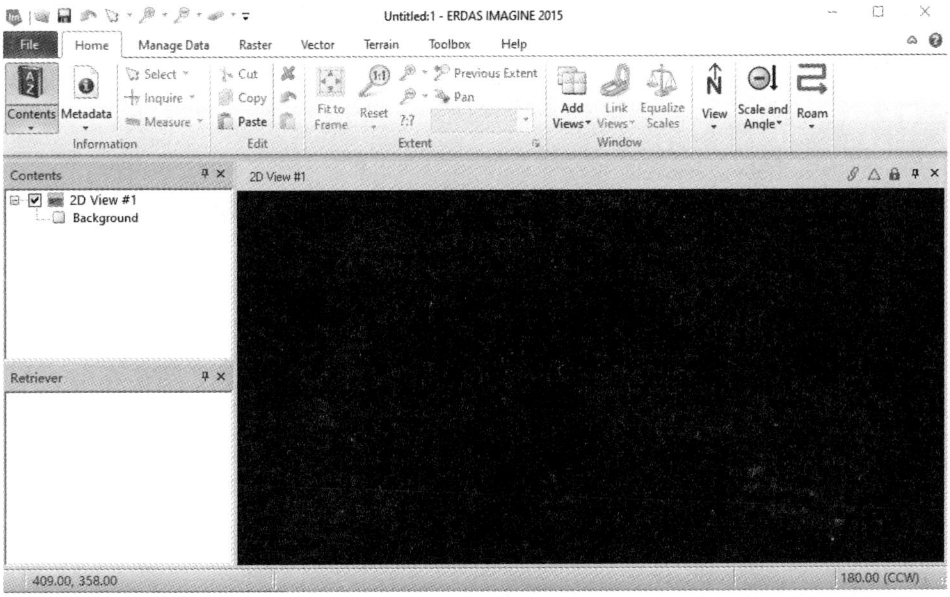

图 11.1　启动软件

（2）在 Home 面板中点击 Add Views，在下拉菜单中选择 Create New2D View，创建一个新的二维视窗。重复上述操作，分别点击 Create New Map View、Create New 3D View，创建新的地图视窗和三维视窗，然后关闭新建的 3 个视窗，只留下一个二维视窗。如图 11.2 所示。

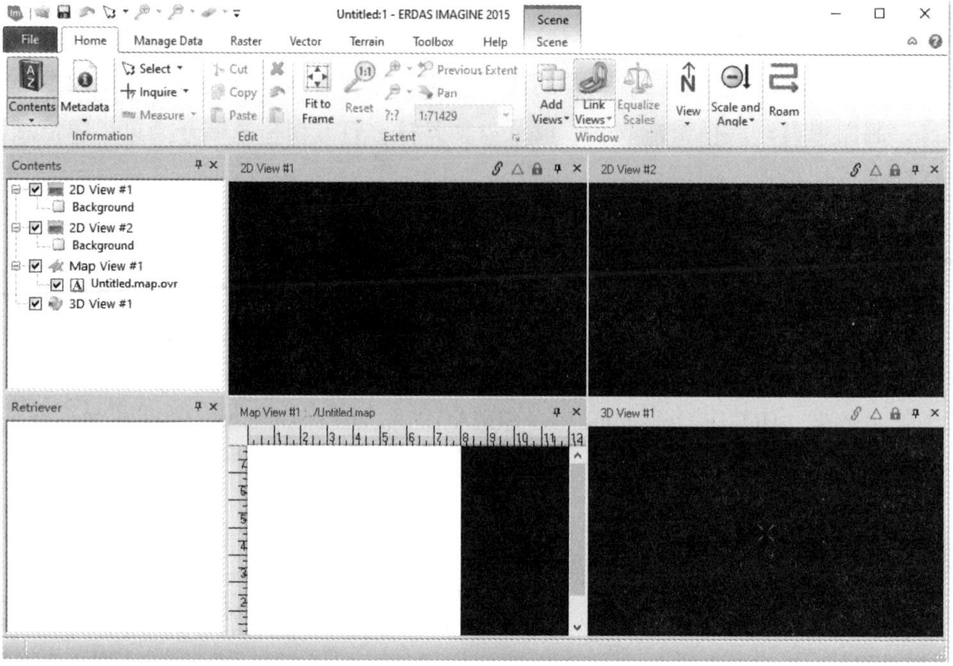

图 11.2　添加视窗

（3）在 2D View #1 中点击右键→Open Raster Layer。在 Select Layer To Add 选项卡中选择 XS_truecolor_sub.img，如图 11.3 所示。

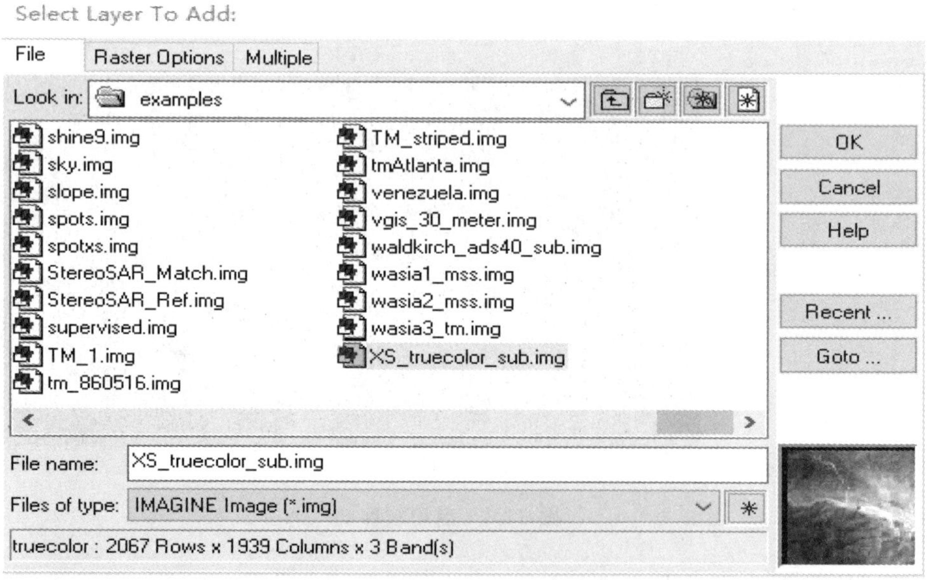

图 11.3　添加影像

（4）点击 Raster Options 选项卡，在影像参数设置中设置相应的参数后，点击 OK 在视窗中显示影像。如图 11.4 所示。

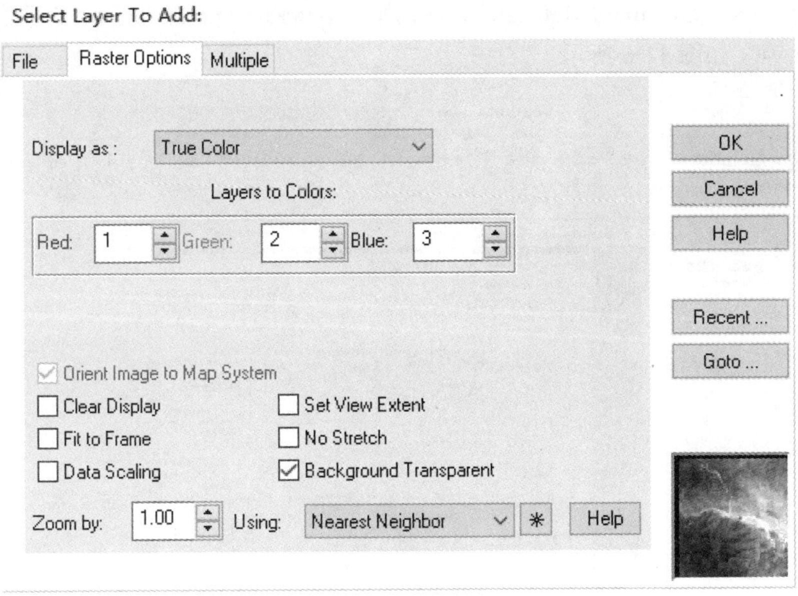

图 11.4　设置影像参数

各个影像参数项的意义及参数设置如下：真彩色（多波段图像）（True color　）、假彩色（专题分类图）（Pseudo color　）、灰度图（单波段图像）（Gray scale　）、红色波段（4）（Red：4）、绿色波段（3）（Green：3）、蓝色波段（2）（Blue：2）、邻近像元插值（Nearest neighbor）、双线性插值（Bilinear Interpolation）、立方卷积插值（Cubic convolution）。

（5）在 Extent 面板中点击 pan 工具，移动浏览影像（见图 11.5），同时选取相应的按钮也可进行放大、缩小、按比例尺显示等操作。

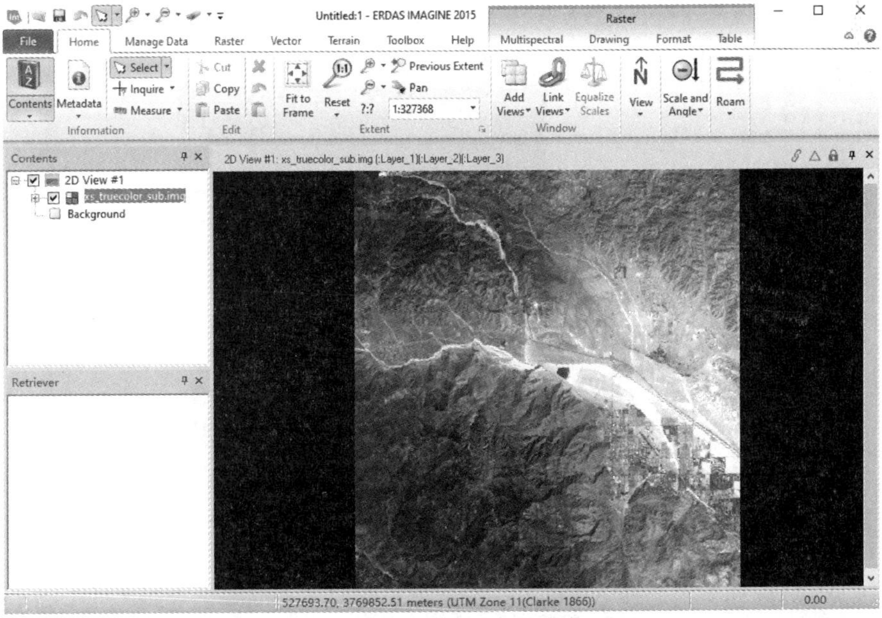

图 11.5　pan 工具移动浏览影像

（6）点击 View/Edit Image Metadata 工具，弹出 Image Metadata 窗口，查看影像的基本信息、投影信息等。如图 11.6 所示。

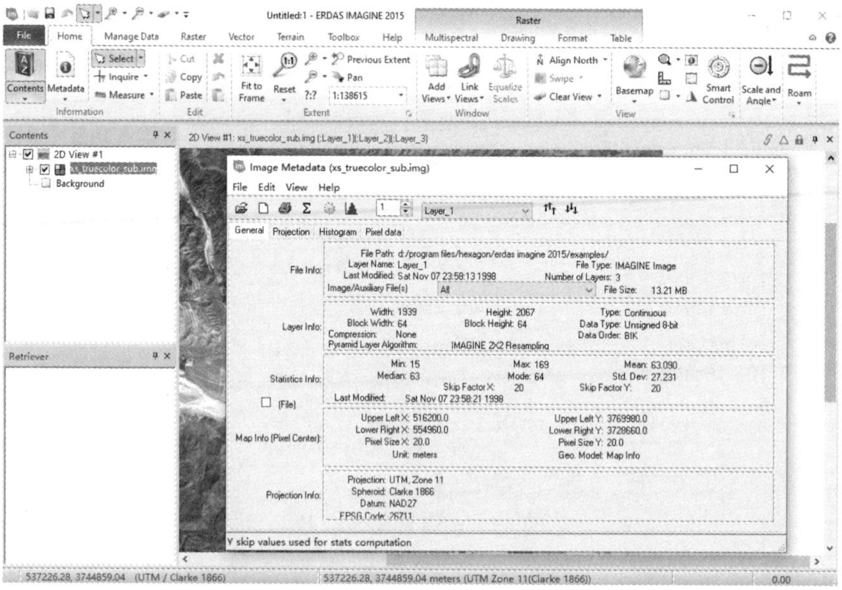

图 11.6　查看影像信息

（7）在 2D View #1 中点击右键→Open Vector Layer 跳转至 streets 存储文件夹，在 Select Layer To Add 选项卡中将 Files of Type 改为 Arc Coverage，选择 streets 数据，加载矢量信息。如图 11.7 所示。

图 11.7　加载矢量信息

（8）在 Drawing 面板上选择 A（text），在视窗中划出文字范围，添加文字注记“ERDAS”，同理，可以添加各种图形注记，并可更改注记样式，如图 11.8 所示。

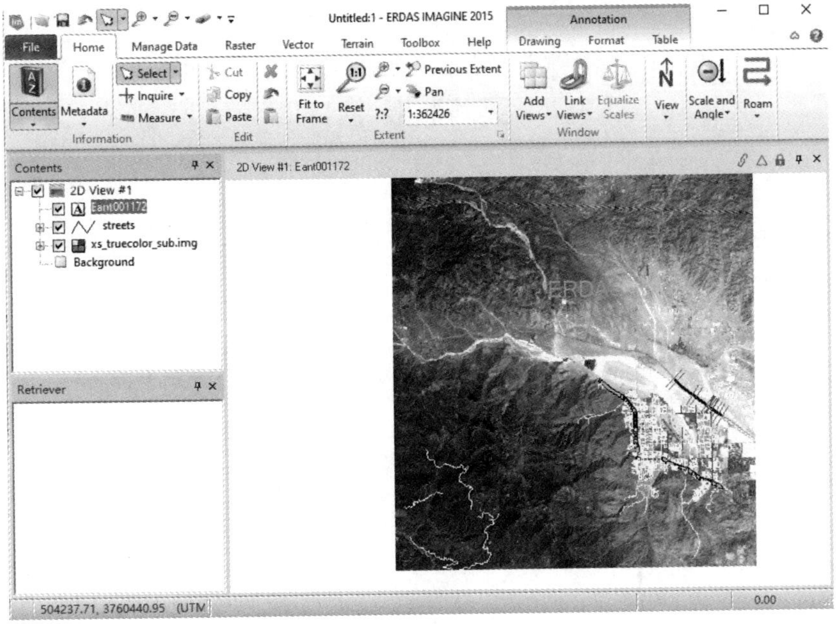

图 11.8　添加文字注记

五、提交资料

实训报告 1 份。

六、思考与练习

1. 常用的遥感软件有哪些？

2. ERDAS IMAGINE 2015 软件的主要模块有哪些？

实训报告

班级__________ 组号__________ 姓名__________ 学号__________ 日期__________

一、实训过程

1. 创建一个新的二维视窗

2. 加载影像数据

3. 影像参数设置

4. 查看影像的基本信息、投影信息

5. 加载矢量信息

6. 添加文字注记

二、实训小结

1. 主要遇到的问题

2. 解决方法

3. 经验总结

任务十二 遥感图像的几何校正

一、实训目的

（1）了解影像几何校正的原理和意义。

（2）掌握 ERDAS 软件的影像几何校正操作流程。

二、实训内容

几何校正是将影像数据投影到平面上，使其符合地图投影系统的过程。将地图投影系统赋予影像数据的过程，称为地理参考。由于所有地图投影系统都遵循一定的地图坐标系统，因此几何校正的过程包含了地理参考过程。

利用美国亚特兰大市的 Landsat TM 影像进行几何校正练习，参考影像为已经进行过几何校正的相同区域的 SPOT 全色影像，将 SPOT 全色影像的地理信息赋予 Landsat TM 影像。通过本练习，掌握以遥感影像为参考、运用多项式校正模型对一幅影像进行几何校正的过程。

三、实训准备

（1）HOME\Hexagon\ERDASIMAGINAE2015\examples\。

（2）待校正数据：tmAtlanta.img，参考影像：panAtlanta.img。

四、实训方法及步骤

1. 启动几何校正模块（见图 12.1）

（1）打开需要校正的影像 tmAlanta.img，点击 File→Open→RasterLayer 或在 Viewer 中点击右键→Open Raster Layer。

（2）点击 Multi spectral 选项卡，在 Transform& Ortho correct 标签组中点击 Control Points 图标。

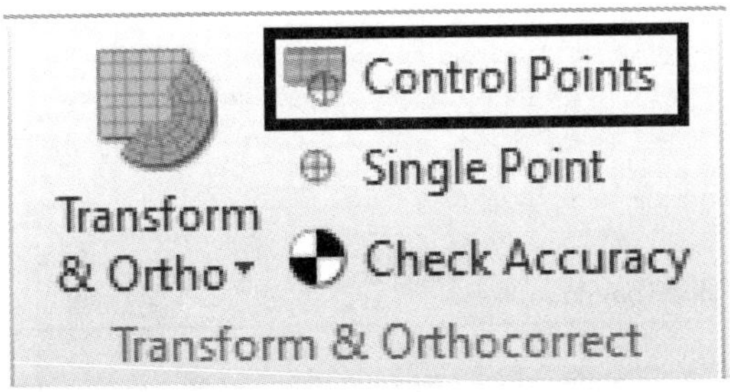

图 12.1 启动几何校正模块

（3）在打开选择校正模型对话框中选择 Polynomial（多项式模型），点击 OK 按钮。如图 12.2 所示。

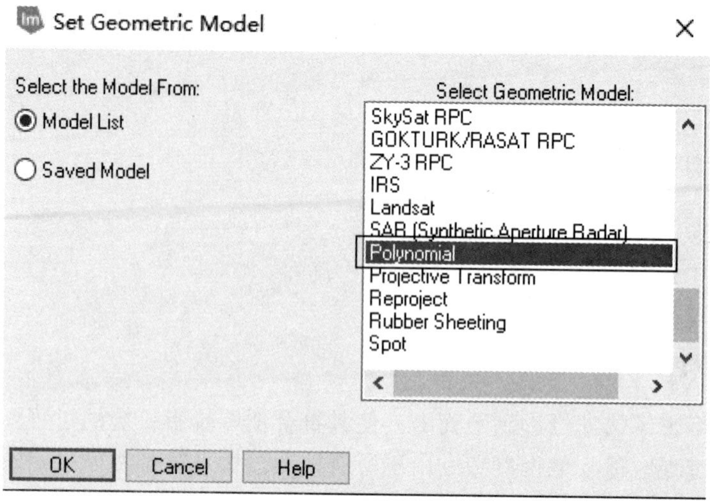

图 12.2　选择多项式模型

（4）在弹出选择 GCP 来源对话框中选择 Image Layer（NewViewer），点击 OK 按钮。

（5）在弹出文件选择对话框中选中参考影像 panAtlanta.img，点击 OK。弹出参考影像的坐标信息，点击 OK 继续。

（6）在弹出多项式模型属性对话框中，设置 Polynomial Order（多项式次数）（见图 12.3）为 2 次，点击 Apply 应用，点击 Close 关闭。此时，出现了几何校正界面，工具栏中提供了缩放漫游按钮，可以根据需要使用。

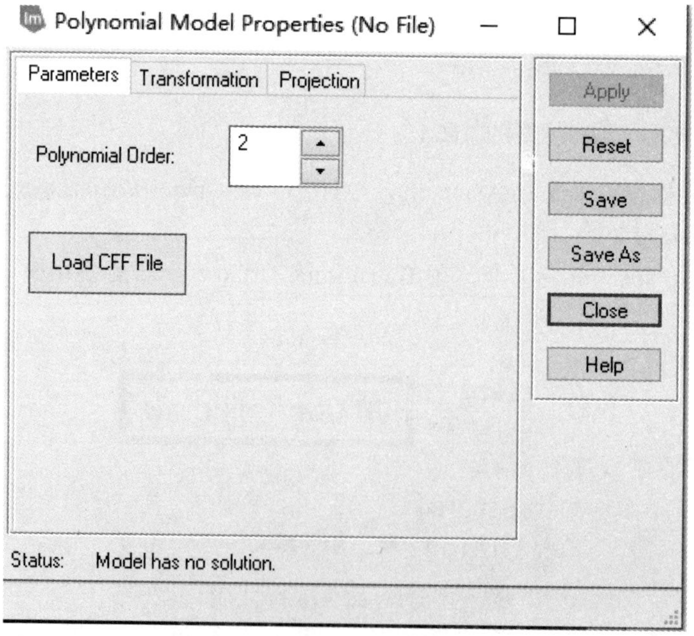

图 12.3　设置多项式模型次数

每个数据视窗都包括主窗口、全图窗口、细节放大窗口 3 个窗口，底部的列表显示所采集的控制点（GCPs）的信息。在主窗口和全图窗口中可以看到链接框，可以拖动及缩放获取最佳的视觉效果（链接框的颜色可以在窗口点击右键，选择 Link Box Color 进行设置）。

2. 采集地面控制点（GCP）

GCP 一般选择在两幅影像中容易识别的地物，如道路交叉点等，GCP 分布要尽量均匀覆盖整个区域。此时 GCP 的类型均为控制点，用于控制计算，建立转换模型及多项式方程。图 12.4 为选择 GCP 来源。

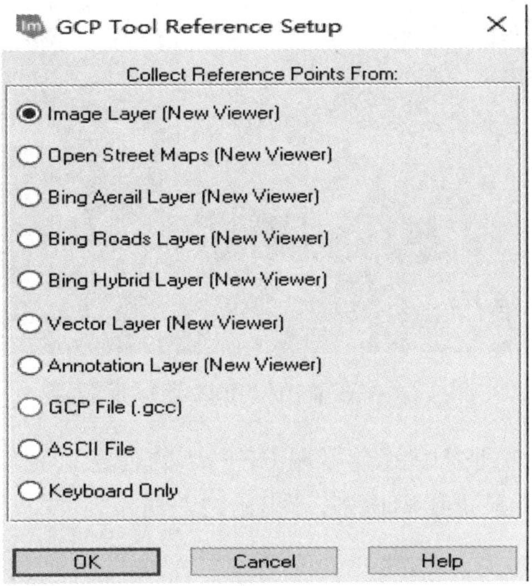

图 12.4　选择 GCP 来源

（1）在 tmAtlanta 中拖放链接框寻找明显的地物点并缩放到合适大小。

（2）点击图标，在 tmAtlanta 中采集 GCP #1，如图 12.5 所示。

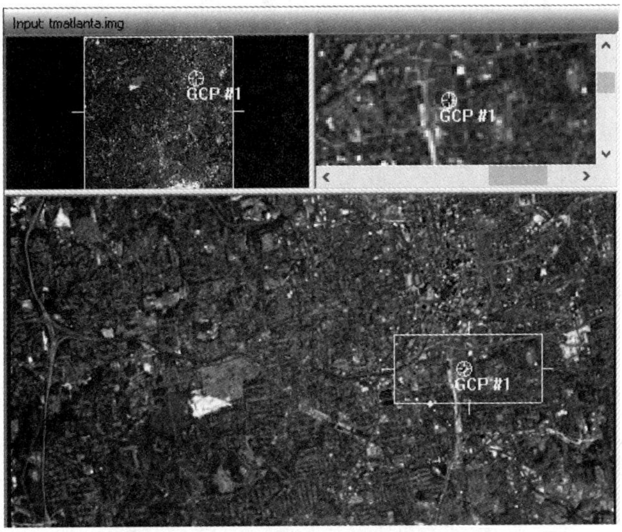

图 12.5　在 tmAtlanta 选择控制点

（3）在 panAtlanta 中移动链接框找到相同地物，并缩放到合适大小。

（4）点击定位图标，在 panAtlanta 中采集 GCP #1，如图 12.6 所示。

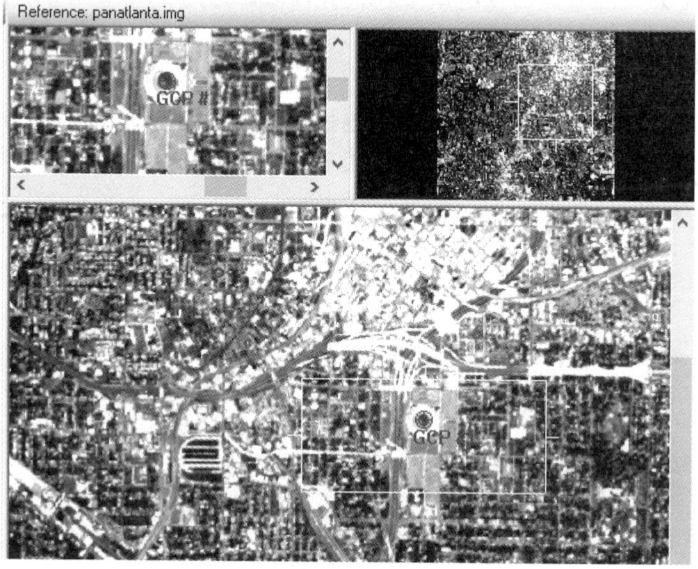

图 12.6　在 panAtlanta 选择控制点

采集完之后，GCP 数据列表中就会出现 GCP #1 的信息，我们可以选中第一行 GCP #1，点击 Color 修改其颜色，以方便我们识别。如图 12.7 所示。

Point #	Point ID	>	Color	X Input	Y Input	>	Color	X Ref.	Y Ref.	Type
1	GCP #1			384.103	-144.414			432274.287	1360285.829	Control
2	GCP #2	▶				▶				Control

图 12.7　GCP 数据列表

（5）重复上述操作，采集其他的 GCP 点，2 次多项式至少需要 6 个控制点，为了保证精度，一般需要采集更多的控制点，使其在全图均匀分布，采点中要注意保存操作。在 File 中分别保存 Input 和 Reference，第一次保存使用 Save as，之后直接点击 Save 即可。如果之前保存过 GCC 文件，也可通过 Load Input 和 Load Reference 载入。

（6）采集完 6 个控制点后，在采集第 7 个点时，GCP 列表中 RMS Error 就会显示每个点的误差，在状态栏可以看到控制点的总体误差，如果没有，点击工具栏的统计图标进行计算。

（7）几何精校正要求 GCP 总体误差（Total）一般平坦区域要小于 1，山区小于 2。如果误差较大，需要进行修改、删除控制点或增加新的控制点来降低误差。

3. 采集地面检查点

以上所采集的点位类型均为 Control（控制点），用于控制计算，建立转换模型及多项式方程。下面所要采集的点位类型均是 Check（检查点），用于检验所建立的转换方程的精度和适用性。

注：此时采集的检查点位不参与建立转换模型与多项式方程。

具体操作如下；

（1）在菜单条中选择 Edit→Set Point Type→Check。

（2）选择 Edit→Point matching，打开 GCP Matching 对话框，根据情况修改参数。

（3）在工具栏中锁定 GCP Tool，以免影响建好的模型。

（4）按照采集地面控制点的方法，采集 5 个左右检查点。

（5）在工具栏点击计算检查点误差图标，可获得检查点的误差。一般要求所有检查点误差小于 1。

4. 影像重采样

重采样过程就是依据未校正图像的像元值，计算生成一幅校正图像的过程。原图像中所有栅格数据层都要进行重采样。

（1）在工具栏点击影像重采样图标，打开影像重采样对话框。

（2）设置输出文件名和路径。

（3）将重采样方法（Resample Method）设为最邻近像元插值法（Nearest Neighbor）。

（4）设置输出像元大小（Output Cell Sizes），X 为 30，Y 为 30。

（5）点击 OK 执行。

ERDAS IMAGINE 2015 提供了 4 种最常用的重采样方法：

（1）Nearest Neighbor：最邻近像元插值法，将最邻近像元值直接赋予输出像元。

（2）Bilinear Interpolation：双线性内插法，用双线性方程和 2 × 2 窗口计算输出像元值。

（3）Cubic Convolution：立方卷积插值法，用立方方程和 4 × 4 窗口计算输出像元值。

（4）Bicubic Spline（双三次卷积重采样法），内插精度较高，但计算量大。

具体操作如下：

在 Geo Correction Tools 对话框中选择“Image Resample”图标，打开 Image Resample 对话框，在 Resample 对话框中，定义重采样参数：Output File（输出图像文件）：rectify.img；Resample Method（选择重采样方法）：Nearest Neighbor；Output Cell Size（定义输出图像范围）：ULX、ULY，LRX、LRY；选定 Ignore Zero in Stats；Recalculate Output Default（设置重新计算缺省值）：Skip Factor：X：1；Y：1。单击 OK 并关闭 Resample 对话框。

5. 保存几何校正模型

关闭几何校正界面，会提示是否保存几何校正模型。点击“是（Y）”可以将几何校正模型保存为 gms 文件，以备下次使用。完成后可在视窗窗口中打开查看结果。

6. 检验校正结果

检验校正结果的基本方法是：同时在两个视窗中打开两幅图像，其中一幅是校正后的图像，一幅是当时的参考图像，通过视窗地理连接（GeoLink/Unlink）功能及查询光标功能进行目视定性检验，具体过程如下：

（1）打开两个视窗 2D Viewer#1 和 2DViewer#2，在 2D Viewer#1 中打开校正后的图像：rectify.img，在 2DViewer#2 中打开参考图像：panAtlanta.img。

（2）在 2D Viewer#1 和 2D Viewer#2 中建立连接（Link Views）。

（3）在 2D Viewer#1 中，打开光标查询对话框。

（4）在 2DViewer#1 中移动查询光标，观测其在两屏幕中的位置及匹配程度，并注意光标查询对话框中数据的变化。如果满意的话，关闭光标查询窗口。

五、提交资料

（1）几何校正成果 1 份。

（2）实训报告 1 份。

六、思考与练习

1. 什么是影像几何校正？

2. 如何评定校正精度？

实训报告

班级__________ 组号__________ 姓名__________ 学号__________ 日期__________

一、实训过程

1. 启动几何校正模块

2. 采集地面控制点

3. 采集地面检查点

4. 影像重采样

5. 保存几何校正模型

6. 检验校正结果

二、实训小结

1. 主要遇到的问题

2. 解决方法

3. 经验总结

任务十三　影像的正射校正

一、实训目的

（1）理解影像的正射校正原理。

（2）掌握影像的正射校正处理流程。

二、实训内容

影像的正射校正。

三、实训准备

（1）待校正的数据：ps_napp.img。

（2）DEM 数据：ps_dem.img。

（3）GCC 数据：ps_camera.gcc。

四、实训方法及步骤

影像的正射校正是将影像数据投影到平面上，使其符合地图投影系统的过程，因此正射校正也包含了地理参考的过程。正射校正消除了由相机或传感器定位、地形起伏和其他系统误差带来的影响，经过了正射校正的影像可以真实地描述地表地物的精确位置。因此正射影像目前已经普遍应用于 GIS 数据的建立和维护中。

正射校正的主要步骤包括：启动正射校正模块、设置相机参数、设置内定向参数、设置投影参数、重采样、保存校正模型、查看影像校正效果。

1. 启动正射校正模块

（1）打开需要校正的影像 ps_napp.img，点击 File 菜单选项，打开 Open 下拉菜单中的 Raster Layer，并单击打开，或在 Viewer 中点击右键→Open Raster Layer，进行加载影像。

（2）点击 Panchromatic 选项卡，在 Transform&Orthocorrect 标签组中点击 Control Points 图标。

（3）在打开的选择校正模型（见图 13.1）对话框中选择 Camera（相机模型），点击 OK 继续。

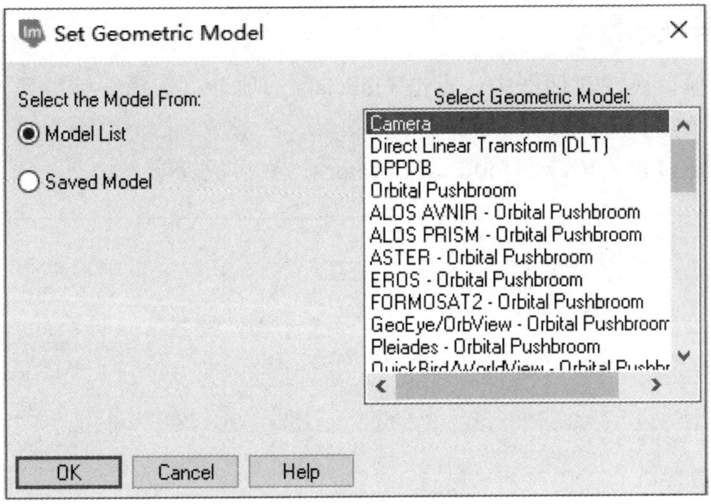

图 13.1 选择校正模型

（4）在弹出的选择 GCP 来源对话框中选择 GCP File（.gcc），点击 OK 并选择 ps_camera.gcc 文件。

2. 设置相机参数

（1）在弹出的相机模型属性设置（见图 13.2）对话框中，点击 General 选项卡，设置高程源（Elevation Source）为 File，选择 DEM 数据 ps_dem.img。

（2）设置像主点（Principal Point）坐标 X 为-0.004，Y 为 0；镜头焦距（Focal Length）为 152.804，焦距单位（Units）为 Millimeters。

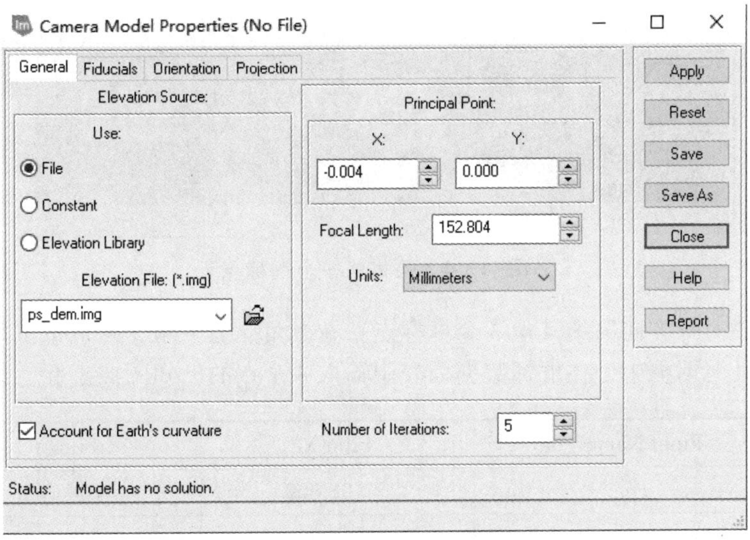

图 13.2 相机模型属性设置

（3）勾选考虑地球曲率选项（Account for Earth's Curvature）；设置迭代次数（Number of Iterations）为 5。点击 Apply 应用。

3. 设置内定向参数

（1）在相机模型属性对话框中，点击 Fiducials 选项卡，选择框标类型（Fiducial Type）为第一种，四个角点。

（2）定义框标位置（Viewer Fiducial Locator），激活框标输入状态。如图 13.3 所示。

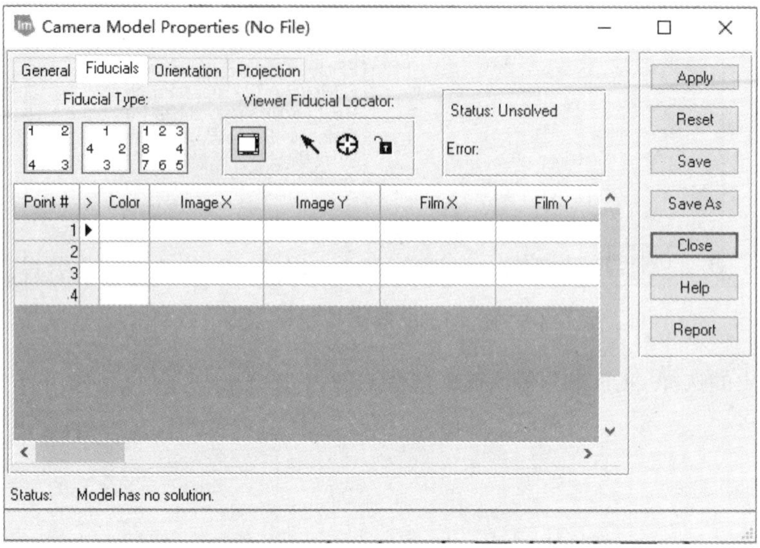

图 13.3　相机内定向参数设置

（3）在正射校正窗口中拖放链接框到左上角框标点位置，并进行适当缩放，点击内定向窗口中的采点按钮，在放大窗口中采集第一个框标点，如图 13.4 所示。

图 13.4　采集第一个框标点

（4）按照顺时针方向采集其他 3 个框标点：右上角、右下角、左下角。采集完毕后，回到相机模型属性对话框中，在框标数据列表中输入 4 个点的已知图像坐标，如图 13.5 所示。

Piont Name	Film X	Film Y
1	− 106.000	106.000
2	105.999	105.994
3	105.998	− 105.999
4	− 106.008	− 105.999

图 13.5　像点坐标

所有坐标都输入后，可以看到误差值，一般要小于 1，否则需要调整框标点。点击 Apply 应用。如图 13.6 所示。

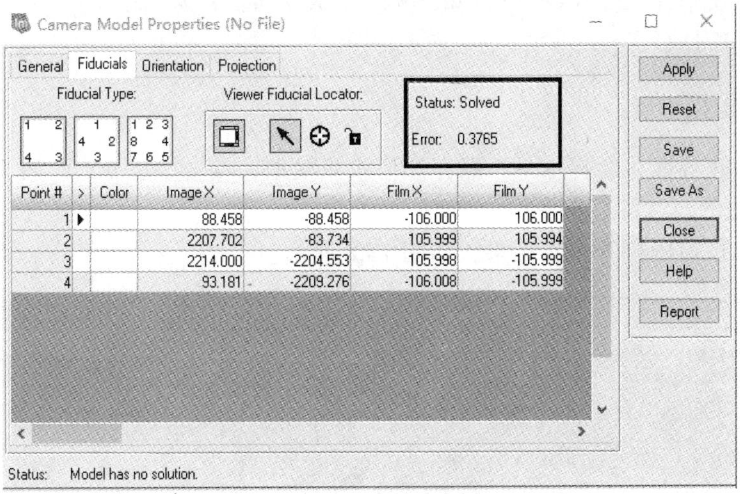

图 13.6 误差检查

（5）点击 Orientation 选项卡查看，由于我们选择考虑地球曲率，这里无须设置。

4. 设置投影参数

点击 Projection 选项卡，可以看到投影参数，DEM 的投影已被直接读入，查看是否正确即可。点击 Close 关闭。

5. 影像重采样

（1）在工具栏点击计算按钮，系统会自动计算求解模型，计算 RMS、Residuals 及控制点 X、Y 的坐标误差。

（2）点击工具栏中的重采样按钮，打开影像重采样对话框，如图 13.7 所示。

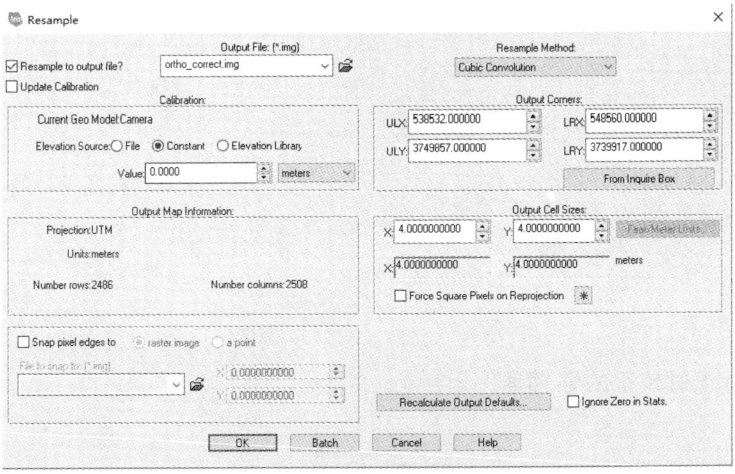

图 13.7 影像重采样

（3）设置输出路径和文件名，这里设为 Ortho_correct.img。
（4）重采样方法（Resample Method）设为三次卷积内插法（Cubic Convolution）。
（5）设置输出像元大小（Output Cell Sizes），X 为 4，Y 为 4。
（6）点击 OK 执行。

6. 保存校正模型

关闭正射校正界面，会提示是否保存几何校正模型，点击“是（Y）”可以将几何校正模型保存为 gms 文件，以备下次使用。

完成后可在视窗中打开查看结果。如图 13.8 所示。

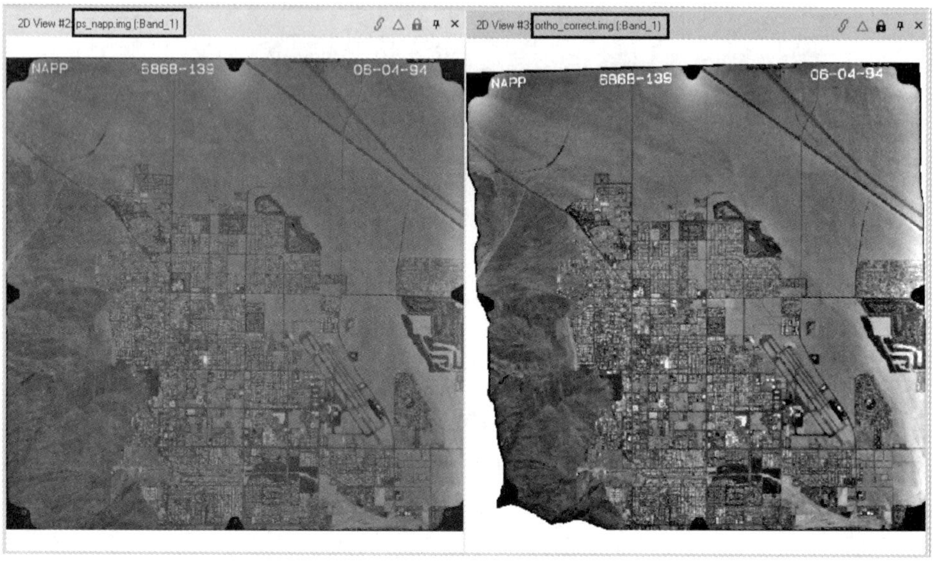

图 13.8　查看正射校正效果

五、提交资料

（1）实训成果 1 份。
（2）实训报告 1 份。

六、思考与练习

1. 什么是影像正射校正？

2. 影像进行正射校正的意义是什么？

实训报告

班级__________　组号__________　姓名__________　学号__________　日期__________

一、实训过程 1. 启动正射校正模块 2. 设置相机参数、内定向参数、投影参数 3. 重采样 4. 校正后影像与原始影像对比
二、实训小结 1. 主要遇到的问题 2. 解决方法 3. 经验总结

任务十四　遥感影像的裁剪及分割

一、实训目的

（1）理解遥感影像的规则裁剪及不规则裁剪。

（2）掌握 ERDAS IMAGINE 软件的裁剪及分割操作流程。

二、实训内容

在遥感影像处理过程中时常需要根据研究区域或工作范围对图像进行裁剪，按照 ERDAS IMAGINE 图像分幅裁剪的过程，可以将图像分幅裁剪分为两种类型：规则裁剪，不规则裁剪。

三、实训准备

HOME\ERDAS IMAGINE 2015\examples\lanier.img。

四、实训方法及步骤

1. 规则裁剪

规则裁剪是指裁剪图像的范围是一个矩形，通过左上角和右下角两点的坐标可以确定图像的裁剪位置，过程如下：

（1）打开裁剪工具，点击 Raster 选项卡，在 Geometry 标签组中点击 Subset & Chip 图标，在下拉菜单中点击 Create Subset Image 图标。

（2）在弹出的 Subset 对话框中，设置输入、输出数据。

（3）在 Subset 参数设置对话框（见图 14.1）中需要设置下列参数：输入文件名（Input File）：lanier.img；输出文件名（Output File）：lanier_sub.img；坐标类型（Coordinate Type）：Map；裁剪范围（Subset Definition）：ULX、ULY、LRX、LRY（注：ULX，ULY 是指左上角的坐标，LRX，LRY 是指右下角的坐标，缺省状态为整个图像范围）；输出数据类型（Output Data Type）：Unsigned 8 Bit；输出文件类型（Output Layer Type）：Continuous；输出统计忽略零值：Ignore Zero In Output Stats；输出像元波段（Select Layers）：2, 3, 4。

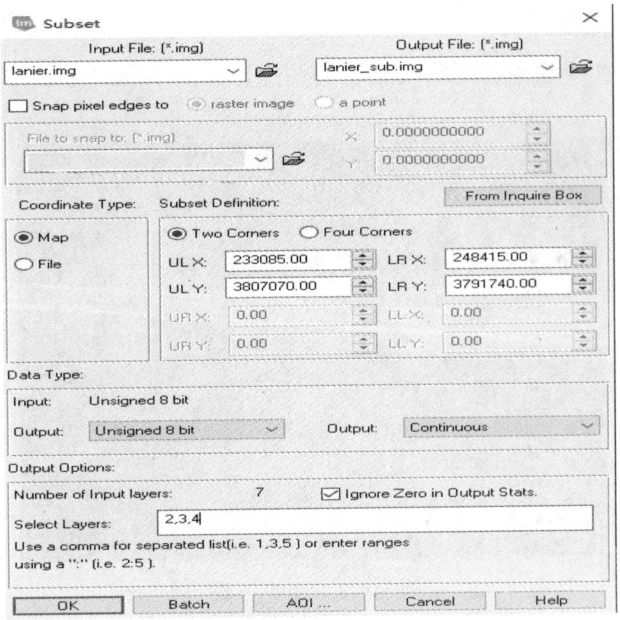

图 14.1　Subset 参数设置对话框

（4）点击 OK，完成裁切（关闭 Subset 对话框，执行图像裁剪）。

裁剪范围设置的两种方法：

① 基于地理坐标或像素坐标的范围，直接手动输入图像中两角点或四角点的；

② 通过查询框，在图像中绘制一个矩形区域作为裁剪范围，如图 14.2 所示。

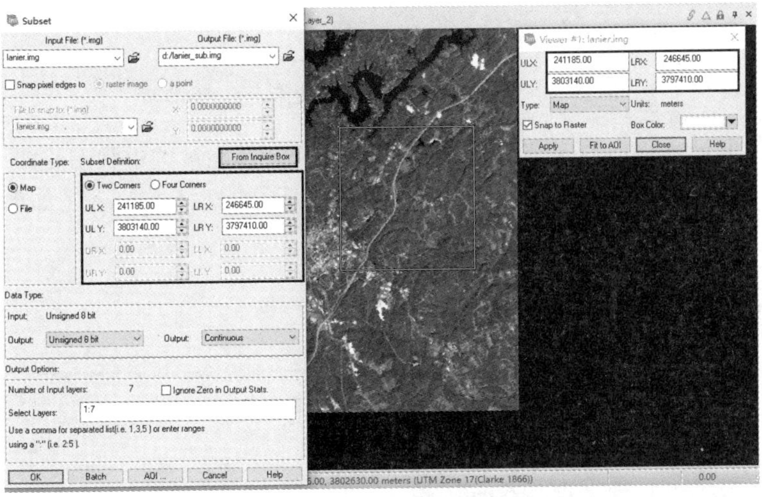

图 14.2　查询框方式裁剪范围设置

2. 不规则裁剪

不规则裁剪是指裁剪图像的边界范围是个任意多边形，无法通过左上角和右下角两点的坐标确定图像的裁剪位置，而必须预先制作一个完整的闭合多边形区域，可以是一个 AOI 多边形，也可以是 ArcInfo 的一个 Polygon Coverage，针对不同的情况采用不同的裁剪过程。

1）AOI 多边形裁剪

（1）加载数据，在视窗中打开需要裁剪的图像，如图 14.3 所示。

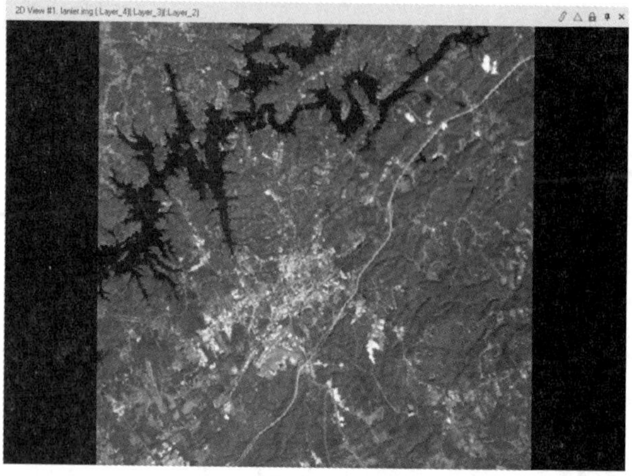

图 14.3 加载影像

（2）绘制不规则 AOI。在视窗中打开需要裁剪的影像，点击 Drawing 选项卡（见图 14.4），在 Insert Geometry 标签组中选择任意多边形工具（上述 AOI 工具也在这里）。

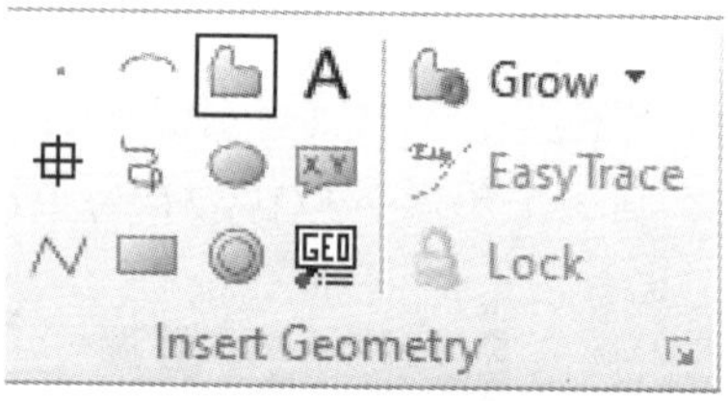

图 14.4 打开选项卡

在影像中绘制计划裁剪的区域（见图 14.5），并保证其在被选中状态（四周有个方框）。返回 Subset 对话框中，点击 AOI 按钮，在弹出的对话框中选择 Viewer（如果有保存的 AOI 文件则选 AOI File），点击 OK 继续。

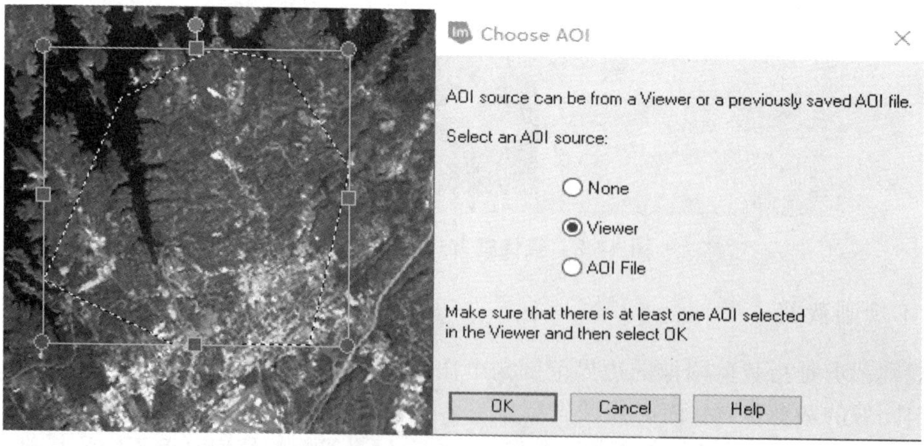

图 14.5 通过 AOI 进行不规则区域裁剪

（3）设置输出数据类型为 Unsigned 8 bit、Continuous，输出波段为 1∶7，点击 OK 执行影像裁剪。

2）利用 Mask 工具

Mask 工具就是利用影像作为掩膜去裁剪我们要裁剪的影像，得到和掩膜范围一致的新影像。点击 Raster 选项卡（见图 14.6），在 Geometry 标签组中点击 Subset & Chip 图标，在下拉菜单中点击 Mask 图标。

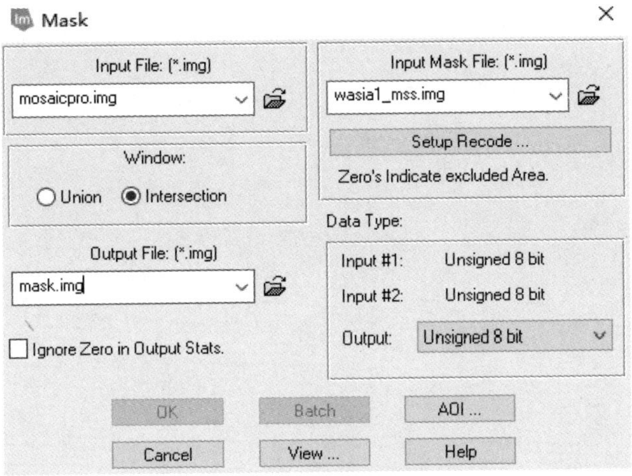

图 14.6　掩膜设置

在弹出的 Mask 对话框中设置要裁切的影像文件和掩膜文件；单击 Setup Recode 设置裁剪区域内新值（New Value）为 1，区域外取 0 值；设置掩膜区域运算为 Intersection；设置输出图像文件名；选择输出数据类型（Output Data Type）为 Unsigned 8 bit，点击 OK 运行。

五、提交资料

（1）分别输出规则裁剪（坐标输入、查询框方式）和不规则裁剪（AOI 区域裁切、Mask 工具）不同方法的裁剪结果 1 份。

（2）实训报告 1 份。

六、思考与练习

1. 什么是影像裁剪？

2. 影像裁剪的分类有哪些？

实训报告

班级__________ 组号__________ 姓名__________ 学号__________ 日期__________

一、实训过程

1. 打开软件

2. 加载影像数据

3. 规则裁剪

4. 不规则裁剪

二、实训小结

1. 主要遇到的问题

2. 解决方法

3. 经验总结

任务十五　遥感图像的非监督分类及后处理

一、实训目的

（1）理解遥感影像的非监督分类原理。
（2）掌握遥感影像的非监督分类和后处理的操作流程。

二、实训内容

利用 ERDAS IMAGINE 软件进行非监督分类。

三、实训准备

HOME\ERDAS IMAGINE 2015\examples \germtm.img。

四、实训方法及步骤

ERDAS IMAGINE 使用 ISODATA（Iterative Self-Organizing Data Analysis Technique）算法来进行非监督分类。聚类过程始于任意聚类平均值或一个已有分类模板的平均值，聚类每重复 1 次，聚类的平均值就更新 1 次，新聚类的均值再用于下次聚类循环。非监督分类完全按照像元的光谱特性进行统计分类，常常用于对于分类区没有什么了解的情况。使用该方法时，原始图像的所有波段都参与分类运算，分类结果往往是各类像元数大体等比例。由于人为干预较少，非监督分类过程的自动化程度较高。

1. 操作步骤

（1）点击 Raster 选项卡下，点击 Classification 标签组中的 Unsupervised 图标，在下拉菜单中点击 Unsupervised Classification，如图 15.1 所示。

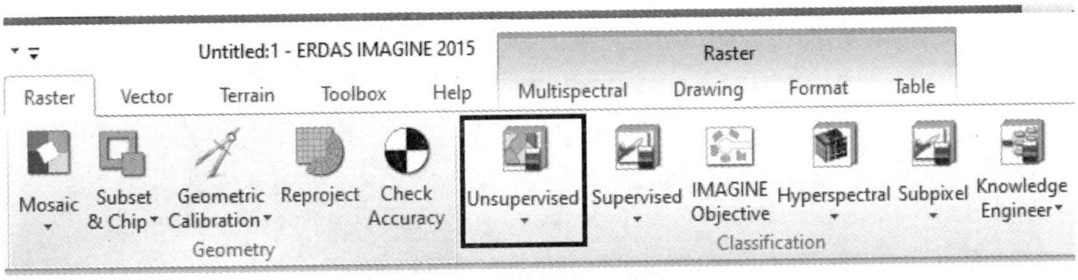

图 15.1　非监督分类模块

（2）在 Unsupervised Classification 对话框中进行参数设置（见图 15.2）：Input Raster File（确定输入文件）：germtm.img；Output Raster File（确定输出文件）：germtm_isodata.img；Output signature Set（选择生成分类模板文件），Filename（确定分类模板文件）：germtm_isodata.sig；Cluster Options：选择 Initiate from Statistics；Number of Classes（确定初始分类数）：10；对于 Initializing Options 和 Color Scheme Options 两项均取缺省值；Maximum Iterations（定义最大循环次数）：24（一般在应用中将循环次数都取值 6 以上）；Convergence Threshold（设置循环收敛阈值）：0.950（取系统默认值）。

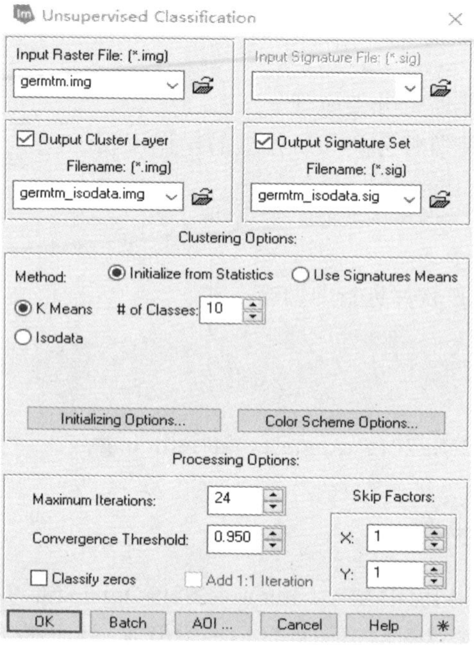

图 15.2　非监督分类对话框设置

（3）点击 OK，进行非监督分类运算并查看分类结果，如图 15.3 所示。

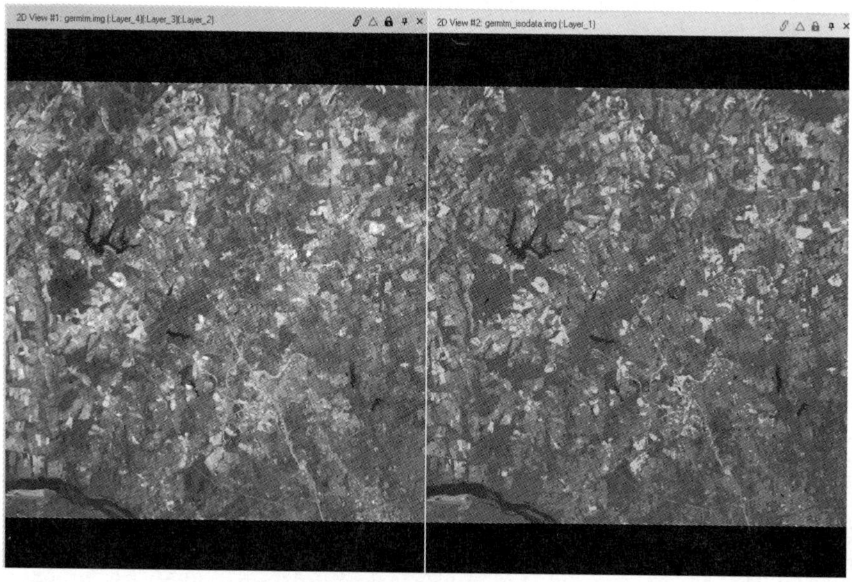

图 15.3　查看非监督分类结果

2. 分类评价

1）显示原图像

在视窗中同时显示 germtm.img 和 germtm_isodata.img，两个图像的叠加顺序为：germtm.img 在下，germtm_isodata.img 在上，为增强对比效果，germtm.img 显示方式用红（4）、绿（5）、蓝（3）。

（1）在视窗工具条 File 菜单中，选择下拉菜单 Open 选项，单击 2D View#1Open Options 中的 Raster Layer。

（2）在 Select Layer To Add 中设置路径：examples。

（3）在 Files of type 中设置文件类型：IMAGINE Image（*.img）。

（4）在 File name 中选择文件名：germtm.img。

（5）单击 Raster Options 选择项→在 Layer to Colors 中设置 Red：4；Green：5；Blue：3。

（6）单击 OK 按钮（显示 germtm.img 图像文件）。

2）显示分类图像

（1）与显示原图像前 3 步操作流程相同，在 File name 中选择文件名：germtm_isodata.img。

（2）单击 Raster Options 选择项。

（3）清除 Clear Display。

（4）单击 OK 按钮（显示 germtm_isodata.img 图像文件）。

叠加原始图像和分类图像如图 15.4 所示。

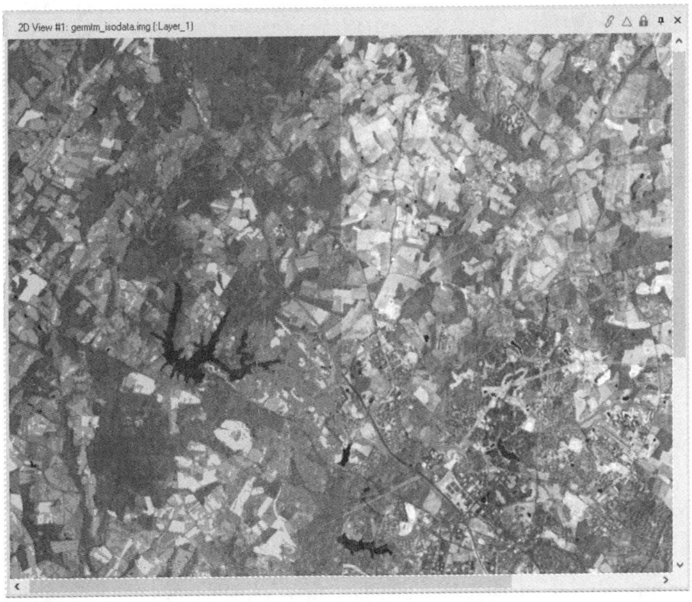

图 15.4　叠加原始图像和分类图像

3）打开分类图像属性表并调整字段显示顺序

（1）视窗菜单条：Raster→Attributes。

（2）打开 Raster Attribute Editor 窗口，如图 15.5 所示。

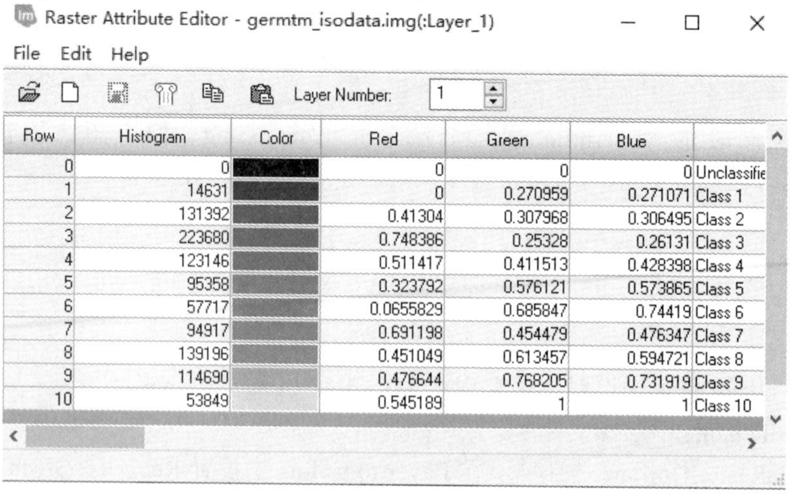

图 15.5 查看、编辑分类结果

在 Raster Attribute Editor 窗口中，11 个记录分别对应产生 10 个 Unclassified 类，每个记录都有一系列的字段。如果想看到所有字段，需要用鼠标拖动浏览条。

（3）在 Raster Attribute Editor 窗口中，在菜单条：Edit→Column Properties 中打开 Column Properties 对话框，如图 15.6 所示。

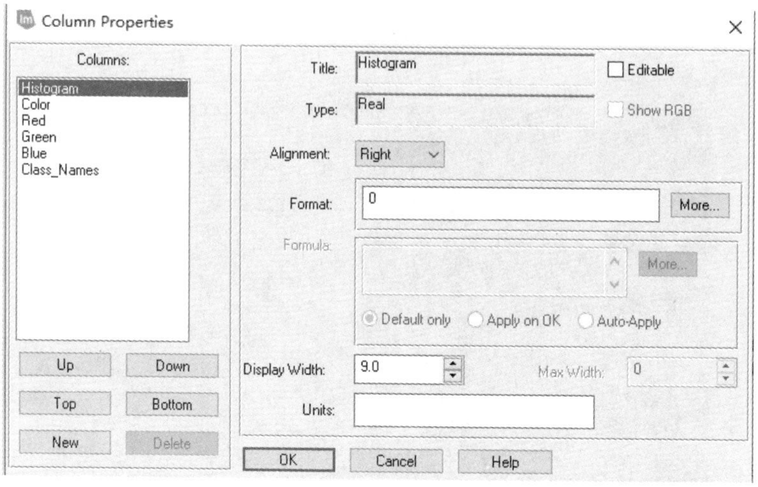

图 15.6 Column Properties 对话框

在 Column Properties 对话框中，可以通过 Up、Down、Top、Bottom 几个按钮调整 Columns 中各个字段的顺序、可以通过 New 按钮建立新字段（建立新字段时，必须在 Type 中选定字段类型，在 Alignment 中指定对齐方式，在 Display Width 中指定字段宽度；如果是数值型字段，还必须指定数据类型）。如果选择 Editable 复选框，可通过 Delete 按钮删除字段；可以在 Title 中修改各个字段的名称。

4）给各个类别赋相应的颜色

在 Raster Attribute Editor 窗口中，单击一个类别的 Row 字段，选定该类别右键单击该类别的 Color 字段，打开 As Is 菜单，选择一种颜色，重复以上操作，直到给所有的字段赋予合适的颜色。

5）不透明度的设置

由于分类图像覆盖在原图像上面，为了对单个类别的判别精度进行分析，首先要把其他所有类别的不透明度（Opacity）值设为 0（即改为透明），而要分析的类别的透明度设为 1（即不透明）。在左侧目录栏内，选中分类图像，点击右键打开 Display Attribute Table 对话框，右键单击 Opacity 字段的名字，选中 Formula 下拉菜单项，单击打开 Formula 对话框，如图 15.7 所示。

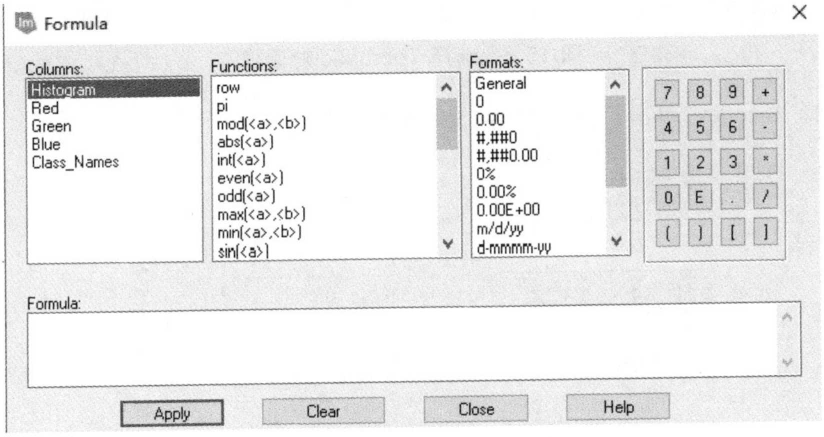

图 15.7　打开 Formula 对话框

点击 Formula 对话框右上角数字区：输入 0，单击 Apply 按钮（应用设置），单击 Close 按钮（关闭 Formula 对话框），返回 Raster Attribute Editor 窗口。以上操作把所有的类别设置为透明的，把要分析类别的不透明度设置为 1。

在 Display Attribute Table 对话框中单击一个类别的 Row 字段，选定该类别单击该类别的 Opacity 字段进入输入状态，在该类别的 Opacity 字段中输入 1，并按回车键，此时，在视窗中只有要分析的类别的颜色显示在原图像的上面，其他类别都是透明的。

6）确定类别专题意义及其准确程度

在 Home 菜单中选择 View 选项卡中的 Flicker 对话框并打开，选定 Automatic。本步骤是设置分类图像在原图像背景上闪烁，观察它与背景图像之间的关系从而断定该类别的专题意义，并分析其分类准确与否。

7）标注类别的名称

在 Display Attribute Table 对话框中单击刚才分析类别的 Row 字段，选定该类别，单击该类别的 Class Names 字段进入输入状态，输入其专题意义（如水体、耕地、建筑等），并按回车键重复第四到第六步直到对所有类别都进行了分析与处理。

8）分类后处理

分类后处理主要是针对非监督分类而言的。由于非监督分类之前，用户对分类地区没有什么了解，所以在非监督分类过程中，一般要定义比最终需要多一定数量的分类种数；在完全按照像元灰度值通过 ISODATA 聚类获得分类方案后，首先是对专题分类图像与原始图像对照，判断每个分类的专题属性，然后对相近或类似的分类通过分类后处理进行合并，并定义分类名称和颜色。

（1）选择 Raster 面板菜单中的 Thematic，如图 15.8 所示。

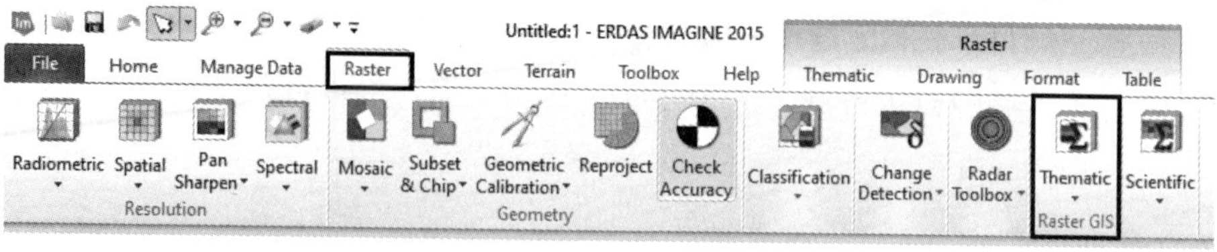

图 15.8　选择 Thematic 对话框

（2）选择 Recode，单击打开，如图 15.9 所示。

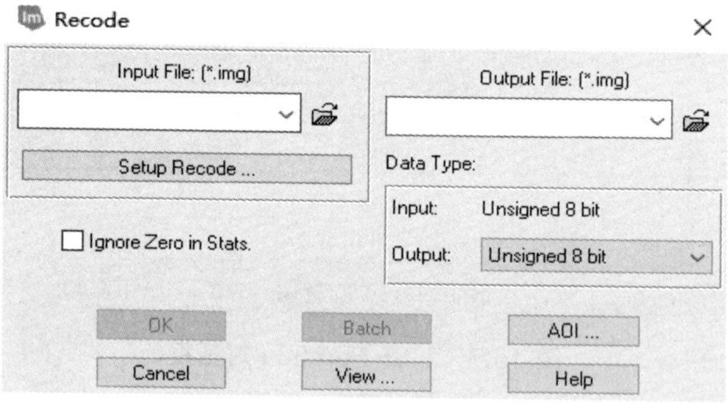

图 15.9　打开 Recode 对话框

（3）在 Recode 对话框中，设置下列参数：Input File（确定输入文件名）：germtm_isodata.img；Output File（定义输出文件名）：germtm_recode.img，单击 Setup Recode（设置新的分类编码）按钮，打开 Thematic Recode 表格，如图 15.10 所示。

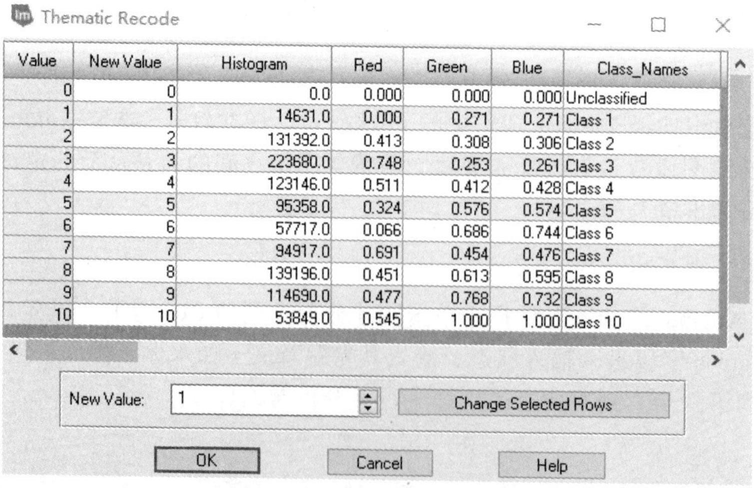

Value	New Value	Histogram	Red	Green	Blue	Class_Names
0	0	0.0	0.000	0.000	0.000	Unclassified
1	1	14631.0	0.000	0.271	0.271	Class 1
2	2	131392.0	0.413	0.308	0.306	Class 2
3	3	223680.0	0.748	0.253	0.261	Class 3
4	4	123146.0	0.511	0.412	0.428	Class 4
5	5	95358.0	0.324	0.576	0.574	Class 5
6	6	57717.0	0.066	0.686	0.744	Class 6
7	7	94917.0	0.691	0.454	0.476	Class 7
8	8	139196.0	0.451	0.613	0.595	Class 8
9	9	114690.0	0.477	0.768	0.732	Class 9
10	10	53849.0	0.545	1.000	1.000	Class 10

图 15.10　打开 Recode 对话框

（4）在 Thematic Recode 表格中，根据需要改变 New Value 字段的值，同一类设定相等的值，将原来的 10 类依次两两合并，形成 5 类。单击 OK（关闭 Thematic Recode 表格，完成新编码输入），单击 OK（关闭 Recode 对话框，执行图像重编码，输出图像将按照 New Value 变换专题分类图像属性，产生新的专题分类图像），如图 15.11 所示。

图 15.11　专题分类图像

五、提交资料

（1）实训成果 1 份。

（2）实训报告 1 份。

六、思考与练习

什么是非监督分类？

实训报告

班级__________ 组号__________ 姓名__________ 学号__________ 日期__________

一、实训过程

1. 加载影像数据

2. 调出非监督分类对话框

3. 进行非监督分类

4. 分类评价

4. 分类后处理

二、实训小结

1. 主要遇到的问题

2. 解决方法

3. 经验总结

任务十六　遥感图像的监督分类及后处理

一、实训目的

（1）理解监督分类的基本原理。

（2）掌握遥感影像的监督分类和后处理流程。

二、实训内容

利用 ERDAS IMAGINE 软件进行监督分类。

三、实训准备

HOME\ERDAS IMAGINE 2015\examples\germtm.img。

四、实训方法及步骤

在监督分类的过程中，首先选择可以识别或者借助其他信息可以断定其类型的像元建立初始模板，然后基于该模板使计算机系统自动识别具有相同特性的像元。对分类结果进行评价后再对模板进行修改，多次反复后建立一个比较准确的模板，并在此基础上最终进行分类。监督分类比非监督分类更多的要用户来交互参与，常用于对研究区域比较了解的情况，分类准确度更高。

监督分类一般有以下几个步骤：定义分类模板、样本采集、建立分类模板、执行监督分类、分类后处理。具体操作过程如下：

1. 定义分类模板

监督分类是基于分类模板来进行的，而分类模板的生成、管理、评价和编辑等功能是由分类模板器来负责的。

1）显示需要进行分类的图像（见图 16.1）

（1）在视窗工具条 File 菜单中，选择下拉菜单 Open 选项，单击 2D View#1Open Options 中的 Raster Layer。

（2）在 Select Layer To Add 中设置路径：examples。

（3）在 Files of type 中设置文件类型：IMAGINE Image（*.img）。

（4）在 File name 中选择文件名：germtm.img。

（5）单击 OK 按钮（显示 germtm.img 图像文件）。

图 16.1　显示需要进行分类的图像

2）打开模板编辑器

点击 Raster 选项卡下 Classification 标签组中的 Supervised 图标，在下拉菜单中点击 Signature Editor，如图 16.2 所示。

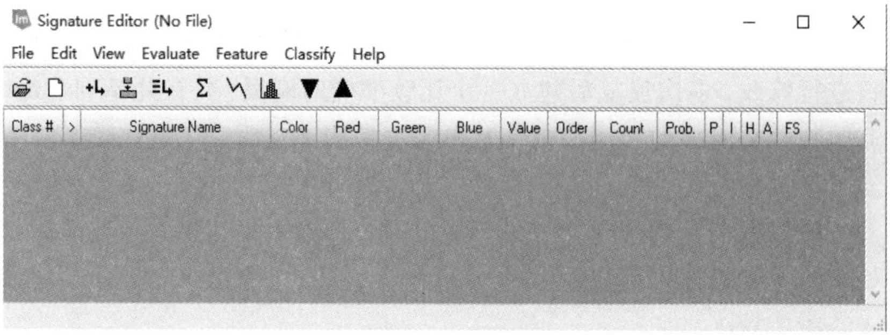

图 16.2　模板编辑器

2. 样本采集

（1）点击 Drawing 选项卡，在 Insert Geometry 标签组中选择任意多边形工具，进入 AOI 绘制状态（见图 16.3）。在视窗窗口中选择一种地物类型绘制一个多边形 AOI 区域。

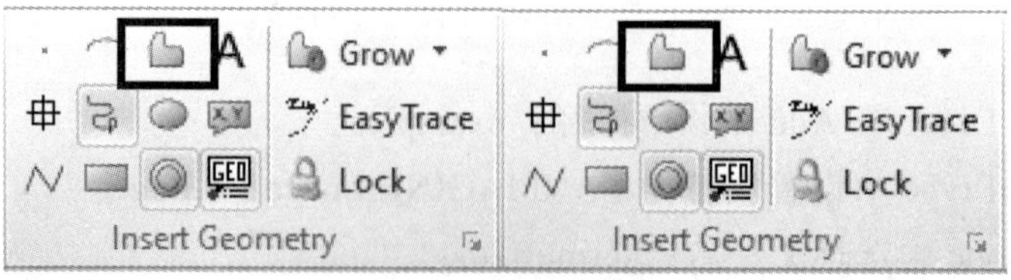

图 16.3　AOI 绘制工具

在视窗窗口选择一种地物类型绘制一个多边形 AOI 区域。如图 16.4 所示。

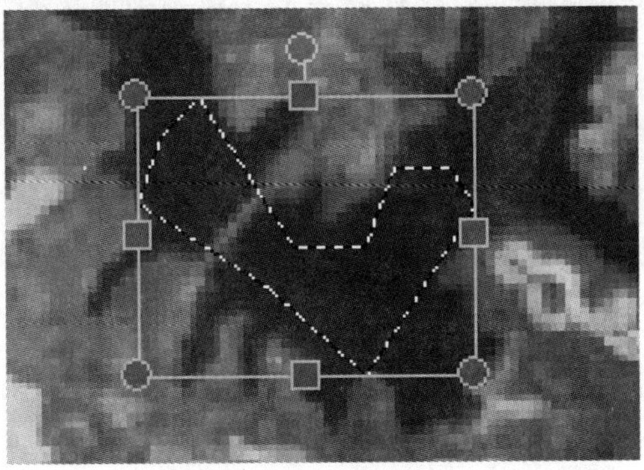

图 16.4　AOI 绘制

在 Insert Geometry 标签组中点击区域增长工具 Grow 图标，在下拉菜单中选择 Region Growing Properties。

（2）打开区域增长属性对话框（见图 16.5），设置增长参数。设置相邻像元扩展方式，可以选择向周围 4 个方向或 8 个方向进行搜索，本练习选择 4 个方向搜索；设置最大可搜索的像元面积或距离，本练习选择最大 1 000 个像元面积范围；设置光谱距离（Spectral Euclidean Distance），可根据像元复杂情况调整。

（3）设置完参数之后，点击区域增长工具 Grow 图标，鼠标变为十字光标，在影像中目标地物处点击一次，就可自动产生一个 AOI，可以对参数进行修改，点击 Redo 按钮以获得最佳 AOI。也可使用 Home 选项卡下 Information 标签组中的 Inquire Cursor，或通过点击鼠标右键打开。打开后拖动到目标地物处，在 Region Growing Properties 对话框中点击 At Inquire 按钮，以自动产生 AOI。

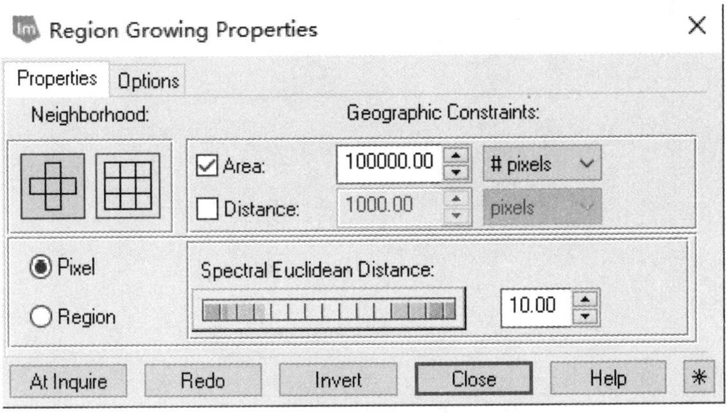

图 16.5　区域增长属性对话框

3. 建立分类模板

使用 AOI 绘图工具在原始图像获取分类模板信息。采集完某一地物的一个 AOI 后，可在 Signature Editor 对话框中选择添加图标，将其添加到模板中，对同一地物可勾绘多处 AOI。将同一地物的所有 AOI 添加完之后，可将其全部选择，合并所选 AOI，并在 Class #一列中点击右键，选择 Delete Selection，将合并前的类别删掉。在 Signature Name 一列修改类别的名称，在 Color 一列设置类别的颜色，这样就完成了对一种地物的采集过程。如图 16.6 所示。

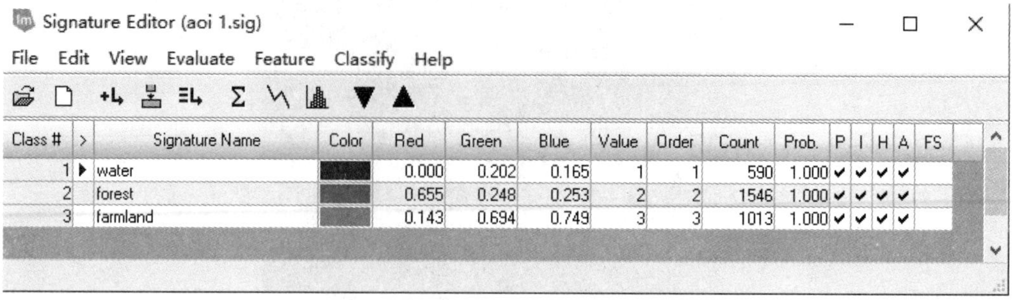

图 16.6 添加分类样本并合并

按照自己的分类体系，重复以上步骤，采集所有要分类地物的样本，完成分类模板的构建（本例仅采集了水体、森林、农田 3 类）。所有地物采集完成之后（为了避免不可预料的错误，建议随时保存），点击 Signature Editor 窗口中 File 菜单下的 Save 命令，点击 OK 将分类模板保存。

分类模板建立以后，就可以对其进行评价、删除、更名与其他模板合并操作。分类模板的合并可使用户应用来自不同训练方法的分类模板进行综合复杂分类，这些模板训练方法包括监督、非监督，参数化和非参数化。最后可采用各类算法作为评价工具来评价分类模板。例如，可能性矩阵（Contingency Matrix）（见图 16.7）评价工具是根据分类模板，分析 AOI 训练区的像元是否完全落在相应的类别中。

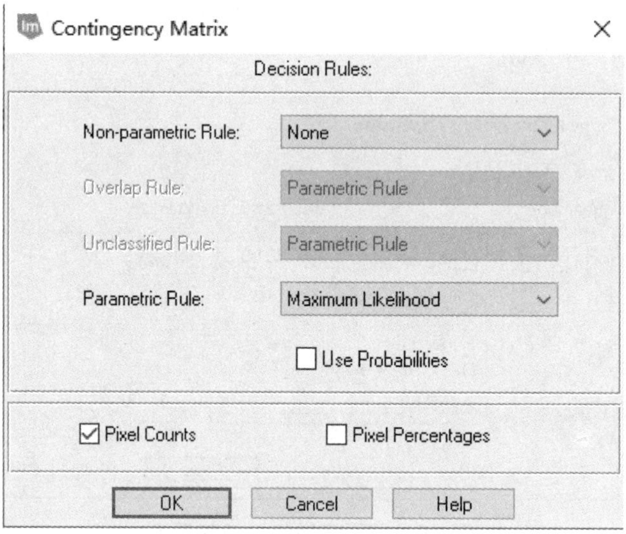

图 16.7 评价分类模板（可能性矩阵）

4. 监督分类的操作过程

（1）点击 Raster 选项卡下 Classification 标签组中的 Supervised 图标，在下拉菜单中点击 Supervised Classification，如图 16.8 所示。

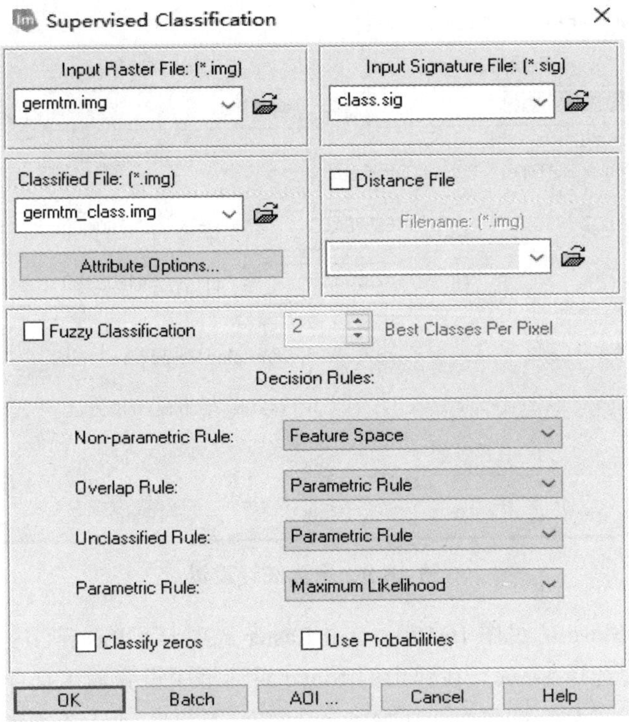

图 16.8　设置 Supervised Classification 对话框

（2）在 Supervised Classification 对话框中设置以下参数：设置原始影像（Input Raster File）为 germtm.img；设置分类模板文件（Input Signature File）为 class.sig；定义输出文件路径和名称（Classified File），这里设为 germtm_class.img；设置非参数规则（Non-parametric Rule）为 Feature Space；设置叠加规则（Overlap Rule）为 Parametric Rule；设置未分类规则（Unclassified Rule）为 Parametric Rule；设置参数规则为（Parametric Rule）为最大似然法（Maximum Likehood）。

（3）点击 OK 执行监督分类。

5. 分类后处理及评价分类结果

在分类过程中会产生一些面积很小的图斑。无论从专题制图的角度，还是从实际应用的角度，都有必要对这些小图斑进行后处理。一般后处理的思路有两种：合并和消除。针对这两个思路，ERDAS IMAGE 系统中的对应操作命令是聚类统计（Clump）和过滤分析（Sieve）、去除分析（Eliminate）、分类重编码（Recode），可以结合使用完成对监督分类后图斑的处理工作。

1）分类后处理

（1）聚类统计（Clump）（见图 16.9）。点击 Raster 选项卡下 Raster GIS 标签组中的 Thematic 图标，在下拉菜单中选择 Clump。在弹出的 Clump 对话框中设置输入文件为 germtm.img、输出文件为 clump.img。设置聚类统计邻域大小（Connected Neighbors）为 8，点击 OK 执行。

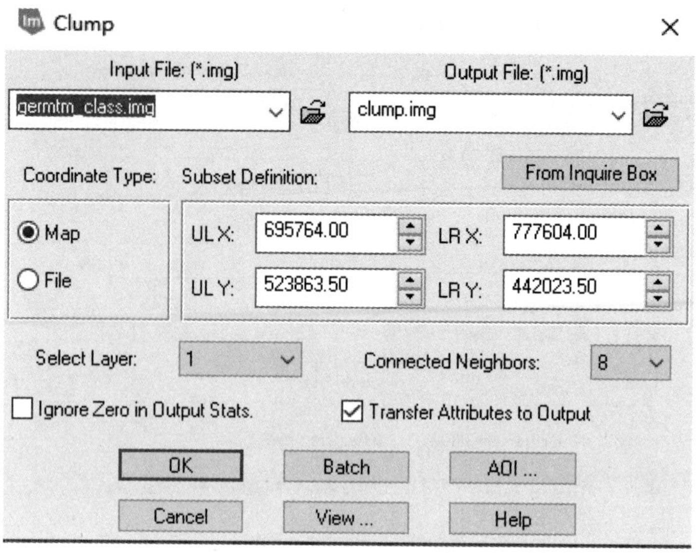

图 16.9　聚类统计设置

（2）过滤分析（Sieve）（见图 16.10）。点击 Raster 选项卡下 Raster GIS 标签组中的 Thematic 图标，在下拉菜单中选择 Sieve。在弹出的 Sieve 对话框中设置输入文件为 clump.img、输出文件为 sieve.img。设置最小图斑大小（Minimum Size）：16 pixels（需根据实际情况调整），点击 OK 执行过滤分析。

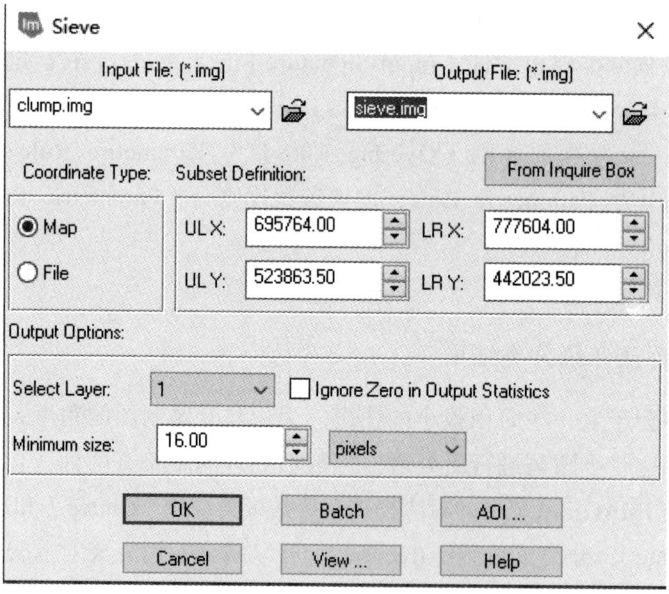

图 16.10　过滤分析设置

（3）去除分析（Eliminate）（见图 16.11）。点击 Raster 选项卡下 Raster GIS 标签组中的 Thematic 图标，在下拉菜单中选择 Eliminate。在弹出的 Eliminate 对话框中设置输入文件为 clump.img、输出文件为 eliminate.img。设置最小图斑大小（Minimum）：16pixels （需根据实际情况调整），点击 OK 执行去除分析。

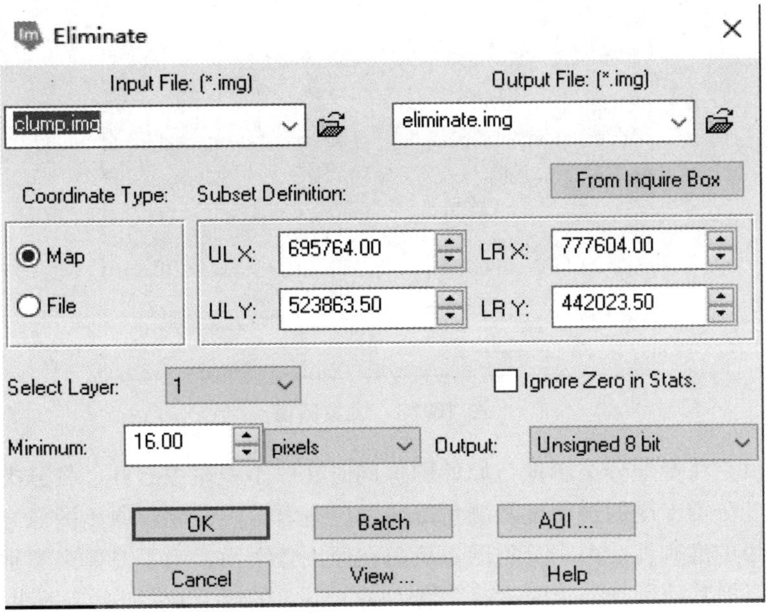

图 16.11　去除分析设置

（4）分类重编码（Recode）（见图 16.12）。点击 Raster 选项卡下 Raster GIS 标签组中的 Thematic 图标，在下拉菜单中选择 Recode；在弹出的 Recode 对话框中设置输入文件和输出文件；点击 Setup Recode 按钮，设置新的分类编码；在打开的 Thematic Recode 表格中，根据需要改变 New value 字段的取值（直接输入）；完成后点击 OK；点击 Recode 对话框中的 OK（关闭），执行分类重编码，可以在视窗中打开重编码后的专题分类图像，查看分类属性表。

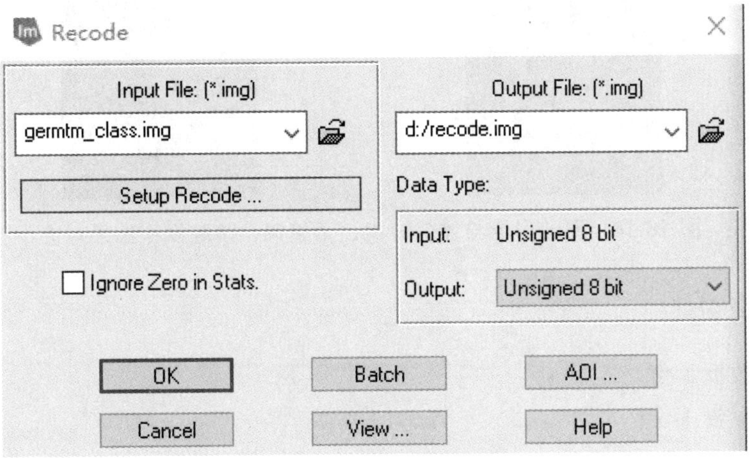

图 16.12　分类重编码设置

2）评价分类结果

分类后处理结束后，需要对分类效果进行评价。ERDAS IMAGE 系统提供了多种分类评价方法，包括分类叠加、定义阈值和精度评估。设置新值界面如图 16.13 所示。

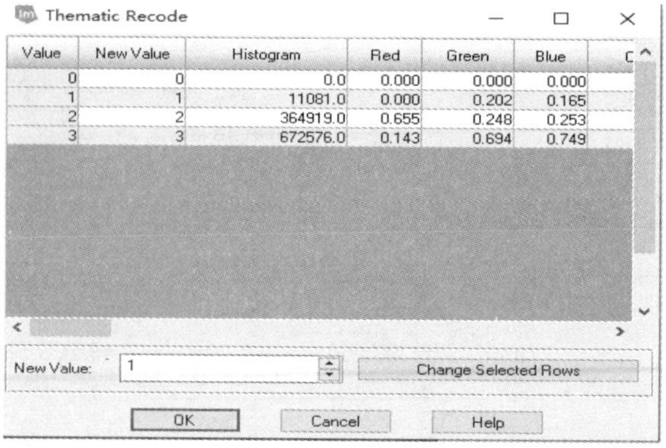

图 16.13 设置新值

分类叠加就是将专题分类图像与原始图像同时在一个视窗中打开，将分类专题成叠置于上层，通过改变分类专题的透明度及颜色等属性，查看分类专题与原始图像之间的关系，从而检验分类结果的准确性。由于分类图像覆盖在原图像上面，为了对单个类别的判别进度进行分析，首先要把其他所有类别的不透明度（Opacity）值设为 0（即改为透明），而要分析类别的透明度设为 1（即不透明），观察它与背景图像之间的关系从而断定该类别的专题意义，并分析其分类准确与否。原始影像与监督分类、重编码、消除操作结果对比如图 16.14 所示。

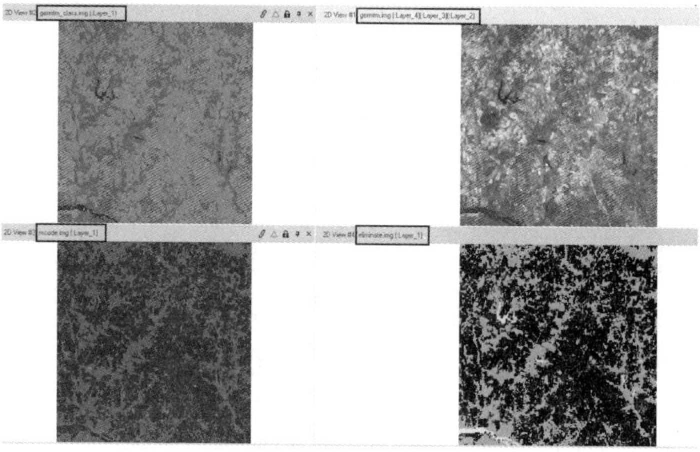

图 16.14 原始影像与监督分类、重编码、消除操作结果对比

五、提交资料

（1）实训数据 1 份。

（2）实训报告 1 份。

六、思考与练习

什么是监督分类？

实训报告

班级__________ 组号__________ 姓名__________ 学号__________ 日期__________

一、实训过程

1. 加载影像数据

2. 定义分类模板

3.评价分类模板

4. 执行监督分类

5. 分类后处理

二、实训小结

1. 主要遇到的问题

2. 解决方法

3. 经验总结

附录 1 "摄影测量与遥感实训"课程成绩评定表

成绩评定标准

考核点	项　目	得分
平时表现 20 分	1. 出勤频次； 2. 课堂表现	
实训项目完成情况 50 分	1. 数字影像定向处理成果质量； 2. 数字摄影测量 4D 产品制作质量； 3. 影像校正、融合、镶嵌、分类处理成果质量； 4. 实训成果整理提交情况； 5. 实训报告完成情况	
实训考核 30 分	1. 数字航空影像定向处理； 2. 遥感影像几何校正； 3. 遥感图像分类处理	
总评成绩 100 分	平时表现+项目考核+期末考核	